二级注册建造师继续教育教材

机电工程

2019版

王清训 主编

中国财经出版传媒集团
中国财政经济出版社

图书在版编目（CIP）数据

机电工程：2019版/王清训主编．—北京：中国财政经济出版社，2019.5
二级注册建造师继续教育教材
ISBN 978－7－5095－8844－4

Ⅰ．①机…　Ⅱ．①王…　Ⅲ．①机电工程－继续教育－教材　Ⅳ．①TH

中国版本图书馆CIP数据核字（2019）第038325号

责任编辑：张怡然　　　　责任校对：张　凡
封面设计：北京诚智博天

中国财政经济出版社出版
URL：http：//www.cfeph.cn
E－mail：cfeph＠cfeph.cn

社址：北京市海淀区阜成路甲28号　邮政编码：100142
营销中心电话：010－88191537
北京财经印刷厂印刷　各地新华书店经销
787×1092毫米　16开　21.5印张　509 000字
2019年5月第1版　2019年5月北京第1次印刷
定价：59.00元
ISBN 978－7－5095－8844－4
（图书出现印装问题，本社负责调换）
本社质量投诉电话：010－88190744
打击盗版举报热线：010－88191661　QQ：2242791300

审定委员会

编写委员会

序

历经八载，2002年12月5日，人事部、建设部联合颁发了《建造师执业资格制度暂行规定》（人发〔2002〕111号），标志着我国建造师执业资格制度的创立。

注册建造师作为从事建设工程项目总承包和施工管理关键岗位的专业技术人员，需要懂管理、懂技术、懂经济、懂法规，既要有理论水平，还要有丰富的实践经验和较强的组织能力。为开阔注册建造师的视野，拓展注册建造师的知识面，进一步提升注册建造师的执业能力，进而提高建设工程项目的管理水平，根据《注册建造师管理规定》（建设部第153号令）《关于印发〈注册建造师继续教育管理暂行办法〉的通知》（建市〔2010〕192号）规定，注册建造师需要接受继续教育。通过继续教育学习，使注册建造师及时掌握与工程建设有关的法律法规、标准规范和政策，熟悉工程建设的新技术、新材料、新设备、新工艺以及建设工程项目管理新理论、新方法，以适应建设工程项目管理发展的需要。

为此，我们组织有关单位及行业专家编写了二级注册建造师继续教育教材，包括：《管理综合》《建筑工程》《公路工程》《机电工程》《市政公用工程》《水利水电工程》《矿业工程》和《注册建造师执业指南》《注册建造师施工成本管理案例解析》《注册建造师执业法律案例解析》《建造师执业资格制度释义及文件汇编》《注册建造师施工管理签章文件填表示范》（上、下册）《注册建造师法律法规及政策选编》等。

本系列教材既是二级注册建造师继续教育教材，也可作为工程建设领域项目管理及工程技术人员的参考用书。

编委会

2019年2月

编写说明

本书依据《注册建造师继续教育管理办法》，组织有关机电工程行业富有技术和管理实践经验的专家、教授编写，包括五个部分：机电工程项目前沿理论和实践探索；机电工程新技术及应用；机电工程典型工程案例介绍；机电工程项目施工相关法律法规与标准规范；注册建造师（机电工程）相关制度介绍。本书突出了机电工程项目技术和施工管理的特点，着眼于提高注册建造师（机电工程）综合素质和执业能力。

本书为二级注册建造师（机电工程）专业的继续教育指导用书，亦可作为高等学校工科相关专业和从事建设行业人员的参考用书。

本书主编为王清训。副主编有：陆文华、胡富申、要明明、胡茄、臧起喜。编委有：吴月华、陈大友、任予锋、付慈英、史均社、丁志升、曹冬冬、周武强、王磊、郭育宏、张德权、袁洪章、吕莉、陈前银、范进科、郭庆元、曾宪友、荆永强。

在本书的编写过程中，得到了中国安装协会、中国机械工业建设集团有限公司、上海市安装工程集团有限公司、中化二建集团有限公司、山西安装集团有限公司、成都建工工业安装集团有限公司、中国电建集团山东电力建设第一工程有限公司、陕西建工安装集团有限公司、浙江省安装协会、四川省安装协会、中国建筑一局集团有限公司、中国建筑三局集团有限公司、中国石油第六建设公司、中国第三冶金建设公司、中材建设有限公司、中国冶金建工安装公司、中国机械设备工程股份有限公司、中国机械工业机械工程建设有限公司、四川省第六建设有限公司、四川省工业设备安装公司、重庆工业设备安装集团有限公司、北京市住总安装公司等单位的大力支持和协助。在此表示衷心的感谢。

本书虽经征求意见、审查修改、补充完善，但仍难免存在不足，恳切希望读者提出宝贵意见。

本书编写组

2019 年 2 月

目 录

第一章　机电工程项目管理

第一节　机电工程项目管理的发展

一、机电工程项目管理现状

在机电工程项目管理领域我国与西方发达国家相比还有相当大的差距，具体表现在以下几方面：

（1）没有一个自始至终贯穿机电工程项目建设全过程的企业性经济管理组织，“项目上马建班子、项目完工散摊子”的现象还十分普遍。

（2）法律、法规不健全，尽管我国已经有了相关法律、规章，但仍没有一个在机电工程项目管理专业和行业范围的指导性实施准则。

（3）不重视项目的可行性研究。投资者普遍不重视项目的可行性研究而盲目投资，往往造成巨大经济损失，也为后来的工程事故埋下了祸根。

（4）项目管理人员素质普遍较低。目前我国机电工程项目管理人才培养和资质认定工作多偏重于承包商和监理工程师方面，忽视了对业主项目管理人员的培训、考核和资质认定，造成我国项目管理人员素质的低下。

二、机电工程项目管理发展趋势

机电工程规模大型化、机电设备模块化、机电设备精细化、机电设备一体化、资源配置全球化、先进技术推广应用，推动了机电工程项目管理的发展，尤其在机电工程项目管理的国际化和机电工程项目管理的信息化上发展趋势明显。

1. 机电工程项目管理的国际化趋势

随着我国改革开放步伐的进一步加快，中国经济日益深入地融入全球市场，在我国的跨国公司和跨国项目越来越多。许多机电工程项目要通过国际招标、咨询或 BOT 方式运作。企业走出国门在海外投资和经营的项目也在增加。与此同时，机电工程项目管理的国际化正形成趋势和潮流，项目管理的国际化趋势日益明显。

2. 机电工程项目管理的信息化趋势

伴随着网络走进千家万户，以及知识经济时代的到来，机电工程项目管理的信息化已成必然趋势。目前西方发达国家的一些项目管理公司已经在项目管理中运用了计算机网络技术，开始实现了项目管理网络化、虚拟化。

三、机电工程项目管理理念

机电工程项目管理是在有限的资源约束下，通过项目经理和项目组织的努力，运用系统理论和方法对项目涉及的全部工作进行有效管理，以实现项目目标。从竞争力角度分析，现代企业的竞争能力由低到高表现为产品和服务、技术、管理、人才、团队、机制、规则、理念八个层面，它们的相互交融和集中则构成了现代企业的核心竞争力。因此，按机电工程项目管理的理念、模式与方法改造企业的经营与管理流程，就成为提升现代企业核心竞争力的有效手段，贯彻机电工程项目管理新理念，提高企业项目管理水平，对提升施工企业核心竞争力具有重要意义。其重要性主要体现在以下三个方面：

（1）机电工程项目管理的柔性管理“扁平化”机制，通过建立一种集约、高效、紧贴市场和发包方的全新机制，拉近了收益与风险约束激励环节。

（2）以“团队”作战为核心，建立综合有效的团队意识和体制，在长期的磨合运作发展中，打造出一支综合素质优良、业务技能过硬、具有战斗力的团队，形成以机电工程项目管理为核心，完善服务为先导，项目经理综合化、职业化的新型团队管理体制。团队改变原本职能单一为各职能充分结合，提升了团队成员的创新意识、全员参与的热情，使员工的绩效考评体系和工作质量考评体系有机结合，个人利益最大化和公司利益最大化实现最优组合。

（3）以创新为动力，不断适应变化的服务需求。激烈的市场竞争，要求敢于突破传统的束缚，即突破社会障碍和思想方法的障碍。机电工程项目管理知识体系就是不断适应市场需求，满足利益相关者需求的创新实践基础理论和技术工具，以实现施工企业和发包方价值的最大化。

四、机电工程项目承包模式

1. 机电工程传统承包模式

传统的设计—招标—施工（Design - Bid - Build）工程承包模式。它的体系就是业主—设计方—总包商—分包商，主要特征在于：设计工作先于施工；承包商执行设计；总包商承担整个工程；总包商将监督分包商的工作，对分包商的履行合同情况负责。

2. 机电工程承包模式的新发展

简单的工程承包（设计—施工模式）阶段：DB 模式（Design - Build）是指由单一承包商负责项目的设计与建造。DB 模式是近年建筑市场增长最快的一种项目建设与交付模式，是技术、经济、管理和法规的整合，是实现业主要求的时间、成本和质量“最佳”组合的主要途径之一。

系统承包（总承包模式）阶段：

（1）工程项目总承包。现在流行的工程项目总承包模式有 EPC 模式和 Turn - Key 模式。

EPC 总承包模式（Engineering - Procurement - Construction，也称设计—采购—建造模

式）是指工程总承包企业按照合同约定，负责工程项目的设计、采购、施工安装、协助式运行服务等工作，并对承包工程的质量、安全、工期、造价全面负责。

Turn - Key 模式（也称交钥匙模式）是指承包商负责工程项目的设计、采购、施工安装和试运行服务全过程，最终向业主提交一个满足使用功能、具备使用条件的工程项目。EPC 模式与 Turn - Key 模式之间最重要的区别就是调试和试运行阶段合同责任的划分。EPC 模式下，试运行任务由业主承担主要责任，EPC 总承包商只是配合、辅助业主完成试运行任务及试运行期间的设备、系统调试。而在 Turn - Key 模式下，试运行任务及期间的设备系统调试工作均由承包商负主要责任，业主仅予以积极配合完成试运行，负次要合同责任。

（2）工程管理总承包。代理型（CM/Agency）模式的特点是总承包商本身通常并不对施工承担责任。此种模式不适合经验不足的业主，因为管理总包商无需对分包商的履约行为承担责任，业主自己要承担风险。

全方位的价值链创新（全过程承包模式）阶段。当前工程承包中广泛流行的 BOT 模式和 PPP 模式，就是这种价值链创新的一个重要成果。

（1）BOT 模式。BOT（Build - Operate - Transfer，即建造—运营—转让）是指项目所在地政府将通常由国家公营机构承担的大型基础设施或工业项目的设计、建设、运营、融资与维护的权利特许给国内外私营机构的合同商或主办人，允许该私营机构在特许期限内运营该设施，特许其在该期限内收回对该项目的投资运营与维修费用以及一些合理的服务费、租金等其他费用，以使该私营机构有能力偿还该工程所有的债务并取得预定的资金回报收益；然后在规定的特许期限届满后，将该设施转让给项目业主方的政府。按照不同的工程项目，其产品或产出可以出售给公营机构或直接出售给最终消费者。

（2）PPP 模式。PPP（Public - Private Partnership，即“公私合伙”或“公私合营”）在这种合作中，参与合作的各方将共同承担与项目建设和融资有关的责任与风险，使合作各方均达到与单独行动更为有利的结果。这使 PPP 成为一种独特的项目融资与建设形式。

第二节　机电工程项目信息技术的发展

一、机电工程项目信息系统

1. 国外机电工程项目信息系统的发展概况

世界各国，特别是发达国家，对运用信息技术、提升机电工程项目都特别重视和支持。目前，依据各类 IT 技术以及快速、广泛的互联网，通过供需链的研究，重组社会资源，促进机电工程项目技术进步已成为一种发展趋势。由于机电工程项目施工场地一般在露天，环境比较恶劣，因此机电工程项目建设管理相对于制造业来讲，应用信息技术更为困难。

工业发达的国家和地区在建立建筑市场和建筑产品管理信息系统方面都有一定的规范要求和措施，如美国为管理政府项目而做的“政府项目招投标系统”，日本的“公共工程综合信息系统”，都注重在信息资源的管理、开发和应用上做文章。

从国外建筑业企业信息技术应用上来看，大体经历着三个过程：

单项业务应用，体现于企业管理与办公室自动化、招投标、施工管理与技术、质量与安全等方面。项目中人员的沟通比传统的沟通手段（电话、传真与会议等）增加了 E－mail 和 Web 网站。

除了单项业务应用外，网上虚拟协同施工，部分业务采用电子商务，美国、日本、韩国等国以及西欧地区许多建筑业企业都已经开始这样做了。有人预计在近十年内，这种项目建设方式将成为国际标准。由于信息技术发展特别是互联网通信技术的发展，西方发达国家已把振兴建筑业、塑造顶尖建筑公司的希望寄于工程项目协同建设系统上。对每一个工程项目建设提供一个网站，该网站专用于该工程项目建设，其生命周期同于该项目的建设周期。该网站应具有业主、设计、施工、监理等分系统，通过电子商务联结到建筑部件、产品、材料供应商，同时具有该项目全体参与者协同工作的管理功能模块，包括工作流程，安全运行机制，信息交换协议与众多分系统接口。该项目建设过程中所有的信息，包括合同法律文本、CAD 图纸、订货合同、施工进度、监理文件等均在该网站上。网站还提供施工现场实时图像。该网站完全与工程项目建设在信息上同步。

采用全集成与自动化的项目处理系统（FIAPP，Fully Integrated and Automated Project Processes)，这是目前国际上研究开发的基于信息技术的工程项目建设的最高水平，主要是由美国提出并在研究之中，据说已有初步原型。FIAPP 系统的思路是研究支持集成与协同工作环境的 IT 模型，该模型支持工程项目的全生命周期，以此模型为基础，完成工程项目建设集成与自动化（集成含义还包括人、机构、管理、资金等)。主要采用的 IT 技术有：三维模型与模拟现实；数据交换标准化；数据中心设计与构建；全生命周期的数据管理；工程应用（含电子商务)；基于互联网的 WEB。

2. 国内建筑业企业管理信息系统的发展概况

在我国，建筑领域信息化得到人们的重视是“九五”以来的事情。

1996 年，在原建设部颁布的《建筑技术政策纲要（1996—2010)》的全部 20 项中，有一项就是要求“大力推广应用计算机技术”，但还没有提到建设领域信息化的概念。

2001 年 2 月，原建设部在颁布的《建设领域信息化工作基本要点》中，首次明确地提出了建设领域信息化这一概念。

2003 年 11 月，原建设部颁发了《2003—2008 年全国建筑业信息化发展规划纲要》，明确指出了我国建筑业信息化的总体目标，重点提出了“经营管理信息系统（办公自动化集成系统)”和“综合项目管理系统”两大系统。

2007 年 10 月 18 日，原建设部建筑市场管理司发布了《建筑业企业资质管理规定实施意见》(建市〔2007〕241 号)，给出了“施工总承包企业特级资质标准信息化考评表”，对申报特级资质的施工企业的信息化建设明确提出 6 大项 24 小项的考核点及考核内容，可以总结为基础环境建设（包括网络设备硬件环境及管理制度软环境）及应用系统两大部分内容。

我国建筑业企业计算机软件的应用发展经历了：

20 世纪 80 年代，我国开始在建筑业使用一些工具软件，从而在一定程度上提高了企业的效率。

20 世纪 90 年代，随着信息技术的快速发展，加上办公自动化的普遍兴起，项目管理软件由单纯的网络进度计划管理开始向资源管理发展，并进而集成了概预算软件、招投标软件、现场平面布置软件、施工组织设计软件、工程量自动计算软件等，使项目管理软件开始向集成化方向发展。

20 世纪中后期，以三峡工程、小浪底工程、大型电厂建设、化工厂建设、钢铁厂建设、高速公路、大型桥梁、奥运工程等为代表的一些大型工程项目的信息化带动了项目管理信息系统的升级，制造业信息化的成果也开始被引入大型建筑业企业，建筑业企业各职能部门开始将企业信息化提上日程，各类市场经营管理信息系统、人力资源管理信息系统、合同管理信息系统、成本管理信息系统、质量管理信息系统、进度管理信息系统、风险管理信息系统开始大量涌现。

20 世纪 90 年代末至今，随着国际互联网的飞速发展和现代通信技术的突飞猛进，基于网络的实时远程项目管理新型系统已经成为提高企业管理水平和核心竞争力的重要手段，信息化为企业描绘了美好的前景，并带来了可观的经济效益。办公自动化系统、企业级综合项目管理信息系统、项目级施工项目管理信息系统是主要代表。

二、建筑信息模型（BIM）技术

1. BIM 的特征

（1）BIM 概述。2000 年以后，建筑信息模型（Building Information Modeling，BIM）在软件开发企业大力推广下开始引起业内人士的关注。随着建筑行业的发展，业主对建筑生产的要求日益提高，他们希望建筑产品的成本逐渐降低，质量逐步提高，能按照计划工期准时地将设施交付使用，降低项目建设过程中存在的风险。在此背景下，BIM 技术在行业的应用越来越广泛。

BIM 是指在建筑设计施工的全寿命周期创建和管理建筑信息的过程，这一过程需要在设计与施工全过程应用三维、实时、动态的模型软件来提高建设生产效率，而创建的模型涵盖了几何信息、空间信息、地理信息、各种建筑组件的性质信息及工料信息。

BIM 的作用是使建设项目信息在规划、设计、建造和运营维护全过程充分共享、无损传递，可以使建设项目的所有参与方在项目从概念产生到完成建筑的整个生命周期内都能够在模型中操作信息和在信息中操作模型，进行协同工作，从根本上改变过去依靠文字符号形式表达的蓝图进行项目建设和运营管理的工作方式。

（2）建筑信息模型具备以下特征：

①采用智能化（计算机可以识别的）与数字化的方式来表示建筑构件；

②构件中内含的信息可以表达构件的属性和行为，支持数字化的分析工作；

③模型中所有的信息可以达到一致关联。如果某一个信息改变，所有关联的信息都将随之改变；

④模型的数据库将作为建设过程中产品信息的唯一来源。

2. BIM 的运用将为机电安装企业带来巨大的改变

BIM 是引领建筑业信息技术走向更高层次的一种新技术，它的全面应用将为建筑业界的科技进步带来无可估量的影响，大大提高建筑工程的集成化程度。

BIM 技术给建设行业带来的改变和价值贯穿从项目的规划、设计、施工、运营直至报废的全寿命周期。作为建设项目生命周期中至关重要的施工阶段，BIM 的运用将为机电安装企业带来巨大的改变，带来如下的价值：

（1）碰撞检测。通过 BIM 技术，在虚拟的三维环境下由计算机自行完成管线与结构构件之间的碰撞检测，尽量减少现场的管线碰撞和返工现象，以最实际的方式体现降本增效，践行低碳施工的理念。如图 1－1 所示。

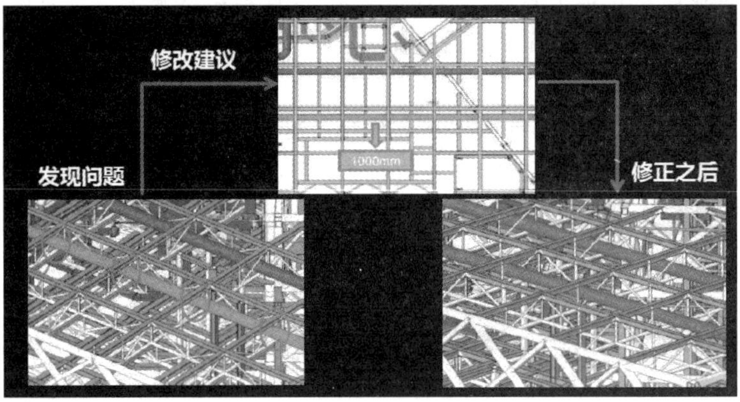

图 1－1 碰撞检测示例图

（2）深化设计与管线综合。利用 BIM 软件可以在项目开始阶段，实现各专业的协同，进行机电专业的深化设计，在综合过程中满足各种国家规范要求，满足系统使用要求，尽量避免多余管件，减小系统阻力，考虑预留足够的检修空间，考虑实际管件的采购及制作，考虑支吊架的制作及安装，从而大大提高了设计师管线综合设计的技术解决能力，并大量避免了施工过程中可能会出现的管线碰撞和返工问题。如图 1－2 所示。

图 1－2 深化设计示例图

（3）4D 施工模拟。在 BIM 三维模型的基础上将时间概念加进去即可实现四维模拟，避免施工延期和拖拉。通过四维模拟不仅可以直观地体现施工的界面、顺序，还可以使总承包与各专业施工之间的施工协调变得清晰明了；通过四维施工模拟与施工组织方案的结合，能够使设备材料进场、劳动力配置、机械排版等各项工作的安排变得最为有效、经济。设备吊装方案及一些重要的施工步骤，现在都可以用四维模拟的方式很明确地向业主、审批方展示出来。如图 1－3 所示。

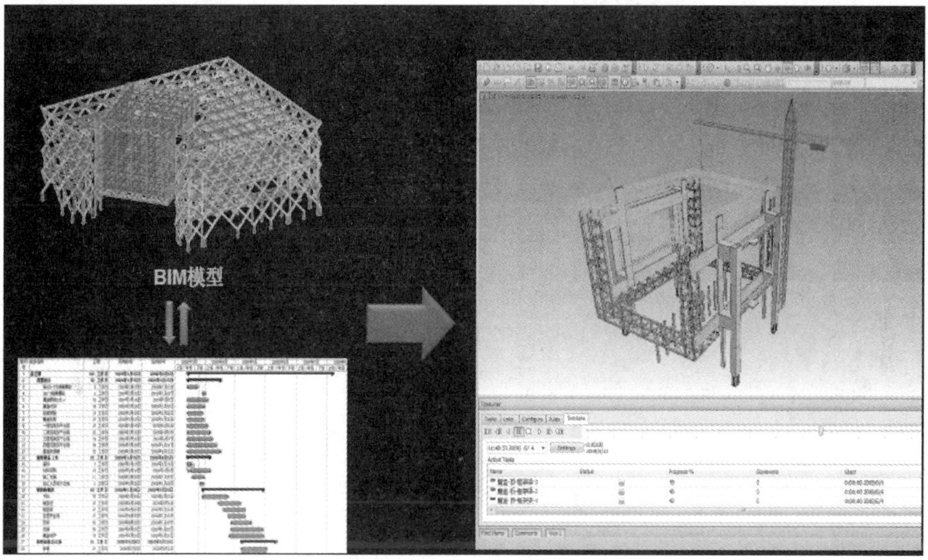

图 1－3　4D 施工模拟示例图

（4）施工方案优化。普通二维设计，很多数据和注释都是通过二维来表现，并且按照国家标准设计和出图，通过 BIM 设计，可以直观查看设计方案，迅速更改和调整方案，达到施工方案优化。如图 1－4 所示。

图 1－4　施工方案优化示例图

（5）施工工程量统计。BIM 模型采用参数化设计，将所有关联的工程信息有序地组织、储存起来，并对其进行各种分析计算，使工程信息成为一个有机的整体。为项目利益相关者提供所需的各类报表，如门窗明细表，材料表，工程量清单，管线、弯头以及机械设备清单等，以确保项目信息的准确性和实时性。如图1-5所示。

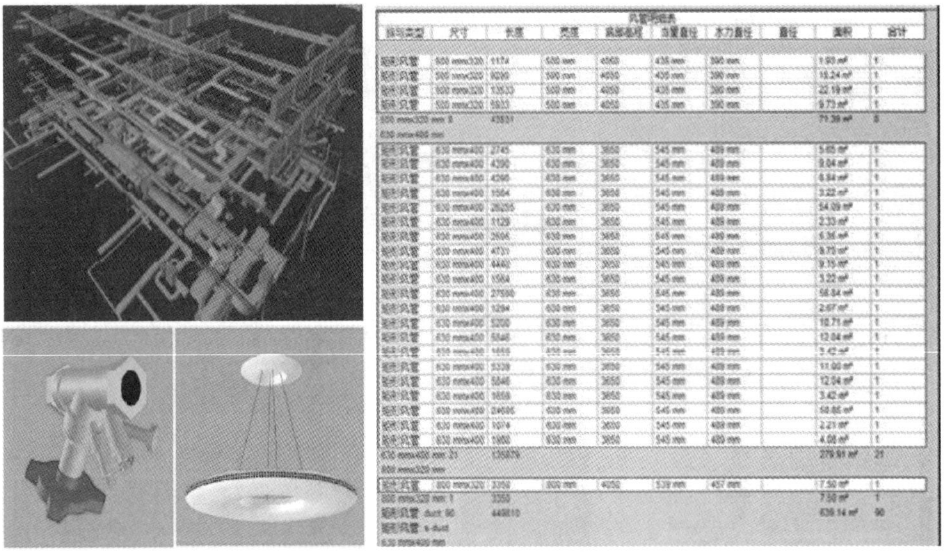

图1-5 施工工程量统计示例图

（6）预制件加工。预制件是预先制作的构件，需要前期通过设计数据进行生产加工。BIM提供的数据非常精确，可快速精准生产加工出预制件，避免材料浪费。如图1-6所示。

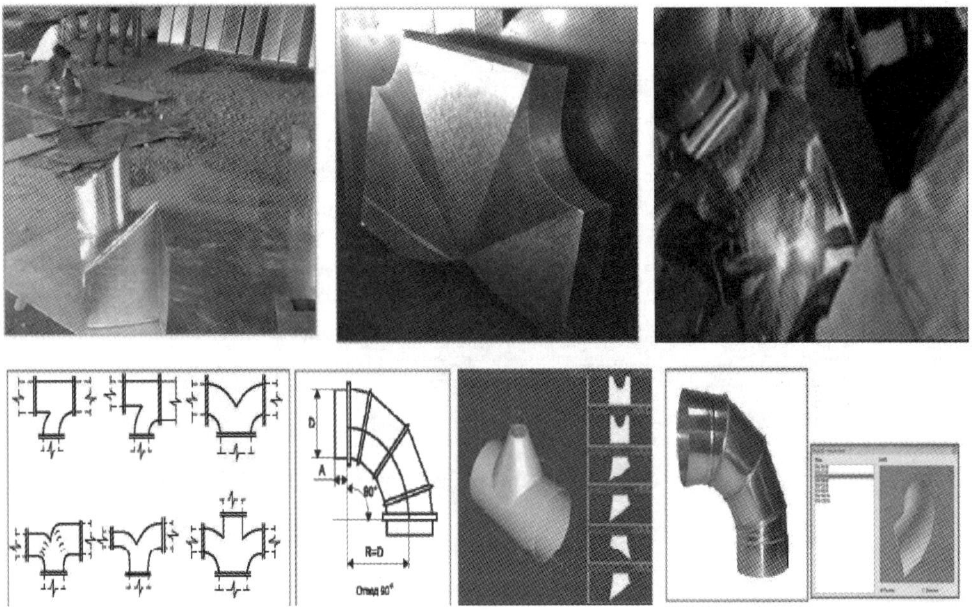

图1-6 预制件加工示例图

（7）施工质量监控及安装指导。传统施工进度经常延期或滞后，而且无法控制施工质量，质量不合格必将返工，BIM 创建的三维信息模型，可以模拟现场施工进度，通过现场监控对施工质量进行管理。另外，对现场安装的预制件出厂、运输、安装、调试全部过程进行实时监控，可保证质量，按进度完成施工。如图 1 -7 所示。

图 1 -7　施工质量监控示例图

（8）施工过程监控。施工过程监控是新的施工管理方式，是将现场施工过程、图像、进度等信息通过 REID 仪器传到决策者 PC 或终端设备中，同三维模型进行对比，完成施工过程管理和监控。如图 1 -8 所示。

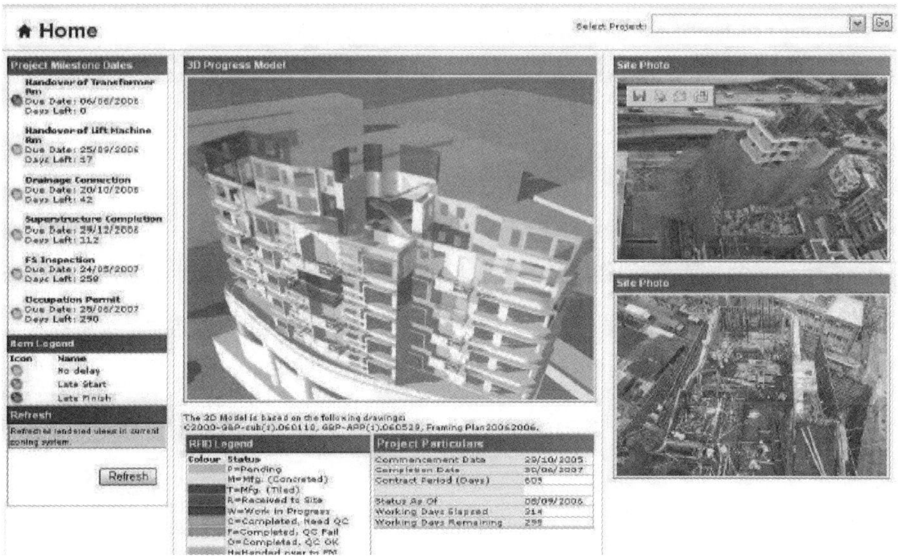

图 1 -8　施工过程监控示例图

（9）施工材料管理。BIM 创建的三维模型，对整个项目材料进行统计和概算，甚至将材料制造商信息添加到模型中，方便施工管理。

（10）直观沟通。传统设计是二维设计图纸，只有专业设计工程师和施工技术人员可以读懂图纸，其他人员无法理解图纸信息，BIM 创建的三维信息模型可以方便业主、设计师、施工人员直观进行沟通，方便决策者修改和确定。

3. BIM 在机电安装行业的应用现状

（1）国外应用现状。根据 McGraw－Hill 机构 2010 年的调研结果，BIM 在欧美已经具有了相当高的普及率并且每年都在急剧地增长，北美 2009 年 BIM 在建筑行业的普及率为 49%，欧洲 2010 年 BIM 在建筑行业的普及率为 36%。

（2）国内应用情况。虽然国内 BIM 技术的起步相对国外较晚，但目前很多建筑企业甚至建筑机电安装单位都已经开始组建团队发展 BIM 技术，BIM 技术也的确带来了丰厚的回报。

（3）应用实例。某公司于 2018 年投入专项费用购置 BIM 三维设计相应软硬件设施，并组建 BIM 技术团队，将先进的 BIM 技术引进，在全公司范围应用推广，提升公司项目管理能力，降低项目成本，提升公司核心竞争力。目前在市场投标和项目实施阶段已取得初步成效，主要应用包括：

①市场投标阶段。重点及特殊项目的投标三维模型搭建，实现各视点的效果图和巡航漫游动画以及重点或难点安装工序展示，在述标过程中通过直观的三维图及视频对相应技术方案进行展示，取得了良好的效果。如图 1－9、图 1－10 所示。

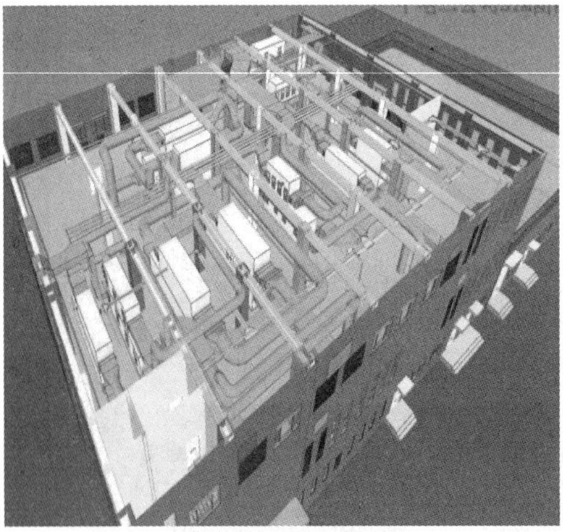

图 1－9 三维巡航漫游

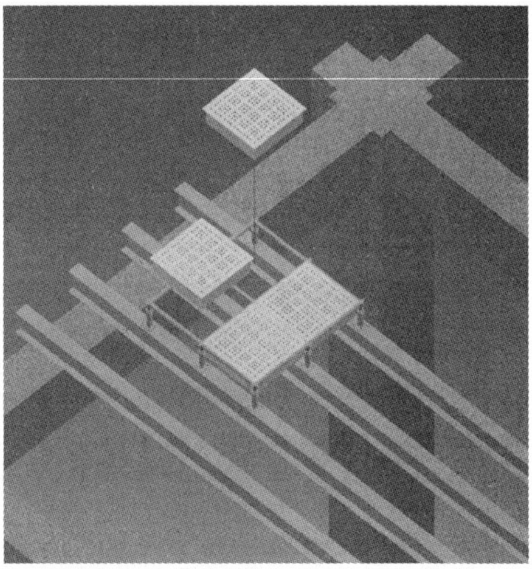

图 1－10 重点安装工序展示

优化方案。在技术标制作过程中，辅以三维图片，展示优化或深化设计初步方案，各专业专项技术方案提供三维详图和节点图，提高技术标的可读性及质量。如图 1－11 所示。

②项目实施阶段。利用 BIM 技术辅助项目实施阶段的深化设计。对各专业管线进行空间管理，碰撞检测，合理设计共用管架，各专业管线立体空间分层规划以及动力设备安装布局管理等，使深化设计由二维拓展为三维，更好地帮助技术人员提前发现问题，并解决原设计存在的问题。如图 1－12 所示。

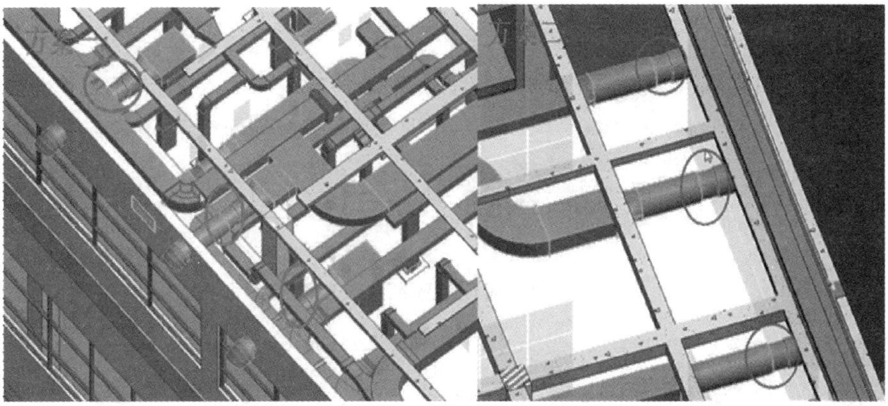

图 1－11 优化方案对比图

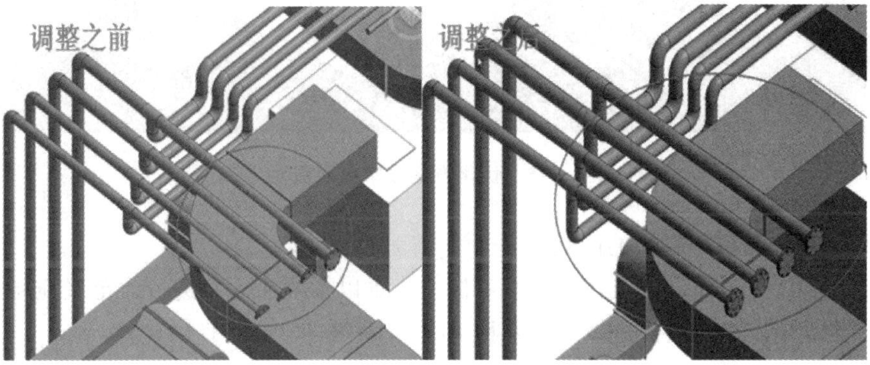

图 1－12 碰撞检测对比图

对质量进行有效监控。利用 BIM 技术可以模拟出复杂区域、管线密集区域和复杂节点完成后的效果，及时对管线的最终排布提出意见，确保布局的合理、美观，指导现场作业人员施工，严控安装过程质量，对质量进行有效监控。如图 1－13 所示。

图 1－13 现场施工场景与三维图比对

加快进度，降低成本。对预制件加工详图及步骤设计，使工程产品化、安装装配化，加快项目实施进度，避免返工，降低工程成本。如图 1－14 所示。

便于方案报审。通过三维设计直观展现优化方案，方便方案报审。如图 1－15 所示。

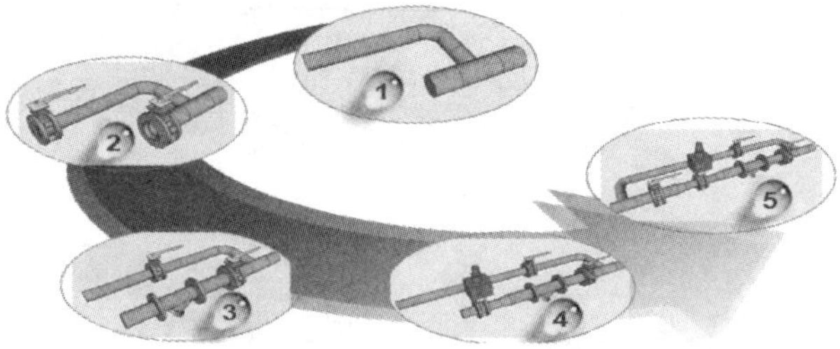

图 1－14 阀门组预制加工装配图

图 1－15 优化方案报审效果图对比

（4）BIM 技术应用存在的问题。

①管理制度、工作流程及技术标准不健全，难以系统深入地进行大范围应用推广，各专业族库建立还不成体系，难以全面发挥 BIM 技术项目实施管理的优势。

②团队组建人员学习和应用 BIM 不够，工作效率不高，BIM 技术能力提升缓慢，对市场投标和项目实施形成有效支持有限。

③市场投标的需求量较大，为提高中标率，市场部门希望能有 BIM 技术的协助，而国内大多数的项目业主在项目实施阶段，目前并没有硬性要求，更多地是希望在不额外增加费用的前提下运用 BIM 技术，推广范围有限。

④对 BIM 技术的理解不够深入，多数人将 BIM 技术等同于画三维图，非常适合于投标阶段使用，但 BIM 技术主要功能是用来实现项目全过程的实施管理，在三维建模的基础上实现碰撞检测、空间管理、方案优化、进度模拟、工程量提取、成本控制、质量管控等。

⑤目前，国内的业主方在项目建设过程全面采用 BIM 技术进行项目管理的为数不多，而且经常将一个项目肢解为多个标段，仅凭某个机电承包商运用 BIM 技术，难以实现全项目的实施管理，团队实战经验不足，能力提升相对较慢，应用推广困难，BIM 技术的优势也难以发挥。

4. BIM 技术应用对策

BIM 技术的应用推广范围有限，技术能力提升较慢，要想充分发挥 BIM 技术的价值，应从以下几个方面着手：

（1）BIM 团队组建以后，首先应着手建立 BIM 技术应用的相关制度，工作流程及技术标准，并获得企业领导层大力支持，按既定的要求和标准有序地开展工作，按专业分系统建立适合企业自身个性化的族库，随着参与的项目的增加，族库内容越来越丰富，后续的工作将会事半功倍。

（2）进入 BIM 团队的人员应该是有选择性的，一个熟悉电脑的或建模能力较强的年轻项目工程师是不一定能完全胜任这项工作的，尽可能选择一些有这方面兴趣爱好、空间想象能力较强的同时具备施工和协调、工程量提取和预算、施工计划和生产管理等关键施工技能经验的人员，只有这样才能在三维建模的基础上灵活运用 BIM 技术来实施项目管理。

（3）运用 BIM 技术辅助市场投标固然也可以，但同时应加大 BIM 技术的宣贯培训力度，使大多数人员能够真正理解 BIM 技术的概念及其真正的价值所在，纠正 BIM 技术等同于画三维图的观念。

（4）目前国内的业主方在项目建设过程全面采用 BIM 技术进行项目管理的虽然为数不多，但部分外资项目已经悄然在投标阶段就要求国内机电安装企业具备 BIM 技术能力，这样的项目一旦中标，一定要给 BIM 团队实战的机会，同时学习国外公司运用 BIM 技术的经验，对于国内的业主方在投标阶段应多进行沟通，说明 BIM 技术的价值所在，并在投标中计入相应的费用，或前期由安装企业自行承担费用寻找合适的项目进行试点，相信只要 BIM 技术能力真正得到提升，与其他企业的差异化竞争优势也就形成了。

（5）在现有三维深化设计等简单应用的基础上，逐步把 BIM 技术的其他功能应用到项目实施管理中去，真正实现从 3D 到 4D 及 5D 的飞跃，同时可以根据各自涉及行业的特点，对 BIM 的相应软件进行个性化的二次开发。

（6）为更好地满足市场投标需求，可以在 BIM 团队的基础上，增加熟悉 3D Max 软件应用的专业人员，配合 BIM 软件进行投标三维动画制作。

（7）随着建筑行业的发展，业主对建筑生产的要求日益提高，希望建筑产品的成本逐渐降低，质量逐步提高，能按照计划工期准时地将设施交付使用，降低项目建设过程中存在的风险。

（8）随着社会对可持续设计与可持续建设的呼声越来越高，传统的粗放低效的建设生产模式已经越来越不能满足社会发展的要求，BIM 技术是顺应建设行业发展的需要而产生的，它将代替现在传统基于二维的建设模式，将是未来建设行业发展的趋势，企业应大力发展 BIM 技术，逐步拓宽其应用范围，发挥其项目实施管理优势，不断提升 BIM 技术能力，与其他企业形成差异化竞争优势，方可在市场竞争中立于不败之地。

第二章　机电工程技术

第一节　机电工程新技术

一、基于 BIM 的管线综合技术

1. 技术内容

（1）深化设计优化。机电工程施工中，水、暖、电、智能化、通信等各种管线错综复杂，各管路走向密集交错，若在施工中发生各专业管路碰撞情况，则会出现大面积拆除返工现象，甚至会导致设计方案的重新修改，不仅浪费材料、延误工期，还会造成二次施工，增加项目成本。基于 BIM 的管线综合技术可将建筑、结构、机电等专业模型整合，再根据各专业要求及净高要求将综合模型导入相关软件进行碰撞检测，根据碰撞报告结果对管线进行调整、避让，对设备和管线进行综合布置，从而在工程开始施工前发现问题，通过深化设计进行优化和解决问题。

（2）多专业有效协调。暖通、给排水、消防、强弱电等各专业由于受施工现场、专业协调、技术差异等因素的影响，不可避免地存在很多局部的、隐性的专业交叉问题，各专业在建筑某些平面、立面位置上产生交叉、重叠，无法按施工图作业。通过 BIM 技术的可视化、参数化、智能化特性，进行多专业碰撞检测、净高控制检查和精确预留预埋，或者利用基于 BIM 技术的 4D 施工管理，对施工过程进行预模拟，对各专业进行事先协调，可以减少因技术错误和沟通错误带来的协调问题，大大减少返工，节约施工成本。

（3）现场布置优化。随着建筑业的发展，对项目的组织协调要求越来越高，项目周边环境的复杂往往会带来场地狭小、基坑深度大、周边建筑物距离近、绿色施工和安全文明施工要求高等问题，并且一些工程施工现场作业面大，各个分区施工高低差大，现场平面布置不断变化的频率越来越高，现场复杂多变给项目现场合理布置带来困难。BIM 技术的出现给平面布置工作提供了一个很好的方式，通过应用工程现场设备设施族资源，可以充分利用工程场地模型与建筑模型，将工程周边及现场的实际环境以数据信息的方式挂接到模型中，建立三维的场地平面布置，并通过参照工程进度计划，可以形象直观地模拟各个阶段的现场情况，实现现场平面布置合理、高效。

（4）进度优化。比选建筑工程项目进度管理在项目管理中占有重要地位，而进度优化是进度控制的关键。基于 BIM 技术可实现进度计划与工程构件的动态链接，可通过甘特图、网络图及三维动画等多种形式直观表达进度计划和施工过程，为工程项目的施工方、监理方与业主方等不同参与方直观了解工程项目情况提供便捷的工具。

形象直观、动态模拟施工阶段过程和重要环节施工工艺，将多种施工及工艺方案的可实施性进行比较，为最终方案优选决策提供支持。基于 BIM 技术对施工进度可实现精确计划、跟踪和控制，动态地分配各种施工资源和场地，实时跟踪工程项目的实际进度，并通过计划进度与实际进度进行比较，及时分析偏差对工期的影响程度以及产生的原因，采取有效措施，实现对项目进度的控制。

（5）BIM 综合管线的实施流程。设计交底及图纸会审→了解合同技术要求、征询业主意见→确定深化设计内容及深度→制定出图细则和出图标准→制定详细的深化设计图纸送审及出图计划→机电初步深化设计图提交→机电初步深化设计图总包审核、协调、修改→图纸送监理、业主审核→机电综合管线平剖面图、机电预留预埋图、设备基础图、吊顶综合平面图绘制→图纸送监理、业主审核→深化设计交底→现场施工→竣工图制作。

2. 技术指标

《建筑给水排水设计规范》（GB50015）、《采暖通风与空气调节设计规范》（GB50019）、《民用建筑电气设计规范》（JGJ16）。

3. 适用范围

工业与民用建筑工程、交通轨道工程、电站等所有在建及扩建项目。

二、机电管线及设备工厂化预制技术

1. 技术内容

工厂模块化预制技术是将建筑给排水、采暖工程、建筑电气工程、智能化建筑工程、通风与空调工程等领域的建筑机电产品按照模块化、集成化的思想，从设计、生产到安装和调试深度结合集成，通过这种模块化及集成技术对机电产品进行规模化的预加工，工厂化流水线制作生产，从而实现建筑机电安装标准化、产品模块化及集成化。利用这种技术，不仅能提高生产效率和质量水平，降低建筑机电工程建造成本，还能减少现场施工工程量，缩短工期，减少污染，实现建筑机电安装全过程绿色施工。

（1）管道工厂化预制施工技术。采用软件硬件一体化技术，详图设计采用“管道预制设计系统”软件，实现管道单线图和管段图的快速绘制；预制管道采用“管道预制安装管理系统”软件，实现预制全过程、全方位的信息管理。采用机械坡口、自动焊接，并使用厂内物流系统整个预制过程形成流水线作业，提高了工作效率。可采用移动工作站预制技术，运用自动坡口机、切割机、自动焊接机械和辅助工装，快速组装形成预制工作站，在施工现场建立作业流水线，进行管道加工和焊接预制。

（2）对于机房机电设施采用标准的模块化设计。泵组、冷水机组等设备形成自成支撑体系的、便于运输安装的单元模块。采用模块化制作技术和施工方法，改变了传统施工现场放样、加工焊接连接作业的方法。

（3）将大型机电设备拆分成若干单元模块制作。在工厂车间进行预拼装、现场分段组装。

（4）主要工艺流程。研究图纸→BIM 分解优化→放样、下料、预制→预拼装→防腐→现场分段组对→安装就位。

2. 技术要点

将建筑机电产品现场制作安装工作前移，实现工厂加工与现场施工平行作业，减少施工现场时间和空间的占用。

3. 适用范围

适用于大、中型民用建筑工程，工业工程，石油化工工程的设备、管道、电气安装。

三、工业化成品支吊架技术

1. 技术内容

装配式成品支吊架由管道连接的管夹构件与建筑结构连接的生根构件构成，将这两种结构件连接起来的承载构件、减震构件、绝热构件以及辅助安装件，构成了装配式支吊架系统。除可满足不同规格的风管、桥架、系统工艺管道的应用，尤其在错层复杂的管路定位和狭小管笼、平顶中施工，更可发挥灵活组合技术的优越性。

（1）技术特点。根据BIM模型确认的机电管线排布，通过数据库快速导出支吊架型式，经过强度计算结果进行支吊架型材选型，设计制作装配式组合支吊架，现场仅需简单机械化拼装，减少现场测量、制作工序，降低材料损耗率、安全隐患，实现施工现场绿色、节能。

综合管廊是一个自成独立框架的钢结构模块，通过多个支托构件与主结构模块的立柱以及管廊吊柱连接起来，从而和主结构模块的框架成为一个整体。具体连接结构为：在主结构模块立柱以及管廊吊柱需要与支托构件连接处焊接连接板，支托构件通过柱连接螺栓与连接板连接固定，支托构件通过管廊模块连接螺栓与管廊模块连接固定，把钢结构管廊系统从主体钢结构模块中独立出来，使得管廊系统无论是其钢结构框架还是敷设于其上的管道均可平行于主体钢结构模块进行预制、安装和检验。

（2）施工工艺。

①吊架和支架安装应保持垂直，整齐牢固，无歪斜现象。

②支吊架安装要根据管子位置，找正标高中心及水平中心，生根要牢固，与管子接合要稳固。

③吊架安装要按施工图安装根部，要求拉杆无弯曲变形，螺纹完整且与螺母配合良好牢固。

④在混凝土基础上，用膨胀螺栓固定支吊架的生根时，膨胀螺栓的打入必须达到规定的深度值。

⑤管道的固定支架应严格按照设计图纸安装。

⑥导向支架和滑动支架的滑动面应洁净、平整，滚珠、滚轴、托滚等活动零件与其支撑件应接触良好，以保证管道能自由膨胀。

⑦所有活动支架的活动部件均应裸露，不应被保温层敷盖。

⑧有热位移的管道，在受热膨胀时，应及时对支吊架进行检查与调整。

⑨恒作用力支吊架应按设计要求进行安装调整。

⑩支架装配时应先整型后再上紧锁扣螺栓。

⑪支吊架调整后，各连接件的螺杆丝扣必须带满，锁紧螺母应锁紧，防止松动。

⑫支架间距应按设计要求正确装设。

⑬支吊架安装工作应与管道的安装工作同步进行。

⑭支吊架安装施工完毕后应将支架擦拭干净，所有暴露的槽钢端均需装上封盖。

2. 技术指标

国家建筑标准设计图集《室内管道支架和吊架》（03S402）、《风管支吊架》（03K132）、《电缆桥架安装》（04D701－3）、《室内管道支架及吊架》（03S402）、《装配式室内管道支吊架的选用与安装》（16CK208）（参考图集）。

其他应符合《管道支吊架》（GB/T17116）、《建筑机电抗震设计规范》（GB50981）的相关要求。

3. 适用范围

此技术适用于工业与民用建筑工程、有多种管线、布置空间狭小场所的支吊架安装。特别适用于建筑工程的走道、地下室及走廊等管线集中的部位，综合管廊建设的管道，电气桥架管线，风管等支吊架的安装。

四、金属矩形、圆形风管预制安装施工技术

1. 金属矩形风管预制安装施工技术

（1）技术内容。

①技术特点。金属矩形风管薄钢板法兰连接技术，代替了传统角钢法兰风管连接技术，已在国外有多年的发展和应用并形成了相应的规范和标准。采用“薄钢板法兰连接技术”不仅能节约材料，而且通过新型自动化设备生产使得生产效率提高、制作精度提高、风管成型美观、安装简便，相比传统角钢法兰连接技术可节约劳动力60%左右，节约型钢、螺栓65%左右，而且由于减少防腐工程量，减少了油漆对环境的污染，具有较好的经济及社会效益。

②施工工艺。金属矩形风管薄钢板法兰连接技术，根据加工形式不同分为两种：一种是法兰与风管壁为一体的形式，称之为“共板法兰”；另一种是薄钢板法兰用专用组合式法兰机制作成法兰的形式，根据风管长度下料后，插入制作好的风管管壁端部，再用铆（压）接连为一体，称之为“组合式法兰”。通过共板法兰风管自动化生产线，将卷材开卷、板材下料、冲孔（倒角）、辊压咬口、辊压法兰、折方等工序，通过传送连接起来，形成由不同工位组成的一个连续工序，制成半成品薄钢板法兰直风管管段。风管三通、弯头等异形配件通过数控等离子切割设备自动下料。

③主要施工方法。

A. 薄钢板法兰风管板材厚度为0.5～1.2mm，风管下料宜采用“单片、L型或口型”方式。金属风管板材连接形式有：单咬口（适用于低、中、高压系统）、联合角咬口（适用于低、中、高压系统矩形风管及配件四角咬接）、转角咬口（适用于低、中、高压系统矩形风管及配件四角咬接）、按扣式咬口（低、中压矩形风管或配件四角咬接、低压圆形风管）。

B. 当风管长度尺寸超出规定的范围时，应对其进行加固，加固方式有通丝加固、套管加固、Z型加固、V型加固等。

C. 风管制作完成后，进行四个角连接件的固定，角件与法兰四角接口的固定应稳固、紧贴、端面应平整。固定完成后需要打密封胶，密封胶应保证弹性、黏着性和防霉特性。

D. 薄钢板法兰风管的连接方式应根据工作压力及风管尺寸大小合理选用，用专用工具将法兰弹簧卡固定在两节风管法兰处，或用顶丝卡固定两节风管法兰。弹簧卡、顶丝卡不应有松动现象。

（2）技术指标。《通风与空调工程施工质量验收规范》（GB50243）、《通风与空调工程施工规范》（GB50738）、《通风管道技术规程》（JGJ141）。

（3）适用范围。金属矩形风管薄钢板法兰连接技术适用于通风空调系统中工作压力小于等于1500Pa的系统、风管边长尺寸小于等于2000mm的薄钢板法兰矩形风管的制作与安装。对于风管边长尺寸大于2000mm的风管，应根据《通风管道技术规程》（JGJ141）采用角钢或其他形式的法兰风管，采用薄钢板法兰风管时，应由设计院与施工单位研究制定措施满足风管的强度和变形量要求。

2. 金属圆形螺旋风管预制安装施工技术

（1）技术内容。

①技术特点。螺旋风管又称螺旋咬缝薄壁管，由条带形薄板螺旋卷绕而成，与传统金属风管（矩形或圆形）相比，具有无焊接、密封性能好、强度刚度好、通风阻力小、噪声低、造价低、安装方便、外观美观等特性。根据使用材料的材质不同，主要有：镀锌螺旋风管、不锈钢螺旋风管、铝螺旋风管。螺旋风管制安机械自动化程度高、加工制作速度快，在世界范围内得到了长足的发展。

②施工工艺。

A. 金属圆形螺旋风管采用流水线生产，取代手工制作风管的全部程序和进程，使用宽度为138mm的金属卷材为原料，以螺旋的方式实现卷圆、咬口、合缝压实一次顺序完成，加工速度为4～20m/min。金属圆形螺旋风管一般是以3～6m为标准长度。弯头、三通等各类管件采用等离子切割机下料，直接输入管件相关参数即可精确快速切割管件展开板料。用缀缝焊机闭合板料和拼接各类金属板材，接口平整，不破坏板材表面。用圆形弯头成形机自动进行弯头咬口合缝，速度快，合缝密实平滑。

B. 螺旋风管的螺旋咬缝，可以作为加强筋，增加风管的刚性和强度。直径1000mm以下的螺旋风管可以不另设加固措施；直径大于1000mm的螺旋风管可在每两个咬缝之间再增加一道楞筋，作为加固方法。

C. 金属圆形螺旋风管通常采用承插式芯管连接及法兰连接。承插式芯管用与螺旋风管同材质的宽度为138mm金属钢带卷圆，在芯管中心轧制宽5mm的楞筋，两侧轧制密封槽，内嵌阻燃L型密封条，如图2－1所示。

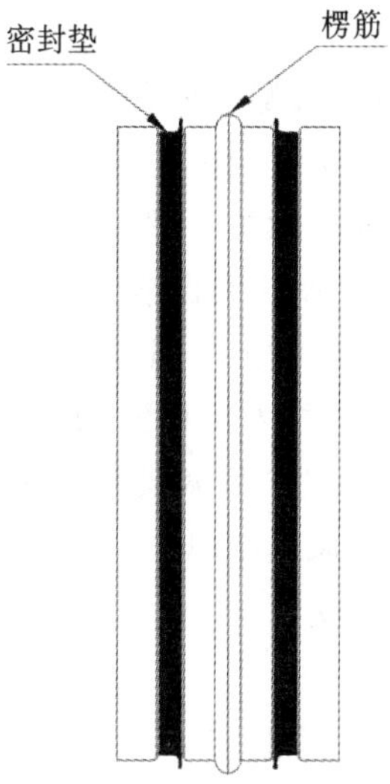

图 2－1　承插式芯管制作示意图

采用法兰连接时，由于螺旋风管接口难以翻边且有咬口缝，圆法兰内接于螺旋风管。法兰外边略小于螺旋风管内径 1～2mm，同规格法兰具有可换性，如表 2－1 所示。法兰连接多用于防排烟系统，采用不燃的耐温防火垫料，相比芯管连接密封性能更好。

表 2－1　内接制作规范

接管口径（mm）	内接板厚（mm）	内接口径（mm）
500	1.0	498
600	1.0	598
700	1.0	698
800	1.2	798
900	1.2	898
1000	1.2	998
1200	1.75	1196
1400	1.75	1396
1600	2.0	1596
1800	2.0	1796
2000	2.0	1996

③主要施工方法。

A. 划分管段。根据施工图和现场实际情况，将风管系统划分为若干管段，并确定每段风管连接管件和长度，尽量减少空中接口数量。

B. 芯管连接。将连接芯管插入金属螺旋风管一端，直至插入至楞筋位置，从内向外用铆钉固定。

C. 风管吊装。金属螺旋风管支架间距约 3～4m，每吊装一节螺旋风管设一个支架，风管吊装后用扁钢抱箍托住风管，根据生根点的结构形式设置一个或者两个吊点，将风管调整就位。

D. 风管连接。芯管连接时，将金属螺旋风管的连接芯管端插入另一节未连接芯管端，均匀推进，直至插入至楞筋位置，连接缝用密封胶密封处理。法兰连接时，将两节风管调整角度，直至法兰的螺栓孔对准，连接螺栓，螺栓需安装在同侧。

E. 风管测试。根据风管系统的工作压力做漏光检测及漏风量检测。

（2）技术指标。《通风与空调工程施工质量验收规范》（GB50243）、《通风与空调工程施工规范》（GB50738）、《通风管道技术规程》（JGJ141）。

（3）适用范围。可用于送风、排风、空调风及防排烟系统。用于送风、排风系统时，采用承插式芯管连接；用于空调送回风系统时，采用双层螺旋保温风管，内芯管外抱箍连接；用于防排烟系统时，采用法兰连接。

五、薄壁金属管道新型连接安装施工技术

1. 技术内容

（1）铜管机械密封式连接。

①卡套式连接：一种较为简便的施工方式，操作简单，掌握方便，是施工中常见的连接方式，连接时只要管子切口的端面能与管子轴线保持垂直，并将切口处毛刺清理干净，管件装配时卡环的位置正确，并将螺母旋紧，就能实现铜管的严密连接。主要适用于管径 50mm 以下的半硬铜管的连接。

②插接式连接：一种最简便的施工方法，只要将切口的端面与管子轴线保持垂直，并去除毛刺的管子，用力插入管件到底即可，此种连接方法是靠专用管件中的不锈钢夹固圈将钢壁禁锢在管件内，利用管件内与铜管外壁紧密配合的“O”形橡胶圈来实施密封的。主要适用于管径 25mm 以下的铜管的连接。

③压接式连接：一种较为先进的施工方式，操作也较简单，但需配备专用的且规格齐全的压接机械。连接时管子的切口端面与管子轴线保持垂直，并去除管子的毛刺，然后将管子插入管件到底，再用压接机械将铜管与管件压接成一体。此种连接方法是利用管件凸缘内的橡胶圈来实施密封的。主要适用于管径 50mm 以下的铜管的连接。

（2）薄壁不锈钢管机械密封式连接。

①卡压式连接：配管插入管件承口（承口“U”形槽内带有橡胶密封圈）后，用专用卡压工具压紧管口形成六角型而起密封和紧固作用的连接方式。

②卡凸式螺母型连接：以专用扩管工具在薄壁不锈钢管端的适当位置，由内壁向外（径向）辊压使管子形成一道凸缘环，然后将带锥台形三元乙丙密封圈的管插进带有承插口的管件中，拧紧锁紧螺母时，靠凸缘环推进压缩三元乙丙密封圈而起密封作用。

③环压式连接：一种永久性机械连接，首先将套好密封圈的管材插入管件内，然后使用专用工具对管件与管材的连接部位施加足够大的径向压力使管件、管材发生形变，并使管件密封部位形成一个封闭的密封腔，然后再进一步压缩密封腔的容积，使密封材料充分填充整个密封腔，从而实现密封。同时将管件嵌入管材使管材与管件牢固连接。

2. 技术指标

应按设计要求的标准执行；无设计要求时，按《建筑给水排水及采暖工程施工质量验收规范》（GB50242）、《建筑铜管管道工程连接技术规程》（CECS228）、《薄壁不锈钢管道技术规范》（GB/T29038）执行。

3. 适用范围

可以广泛地应用于给水、热水、饮用水、排水采暖等管道系统中。

六、内保温金属风管施工技术

1. 技术内容

（1）技术特点。内保温金属风管是在传统镀锌薄钢板法兰风管制作过程中，在风管内壁粘贴保温棉，风管口径为粘贴保温棉后的内径，并且可通过数控流水线实现全自动生产。该技术的运用，使得现场风管安装后省去了二次保温工序，因此可节省风管施工空间提升吊顶标高，同时有利于现场施工效率的提高和现场环境噪声的控制。目前，该技术在国内处于推广阶段，结合上述优势，该技术具有一定新颖性和发展潜力。

（2）施工工艺。相较于普通薄钢板法兰风管的制作流程，在风管咬口制作和法兰成型后，为贴附内保温材料，多了喷胶、贴棉和打钉三个步骤，然后进行板材的折弯和合缝，其他步骤两者完全相同。这三个工序被整合到了整套流水线中，生产效率几乎与薄钢板法兰风管相当。为防止保温棉被吹散，要求金属风管内壁涂胶满布率90%以上，管内气流速度不得超过20.3m/s。此外，内保温金属风管还有以下施工要点，如图2-2所示。

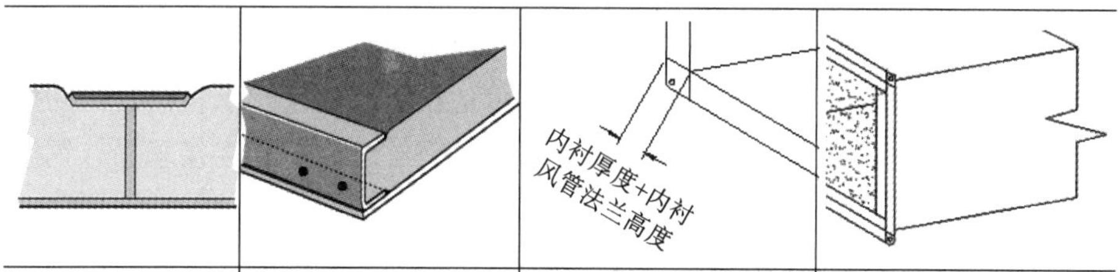

保温钉不得挤压保温材料超过3mm	风管两端安装有PVC“[”形挡风条，以防止漏风，同时防止产生冷桥现象	法兰高度等于玻璃纤维内衬风管法兰高度加上内衬厚度	挡风条宽度为内衬风管法兰高度加上内衬厚度

图2-2　内保温金属风管的施工要点

（3）主要施工方法。

①在安装内衬风管之前，首先要检查风管内衬的涂层是否存在破损，有无受到污染等，如发现以上情况需进行修补或者直接更换一节完好的风管进行安装。

②内衬风管的安装与薄钢板法兰风管安装工艺基本一致，先安装风管支吊架，风管支吊架间距按相关规定执行，风管可根据现场实际情况采取逐节吊装或者在地面拼装一定长度后整体吊装。

③内保温风管与外保温风管、设备以及风阀等连接时，法兰高度可按图2-2的要求

进行调整，或者采用大小头连接。

④风管安装完毕后进行漏风量测试，要注意的是，导致风管严密性不合格的主要因素在于风管挡风条的安装与法兰边没有对齐，以及没有选用合适宽度的法兰垫料或者垫料粘贴时不够规范。

2. 技术指标

风管系统强度及严密性指标满足《通风与空调工程施工质量验收规范》（GB50243），风管系统保温及耐火性能指标分别满足《通风与空调工程施工质量验收规范》（GB50243）和《通风管道技术规程》（JGJ141）要求，内衬保温棉物化性能应当满足美国标准《管道内衬保温材料（隔热吸音材料）标准规范》（ASTM C 1071）和《玻璃纤维内衬风管标准》（NAIMA）的要求。

3. 适用范围

适用于低、中压空调系统，但不适用于净化空调系统、防排烟系统等。

七、超高层垂直高压电缆吊运敷设技术

1. 高压电缆敷设技术

（1）技术内容。

①技术特点。在超高层供电系统中，有时采用一种特殊结构的高压垂吊式电缆，这种电缆不管有多长多重，都能靠自身支撑自重，解决了普通电缆在长距离的垂直敷设中容易被自身重量拉伤的问题。它由上水平敷设段、垂直敷设段、下水平敷设段组成，其结构为：电缆在垂直敷设段带有3根钢丝绳，并配吊装圆盘，钢丝绳用扇形塑料包覆，并与三根电缆芯绞合；水平敷设段电缆不带钢丝绳。吊装圆盘为整个吊装电缆的核心部件，由吊环、吊具本体、连接螺栓和钢板卡具组成，其作用是在电缆敷设时承担吊具的功能并在电缆敷设到位后承载垂直段电缆的全部重量，电缆承重钢丝绳与吊具连接采用锌铜合金浇铸工艺。

②施工工艺。

A. 吊装工艺选择：利用多台卷扬机吊运电缆，采用自下而上垂直吊装敷设的方法。

B. 对每个井口的尺寸及中心垂直偏差进行测量，并安装槽钢台架。

C. 设计穿井梭头，用以扶住吊装圆盘，让其顺利穿过井口。

D. 吊装设备布置：吊装卷扬机布置在电气竖井的最高设备层或以上楼面，除吊装最高设备层的高压垂吊式电缆外，还要考虑吊装同一井道内其他设备层的高压垂吊式电缆。

E. 架设专用通信线路，在电气竖井内每一层备有电话接口。指挥人、主吊操作人、放盘区负责人还必须配备对讲机。

F. 电气竖井内光线弱，要设置临时照明。

G. 电缆盘架设：电缆盘至井口应设有缓冲区和下水平段电缆脱盘后的摆放区，面积大约30～40m^2。架设电缆盘的起重设备通常从施工现场在用的塔吊、汽车吊、履带吊等起重设备中选择。

H. 吊装过程：选用有垂直受力锁紧特性的活套型网套，同时为确保吊装安全可靠，

设一根直径12.5mm保险附绳，当上水平段电缆全部吊起，将主吊绳与吊装圆盘连接，同时将垂直段电缆钢丝绳与吊装圆盘连接。当吊装圆盘连接后，组装穿井梭头。在吊装过程中，在电气竖井井口安装防摆动定位装置，可以有效地控制电缆摆动。将上水平段电缆与主吊绳并拢，并用绑扎带捆绑，应由下而上每隔2m捆绑，直至绑到电缆头，吊运上水平段和垂直段电缆。吊装圆盘在槽钢台架上固定后，还要对其辅助吊挂，目的是使电缆固定更为安全可靠。在吊装圆盘及其辅助吊索安装完成后，电缆处于自重垂直状态，将每个楼层井口的电缆用抱箍固定在槽钢台架上。水平段电缆通常采用人力敷设。在桥架水平段每隔2m设置一组滚轮。

（2）技术指标。

①采用的标准规范。《电气装置安装工程电缆线路施工及验收规范》（GB50168）、《建筑电气工程施工质量验收规范》（GB50303）、《电气装置安装工程电气设备交接试验标准》（GB50150）、《建筑机械使用安全技术规程》（JGJ33）、《施工现场临时用电安全技术规范》（JGJ46）。

②技术要求。

A. 电缆型号、电压及规格应符合设计要求。核实电缆生产编号、订货长度、电缆位号，做到敷设准确无误。

B. 电缆外观无损伤，电缆密封应严密。

C. 电缆应做耐压和泄漏试验，试验标准应符合国家标准和规范的要求，电缆敷设前还应用2.5kV摇表测量绝缘电阻是否合格。

2. 钢缆—电缆随行技术

（1）技术内容。利用卷扬机进行提升作业，利用滑轮组进行电缆转向，卷扬机设置在电缆井道上方，电缆和卷扬钢缆由专用电缆夹具固定，电缆和钢缆同步提升，垂直段电缆升顶后开始拆卸第一个夹具，电缆提升到位后，由上而下逐个拆卸夹具，并及时将垂直段电缆固定在电缆梯架上。

（2）技术指标。提升速度控制在不大于6m/min，电缆夹具设置间距按电缆重量和单个夹具的承重力进行计算后设置，卷扬机端设置智能重量显示限制器，实时监测吊运的承载力。

（3）适用范围。适用于超高层建筑的电气垂直井道内的高压电缆吊运敷设，特别是长距离大截面电缆的敷设。

八、导线连接器应用技术

1. 技术内容

（1）技术特点。通过螺纹、弹簧片以及螺旋钢丝等机械方式，对导线施加稳定可靠的接触力。按结构分为：螺纹型连接器、无螺纹型连接器（包括：通用型和推线式两种结构）和扭接式连接器，其工艺特点见表2－2，能确保导线连接必须满足的：电气连续、机械强度、保护措施以及检测维护四项基本要求。

表 2－2　　符合 GB13140 系列标准的导线连接器产品特点说明

连接器类型 比较项目	无螺纹型		扭接式	螺纹型
	通用型	推线式		
连接原理图例	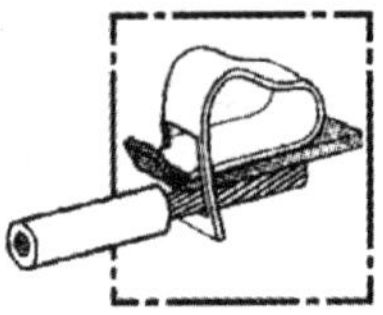	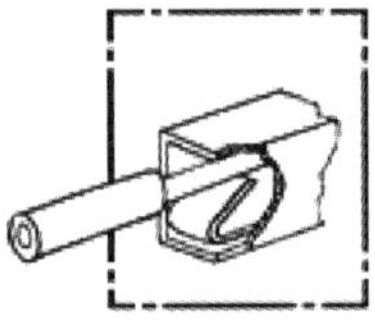	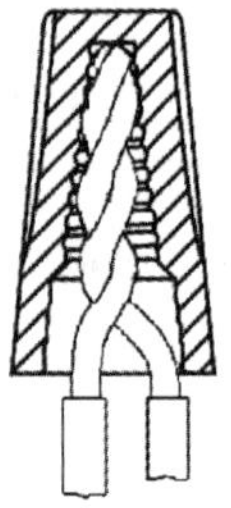	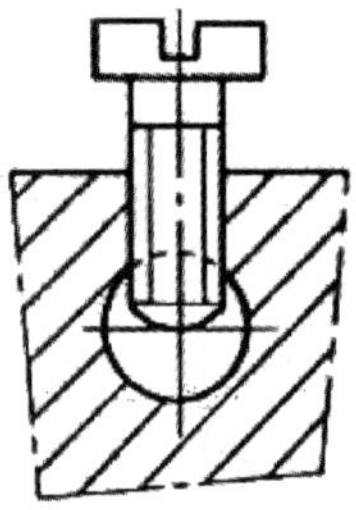
制造标准代号	GB13140.3		GB13140.5	GB13140.2
连接硬导线（实心或绞合）	适用		适用	适用
连接未经处理的软导线	适用	不适用	适用	适用
连接焊锡处理的软导线	适用	适用	适用	不适用
连接器是否参与导电	参与		不参与	参与/不参与
IP 防护等级	IP20		IP20 或 IP55	IP20
安装工具	徒手或使用辅助工具		徒手或使用辅助工具	普通螺丝刀
是否重复使用	是		是	是

①安全可靠：已在欧美发达国家广泛应用了 80 多年，长期实践已证明此工艺的安全性与可靠性。

②高效：由于不借助特殊工具、可完全徒手操作，使安装过程快捷，平均每个电气连接耗时仅 10 秒钟，为传统焊锡工艺的 1/30，节省人工和安装费用。

③完全代替传统锡焊工艺：不再使用焊锡、焊料、加热设备，消除了虚焊与假焊，导线绝缘层不再受焊接高温影响，避免了高举熔融焊锡操作的危险，接点质量一致性好，没有焊接烟气造成的工作场所环境污染。

（2）主要施工方法。

①根据被连接导线的截面积、导线根数、软硬程度，选择正确的导线连接器型号。

②根据连接器型号所要求的剥线长度，剥除导线绝缘层。

③按图 2－3 所示，安装或拆卸无螺纹型导线连接器。

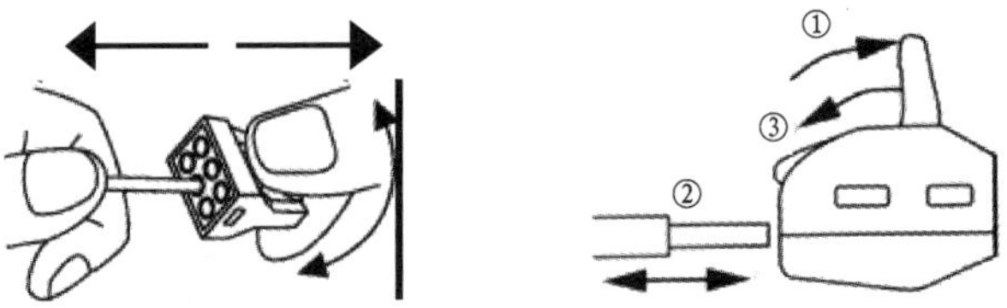

a. 推线式连接器　　b. 通用型连接器

图 2－3　无螺纹型导线连接器安装与拆卸示意图

④按图 2－4 所示，安装或拆卸扭接式导线连接器。

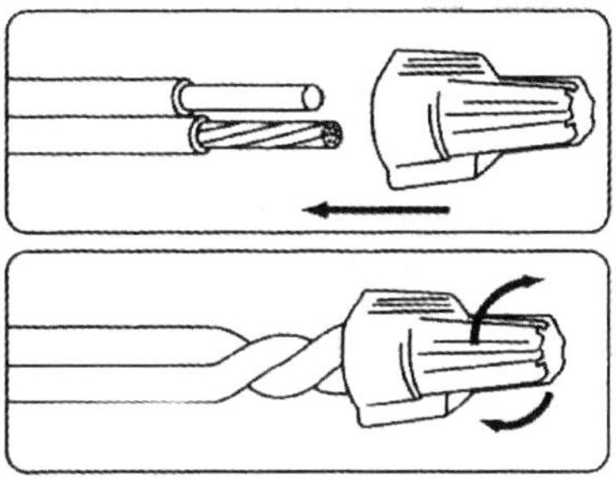

图 2－4　扭接式连接器的安装示意图

2. 技术指标

《建筑电气工程施工质量验收规范》（GB50303）、《建筑电气细导线连接器应用技术规程》（CECS421）、《低压电气装置》（第 5 部分：电气设备的选择和安装第 52 章布线系统）（GB16895.6）、《家用及类似用途低压电路用的连接器件》（GB13140）。

3. 适用范围

适用于额定电压交流 1kV 及以下、直流 1.5kV 及以下建筑电气细导线（6mm² 及以下的铜导线）的连接。

九、可弯曲金属导管安装技术

1. 技术内容

可弯曲金属导管内层为热固性粉末涂料，粉末通过静电喷涂，均匀吸附在钢带上，经 200℃高温加热液化再固化，形成质密又稳定的涂层，涂层自身具有绝缘、防腐、阻燃、耐损等特性，厚度为 0.03mm。可弯曲金属导管是我国建筑材料行业新一代电线电缆外保护材料，已被编入设计、施工与验收规范，大量应用于建筑电气工程的强、弱电系统，明、暗敷场所，逐步成为一种较理想的电线电缆外保护材料。

（1）技术特点。

①可弯曲度好：优质钢带绕制而成，用手即可弯曲定性，减少机械操作工艺。

②耐腐蚀性强：材质为热镀锌钢带，内壁喷附树脂层，双重防腐。

③使用方便：裁剪、敷设快捷高效，可任意连接，管口及管材内壁平整光滑无毛刺。

④内层绝缘：采用热固性粉末涂料，与钢带结合牢固，电流击穿为 0。

⑤搬运方便：圆盘转包装，质量为同米数传统管材的 1/3，搬运方便。

⑥机械性能：双扣螺旋结构，异形截面，抗压、抗拉伸性能为国家重型标准。

（2）施工工艺。可弯曲金属导管基本型采用双扣螺旋结构、内层静电喷涂技术，防水型和阻燃型在基本型的基础上包覆防水、阻燃护套。使用时徒手施以适当的力即可将可弯曲金属导管弯曲到需要的程度，连接附件使用简单工具即可将导管等连接可靠。

①明配的可弯曲金属导管固定点间距应均匀，管卡于设备、器具、弯头中点、管端等边缘的距离应小于 0.3m。

②暗配的可弯曲金属导管，应敷设在两层钢筋之间，并与钢筋绑扎牢固。管子绑扎点间距不宜大于0.5m，绑扎点距盒（箱）不应大于0.3m。

2. 技术指标

（1）主要性能。

①电气性能：导管两点间过渡电阻小于0.05Ω标准值。

②抗压性能：1250N压力下扁平率小于25%，经检测可达分类代码4重型标准要求。

③拉伸性能：1000N拉伸荷重下，重叠处不开口（或保护层无破损），经检测可达分类代码4重型标准要求。

④耐腐蚀性：浸没在1.186kg/L的硫酸铜溶液，不出现铜析出物，经检测可达分类代码4内外均高标准要求。

（2）技术规范、标准。《可挠金属电线保护套管》（JG/T3053）、《电缆管理用导管系统》（第1部分：通用要求）（GB/T2004 1.1）、《电缆管理用导管系统》（第22部分：可弯曲导管系统的特殊要求）（GB2004 1.22）、《可挠金属电线保护管配线工程技术规范》（CECS87）、《民用建筑电气设计规范》（JGJ16）、《1KV及以下配线工程施工与验收规范》（GB50575）、《低压配电设计规范》（GB50054）、《火灾自动报警系统》（GB50116）、《建筑电气工程施工质量验收规范》（GB50303）。

3. 适用范围

可弯曲金属导管应用范围广泛，适用于建筑物室内外明敷和暗敷场所，包括在现浇墙体、现浇混凝土楼板、土壤及末端与电气设备、器具连接。

十、大管道闭式循环冲洗技术

管道在施工过程中，难免有砂、砾石、砖块、电焊条、电焊渣等杂物残存在管道内壁的底层，且管道内壁不会存在因氧化、腐蚀而残存在管道壁面的氧化铁皮等，在管网投入运行前，必须将这些杂质清除掉，而最好的办法，即最环保、最节能的方法就是采用闭式循环冲洗法，这种方法能够清除掉管内一切杂物。

1. 主要技术内容

（1）闭式循环冲洗管道的原理。利用水在管内流动的动力和紊流的涡旋及水对杂物的浮力，迫使管内杂质在流体中悬浮、移动，从而使杂质随流体带出管外或沉积于除污短管内。这种向管内注水，脏水循环、排掉；再换水，清水循环、排掉；再换水，净水循环，再排掉等循环过程称为闭式循环冲洗。

（2）严格计算选择杂质的悬浮速度、启动速度和移动速度，最终确定冲洗速度。

（3）设计冲洗系统主管、支管及连通管，计算冲洗长度，在冲洗长度处安设除污短管，便于冲洗时沉积杂物。

（4）根据管网各项技术参数，计算系统能量损耗。

（5）最终确定冲洗速度、最大冲洗长度和冲洗用水泵及设备。

（6）连通安装冲洗系统。

2. 技术指标

冲洗最终质量，应按设计要求标准执行，无设计要求时，应按规范规定。

3. 适用范围

闭式循环冲洗技术，适用城市供热管网、供水管网和一切可用水冲洗管道的工艺、民用管网的冲洗，不适合输送空气、无燃气等气体管道。

4. 已应用典型工程

唐山市新区、市区供热管网及各支线供热管网。此外，还应用于北京阜成线供热管网及厦门机场空调冷却循环水管道，以及赛格广场、唐山缸窑热电厂、涿州热电厂等工程上。

十一、计算机控制整体液压提升（滑移）大型设备与构件技术

1. 主要技术内容

计算机控制整体液压提升（滑移）技术是一项新颖的大型设备与构件安装技术，它集机械、液压、计算机控制、传感器监测等技术于一体，解决了传统吊装工艺和大型起重机械（设备）在起重高度、起重重量、结构面积、作业场地等方面无法克服的难题。该技术采用“柔性钢绞线承重、液压油缸集群、计算机控制同步提升（滑移）”的原理。目前常用有两种方式：上拔式和爬升式。前者液压油缸固定不动，钢绞线末端与被提升（滑移）设备（构件）锚固，通过油缸往复运动，牵引其穿心的钢绞线连同设备（构件）提升（滑移）；后者钢绞线前端固定不动，液压油缸与被提升（滑移）设备（构件）锚固，通过油缸往复运动，牵引与其锚固的设备（构件）沿钢绞线提升（滑移）。用于提升时，液压缸处于垂直状态；用于滑移时，液压缸处于水平状态。提升方式及油缸工作原理如图 2－5、图 2－6 所示。

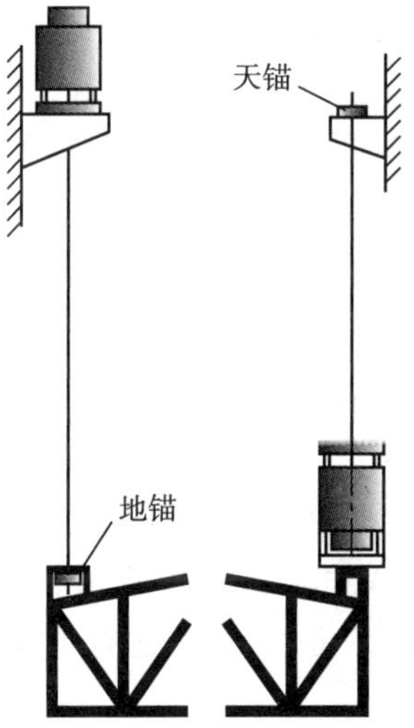

a. 上拔式 b. 爬升式

图 2－5 提升方式

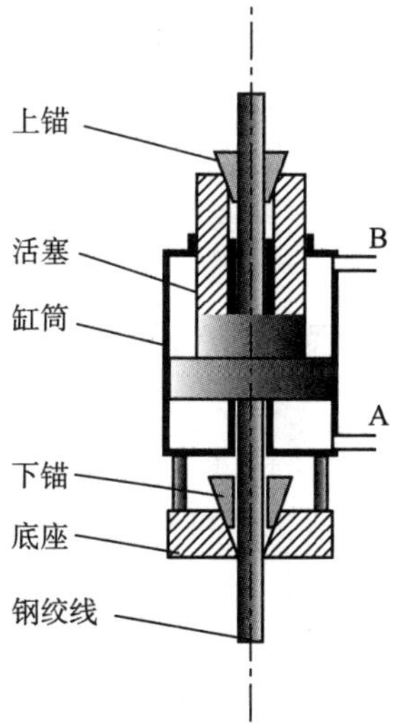

图 2－6 油缸工作原理

2. 技术指标

计算机控制整体液压提升（滑移）大型设备与构件技术借助机、电、液一体化工作原理，使提升能力可按实际需要进行任意组合配置。计算机控制同步，可高精度控制各提升（滑移）点间的距离或位置偏差，不受提升（滑移）点设置数量和荷载差异的影响。采用钢绞线承重、牵引，解决了长距离连续提升（滑移）要求这一施工技术难题。

提升（滑移）方案的确定，必须同时考虑承载结构永久的或临时的和设备（构件）本身的强度、刚性和稳定性。提升（滑移）方式选择的原则：一是力求降低承载结构的高度，保证其稳定性；二是确保设备（构件）本身在整体提升（滑移）中的稳定性和就位安全性。确定提升点的数量与位置的基本原则是：首先保证设备（构件）在提升（滑移）过程中的稳定性；在确保安全和质量前提下，尽量减少提升点数量；设备（构件）本身承载能力符合设计要求。提升（滑移）设备选择的原则是：能满足提升中的受力要求，结构紧凑、坚固耐用、维修方便、满足功能需要（如行程、提升或滑移速度、安全保护等）。

3. 适用范围

计算机控制整体液压提升（滑移）大型设备与构件技术适用于以下场合：

（1）电视塔钢桅杆天线、电站锅炉烟囱等超高构件的整体提升；

（2）体育场馆、游泳馆、飞机库、剧院、候车（船）室等大型公用工程的网架、屋盖、桁架、横梁、钢天桥（廊）等大跨度、超重、超高结构件的整体提升；

（3）大型龙门起重机主梁、大型压力机、锅炉等大型设备的整体提升等。

采用计算机控制整体液压提升（滑移）大型设备与构件技术，施工方法正确、工艺成熟、技术先进，经济效益显著。

4. 已应用典型工程

计算机控制整体液压提升（滑移）大型设备与构件技术，解决了在常规状态下采用桅杆起重机、移动式起重机所不能解决的大型构件整体提升技术难题，已广泛应用于市政工程建筑工程的相关领域以及设备安装领域。典型工程有：澳门东亚运动会体育馆（澳门蛋）钢结构主桁架（2800t）整体提升、滑移，海洋石油工程（青岛）有限公司 800t × 185m 龙门起重机（4750t）整体提升，世界上面积最大、跨度最大、重量最大的机库——首都机场 A380 飞机维修库屋盖钢结构（10500t）整体提升，上海大剧院钢结构屋架（6075t）整体提升，广州丫髻沙大桥主拱（2000t）竖转合拢，国家图书馆主体钢结构（10800t）整体提升安装，沪宁高速公路钢桥（1600t）整体滑移安装工程等。

十二、电站锅炉 SA335 – P92 钢焊接及热处理工艺技术

SA335 – P92 钢（简称 P92）是 21 世纪开发出来的新型耐热钢，用于超临界、超超临界火电站的主蒸汽和再热蒸汽管道。近几年来超超临界火电机组成为我国新建机组的主力，该钢材在工程中大量使用，P92 的焊接和热处理技术是每个电建企业必须研究和掌握的。

1. 主要的技术内容

在超超临界电站机组中主蒸汽管道和再热蒸汽管道采用新型的 SA335 – P92 钢，这种

钢材具有优良的耐高温、抗氧化性能，但对现场焊接和热处理的工艺要求较高。P92 材料是在 SA335－P91（简称 P91）材料的基础上经过改良而发展起来的，与 P91 相比，高温持久强度在 600℃时要高 30%～35%。在高温下（600℃及以上）可以有效地减少结构的设计壁厚，降低结构的整体重量。

P92 钢具有明显的时效倾向，与母材成分相近的焊缝也会有同样的倾向。为了避免焊缝金属时效后韧性过低，提高焊缝金属时效前的原始韧性，为时效留出一定的余量，是 P92 钢大口径厚壁管道焊接的主要问题。现场施工中我们要在焊材的选型、焊接预热、层间温度、焊接热输入量（表现为每层焊道的焊缝增高厚度）、热处理温度以及大口径厚壁管道焊后热处理方法等各个要点进行控制。

2. 技术指标

（1）主要的施工设备和工具。

①焊接设备：电焊机采用数字式逆变焊机。

②焊后热处理设备：焊后热处理采用 ZWK－I－60kW 柔性陶瓷电阻加热热处理机和美国米勒公司 Proheat 35 电磁感应热处理机。

（2）执行的标准。

①《火力发电厂焊接技术规程》（DL/T869－2004）；

②《火电施工质量检验及评定标准》（焊接篇）；

③《管道焊接接头超声波检验技术规程》（DL/T820－2002）；

④《焊接工艺评定规程》（DL/T868－2004）；

⑤《火力发电厂焊接热处理技术规程》（DL/T819－2002）；

⑥《焊工技术考核规程》（DL/T 679－1999）。

3. 适用范围

此焊接和热处理工艺可以适用于超临界、超超临界机组中材质为 P92 材质的主蒸汽、再热蒸汽管道，或者其他材质为 P92 的大口径厚壁管道施工。

4. 已应用典型工程

上海外高桥电厂三期工程 2×1000MW 机组 7#机组中 SA335－P92 管道分属 5 个系统共 273 只。这些焊口从 2007 年 4 月开始焊接到 10 月焊接结束，所有焊口都进行 100%外观检查、硬度检验和超声波检验，各项检验都合格。所有 P92 管道焊口在机组满负荷运行下未发生任何质量问题。

超临界、超超临界机组具有热效率高、单位煤耗低的优点，符合国家节能环保的要求，是今后火电发展的重点方向。P92 具有耐高温、耐腐蚀的特点，可以保证机组长时间运行，上述机组中主蒸汽和再热蒸汽管道大量使用 P92 钢。在热处理时采用电磁感应加热工艺，电磁感应热处理所消耗的电能、劳动强度以及劳动工时都小于传统柔性陶瓷电阻加热工艺，这具有明显的经济效益。

十三、锅炉密排管镜面焊焊接技术

管镜面焊是一种氩弧焊焊接技术，主要用于锅炉密排管安装焊接。近几年来我国火电技术发展迅猛，百万千瓦等级的火电厂大量安装。在这些电厂中采用单炉膛结构的锅炉其受热面管子排列非常紧密，常规的焊接方法已无法运用，需要使用难度较高的管镜面焊技术。

1. 主要的技术内容

上海外高桥电厂三期工程为1000MW超超临界的机组，其中锅炉岛由上海锅炉厂制造。本锅炉为单炉膛结构，所有受热面蛇形管排均布置于炉膛上部，从上到下依次为一级过热器、省煤器、一级再热器、二级过热器、二级再热器、三级过热器、一级过热器，所有部件的集箱分别布置在炉前侧和炉后侧，穿过前、后水冷壁的单根管通过焊口的焊接，将受热面蛇形管排与集箱连接为一个整体，提高了热效率。

由于部分组件的管排数量很大，使得管排间的节距很小。以一级再热器为例（共178片管排），需要焊接的管排纵向的间隙为42mm，横向的间隙为77mm，最下方需要焊接的管子和设备蛇形管间隙为97mm，焊口与水冷壁管排隙为600mm，焊口布置如图2－7所示。这样狭小的空间给焊口的焊接带来了意想不到的困难，这种困难主要体现在焊口的局部位置肉眼无法直接观察到，以往常用的焊接方法在该位置无法施焊，解决这个施工难题需要采用镜面焊焊接技术。

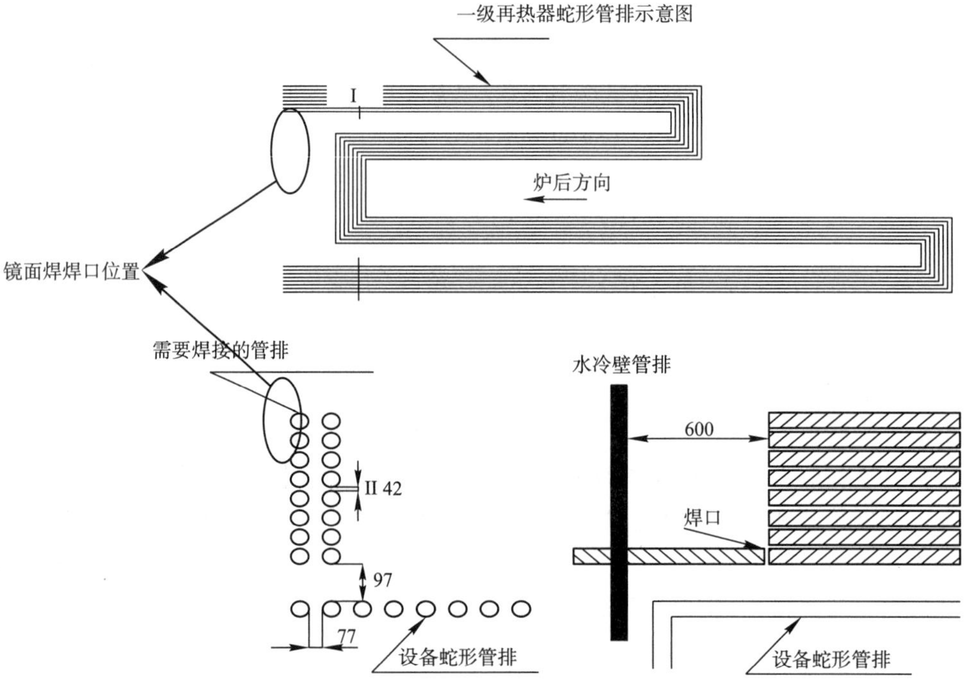

图2－7 密排管示意图

镜面焊技术原理：镜面焊主要原理是在肉眼无法观察到的焊口位置附近放置一面镜子，焊工利用镜子的反射成像原理，间接地观察焊口并通过观察镜子内的熔池来进行焊接，如图2－8、图2－9所示。而常规的焊接方法是焊工直接目视焊口和熔池进行焊接操作，这是两者最大的区别。

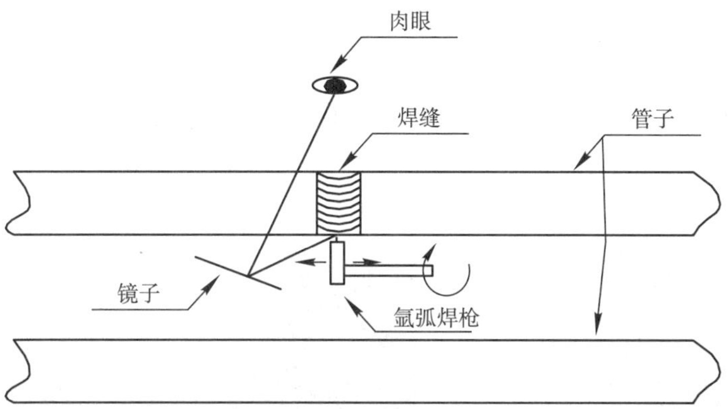

图 2－8　镜面焊原理图

图 2－9　现场镜面焊

2. 技术指标

（1）施工的设备和工具。

①焊枪。在实际焊接过程中，由于管排间隙非常小，原有的刚性氩弧焊枪不能满足现场焊接的要求，所以必须采用能 360 度改变焊枪角度的挠性氩弧焊枪，如图 2－10 所示。

②焊机。焊机的型号为逆变直流弧焊机，这种焊机具有高频引弧和自动衰减功能。

③氩气。

④镜面焊的镜子。该镜子的尾部有一块强磁场吸附件，主要起固定镜架的作用，头部是一块不锈钢双面镜，厚度为1mm，中间是一根挠性金属软管，连接头部和尾部，其中在与头部连接时采用万向节，可以360度旋转镜子，另外也可以通过拗弯挠性金属软管将强磁场吸附件固定在合适的位置，如图2－11所示。

图2－10 挠性氩弧焊枪

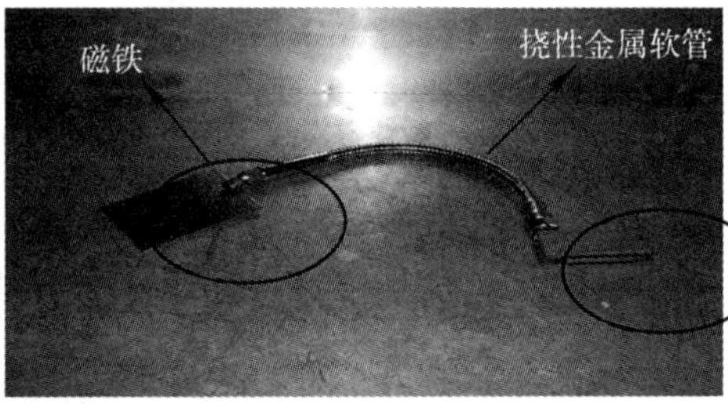

图2－11 不锈钢双面镜

（2）执行的标准。镜面焊焊接技术主要执行电力行业相关的技术规范和标准：

①《火力发电厂焊接技术规程》（DL/T869－2004）；

②《火力发电厂金属技术监督规程》（DL438－2000）；

③《火力施工质量检验及评定标准》（焊接篇）；

④《钢制承压管道对接焊接接头射线检验技术规程》（DL/T 821－2002）；

⑤《焊工技术考核规程》（DL/T679－1999）。

3. 适用范围

塔式单炉膛锅炉形式的超临界、超超临界机组其受热面管子的布置非常紧凑、管子间距狭小，焊接这类管子需要采用镜面焊技术。此外在电站检修工程中个别本体管道由于位置困难也需要用到镜面焊技术。适用布置紧凑、间距狭小的管子焊接。

4. 已应用典型工程介绍

上海外高桥第三发电厂工程中锅炉型式为塔式，单炉膛结构。省煤器、一级再热器、二级过热器中需要使用镜面焊的焊口总数有6586只。镜面焊施工日期为2006年6月到2007年5月，6586只焊口外表成型优良，射线检验全部合格。上述焊口经过了1.5倍工作压力、持续4小时的水压试验，试验过程中焊口无一滴漏。在机组168小时满负荷试运行、机组移交投产运行过程中没有发生泄漏和爆管事故，得到了业主的一致好评。

十四、钢结构技术

1. 钢结构物联网与BIM应用技术

（1）技术内容。物联网技术是通过射频识别（RFID）、红外感应器等信息传感设备，按约定的协议，将物品与互联网相连接，进行信息交换和通信，以实现智能化识别、定位、追踪、监控和管理的一种网络技术。在钢结构施工过程中应用物联网技术，将从根本上打破原有数据价值链的围墙，改善施工数据的采集、传递、存储、处理、使用等各个环节，将人员、材料、机器、产品等与施工管理、决策建立更为密切的关系，并可进一步将信息与BIM模型进行关联，提高施工效率、产品质量和企业创新能力，提升产品制造和企业管理的信息化水平。

①深化设计阶段，需建立统一的产品（零件、构件等）编码体系，规范图纸深度，保证产品信息的唯一性和可追溯性。

②施工过程阶段，需建立统一的施工要素（人、机、料、法、环等）编码体系，规范作业过程，保证施工要素信息的唯一性和可追溯性。

③搭建必要的网络、硬件环境，实现数控设备的联网管理，对设备运转情况进行监控，提高设备管理的工作效率和质量。

④将物联网技术收集的信息与BIM模型进行关联，不同岗位的工程人员可以从BIM模型中获取、更新与本岗位相关的信息，既能指导实际工作，又能将相应工作的成果更新到BIM模型中，使工程人员对钢结构施工信息做出正确理解和高效共享。

⑤打造扎实、可靠、全面、可行的物联网协同管理软件平台，对施工数据的采集、传递、存储、处理、使用等环节进行规范化管理，进一步挖掘数据价值，服务企业运营。

（2）技术指标。

①按照深化设计标准、要求等统一产品编码，采用AutoCAD、Tekla Structures等软件100%开展深化设计工作。

②按照企业自身管理规章等要求统一施工要素编码。

③采用三维计算机辅助设计（CAD）、计算机辅助工艺规划（CAPP）、计算机辅助制造（CAM）、工艺路线仿真等工具和手段，提高数字化施工水平。

④充分利用工业以太网，建立企业资源计划管理系统（ERP）、制造执行系统（MES）、供应链管理系统（SCM）、客户管理系统（CRM）、仓储管理系统（WMS）等信息化管理系统或相应功能模块，进行产品全生命周期管理。

⑤钢结构制造过程中可搭建自动化、柔性化、智能化的生产线，通过工业通信网络实现系统、设备、零部件以及人员之间的信息互联互通和有效集成。

⑥基于物联网技术的应用，进一步建立信息与BIM模型有效整合的施工管理模式和协同工作机制，明确施工阶段各参与方的协同工作流程和成果提交内容，明确人员职责，制定管理制度。

（3）适用范围。钢结构工程制作、运输与安装。

2. 高性能钢材应用技术

（1）技术内容。对承受较大荷载的钢结构工程，选用高强度钢材（屈服强度ReL≥390Mpa），可减少钢材用量及加工量，节约资源，降低成本。

国家标准《低合金高强度结构钢》（GB/T1591－2008）中规定8个牌号，其中Q390、Q420、Q460、Q500、Q550、Q620、Q690属高强钢范围；《桥梁用结构钢》（GB/T714）有9个牌号，其中Q420q、Q460q、Q500q、Q550q、Q620q、Q690q属高强钢范围；《建筑结构用钢》（GB/T19879）有Q390GJ、Q420GJ、Q460GJ三个牌号属于高强钢范围；《高耐候性结构钢》（GB/T4171），有Q415NH、Q460NH、Q500NH、Q550NH属于高强钢范围。

（2）技术指标。钢厂供货品种及规格：轧制钢板的厚度为6～400mm，宽度为1500～4800mm，长度为6000～25000mm。有多种交货方式，包括：普通轧制态AR、控制轧制态

CR、正火轧制态 NR、控轧控冷态 TMCP、正火态 N、正火加回火态 N + T、调质态 QT 等。

建筑结构用高强钢一般具有低碳、微合金、纯净化、细晶粒 4 个特点。使用高强度钢材时必须注意新钢种焊接性试验、焊接工艺评定、确定匹配的焊接材料和焊接工艺，编制焊接工艺规程。

（3）适用范围。适用于高层建筑、大型公共建筑、大型桥梁等结构用钢、摩擦型钢桩、其他承受较大荷载的钢结构工程。

3. 螺栓球节点智能加工技术

（1）技术内容。在钢网格结构工程中，采用智能化螺栓球节点加工技术，即采用高性能数控机床与计算机软件辅助制造相结合技术，自动加工螺栓球节点。其数控机床采用卧式结构 T 型布置设计，选用优质铸件、高速重载荷线轨，配置主轴、刀库、打刀缸等高性价比功能部件，按螺纹孔的位置和尺寸自动确定铣、钻、倒角和攻丝姿态，实现智能操作。其计算机辅助制造软件根据施工图的螺栓球数据，自动生成数控代码命令，联机指挥数控机床运转。工件经过一次装夹，数字系统控制机床，按不同工序自动选择和更换刀具，自动改变机床主轴转速、进给量及刀具相对工件的运动轨迹等，依次完成工件不同角度、不同孔径等多工序加工。由于工序的集中和自动换刀，减少了工件的装夹次数和工序间的周转时间，从而提高了制造效率、改变了工人操作方式、降低了劳动强度、改善了生产环境、减少了加工过程对螺栓球球体的损伤。任意角度的自动化控制也减少了螺栓球孔间的角度误差，大幅度提高了螺栓球加工质量与效率。

（2）技术指标。

机床型号（按螺栓球直径范围划分）：100 - 200 型、100 - 350 型。

机床尺寸（长 × 宽 × 高）：100 - 200 型：2700 × 2000 × 1500mm，100 - 350 型：4200 × 3000 × 1800。

加工流程控制：计算机辅助制造软件自动编程、自动控制加工流程。

机床技术指标：主轴功率（含主轴电机和 4 个进给轴）：100 - 200 型：11kW，100 - 350 型：22kW；主进给伺服 3.9kW；其他辅助电机 1.5kW；切削扭矩大于 1.600kNM。

机床刀库类型：机械手；刀库容量：24。

机床螺栓球锁紧方式：专用锁紧机具。

可加工螺栓球直径（mm）：100 - 200 型：100 ~ 200；100 - 350 型：100 ~ 350。

螺栓孔径：100 - 200 型：M12 ~ M45，100 - 350 型：M12 ~ M68。

加工精度：相邻孔角度误差：±10 弧分；尺寸精度：±0.05mm；球心对中精度 ±0.1mm。

加工时间：100 - 200 型：每个球节点 8 ~ 14min，100 - 350 型：每个球节点 15 ~ 20min。

该智能化螺栓球节点加工技术可避免传统加工机床导致的螺栓球开孔过程中的应力集中，减少由于加工导致的球体损伤，提高螺栓球节点的安全度水平；简单装卸工件，不再需要专业技工，一个操作工人可同时操控 2 台机床；由于智能化生产，耗材降低 40%；以 8 孔螺栓球为例其生产效率提高 30%，劳动强度降低 90%；由于其加工精度大幅提高，还同时提高了螺栓球节点网格结构现场装配的效率及螺栓与球体的密合度，从而提高了使用期间丝扣的耐腐蚀性能及安全性能。

（3）适用范围。适用于机场航站楼、火车站、汽车站、体育场馆、展览馆、游乐中心、会议中心等各类大型公共建筑；厂房、干煤棚、冷却塔、大型仓储货场、加油站、物流中心等生产类建筑的钢网格结构工程。

4. 钢结构智能测量技术

（1）技术内容。钢结构智能测量技术是指在钢结构施工的不同阶段，采用基于全站仪、电子水准仪、GPS全球定位系统、北斗卫星定位系统、三维激光扫描仪、数字摄影测量、物联网、无线数据传输、多源信息融合等多种智能测量技术，解决特大型、异形、大跨径和超高层等钢结构工程中传统测量方法难以解决的测量速度、精度、变形等技术难题，实现对钢结构安装精度、质量、安全、施工进度的有效控制。主要包括以下几个方面：

①高精度三维测量控制网布设技术。采用GPS空间定位技术或北斗空间定位技术，利用同时智能型全站仪（具有双轴自动补偿、伺服马达、自动目标识别（ATR）功能和机载多测回测角程序）和高精度电子水准仪以及条码铟瓦水准尺，按照现行《工程测量规范》，建立多层级、高精度的三维测量控制网。

②钢结构地面拼装智能测量技术。使用智能型全站仪及配套测量设备，利用具有无线传输功能的自动测量系统，结合工业三坐标测量软件，实现空间复杂钢构件的实时、同步、快速地面拼装定位。

③钢结构精准空中智能化快速定位技术。采用带无线传输功能的自动测量机器人对空中钢结构安装进行实时跟踪定位，利用工业三坐标测量软件计算出相应控制点的空间坐标，并同对应的设计坐标相比较，及时纠偏、校正，实现钢结构快速精准安装。

④基于三维激光扫描的高精度钢结构质量检测及变形监测技术。采用三维激光扫描仪，获取安装后的钢结构空间点云，通过比较特征点、线、面的实测三维坐标与设计三维坐标的偏差值，从而实现成品安装质量的检测。该技术的优点是通过扫描数据点云可实现对构件的特征线、特征面进行分析比较，比传统检测技术更能全面反映构件的空间状态和拼装质量。

⑤基于数字近景摄影测量的高精度钢结构性能检测及变形监测技术。利用数字近景摄影测量技术对钢结构桥梁、大型钢结构进行精确测量，建立钢结构的真实三维模型，并同设计模型进行比较、验证，确保钢结构安装的空间位置准确。

⑥基于物联网和无线传输的变形监测技术。通过基于智能全站仪的自动化监测系统及无线传输技术，融合现场钢结构拼装施工过程中不同部位的温度、湿度、应力应变、GPS数据等传感器信息，采用多源信息融合技术，及时汇总、分析、计算，全方位反映钢结构的施工状态和空间位置等信息，确保钢结构施工的精准性和安全性。

（2）技术指标。

①高精度三维控制网技术指标。相邻点平面相对点位中误差不超过3mm，高程上相对高差中误差不超过2mm；单点平面点位中误差不超过5mm，高程中误差不超过2mm。

②钢结构拼装空间定位技术指标。拼装完成的单体构件即吊装单元，主控轴线长度偏差不超过3mm，各特征点监测值与设计值偏差（X、Y、Z坐标值）不超过10mm。具有球结点的钢构件，检测球心坐标值偏差（X、Y、Z坐标值）不超过3mm。构件就位后各端口坐标（X、Y、Z坐标值）偏差均不超过10mm，且接口（共面、共线）错台不超

过 2mm。

③钢结构变形监测技术指标。所测量的三维坐标（X、Y、Z 坐标值）观测精度应达到允许变形值的 1/20 ~ 1/10。

（3）适用范围。大型复杂或特殊复杂、超高层、大跨径等钢结构施工过程的施工测量及变形观测等。

5. 钢结构虚拟预拼装技术

（1）技术内容。

①虚拟预拼装技术。采用三维设计软件，将钢结构分段构件控制点的实测三维坐标，在计算机中模拟拼装形成分段构件的轮廓模型，与深化设计的理论模型拟合比对，检查分析加工拼装精度，得到所需修改的调整信息。经过必要的反复加工修改与模拟拼装，直至满足精度要求。

②虚拟预拼装技术主要包括：

A. 根据设计图文资料和加工安装方案等技术文件，在构件分段与胎架设置等安装措施可保证自重受力变形不致影响安装精度的前提下，建立设计、制造、安装全部信息的拼装工艺三维几何模型，完全整合形成一致的输入文件，通过模型导出分段构件和相关零件的加工制作详图。

B. 构件制作验收后，利用全站仪实测外轮廓控制点三维坐标。

- 设置相对于坐标原点的全站仪测站点坐标，仪器自动转换和显示位置点（棱镜点）在坐标系中的坐标。
- 设置仪器高和棱镜高，获得目标点的坐标值。
- 设置已知点的方向角，照准棱镜测量，记录确认坐标数据。

C. 计算机模拟拼装，形成实体构件的轮廓模型。

- 将全站仪与计算机连接，导出测得的控制点坐标数据，导入到 EXCEL 表格，换成（X，Y，Z）格式。收集构件的各控制点三维坐标数据、整理汇总。
- 选择复制全部数据，输入三维图形软件。以整体模型为基准，根据分段构件的特点，建立各自的坐标系，绘出分段构件的实测三维模型。
- 根据制作安装工艺图的需要，模拟设置胎架及其标高和各控制点坐标。
- 将分段构件的自身坐标转换为总体坐标后，模拟吊上胎架定位，检测各控制点的坐标值。

D. 将理论模型导入三维图形软件，合理地插入实测整体预拼装坐标系。

E. 采用拟合方法，将构件实测模拟拼装模型与拼装工艺图的理论模型比对，得到分段构件和端口的加工误差以及构件间的连接误差。

F. 统计分析相关数据记录，对于不符规范允许公差和现场安装精度的分段构件或零件，修改校正后重新测量、拼装、比对。直至符合精度要求。

③虚拟预拼装的实体测量技术。

A. 无法一次性完成所有控制点测量时，可根据需要，设置多次转换测站点。转换测站点应保证所有测站点坐标在同一坐标系内。

B. 现场测量地面难以保证绝对水平，每次转换测站点后，仪器高度可能会不一致，故设置仪器高度时应以周边某固定点高程作为参照。

C. 同一构件上的控制点坐标值的测量应保证在同一人同一时段完成，保证测量准确和精度。

D. 所有控制点均取构件外轮廓控制点，如遇到端部有坡口的构件，控制点取坡口的下端，且测量时用的反光片中心位置应对准构件控制点。

（2）技术指标。预拼装模拟模型与理论模型比对取得的几何误差应满足《钢结构工程施工规范》（GB50755）和《钢结构工程施工质量验收规范》（GB50205）以及实际工程使用的特别需求。

无特别需求情况下，结构构件主要允许偏差：

外形高度：－10mm～＋5mm。

单元总长：±5mm。

柱距：±4mm。

梁距：±3mm。

起拱：±7mm（±l/5000）。

各层框架对角线：5mm（±H/2000）。

任意两对角线：8mm（±H/2000）。

对口错边：2mm。

轴线错位：4mm。

（3）适用范围。适用于各类建筑钢结构工程，特别适用于大型工程及复杂结构工程。

6. 钢结构高效焊接技术

（1）技术内容。当前钢结构制作安装施工中能有效提高焊接效率的技术有：焊接机器人技术、双（多）丝埋弧焊技术、免清根焊接技术、免开坡口熔透焊技术、窄间隙焊接技术。

焊接机器人技术克服手工焊接受劳动强度、焊接速度等因素的制约，可结合双（多）丝、免清根、免开坡口等技术，实现大电流、高速、低热输入的连续焊接，大幅提高焊接效率；双（多）丝埋弧焊技术熔敷量大，热输入小，速度快，焊接效率及质量提升明显；免清根焊接技术通过采用陶瓷衬垫和优化坡口形式（如U型坡口），省略掉碳弧气刨工序，缩短焊接时长，减少焊缝熔敷量，同时可避免渗碳对板材力学性能的影响；免开坡口熔透焊技术采用单丝可实现t≤12mm板厚熔透焊接，采用双（多）丝可实现t≤20mm板厚熔透焊接，免除坡口加工工序；窄间隙焊接技术剖口窄小，焊丝熔敷填充量小，相比常规坡口角度焊缝可减少1/2～2/3的焊丝熔敷量，焊接效率提高明显，焊材成本降低明显，焊接残余应力低且接头冷裂纹倾向小，可减少焊接预、后热及消氢、消应力的工艺措施，效率提高和能源节省的效益明显。

（2）技术指标。焊接工艺参数须按《钢结构焊接规范》（GB50661）要求，满足焊接工艺评定试验要求；承载静荷载结构焊缝和需疲劳验算结构的焊缝，须按《钢结构焊接规范》（GB50661）分别进行焊缝外观质量检验和内部质量无损检测；焊缝超声波检测等级不低于B级，母材厚度超过100mm应进行双面双侧检验。

（3）适用范围。钢结构高效焊接技术适用于所有钢结构工厂制作、现场安装的焊接。

（4）工程案例。国家体育中心、深圳平安中心、天津高银 117 大厦、天津周大福、南京金鹰商业广场等。

7. 钢结构滑移、顶（提）升施工技术

（1）技术内容。滑移技术是在建筑物的一侧搭设一条施工平台，在建筑物两边或跨中铺设滑道，所有构件都在施工平台上组装，分条组装后用牵引设备向前牵引滑移（可用分条滑移或整体累积滑移）。结构整体安装完毕并滑移到位后，拆除滑道实现就位。滑移可分为结构直接滑移、结构和胎架一起滑移、胎架滑移等多种方式。牵引系统由卷扬机牵引、液压千斤顶牵引与顶进系统等。结构滑移设计时要对滑移工况进行受力性能验算，保证结构的杆件内力与变形符合规范和设计要求。

整体顶升与提升技术是一项成熟的钢结构与大型设备安装技术，它集机械、液压、计算机控制、传感器监测等技术于一体，解决了传统吊装工艺和大型起重机械在起重高度、起重重量、结构面积、作业场地等方面无法克服的难题。顶（提）升方案的确定，必须同时考虑承载结构（永久的或临时的）和被顶（提）升钢结构或设备本身的强度、刚度和稳定性。要作施工状态下结构整体受力性能验算，并计算各顶、提点的作用力，配备千斤顶。对于施工支架或下部结构及地基基础应验算承载能力与整体稳定性，保证在最不利工况下足够的安全性。施工时各作用点的不同步值应通过计算合理选取。

顶（提）升方式选择的原则，一是力求降低承载结构的高度，保证其稳定性；二是确保被顶（提）升钢结构或设备在顶（提）升中的稳定性和就位安全性。确定顶（提）升点的数量与位置的基本原则是：首先保证被顶（提）升钢结构或设备在顶（提）升过程中的稳定性；在确保安全和质量的前提下，尽量减少提升点数量；顶（提）升设备本身承载能力符合设计要求。顶（提）升设备选择的原则是：能满足顶（提）升中的受力要求，结构紧凑、坚固耐用、维修方便、满足功能需要（如行程、顶（提）升速度、安全保护等）。

（2）技术指标。滑移牵引力计算，当钢与钢面滑动磨擦时，磨擦系数取 0.12 ~ 0.15；当滚动磨擦时，滚动轴处磨擦系数取 0.1；当不锈钢与四氟聚乙烯板之间的滑靴摩擦时，摩擦系数取 0.08。滑移时要确保同步，位移不同步应小于 50mm，同时应满足结构安全的要求。

整体顶升与提升方案要做施工状态下结构整体受力性能验算，依据计算所得各顶、提点的作用力配备千斤顶；钢绞线安全系数大于 5；正式提升前的试提升需悬停静置至少 12 小时以上并测量结构变形情况；相邻两提升点位移高差不超过 2cm，每个提升点的力不超过该点设计标准值的 10%；按比例分阶段卸载，第一阶段卸载 40%，完成焊接后，按每次一半比例（20%、10%、5%）逐级完成卸载。

（3）适用范围。滑移技术适用于大跨度网架结构、平面立体桁架（包括曲面桁架）及平面形式为矩形的钢结构屋盖的安装施工、特殊地理位置的钢结构桥梁。特别是由于现场条件的限制，吊车无法直接安装的结构。

整体顶升与提升技术适用于体育场馆、剧院、飞机库、钢天桥（廊）等具有地面拼装条件，又有较好的周边支承条件的大跨度屋盖与钢结构；电视塔、超高层钢桅杆、天线、电站锅炉等超高构件，大型龙门起重机主梁、锅炉等大型设备的整体提升等。

8. 钢结构住宅应用技术

（1）技术内容。钢结构住宅建筑设计应以集成化住宅建筑为目标，应按模数协调的原则实现构配件标准化、设备产品定型化。采用钢结构作为住宅的主要承重结构体系，对于低密度住宅以采用冷弯薄壁型钢结构体系为主，墙体为墙柱加石膏板，楼盖为C型格栅加轻板；对于多层住宅以钢框架结构体系，楼板宜采用混凝土楼板，墙体为预制轻质板或轻质砌块。目前钢结构住宅的主要发展方向有：可适用于多层的采用带钢板剪力墙或与普钢混合的轻钢结构；可适用于低、多层的基于方钢管混凝土组合异形柱和外肋环板节点为主的钢框架体系；可适用于高层以钢框架与混凝土筒体组合构成的混合结构或以带钢支撑的框架结构；以及适用于高层的基于方钢管混凝土组合异形柱和外肋环板节点为主的框架—支撑和框架—核心筒体系以及钢管束组合剪力墙结构体系。

轻型钢结构住宅的钢构件宜选用热轧H型钢、高频焊接或普通焊接的H型钢、冷轧或热轧成型的钢管、钢异形柱等。外墙体可为砂加气板、CCA灌浆墙板或蒸压加气混凝土砌块，内墙体可选用轻钢龙骨石膏板等板材，楼板可为钢筋桁架楼承板、叠合板或现浇板。

除常见的装配化钢结构住宅结构体系之外，模块钢结构建筑开始发展。模块建筑是将传统房屋以单个房间或一定的三维建筑空间进行模块单元划分，每个单元都在工厂预制且精装修，单元运输到工地整体连接而成的一种新型建筑形式。根据结构形式的不同可分为：全模块建筑结构体系以及复合模块建筑结构体系，复合模块建筑结构体系又可分为：模块单元与传统框架结构复合体系、模块单元与板体结构复合体系、外骨架（巨型框架）模块建筑结构体系、模块单元与剪力墙或核心筒复合结构体系；模块外围护墙板可选用加气混凝土板、薄板钢骨复合轻质外墙、轻集料混凝土与岩棉板复合墙板；模块底板可采用钢筋混凝土结构底板、轻型结构底板；顶板可为双面钢板夹芯板。

（2）技术指标。对于低层冷弯薄壁型钢住宅体系，其总结构用钢量为22～25kg/m^2，开间尺寸为3.3～4.8m；多层钢框架住宅体系，其钢结构用钢量为35～40kg/m^2，开间尺寸以3.3～4.5m为宜；高层钢框架混合结构或带钢支撑钢框架体系，其钢结构用钢量为60～80kg/m^2，开间尺寸以3.3～7.2m为宜。方钢管混凝土组合异形柱技术的钢结构住宅体系，随建筑高度变化其用钢量大概在50～70kg/m^{2}范围内；以钢管束组合剪力墙为主的高层住宅钢结构体系用钢量在70～90kg/m^2，开间尺寸为3.3～7.2m。

（3）适用范围。冷弯薄壁型钢可广泛应用于低层住宅（1～3层）的建设；钢框架结构可广泛应用于多层住宅（4～7层）的建设；钢与混凝土混合结构或带钢支撑框架结构可应用于高层住宅（9～24层）的建设；采用方钢管混凝土组合异形柱技术的钢结构住宅体系适用性较广，可应用于低、多、高层住宅（2～27层）的建设；以钢管束组合剪力墙为主的高层住宅钢结构应用于高层住宅（9～40层）的建设。

对于钢结构模块建筑：1～3层模块建筑宜采用全模块结构体系，模块单元可采用集装箱模块，连接节点可选用集装箱角件连接；3～6层可采用全模块结构体系，单元连接可采用梁梁连接技术；6～9层的模块建筑单元间可采用预应力模块连接技术，9层以上需要采用模块单元与剪力墙或核心筒相结合的结构体系。钢结构住宅建设要以产业化为目标做好墙板的配套工作，以试点工程为基础做好钢结构住宅的推广工作。

9. 钢结构防火防腐技术

(1) 技术内容。

①防腐涂料涂装。在涂装前，必须对钢构件表面进行除锈。除锈方法应符合设计要求或根据所用涂层类型的需要确定，并达到设计规定的除锈等级。常用的除锈方法有喷射除锈、抛射除锈、手工和动力工具除锈等。涂料的配置应按涂料使用说明书的规定执行，当天使用的涂料应当天配置，不得随意添加稀释剂。涂装施工可采用刷涂、滚涂、空气喷涂和高压无气喷涂等方法。宜根据涂装场所的条件、被涂物体的大小、涂料品种及设计要求，选择合适的涂装方法。构件在工厂加工涂装完毕，在现场安装后，以及涂装间隔时间超过一个月再涂装的情况需进行二次涂装。

②防火涂料涂装。薄涂型防火涂料的底涂层（或主涂层）宜采用重力式喷枪喷涂，其压力约为0.4MPa。局部修补和小面积施工，可用手工涂抹。面涂层装饰涂料可刷涂、喷涂或滚涂。双组分装薄涂型的涂料，现场调配应按说明书规定；单组分装的薄涂型涂料应充分搅拌。喷涂后，不应发生流淌和下坠。

厚涂型防火涂料宜采用压送式喷涂机喷涂，空气压力为0.4~0.6MPa，喷枪口直径宜为6~10mm。涂料配料时应严格按配合比加料和加稀释剂，并使稠度适宜，当班使用的涂料应当班配制。厚涂型涂料施工时应分遍喷涂，每遍喷涂厚度宜为5~10mm，必须在前一遍基本干燥或固化后，再喷涂下一遍，涂层保护方式、喷涂遍数与涂层厚度应根据施工方案确定。操作者应用测厚仪随时检测涂层厚度，80%及以上面积的涂层总厚度应符合有关耐火极限的设计要求，且最薄处厚度不应低于设计要求的85%。

钢结构防火涂层不应有误涂、漏涂，涂层应闭合，无脱层、空鼓、明显凹陷、粉化松散和浮浆等外观缺陷，乳突已剔出；保护裸露钢结构及露天钢结构的防火涂层的外观应平整，颜色装饰应符合设计要求。

(2) 技术指标。

①防腐涂料涂装技术指标。涂装之前钢材表面除锈等级应符合设计要求，设计无要求时应符合《涂覆涂料前钢材表面处理表面清洁度的目视评定第1部分：未涂覆过的钢材表面和全面清除原有涂层后的钢材表面的锈蚀登记和处理等级》(GB/T8923.1) 的规定评定等级。涂装遍数、涂层厚度应符合设计要求，当设计对涂层厚度无要求时，涂层干漆膜总厚度：室外应为150μm，室内应为125μm，允许偏差为-25μm。每遍涂层干膜厚度的允许偏差为-5μm。

当钢结构处在有腐蚀介质或露天环境且设计有要求时，应进行涂层附着力测试，可按照现行国家标准《漆膜附着力测定法》(GB1720) 或《色漆和清漆漆膜的划格试验》(GB/T9286) 执行。在检测范围内，涂层完整程度达到70%以上即为合格。

②防火涂料涂装技术指标。钢结构防火材料的性能、涂层厚度及质量要求应符合《钢结构防火涂料通用技术条件》(GBl4907) 和《钢结构防火涂料应用技术规程》(CECS24) 的规定和设计要求。

钢结构防火涂料生产厂家必须有防火监督部门核发的生产许可证。防火涂料应通过国家检测机构检测合格。产品必须具有国家检测机构的耐火极限检测报告和理化性能检测报告，并应附有涂料品种、名称、技术性能、制造批量、贮存期限和使用说明书。在施工前应复验防火涂料的黏结强度和抗压强度。

(3) 适用范围。钢结构防腐技术适用于各类建筑钢结构。

薄涂型防火涂料涂装技术适用于工业民用建筑楼盖与屋盖钢结构；厚涂型防火涂料涂装技术适用于有装饰面层的民用建筑钢结构柱、梁。

十五、建筑机电系统全过程调试技术

1. 技术内容

(1) 技术特点。建筑机电系统全过程调试技术覆盖建筑机电系统的方案设计阶段、设计阶段、施工阶段、交付和运行阶段。其执行者可以由独立的第三方、业主、设计方、总承包商或机电分包商等承担。目前最常见的是业主聘请独立第三方顾问，即调试顾问作为调试管理方。

(2) 调试内容。

①方案设计阶段。该阶段是项目初始时期的一个筹备阶段，其调试工作主要目标是建立和明确业主的项目要求。业主项目要求是机电系统设计、施工和运行的基础，同时也决定着调试计划和时间的进程安排。该阶段的调试团队由业主代表、调试顾问、前期设计和规划方面专业人员、设计人员组成。该阶段调试主要工作为：组建调试团队，明确各方职责；建立例会制度及过程文件体系；建立业主项目要求；确定调试工作范围和预算；建立初步的调试计划；建立问题日志程序；筹备调试过程进度报告；对设计方案进行复核，确保满足业主项目要求。

②设计阶段。该阶段调试工作主要目标是尽量确保设计文件满足和体现业主项目要求。该阶段调试团队由业主代表、调试顾问、设计人员和机电总包项目经理组成。该阶段调试主要工作为：建立并维持项目团队的团结协作；确定调试过程各部分的工作范围和预算；指定负责完成特定设备及部件调试工作的专业人员；召开调试团队会议并做好记录；收集调试团队成员关于业主项目要求的修改意见；制定调试过程工作时间表；在问题日志中追踪记录问题或背离业主项目要求的情况及处理办法；确保设计文件的记录和更新；建立施工清单；建立施工、交付及运行阶段测试要求；建立培训计划要求；记录调试过程要求并汇总进承包文件；更新调试计划；复查设计文件是否符合业主项目要求；更新业主项目要求；记录并复查调试过程进度报告。

③施工阶段。该阶段调试工作主要目标是确保机电系统及部件的安装满足业主项目要求。该阶段调试团队包括业主代表、调试顾问、设计人员、机电总包项目经理、专业承包商和设备供应商。该阶段调试主要工作为：协调业主代表参与调试工作并制定相应时间表；更新业主项目要求；根据现场情况，更新调试计划；组织施工前调试过程会议；确定测试方案，包括机电设备测试、风/水平衡调试、系统运行测试等并明确测试范围；建立测试记录；定期召开调试过程会议；定期实施现场检查；监督施工方的现场调试、测试工作；核查运维人员的培训情况；编制调试过程进度报告；更新机电系统管理手册。

④交付和运行阶段。当项目基本竣工以后进入交付和运行阶段的调试工作，直到保修合同结束时间为止。该阶段调试工作目标是确保机电系统及部件的持续运行、维护和调节

及相关文件的更新均能满足最新业主项目要求。该阶段调试团队包括业主代表、调试顾问、设计人员、机电总包项目经理、专业承包商。该阶段调试主要工作为：协调机电总包的质量复查工作，充分利用调试顾问的知识和项目经验使得机电总包返工数量和次数最小化；进行机电系统及部件的季度测试；进行机电系统运行维护人员培训；完成机电系统管理手册并持续更新；进行机电系统及部件的定期运行状况评估；召开经验总结研讨会；完成项目最终调试过程报告。

（3）调试文件。

①调试计划。调试项目中，调试计划是一份具有前瞻性的整体规划文件，由调试顾问根据项目具体情况起草，在调试项目首次会议，由调试团队各成员参与讨论，会后调试顾问再进行修改完善。调试计划必须随着项目的进行而持续修改、更新。通常情况下，每个月都要对调试计划进行适当的调整。调试顾问可以根据调试项目工作量大小，建立一份贯穿项目全过程的调试计划，也可以建立一份分阶段（方案设计阶段、设计阶段、施工阶段、交付和运行阶段）实施的调试计划。

②业主项目要求。确定业主的项目要求对整个调试工作很重要，调试顾问组织召开业主项目要求研讨会，准确把握业主项目要求，并建立业主项目要求文件。

③施工清单。施工清单是机电承包商用来详细记录机电设备及部件的运输、安装情况，以确保各设备及系统正确安装、运行的文件。主要包括设备清单、安装前检查表、安装过程检查表、安装过程问题汇总、设备施工清单、系统问题汇总。

④问题日志。问题日志是记录调试过程发现的问题及其解决办法的正式文件，由调试团队在调试过程中建立，并定期更新。调试顾问在进行安装质量检查和监督施工单位调试时，可根据项目大小和合同内容来确定抽样检查比例或复测比例，一般不低于20%。抽查或抽测时发现问题应记入问题日志。

⑤调试过程进度报告。该报告是用来详细记录调试过程中各部分的完成情况以及各项工作和成果的文件。各阶段的调试过程进度报告最终将汇总在一起构成机电系统管理手册的一部分。调试过程进度报告通常包括：项目进展概况，本阶段各方职责、工作范围，本阶段工作完成情况，本阶段工作中出现的问题及跟踪情况，本阶段尚未解决的问题汇总及影响分析，下一阶段的工作计划。

⑥机电系统管理手册。该手册是一份以系统为重点的复合文档，包括使用和运行阶段的运行指南、维护指南以及业主使用中的附加信息，主要包括业主最终项目要求文件、设计文件、最终调试计划、调试报告、厂商提供的设备安装手册和运行维护手册、机电系统图表、已审核确认过的竣工图纸、系统或设备/部件测试报告、备用设备部件清单、维修手册等。

⑦培训记录：调试顾问应在调试工作结束后，对机电系统的实际运行维护人员进行系统培训，并做好相应的培训记录。

2. 技术指标

目前国内关于建筑机电系统全过程调试没有专门的规范和指南，只能依照现行的设计、施工、验收和检测规范开展工作。主要规范有：《民用建筑供暖通风与空气调节设计规范》（GB50736）、《公共建筑节能设计标准》（GB50189）、《民用建筑电气设计规范》

(JGJ16)、《通风与空调工程施工质量验收规范》(GB50243)、《建筑节能工程施工质量验收规范》(GB50411)、《建筑电气工程施工质量验收规范》(GB50303)、《建筑给水排水及采暖工程施工质量验收规范》(GB50242)、《通风与空调工程施工规范》(GB50738)、《公共建筑节能检测标准》(JGJ/T177)、《采暖通风与空气调节工程检测技术规程》(JGJ/T260)、《变风量空调系统工程技术规程》(JGJ343)。

3. 适用范围

适用新建建筑的机电系统全过程调试。

十六、施工现场太阳能利用技术

包括临建太阳能光伏发电照明技术，太阳能、空气能热水技术。

1. 临建太阳能光伏发电照明技术

(1) 技术内容。临建太阳能光伏发电照明技术是根据光伏发电原理，利用太阳电池组件将太阳光能直接转化为电能储存并用于临建照明系统的技术。发电系统主要由太阳能电池板（组件）、控制器、蓄电池（组）和逆变器（当照明负载为直流电时，不使用）及照明负载等组成。

(2) 技术指标。临建太阳能光伏发电照明技术中的照明灯具负载应为直流负载，灯具选用以工作电压为12V的LED灯为主。

①太阳能电池板：是太阳能发电系统中的核心部分，由单晶（或多晶）硅太阳能电池片串并联，用钢化玻璃、EVA及TPT热压密封而成，周边加装铝合金边框；是将太阳的辐射能转换为电能的主要电子元器件。太阳光充足日照好的地区，宜采用多晶硅太阳能电池；阴雨天比较多、阳光相对不是很充足的地区，宜采用单晶硅太阳能电池；其他新型太阳能电池，可根据太阳能电池发展趋势选用新型低成本太阳能电池；选用的太阳能电池输出的电压应比选用型号蓄电池的额定电压高20%~30%，以保证蓄电池正常充电。

②太阳能控制器：控制整个系统的工作状态，并对蓄电池起到过充电保护、过放电保护的作用。在温差较大的地方，应具备温度补偿功能还应兼有路灯控制功能。

③蓄电池：一般为铅酸电池，小微型系统中，也可用镍氢电池、镍镉电池或锂电池。根据临建照明系统整体用电负荷数，选用适合容量的蓄电池，蓄电池额定工作电压通常选12V，容量为日负荷消耗量的6倍左右，可根据项目具体使用情况，组成电池组。

生活区安装太阳能发电电池，保证道路照明使用率达到90%以上。

(3) 适用范围

施工现场临时路灯、加工棚照明、办公区廊灯、食堂照明、卫生间照明等。

2. 太阳能、空气能热水技术

(1) 技术内容。太阳能空气能热水技术是太阳能和空气源热泵两种能源结合的综合热水系统，既可以直接将热泵系统作为太阳能利用的辅助，也可以将太阳能产生的热能作为热泵循环的低温热源，从而最低限度地消耗常规能源，最大限度地利用绿色生态可再生能源（太阳能、空气低焓能）解决热水供应问题的一种技术。该系统主要由太阳能集热器、太阳能泵站、空气源热泵、智能控制器、保温储水箱以及循环管路等设备构成。

（2）技术指标。太阳能集热器相对储水箱的位置应使循环管路尽可能短；集热器面向正南或正南偏西 5°，条件不允许时可正南 ±30°；平板型、竖插式真空管太阳能集热器安装倾角等于当地纬度或当地纬度 ±10°；集热器应避免遮光物或前排集热器的遮挡，应尽量避免反射光对附近建筑物引起光污染。

工程上安装空气能热泵机组应尽可能布置在室外，进风应通畅，排风不应受到阻挡。避免造成气流短路。机组间的距离应保持在 2 米以上，机组与主体建筑或临建墙体（封闭遮挡类墙面或构件）间的距离应保持在 3 米以上；另外为避免排风短路，在机组上部不应设置挡雨棚之类的遮挡物；如果机组必须布置在室内，应采取提高风机静压的办法，接风管将排风排至室外。

选用合理先进的控制系统负责主机的启停、水箱的补水、用户的用水、其他辅助热源切入与退出；系统用水箱和管道需做好保温防冻措施。

采购的太阳能热水器的热性能、耐压、电气强度、外观等检测项目，应依据《家用太阳热水系统技术条件》（GB/T19141）标准要求。

（3）适用范围。适用于工期 1 年及以上的施工现场办公、生活区临时热水供应。

十七、施工扬尘控制技术

1. 技术内容

包括施工现场道路、塔吊自动喷淋降尘技术，施工现场车辆自动冲洗技术。

（1）临时施工道路自动喷淋降尘技术由蓄水系统、自动控制系统、语音报警系统、变频水泵、主管、三通阀、支管、微雾喷头连接而成。

施工现场塔吊自动喷淋降尘技术是指在塔吊安装完成后通过塔吊旋转臂安装的喷水系统，用于施工场地内的除尘、混凝土养护、消防安全等。喷淋系统由消防加压泵、塔吊、喷淋主管、万向旋转接头、喷淋头（铜）、卡扣、扬尘监测设备、视频监控设备等组成。

（2）施工现场车辆自动冲洗技术由供水系统、冲洗系统、承重系统、自动控制系统组成。采用红外、位置传感器启动自动清洗及运行指示的智能化控制技术。水池采用 4 级沉淀、分离，处理水质，确保水循环使用。清洗系统由冲洗槽、两侧挡板、高压喷嘴装置、控制装置和沉淀循环水池组成。喷嘴沿多个方向布置无死角。

2. 技术指标

扬尘控制指标应符合现行《建筑工程绿色施工规范》（GB/T50905）中的相关要求。

地基与基础工程施工阶段施工现场 PM10 小时平均浓度不宜大于 150ug/m^3 或工程所在区域 PM10 小时平均浓度的 120%；结构工程及装饰装修与机电安装工程施工阶段施工现场 PM10 小时平均浓度不宜大于 60ug/m^3 或工程所在区域 PM10 小时平均浓度的 120%。

3. 适用范围

适应用于工业与民用施工工程施工。

十八、施工噪声控制技术

1. 技术内容

通过隔音屏、隔音罩有效降低施工过程中加工场地、机械设备噪音的控制技术。

（1）隔音屏是通过遮挡和吸声减少噪音的产生。隔音屏主要由基础、立柱和隔音屏板几部分组成。基础可以单独设计也可在道路设计时一并设计在道路附属设施上；立柱可以通过预埋螺栓、植筋与焊接等方法，将立柱上的底法兰与基础连接牢靠；声屏障立板可以通过专用高强度弹簧与螺栓及角钢等方法将其固定于立柱槽口内，形成声屏障。隔音屏可模块化生产，装配式施工，选择多种色彩和造型进行组合、搭配与周围环境协调。

（2）隔声罩是把噪声较大的机械设备（搅拌机、混凝土输送泵、电锯等）封闭起来，有效地阻隔噪声的外传。隔声罩外壳由一层不透气的具有一定重量和刚性的金属材料制成，一般用 2～3mm 厚的钢板，铺上一层阻尼层，阻尼层常用沥青阻尼胶浸透的纤维织物或纤维材料。外壳也可以用木板或塑料板制作，轻型隔声结构可用铝板制作。要求高的隔声罩可做成双层壳，内层较外层薄一些；两层的间距一般是 6～10cm，填以多孔吸声材料。罩的内侧附加吸声材料，以吸收声音并减弱空腔内的噪声。要减少罩内混响声和防止固体声的传递；尽可能减少在罩壁上开孔，对于必须开孔的，开口面积应尽量小；在罩壁的构件相接处的缝隙，要采取密封措施，以减少漏声；由于罩内声源机器设备的散热，可能导致罩内温度升高，对此应采取适当的通风散热措施。要考虑声源机器设备操作、维修方便的要求。

2. 技术指标

施工现场噪声应符合《建筑施工场界环境噪声排放标准》（GB12523）的规定，昼间≤70dB（A），夜间≤55dB（A）。

3. 适用范围

适用于工业与民用工程施工。

十九、基于 BIM 的施工现场可视化安全管理技术

1. 技术内容

基于 BIM 的施工现场可视化安全管理技术指通过对施工现场安全管理各参与方职责和协同角色的分析，搭建基于 BIM 的可视化安全管理协同平台，建立并逐步完善隐患指标体系，在项目施工的全过程中，就不同的施工对象，实时开展隐患排查、整改、记录上报和预警检查，实现施工生产安全全员实时管理。同时整合工程项目安全管理信息，将施工 BIM 模型与安全管理资料、安全管理流程相关联，实现海量施工安全数据的检索、存储与分析，最终达到安全管理的标准化、规范化、可视化。

（1）利用 BIM 模型所构建的虚拟场景，按照各部门岗位职责，填报安全数据，制定相应的业务流程及权限，实现基于 BIM 平台的安全管理协同。

（2）实现安全管理与 BIM 模型的有机结合，实现危险源的动态可视标记、定位、查

询分析，实现安全管理方案的动态模拟。安全围栏、标识牌、遮拦网等需要进行安全防护和安全警示的地方在模型中进行标记，提醒现场施工人员安全施工。

（3）整合工程项目安全管理全过程信息，实现施工 BIM 模型与安全数据、安全资料管理相关联，实现海量施工安全资源文件的检索、存储与分析。

（4）安全交底时，可将危险源在模型上进行标记，安全员在现场查看模型上对应现场的位置，对现场的施工人员操作不合理的地方进行调整，避免安全事故的发生。把现场图片实时上传到 BIM 平台服务器中，挂接在模型上和现场对应的位置，利于项目管理人员实时把握施工进度，查看现场的安全措施是否到位。

（5）根据企业施工安全管理的多年积累，梳理并建立施工安全隐患指标库。

（6）建立基于施工安全管理的项目基本信息报送标准、施工安全管理单元划分标准、隐患排查与整改填报标准、安全风险预警标准。

2. 技术指标

（1）满足基于虚拟设计与施工技术的 BIM 模型数据与现场施工管理数据的交互通信。设计模型与施工阶段管理数据的关联管理，基于 WBS 分解、工序资源关联等，完成施工阶段的安全管控、预警等应用。

（2）采用基于 BIM 安全管理模型的协同管理技术架构。采用项目角色管控、支持分级授权的权限控制、支持项目关键业务的业务流程审批，支持以项目为驱动的管理维护机制；满足安全管理与 4D 进度管理的无缝集成，按角色要求进行权限过滤管控。

（3）满足采用 BIM 模型关联资源文件的大数据存储与检索。需要支持 BIM 模型与海量关联的资源文件统一存储。能够自动生成索引文件，满足基于模型构件的关联检索、跨项目穿透性检索、高效率检索。

（4）建立包括项目基本信息上报、施工安全管理单元划分、隐患指标库、隐患排查与整改填报、安全风险预警功能的，基于 B/S 结构的，符合信息系统安全等级保护二级的集团企业级“施工安全隐患排查治理信息系统”。

（5）建立并逐步完善隐患指标体系及施工安全风险预警指标。

3. 适用范围

适用于建筑工程项目实施过程中的安全管理业务环节，也适应于施工企业的安全管理业务。

二十、劳务实名制数字化管理技术

1. 技术内容

劳务实名制数字化管理技术是指对建设项目从业人员实现从进场实名登记、过程综合管理、退场实时管理的综合信息化系统，同时集成各类硬件终端设备，利用移动技术，记录、存储、展示项目现场的劳务用工情况，以提供项目决策管理应用、政府监管应用，保障农民工与企业利益，构建企业劳务用工大数据平台。

（1）管理系统：能实现劳务人员实名制信息登记、劳动合同记录、考勤信息记录、视频抓拍及监控、安全教育情况统计、从业经历信息记录、从业奖惩情况记录、工资监管、住宿管理登记、系统权限管理、企业管控规则定义、人员数据动态管理、基于业务的各类统计分析以及报表服务等功能。

（2）实名登记：用户利用经公安部授权认证的身份证阅读器自动完成人员实名登记信息；能通过人脸、虹膜等技术对通行人员进行识别，对通行人员进行甄别授权。

（3）视频监控和采集：应能对通行人员实时采集照片并与通行记录对应匹配，支持实时查询；能对各个通道进行实时视频监控，并支持远程监控查看，宜能存储视频监控资料。

（4）权限控制：基于安全性和业务需要，可以对用户的级别进行严格的控制，赋予不同级别用户不同的权限，所有用户只能在授权范围内进行操作。

（5）规则管控：能实现对不同管控规则的灵活配置，例如，人员超龄设置、安全教育监控、长时间未出场、黑名单管理等；可以根据各个企业的不同管理要求，进行启用、停止灵活配置。

（6）报表：能基于基础数据，提供企业需要的各类格式报表，提供政府行管部门需要的格式报表。

（8）移动应用：须提供移动 APP 应用，支持安卓和 IOS 系统。

2. 技术指标

（1）运用于劳务实名制数字化管理的各类硬件设备应能组建局域网络，实现组网运行，并与互联网相连。

（2）基础网路技术：项目应建设劳务数字化管理技术需要的基础网路环境。

（3）门禁方式可采用 IC 卡闸机门禁、人脸或虹膜识别闸机门禁、二维码闸机门禁、RFID 通行等。可对现场人员进出项目各区域进行授权管理，不同授权人员只能通行对应的区域；控制器应能记录进出场人员信息，统计进出场时间，并实时传输到云端服务器；应能支持断网工作，数据可在网络恢复以后及时上传；断电设备无法工作，但控制设备中已有数据可以保留 30 天；IC 卡及读写设备要符合 ISO/IEC14443 协议相关要求，RFID 卡及读写设备应符合 IOS15693 协议相关要求，单台人脸或虹膜识别设备最少支持存储 500 张人脸或虹膜信息；闸机通过率不低于 35 人/分钟；如采用半高转闸和全高转闸应设立安全通道。

（4）物联网技术：门禁设备、授权设备均需通过互联网链接，使设备可以接受授权数据，传送记录数据，能接受系统智能控制，并将设备状态实时反馈。

（5）移动互联网技术：系统应提供移动应用，实现项目劳务数据即时掌握。

（6）统计分析：能实时（延时不超过 3 分钟）统计项目劳务用工相关数据，企业可以实现多项目的统计分析。

（7）系统采用 B/S 架构，部署到云服务器中，能够提供数据接口，实现数据互联互通，利用云技术，可以提供云应用服务，为企业和行业构建大数据平台提供服务；不断积累数据，逐渐形成行业劳务用工大数据平台。

3. 适用范围

适用于加强施工现场从业人员管理的项目。

第二节 机电工程技术案例

一、BIM 在机电项目管线深化设计的应用

1. 工程概况

深圳海上世界广场位于蛇口海上世界商业区，分为船前广场、船尾广场和船后广场。船前广场东南侧为海上世界明华轮，西南侧为船尾广场。海上世界广场是集旅游、休闲、购物于一体的大型商业项目，总建筑面积达 9 万平方米。深圳海上世界广场项目为“庆祝深圳经济特区建立 30 周年系列活动、五大领域 60 大工程”之一，属于深圳市重点项目。

项目工程范围：

（1）空调系统主要包括：通风空调系统、VRV 空调系统、防排烟系统。

（2）消防给排水系统主要包括：生活给水系统、生活排水系统、雨水排水系统、消火栓系统、自动喷水灭火系统、气体灭火系统。

（3）电气系统主要包括：10/0.4kV 变配电系统、动力配电系统、照明系统、防雷、安全措施与接地系统、弱电系统。

BIM 建模整体外观如图 2－12 所示。

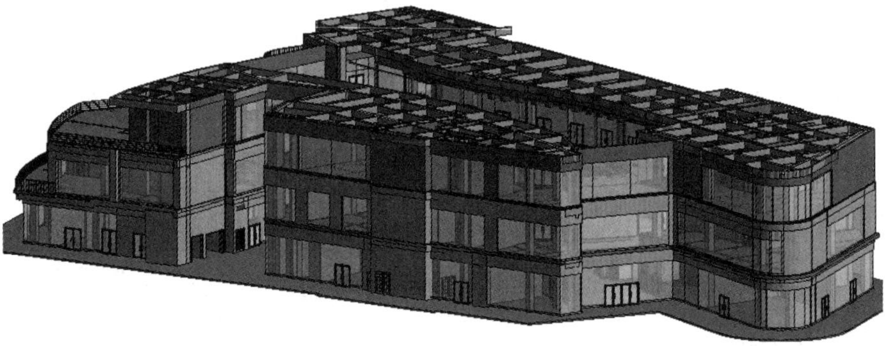

图 2－12 BIM 建模整体外观

2. BIM 在项目上应用概况

本项目通过 BIM 软件进行机电管线综合设计，突破了二维平面设计方法的缺陷，大大缩短了深化设计周期，使管线综合排布更趋合理，主要有以下创新点：

（1）BIM 模型将所有专业放在同一模型中，对专业协调的结果进行全面检验，专业之间的冲突、高度方向上的碰撞是考量的重点。模型均按真实尺度建模，传统表达予以省略的部分（如管道保温层等）均得以展现，从而将一些看上去没问题，而实际上却存在的深层次问题暴露出来。

（2）土建及设备全专业建模并协调优化，全方位的三维模型可在任意位置剖切大样及轴测图大样，观察并调整该处管线的标高关系。

（3）BIM 软件可全面检测管线之间、管线与土建之间的所有碰撞问题，并反提给各专

业设计人员进行调整，理论上可消除所有管线碰撞问题。

(4) 对管线标高进行全面精确的定位，同时以技术手段直观反映楼层净高的分布状态，轻松发现影响净高的“瓶颈”位置，从而优化设计，精确控制净高及吊顶高度。

(5) 除了传统的图纸表现，再辅以局部剖面及局部轴测图，管线关系一目了然。三维的 BIM 模型还可浏览、漫游，以多种手段进行直观的表现。

(6) 由于 BIM 模型已集成了各种设备管线的信息数据，因此还可以对设备管线进行精确的列表统计，部分替代设备算量的工作。

3. BIM 技术深化设计的工作流程

BIM 技术深化设计主要工作流程如图 2－13 所示。

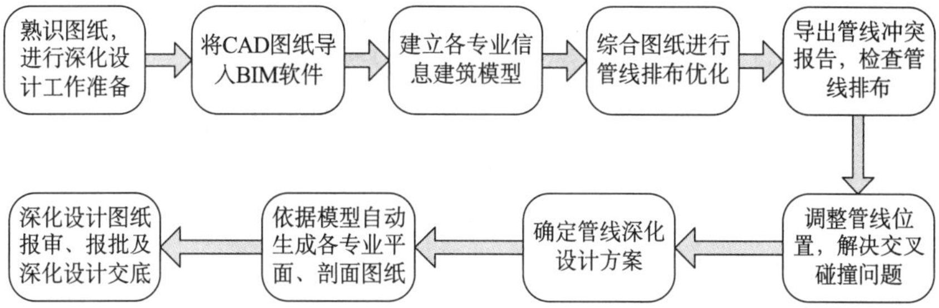

图 2－13　BIM 技术深化设计工作流程

4. 运用 BIM 软件在项目的深化设计应用

针对本项目业主对室内净空有严格要求，我们的设计流程是先建立土建模型，然后进行各专业设备管线的建模，再根据各专业要求及净空要求，对管线进行合理细致的调整、避让，最后汇成文档出图。下面以海上世界船前广场地下一层做例子，对各个阶段进行详细的技术说明。

(1) 土建模型的建立。

①建筑模型建模。土建模型包括建筑专业的模型与结构专业的模型，建筑专业主要是墙体、门窗、幕墙、楼电梯及扶梯等。建筑模型需要细致地还原设计图纸对各个房间分区的设计意图，为以后机电管线的综合布置提供详细的参考。土建模型主要使用 Revit Architecture 软件进行建模，完成模型如图 2－14 所示。

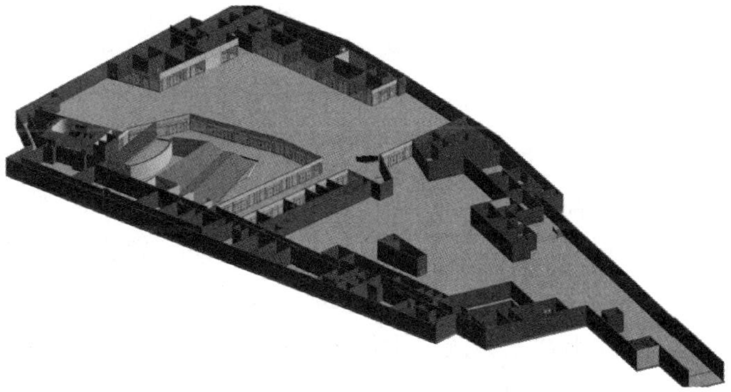

图 2－14　Revit Architecture 地下室建筑模型

②结构模型建模。结构专业则主要是柱、梁、板，主要使用 Revit Structure 进行建模。由于我们的目的是进行管线综合设计，因此这些内容也有所侧重，其中最重要的就是结构梁，因为建筑层高一旦确定，梁高就直接影响管线的标高。此外，还需注意常见的结构降板。在项目中，结构专业还在许多地方应用了特殊的结构形式，比如在地下室大量应用了无梁楼盖，板厚比较厚，结构柱有柱帽，这些都对管线布置影响颇大，因此需仔细按照结构施工图进行建模，建模完成后如图 2－15 所示。

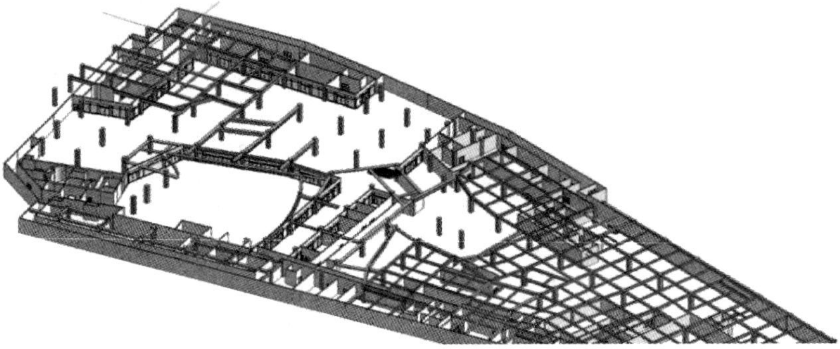

图 2－15 Revit Structure 地下室建筑结构模型

结构模型建成后，必须对所建的模型进行详细的检查，其中主要分为两步：对设计图纸的核实；现场结构的复核。保证模型结构梁底的净高与现场实际保持一致，使 BIM 模型具有真实性，为下一步的机电管线建模提供准确的基础。

（2）设备管线建模。设备管线的建模主要使用 Revit MEP 软件。按照各设备专业的施工图分系统进行，如送风管、排风管、给水管、排水管、喷淋水管、动力桥架、照明桥架等，各系统设置不同颜色以便区分。建模的顺序大致按从上到下、从大管到小管的顺序进行，以减小后期调整避让的难度。如果有横向的重力排水管则需特别注意，应在风管及其他水管之前建模，这是由于重力管有坡度，而且不能上弯，一般需要其他管线去避让它，因此先行建模有利于后期调整避让。如图 2－16 所示。

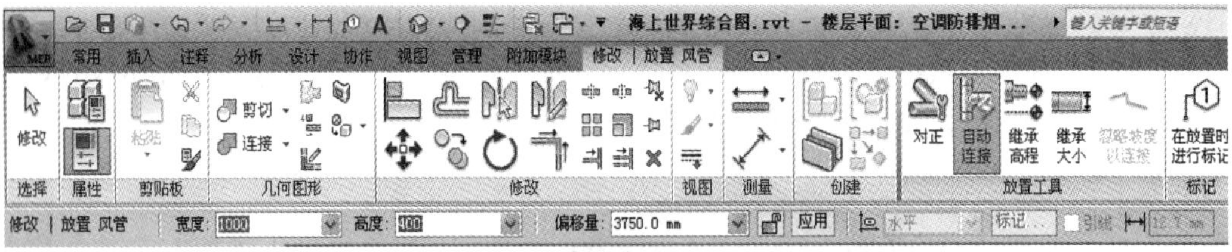

图 2－16 Revit MEP 软件风管系统布置选项

①风管系统建模。使用 Revit MEP 软件风道布置功能项先对风管系统进行排布，布置风管基本的思路为风管底标高为装修净空面上 150mm，需要注意的是软件对管道默认标高为中心标高，因此要注意风管底标高符合标高要求，如图 2－17、图 2－18 所示。

②水管系统建模。风管系统布置完成后，进行水管系统布置，每个系统利用颜色区分。本项目水管系统分为空调冷水系统、生活供水系统、排水系统、消防喷淋系统，Revit MEP 管道建模主要选项如图 2－19 所示。

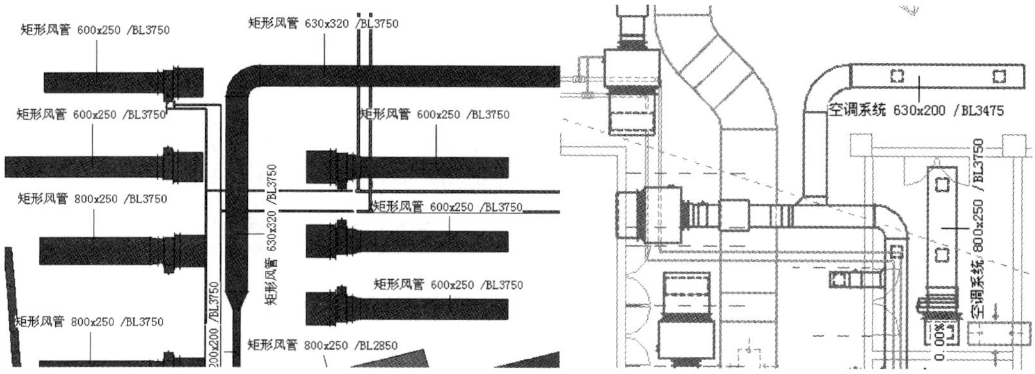

图 2-17　Revit MEP 软件风管系统布置平面

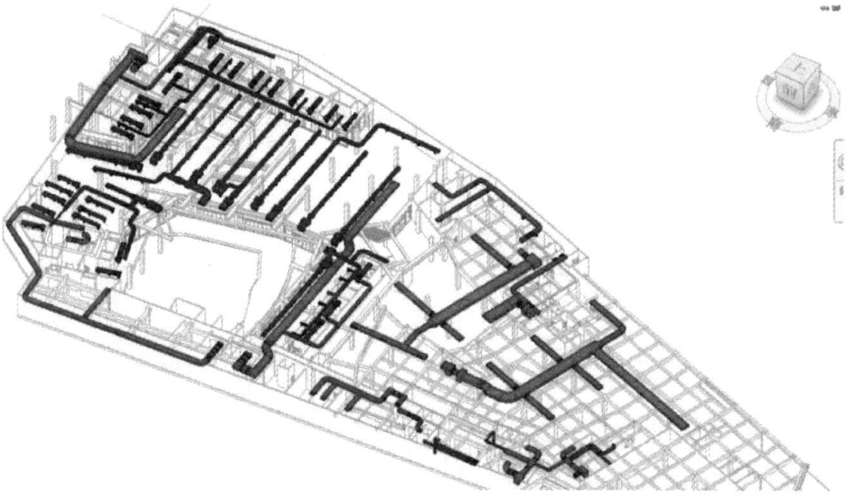

图 2-18　Revit MEP 软件风管系统布置完成图

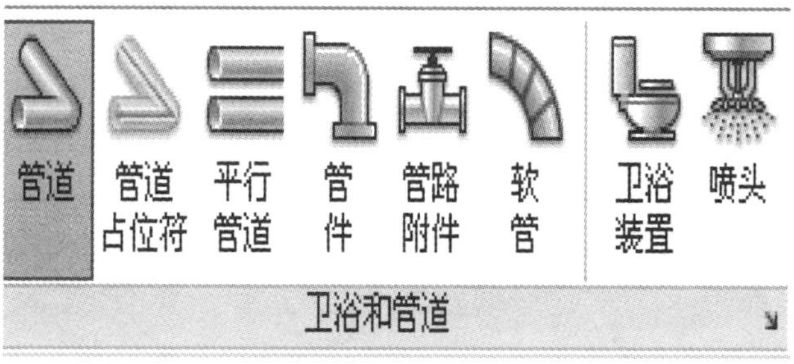

图 2-19　Revit MEP 软件水管系统布置选项

其中排水管道需要有坡度的排布，可利用 Revit MEP 软件的自动放坡功能实现，如图 2-20 所示。

Revit MEP 软件生成管道平面图如图 2-21 所示，综合管线三维图如图 2-22 所示。

③电缆桥架系统建模。电缆桥架的基本布置方法和风管类似，软件默认为中心标高，需要注意底标高是否符合设计要求，Revit MEP 电气桥架建模主要选项如图 2-23 所示。

图 2－20 Revit MEP 软件水管系统坡度功能选项

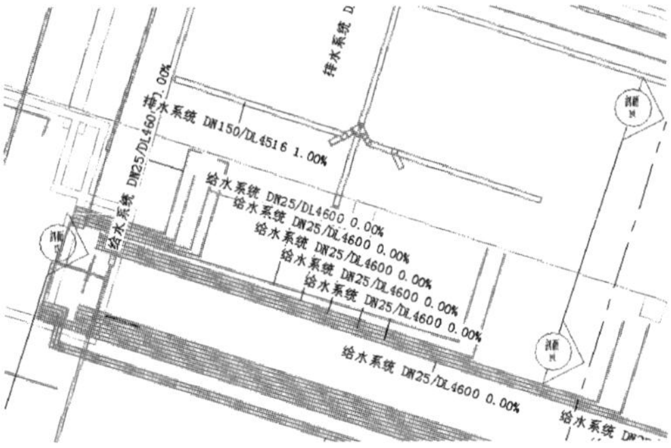

图 2－21 Revit MEP 软件水管系统布置平面图

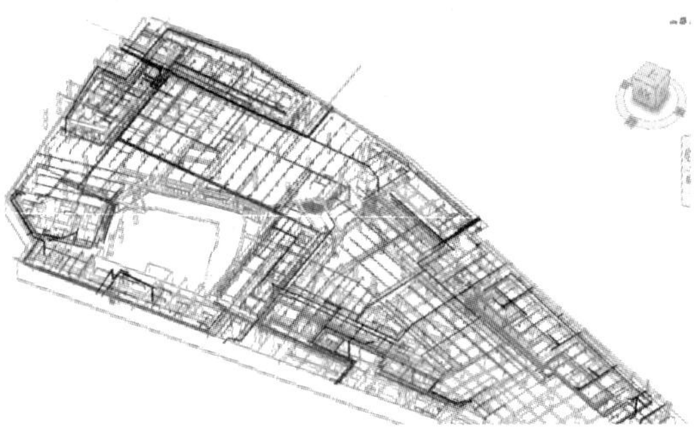

图 2－22 Revit MEP 软件水管系统布置完成图

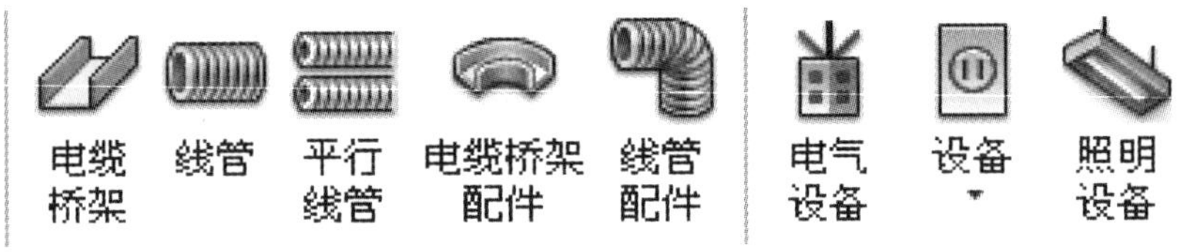

图 2－23 Revit MEP 软件电缆桥架系统布置选项图

根据 CAD 底图完成电气电缆桥架的绘制，排布好安装高度及水平位置后，用软件上的自动标注标出桥架的类型及位置，如图 2－24、图 2－25 所示。

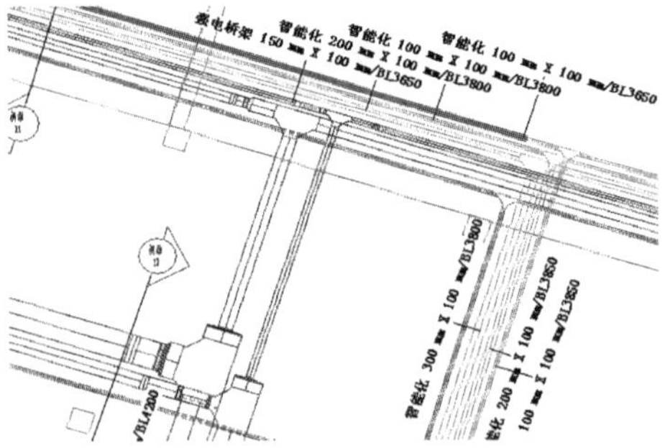

图 2－24 Revit MEP 软件电缆桥架系统布置平面图

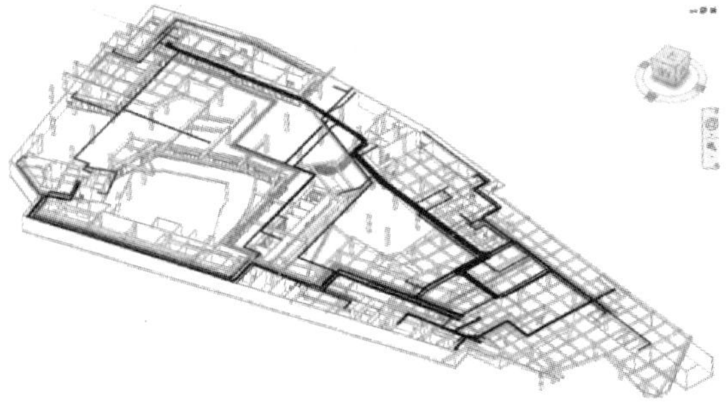

图 2－25 Revit MEP 软件电缆桥架系统布置完成图

（3）综合管线深化布置。模型建立起来后，通过 Revit MEP 的平面图、轴测图及剖面图对关键位置进行管道的综合布置及深化设计工作。如图 2－26 所示，为深化设计前的管廊机电布置，可以看出各专业管道互相冲突、交叉返弯问题比较严重，若现场按原设计的管线走向进行安装会造成大面积的返工，并且会大大阻延施工进度。

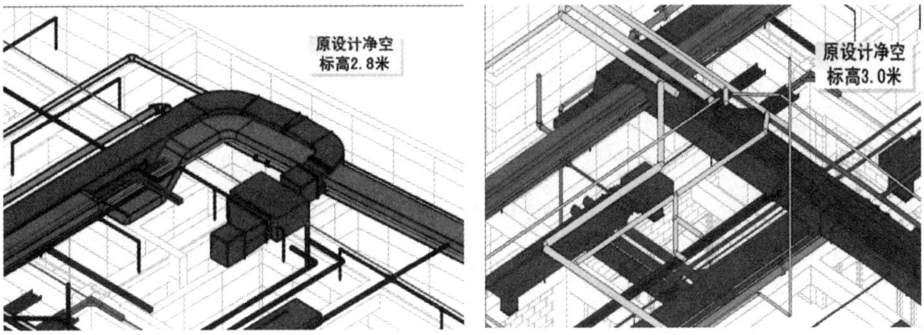

图 2 – 26　深化设计前管道布置图

经过管线综合深化设计后如图 2 – 27 所示，各专业管道走向位置错落有致，能有效地对重点位置进行施工交底，大大减少管线碰撞情况。

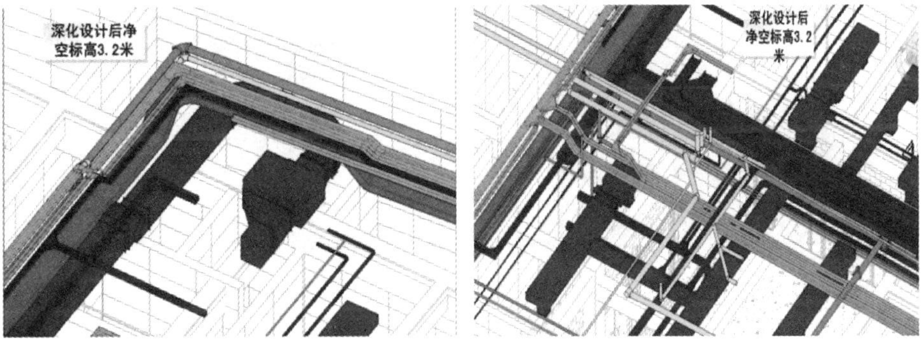

图 2 – 27　深化设计后管道布置图

深化设计后船前广场综合管线布置图如图 2 – 28 所示。

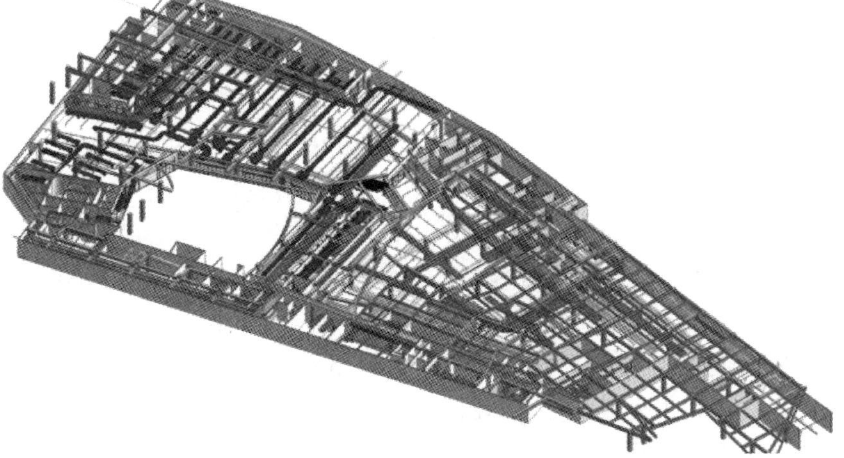

图 2 – 28　地下室综合管线布置

完成各层综合管线建筑机电模型后，对每层建筑、结构、机电管线叠加，完成整栋建筑的 BIM 模型。如图 2－29、图 2－30 所示。

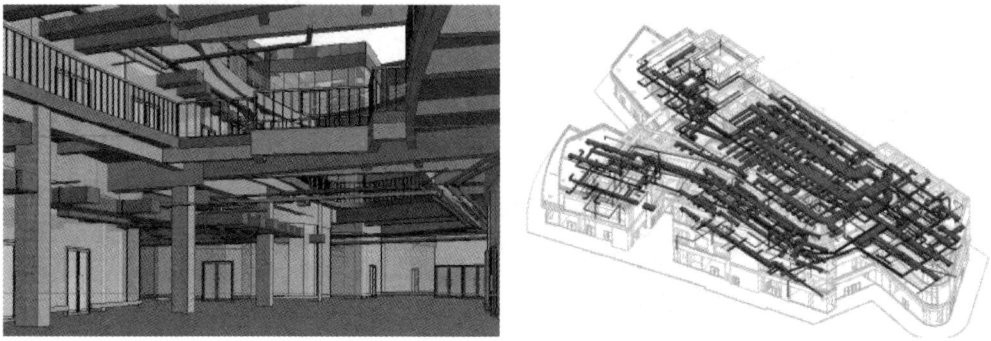

图 2－29 综合管线布置（1）

图 2－30 综合管线布置（2）

（4）管线碰撞检测。为了避免管线交叉、控制净高要求，管线间的互相避让是不可避免的。在传统的 CAD 软件中缺少有效的方法去检测碰撞的管线，但新型的 BIM 软件能提供一个快捷的方法去进行管线碰撞的检测，及时使用 Revit MEP 软件的碰撞检测功能检测管线，能及早地发现管线冲突的情况，为设计工程师能更精确地布置管线提供便利的条件。

如图 2－31、图 2－32 所示，Revit MEP 软件自动生成冲突报告，能直接显示冲突管道的位置及规格型号。

（5）生成深化设计平、剖面图。通过建造 MEP 模型，我们可以在任意位置及角度剖切，自动形成相应剖面图，可随时对调整管线位置调整效果进行检查，可根据需要绘制大量的剖面图用于指导施工。如图 2－33 所示。

BIM 建筑信息化模型对各个管道参数都有详细的说明，因此机电模型建立起来后，只需要用标注选项就能简易地对所有管道标高管径进行标注。如图 2－34 所示。

Revit 软件能导进、导出各种常用软件的文件格式，方便与常用软件进行数据切换。当模型建成后，为方便工程师们打印及图纸传阅的需要，可以导出为 CAD 图纸。导出的 CAD 图纸具有良好的图层颜色显示特性，符合常用 CAD 规范及惯例的需求。导出的 CAD 图纸如图 2－35 所示。

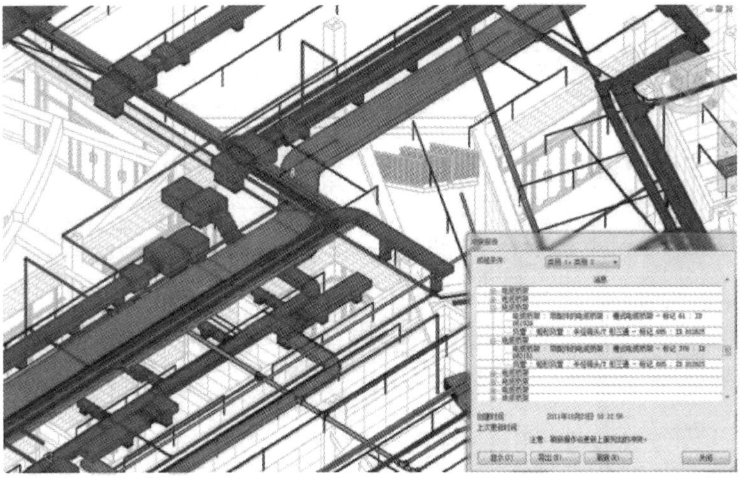

图 2－31 Revit MEP 软件管线碰撞测试图（1）

冲突报告

冲突报告项目文件: D:\新建文件夹 (2)\海上世界深化设计最终版\海上世界项目.rvt
创建时间: 2011年10月22日 16:11:18
上次更新时间:

	A	B
1	管道 : 管道类型 : 消防 - 标记 4345 : ID 796385	风管 : 矩形风管 : DTL接头连接 2 - 标记 557 : ID 840673
2	管道 : 管道类型 : 消防 - 标记 4398 : ID 796502	风管 : 矩形风管 : DTL接头连接 2 - 标记 557 : ID 840673
3	管道 : 管道类型 : 消防 - 标记 4407 : ID 796529	风管 : 矩形风管 : DTL接头连接 2 - 标记 557 : ID 840673
4	管道 : 管道类型 : 消防 - 标记 4416 : ID 796552	风管 : 矩形风管 : DTL接头连接 2 - 标记 557 : ID 840673
5	管道 : 管道类型 : 消防 - 标记 4425 : ID 796575	风管 : 矩形风管 : DTL接头连接 2 - 标记 557 : ID 840673
6	管道 : 管道类型 : 消防 - 标记 4434 : ID 796598	风管 : 矩形风管 : DTL接头连接 2 - 标记 557 : ID 840673
7	管道 : 管道类型 : 消防 - 标记 4443 : ID 796621	风管 : 矩形风管 : DTL接头连接 2 - 标记 557 : ID 840673
8	管道 : 管道类型 : 消防 - 标记 4454 : ID 796647	风管 : 矩形风管 : DTL接头连接 - 标记 1083 : ID 841952
9	管道 : 管道类型 : 消防 - 标记 4458 : ID 796653	风管管件 : M_矩形风管弯头 - 半径 : 1 W - 标记 2627 : ID 841953
10	管道 : 管道类型 : 消防 - 标记 4462 : ID 796666	风管 : 矩形风管 : DTL接头连接 2 - 标记 542 : ID 840661
11	管道 : 管道类型 : 消防 - 标记 4484 : ID 796721	风管 : 矩形风管 : DTL接头连接 2 - 标记 557 : ID 840673
12	管道 : 管道类型 : 消防 - 标记 4584 : ID 796884	风管 : 矩形风管 : DTL接头连接 2 - 标记 542 : ID 840661

图 2－32 Revit MEP 软件管线碰撞测试图（2）

（6）导出工程量清单。BIM 模型建成后，根据需要可导出工程量清单。工程量清单为 BIM 模型的实际量统计，具有准确性及易操作性。导出时可按系统、区域、层段分类，但需要在建模时录入准确的注释。在传统工程算量中，各种管道、管件的长度一般使用延长米算法，连接管件的把量需要耗费技术员大量的精力和时间，但 BIM 软件能准确得出管道长度及三通、各式弯头、大小头的管件数量。导出的工程量清单如图 2－36、图 2－37 所示。

（7）动态漫游。通过自定义路线，导出漫游视频文件，提前模拟建造完成之后的布局空间感，方便施工人员的校核，也能提高同业主、设计等单位交流沟通的效率。视频截图如图 2－38 所示。

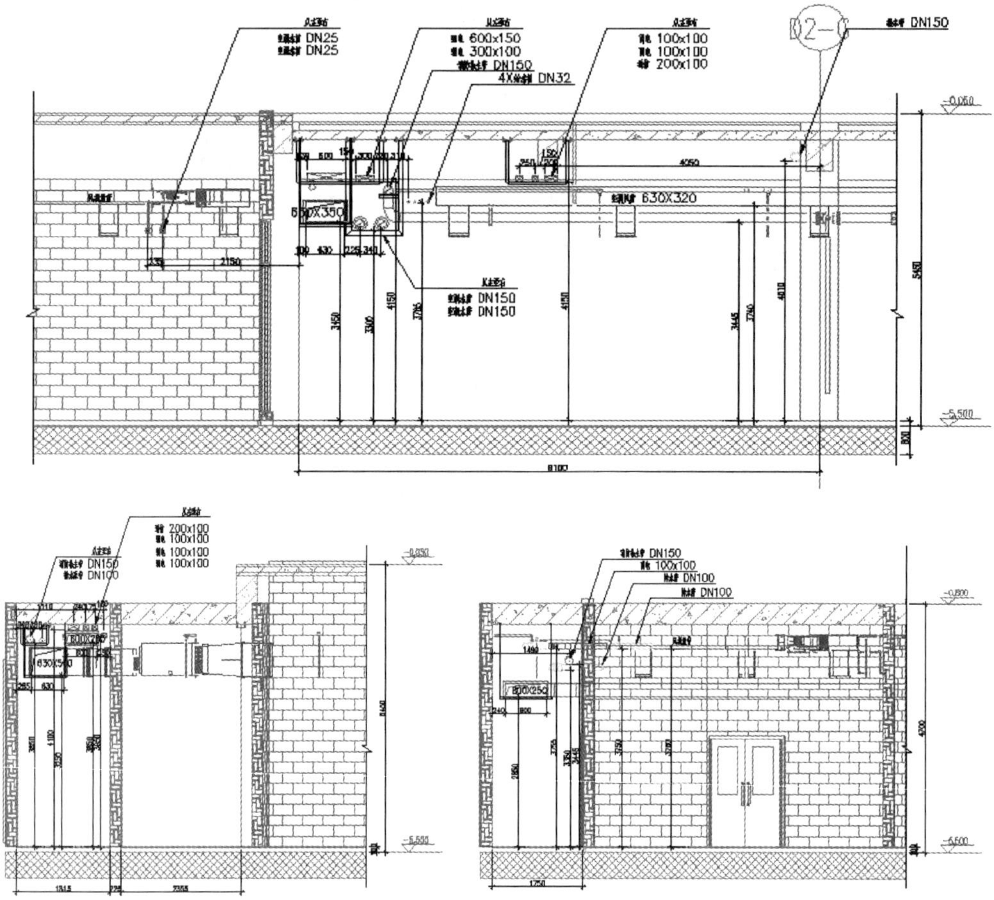

图 2-33 Revit MEP 软件生成剖面图

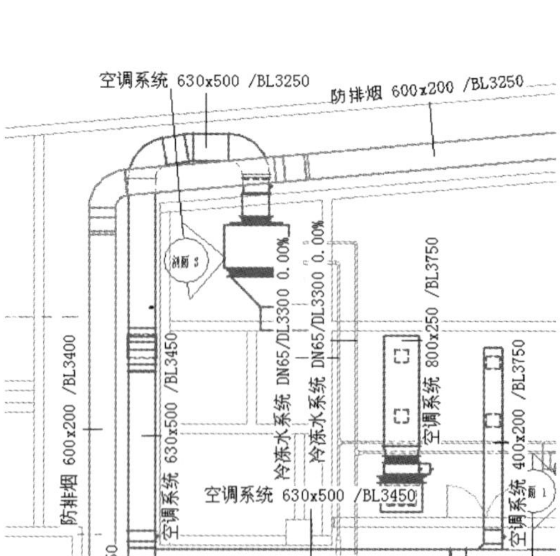

图 2-34 Revit MEP 软件生成平面图

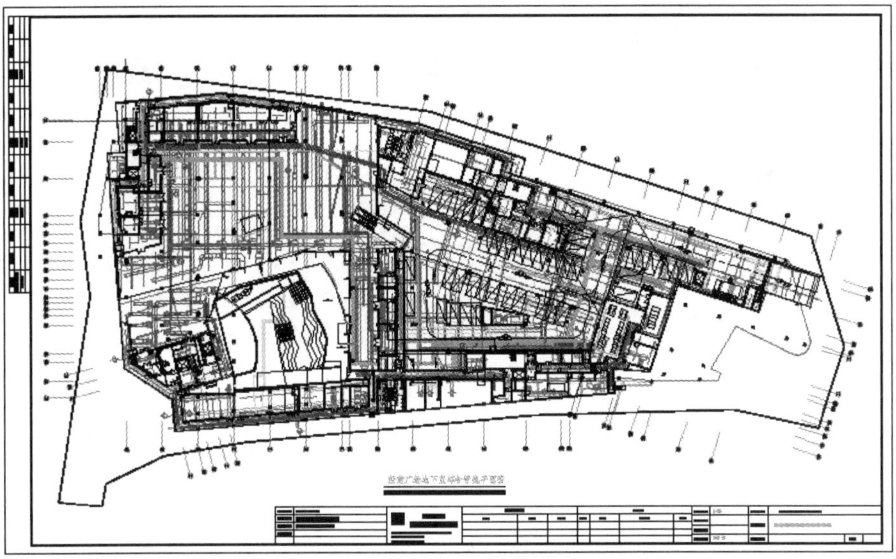

图 2－35　地下室综合管线布置平面

管件明细表						
注释	族	族与类型	类型	尺寸	合计	型号
冷冻水管	T 形三通 －	T 形三通 － 常规:	标准	50-50-50	8	
冷冻水管	T 形三通 －	T 形三通 － 常规:	标准	80-80-80	8	
冷冻水管	T 形三通 －	T 形三通 － 常规:	标准	100-100-100	7	
冷冻水管	T 形三通 －	T 形三通 － 常规:	标准	300-300-300	4	
冷冻水管	T 形三通 －	T 形三通 － 常规:	标准	350-350-350	4	
冷冻水管	T 形三通 －	T 形三通 － 常规:	标准	400-400-400	2	
冷冻水管	T 形三通 －	T 形三通 － 常规:	标准	450-450-450	1	
冷冻水管	弯头 － 常规	弯头 － 常规: 标准	标准	50-50	42	
冷冻水管	弯头 － 常规	弯头 － 常规: 标准	标准	80-80	32	
冷冻水管	弯头 － 常规	弯头 － 常规: 标准	标准	100-100	14	
冷冻水管	弯头 － 常规	弯头 － 常规: 标准	标准	200-200	58	
冷冻水管	弯头 － 常规	弯头 － 常规: 标准	标准	300-300	3	
冷冻水管	弯头 － 常规	弯头 － 常规: 标准	标准	450-450	1	
冷冻水管	弯头 － 常规	弯头 － 常规: 标准	标准	630-630	22	
冷冻水管	过渡件 － 常	过渡件 － 常规: 标	标准	51-50	48	
冷冻水管	过渡件 － 常	过渡件 － 常规: 标	标准	65-50	1	
冷冻水管	过渡件 － 常	过渡件 － 常规: 标	标准	80-50	8	
冷冻水管	过渡件 － 常	过渡件 － 常规: 标	标准	100-50	8	
冷冻水管	过渡件 － 常	过渡件 － 常规: 标	标准	254-200	8	
冷冻水管	过渡件 － 常	过渡件 － 常规: 标	标准	300-254	8	
冷冻水管	过渡件 － 常	过渡件 － 常规: 标	标准	305-300	2	
冷冻水管	过渡件 － 常	过渡件 － 常规: 标	标准	350-200	8	
冷冻水管	过渡件 － 常	过渡件 － 常规: 标	标准	356-350	2	
冷冻水管	过渡件 － 常	过渡件 － 常规: 标	标准	400-200	4	
冷冻水管	过渡件 － 常	过渡件 － 常规: 标	标准	450-300	2	
冷冻水管	过渡件 － 常	过渡件 － 常规: 标	标准	630-300	1	
冷冻水管	过渡件 － 常	过渡件 － 常规: 标	标准	630-450	1	
总计: 307					307	

图 2－36　BIM 软件生成管件明细

管道明细表					
注释	尺寸	外径	型号	合计	长度
冷冻水管	50	60		93	37502
冷冻水管	51	51		2	1584
冷冻水管	80	89		49	45127
冷冻水管	100	114		23	149231
冷冻水管	200	219		84	91690
冷冻水管	300	324		15	14629
冷冻水管	350	356		3	1653
冷冻水管	400	406		5	13209
冷冻水管	450	457		4	40305
冷冻水管	630	630		24	238601
总计: 302					633531

图 2－37　BIM 软件生成管道明细

图 2-38 动态漫游截图

5. 应用情况总结

在深圳海上世界项目的机电施工中运用 BIM 技术规划各专业的管线，使得空间的利用达到最大化，让设备管线整齐划一、美观大方，达到了预期的三维可视化深化设计效果。项目现场机电管线施工根据 BIM 模型施工情况如图 2-39、图 2-40 所示。

图 2-39 BIM 软件深化设计图与现场实际安装情况对比（1）

图 2-40 BIM 软件深化设计图与现场实际安装情况对比（2）

BIM 技术在海上世界项目的成功运用，获得业主、监理、设计单位等相关单位的一致好评。深圳海上世界项目业主方招商地产更特别向施工单位授予感谢信，表彰 BIM 技术在该项目施工过程中取得的重大作用。另外，该项技术作为国家“十一五”科技计划中重点推广的一项工程建设新技术，有着非常广阔的发展前景。BIM 技术在深圳海上世界项目部的深化设计，在其他工业、民用建筑机电安装施工应用上有着良好的借鉴作用。

二、BIM 技术在机电工程深化设计及项目实施中的应用

BIM 技术利用三维建筑模型代替了传统的二维设计，真实、全面地模拟出建筑项目内各部分的实际管线安装、施工进度以及最终效果，从离散的分步设计转向基于同一模型的全过程整体设计。通过信息模型的建造可以绘制详尽的施工图，使设计思路能详尽地表达给建设项目相关的各个单位，提高沟通效率。

大型公建项目从立项开始，历经规划、设计、工程施工、竣工验收到交付使用，是一个漫长的过程。该过程中不确定性因素多，为克服建设过程中的缺点，采用 BIM 技术对项目进行设计、建造和运营管理，将各种建筑信息组织成一个整体，贯穿于建筑全生命周期过程，使得整个工程的质量和管理效率得到显著提高，这就是 BIM 技术的核心价值。工程建设行业正在经历从传统二维设计向 BIM 的变革，同时可持续性设计已成为必然趋势。

近 10 年来，建筑信息模型技术在美国、日本、中国香港等国家和地区的建筑工程领域取得了大量的应用成果。在国内 BIM 技术起步比较晚，但其应用在设计、施工、运营维护不同阶段已经表现出比传统管理优质时代性变革的价值。在机电工程深化设计和项目实施中，BIM 技术主要用于管线碰撞检测、管线综合、剖面图生成、系统平衡校核、预制件加工、工程量统计、施工模拟等方面。

1. BIM 技术在机电工程深化设计和项目实施中的应用

（1）碰撞检测：二维图纸不能全面反映个体、各专业、各系统之间碰撞的可能；同时，由于二维设计离散行为的不可预见性，也使设计人员很可能疏漏掉一些管线碰撞的问题。利用 BIM 可视化功能进行管线碰撞检测，在施工之前尽量减少现场的管线碰撞，以最实际的方式减少返工，降本增效，践行低碳施工的理念。如果全面施行项目 BIM 设计，那么我们的施工图深化设计则可在模型碰撞检验通过以后，再用模型导出施工图，完全避免了现场管道的碰撞。

（2）管线综合：建筑设备工程系统多，而目前一般由建筑设计院水、电、空调等各专业设计人员各自布置管线和出图，各类设备及管线会在平面、立面位置上相互交叉发生冲突，施工单位在施工前会对管线进行深化设计，绘制管线综合图，但由于土建、装修情况不断变化，综合管线图往往需要反复变更，给施工单位造成很大压力，而且工作的不断重复会拖延施工进度，浪费资金，影响整个建筑物的正常交付。采用 BIM 设计可在项目开始阶段，实时地与土建、装修专业进行配合，合理地利用安装空间，进行机电专业的深化设计，在综合过程中满足各种国家规范要求，并且可以随着土建、装修的修改随时更新和修改，满足系统使用要求，尽量避免多余管件，减小系统阻力，考虑预留足够的检修空间，考虑实际管件的采购及制作，考虑支吊架的制作及安装。

（3）系统平衡校核：作为业主方，关心使用效果是否能够达到设计标准，与此相关的便是系统安装完成后如何调试，原有设计选择的产品参数是否能够满足要求。

通过三维深化设计得到 BIM 模型是真实系统在电脑中的虚拟反应，管道、设备、部件均包含完整的数据信息，可进行系统数据校核：校核原始设计所选设备的参数是否满足使

用要求；校核系统最不利环路；计算阀门开度。

（4）预制件加工：BIM 模型可以多次使用及反复修改，机电专业的各类配件模型描述准确，因此我们可以利用模型来做预制加工，提高工作效率，也方便日后业主的维修维护，从而起到数据信息共享的作用。

（5）工程量统计：BIM 模型中机电设备及管道部件都是来源于真实厂家产品数据库，通过 BIM 模型快速统计项目工程量信息，业主和施工管理人员可以对变更引起的成本变化进行快速、准确的评估，避免人工统计带来的误差和争议。

（6）生成剖面分析：二维图形与三维图像的空间和属性信息是完全对应的，两者之间具有信息同步更新、互动的特点。通过碰撞检测后对碰撞的管道进行调整，完善全方位的 BIM 模型后可自动生成管线平、剖面图，用真实反应现场情况的剖面图去指导施工，可有效保证施工完成面高度并避免返工。

（7）情景漫游、录制动画：采用三维建模技术对建筑物内的工程管线及设备建立三维图像，在三维场景中行走有种身临其境的感觉。通过三维 MagiCAD 软件，可在 Navigator 环境中快速定位、旋转、飞行，以及虚拟环境动态观察等。可以直观地进行施工方案论证、优化、展示和技术交底；消除现场施工过程干扰或施工工艺冲突；可以更有效地对施工场地进行科学布置；有助于构配件的预制生产、加工及安装，有效缩短工期。

经应用及调查表明：应用 BIM 可以提高总承包管理和分包管理协调工作效率 5%～10%；可以降低施工成本 2%～10%；可以缩短工期 10%～20%，可有效提高天花板装修高度 5～10cm。

2. BIM 技术的技术创新点

BIM 是继 CAD（Computer Aided Design，计算机辅助设计）之后的新生技术，具有如下创新意义：

（1）协调性：BIM 技术就是利用数字信息模型对项目进行设计、施工和运营的过程，让项目参建各方在这个平台上协同工作，在建筑物建成之前，就能仿真模拟建筑的真实情况，对整个工程项目的成败做出完整的分析和评估。各行业项目信息易出现“不兼容”现象，如管道与结构冲突，应预留的洞口没留或尺寸不对等情况。使用 BIM 技术可有效协调流程，进行综合协调，减少不合理变更方案或问题变更。

（2）可视化：利用 BIM 技术，使项目设计、建造、运营等整个建设过程可视，方便进行更好地沟通、讨论与决策。将建筑物及施工现场 3D 模型与施工进度相链接，并与施工资源和场地布置信息集成一体，建立 4D 施工信息模型。实现建设项目施工阶段工程进度、人力、材料、设备、成本和场地布置的动态集成管理及施工过程的可视化管理。

（3）模拟性：包括 3D 画面的模拟，能效、紧急疏散、日照、热能传导等的模拟，性能化分析模拟，施工进度的模拟，造价控制上的模拟，对地震人员逃生及消防人员疏散等日常紧急情况的处理方式的模拟。实现虚拟施工。在计算机上执行建造过程，虚拟模型可在实际建造之前对工程项目的功能及可建造性等潜在问题进行预测，包括施工方法实验、施工过程模拟及施工方案优化等。

（4）优化性：BIM 技术在建筑物建成之前，就能仿真模拟建筑的真实情况，对整个工程项目的成败做出完整的分析和评估，进行方案的优化、节能分析、可视化项目决策、策划、能耗、费用管理、进度管理、质量控制，及时进行性能化分析和可行性研究，进行项目方案的优化。

（5）可出图性：通过碰撞检测后对碰撞的管道进行调整，完善全方位的 BIM 模型后可自动生成管线平、剖面图，综合管线图，综合结构留洞图，碰撞检查侦错报告和建议改进方案等实用的施工图纸，减少重复出图的工作量。

3. BIM 技术在机电工程深化设计中的应用实例

（1）工程概况。利通广场项目位于广州珠江新城 B2—4 地块，珠江新城北部，西面和北面紧靠广州新 CBD 中心区公共绿化广场，西临珠江东路，南面与广州“双塔”对望，视野开阔，环境优美，交通便利。总用地面积 9965.15m^2，本项目总建筑面积 159717m^2，其中地上面积 122115m^2，共 60 层；地下 37602m^2，共 5 层。塔楼斜坡屋顶顶部高 302.7m，斜顶底部高 264.6m。本项目主要功能包括：甲级写字楼、会议厅和少量辅助性餐饮和商业。地下室包括设备、车库、装卸货区和少量餐饮设施。本项目结构形式为钢筋混凝土结构和钢结构组合，墙体材料以轻质混泥土墙板为主。

（2）在综合管廊部分的碰撞检测。

①碰撞调整前。排布调整前管线综合碰撞点 2169 处，其中管线与结构碰撞点 298 处，桥架与风管碰撞 759 处，桥架与水管碰撞 663 处，风管与水管碰撞 449 处。如图 2－41 所示。

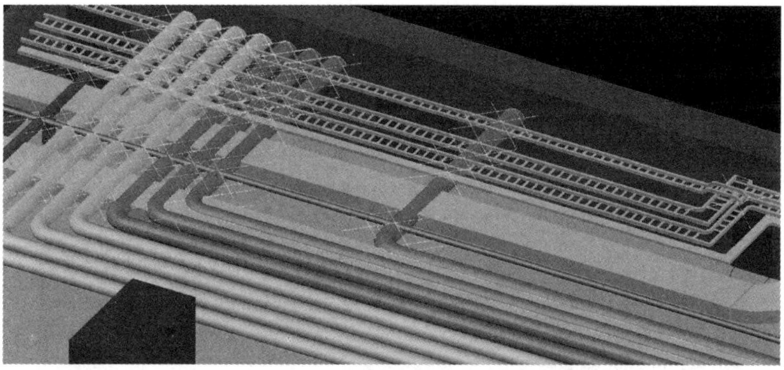

图 2－41　碰撞调整前

②碰撞调整后。从图 2－41、图 2－42 对比中可以看出，通过碰撞检测，首先在图 2－42 显示所有的管道碰撞点，再根据系统提示，调整管道标高和位置、局部管线走向变更等，调整最后将所有管线碰撞点调整完毕，完全按照施工现场的实际情况出图指导施工，大大降低了返工概率，提高了生产效率，节约造价。

（3）机房、泵房管线综合。对于机电安装工程来说，制冷机房、水泵房和变配电房是项目的核心所在，我们利用 BIM 技术，对重点的机房进行了设备定位、管线综合平衡，并对管线的走向提前模拟，对于机房内的不合理排布及管道附件的添加和布置提前预处理，在施工之前考虑了各种不利因素，保证机房施工的顺利进行和最终的合理美观。

利通广场制冷机房 BIM 模型，如图 2－43、图 2－44 所示。

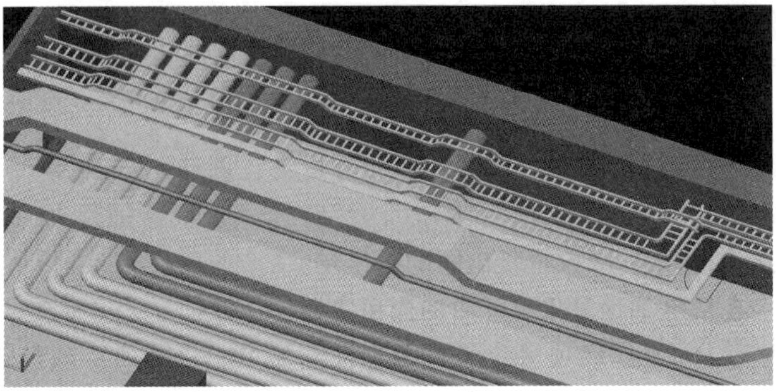

图 2-42 碰撞调整后

图 2-43 制冷机房 BIM 模型（1）

图 2-44 制冷机房 BIM 模型（2）

（4）在管道井中的应用。由于该工程管井非常集中和窄小，管井中的管道布置是工程的一大技术难点。管道井内管道集中、种类繁多、大小不一、材质多样、支管及附件复杂。因管道井内管道多，专业交叉施工现象严重且空间有限，管道井内管线合理综合排布对管道能否安全施工、合理降低成本、方便检修起决定性作用。按照原设计图纸给出的管道井大样图进行绘制时，发现消防喷淋管与空调供回水管存在严重交叉现象，统计每根管道的所属系统用途、管道穿越的楼层及其支管的走向、管道的变径位置、管道的保温材料及厚度，结合管道井尺寸进行调整及综合布置，经 BIM 深化设计后达到立管与各层水平进出管、支管无交叉，并保证阀门及附件安装、后期检修空间。

①碰撞调整前，如图 2-45 所示。

图 2 - 45

②碰撞调整后，如图 2 - 46 所示。

图 2 - 46

BIM 相对于传统的设计：从二维转向三维设计；从各工种单独完成项目转向各工种协同完成项目；从离散的分步设计转向基于同一模型的全过程整体设计；从单一设计交付转向建筑全生命周期支持。BIM 带来的是激动人心的技术冲击。本项目结合工程实例对 BIM 技术在机电工程深化设计和实施中的应用作了比较全面的介绍，对这一技术的进一步推广有一定借鉴。我们只有结合自己的特色认真学习、结合实际、努力实践、勇于探索，才能尽快走出一条新的发展之路。

三、BIM 技术中机电工程综合支吊架研究与应用分析

1. 概述

机电工程中综合支吊架引入 BIM 技术后在选型、计算、机电管道综合排布等方面的提升进行了深入探讨，并通过实例展示了《管道支吊架设计软件》（CMSH - V1.0）在实际工程中的应用效果。通过本成果的推广应用，提升整个行业的整体技术能力，助力安装企业快速实现 BIM 应用带来的效益。

机电工程综合管道支吊架一直以来都是建筑安装行业的技术攻关点，随着 BIM 技术的不断发展，我们尝试用 BIM 技术来攻克这一难点。通过两年的深入研究，我们研发了适用于机电管道支吊架设计的应用软件。通过该软件可对 BIM 机电管道模型进行支吊架选型和计算，使机电管道综合排布进行碰撞检测时包含了支吊架的空间碰撞情况，调整后可达到符合实际需求的零碰撞；可对支吊架的选型进行力学计算，保证其安全性和提高经济性，

为长期以来凭经验进行选型的施工技术人员提供科学依据；使机电工程安装、BIM 技术的实际应用的科学化和完整性有了进一步提升。

2. 研究背景

（1）国内外支吊架技术发展现状。国外工程对于支吊架采用标准配置成套成品安装（如喜利得），支吊架型式通过组合可方便地进行标准化设计和安装。这些标准支吊架为定型产品，由厂商给出了参数范围，直接选用安装即可，保险系数大。

国内大型工程支吊架大部分仍采用参考相关图集结合经验“设计”安装，成本相对低，但缺少科学性和理论性。部分工程会要求提供支吊架计算书才可安装。

（2）现有 BIM 软件情况。目前 BIM 软件主要有 AutoCAD、Revit（偏重建筑及结构）、MagiCAD（偏重机电）等。软件发展速度虽快，但软件中较细节的设计基本需要通过人工处理（如剖面、支吊架等）建立族或块完成，无专业软件，不能保证技术信息的完整和通用性。

（3）目前支吊架技术存在问题。

①目前支吊架标准图集只局限在单专业、小管径系统，涉及大管径（>300mm）支吊架和综合支吊架，需施工人员现场经验设计，计算校核后送设计单位结构工程师审核确定。

②二维综合图、BIM 未考虑支吊架的实际影响因素造成碰撞，BIM 相关软件中没有支吊架信息模型，不能满足综合机电三维图及碰撞检测的需求。

③建筑工程机电专业二维、三维（BIM）相关软件均无支吊架设计计算，无法进行分析设计及稳定性等验算，无相关数据接口。三维图中未涉及支吊架的模型、模块及特性参数，不能进行工料选择和施工管理。

3. 研究内容及成果

由于以上分析的研究背景和行业需求，促使设计方决定开发一款 BIM 技术支吊架应用软件。设计方结合国家标准图集、设计、施工经验等因素确定综合支吊架的基本型式，生成基本模型，并预留接口可扩充模型，使软件能成为真正的实用应用型软件。把现有靠经验对支吊架选型的模式变革成靠电脑进行先进的、准确的、有科学依据的选型设计模式；建立非标准化的设计理念；完善综合支吊架数据库，与国家、地方相关支吊架标准图集有机对接；建立三维综合支吊架的数据库，在 BIM 技术中形成实用型插件；建立标准化的接口，扩大 BIM 专项技术的应用范围。

（1）软件研发的基本原则。

①支撑环境为 AutoCAD 绘图平台、MagiCAD 三维软件，可生成三维支吊架模型和相关数据。

②技术路线——结构计算、校核公式的确定按照《建筑结构荷载规范》（GB50009－2012）确定支吊架计算荷载；支吊架计算的重点是刚性连接或铰性连接体系结构计算，内力计算方法采用矩阵位移法。

③与设计、施工相结合的应用。

目前主要研究对接建筑工程机电专业中暖通、给排水、电气专业，可预留接口扩展至工业等领域。为达到施工数字化管理、工厂数字化加工应用。通过对程序的设定，提供支吊架的编码和材料清单，进一步提高流水作业效率和工厂预制能力，基于 BIM 技术的本程序开发，为后期的工厂化预制、数字化建造提供数据基础。

④支吊架的选择、确定。经过调研、讨论，总结工程经验，确定了 8 种最基本的综合支吊架型式，主要考虑承受垂直荷载。对于需考虑承受水平荷载的支吊架，其受力大小的确定和结构型式按照国家相应规范图集的规定处理。

8 种综合支吊架型式详见支吊架型式表，如表 2－3 所示。

表 2－3　　支吊架型式表

吊杆 1 型 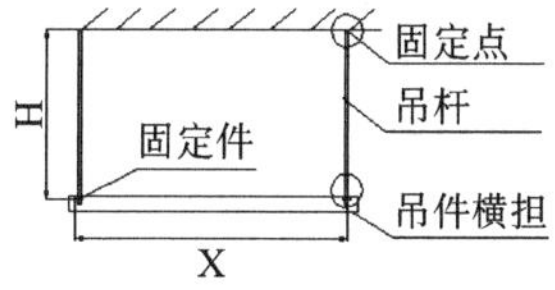 X = 2000 ~ 3000mm　H = 1000 ~ 1500mm	吊杆 2 型 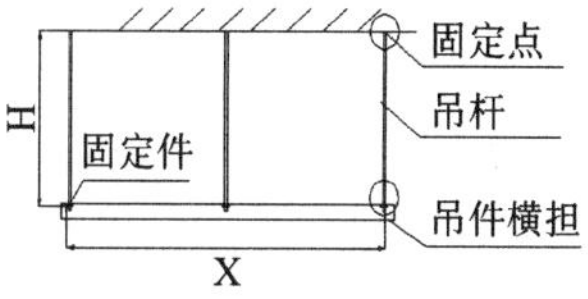 X = 2000 ~ 3000mm　H = 1000 ~ 1500mm
型钢 1 型 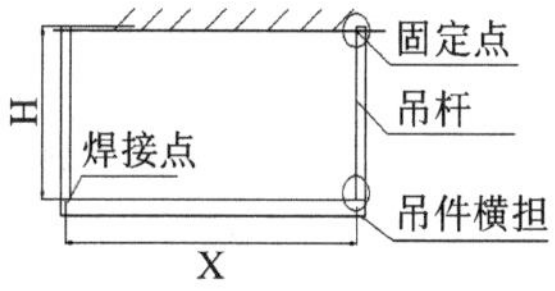 X = 2000 ~ 3000mm　H = 1000 ~ 2000mm	型钢 2 型 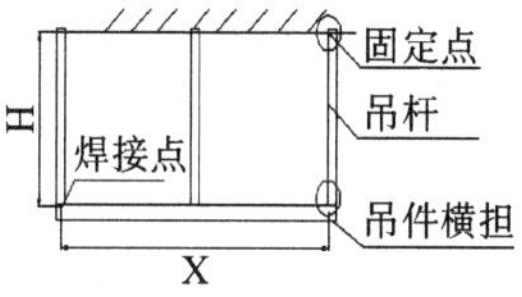 X = 2000 ~ 3000mm　H = 1000 ~ 2000mm
型钢 3 型 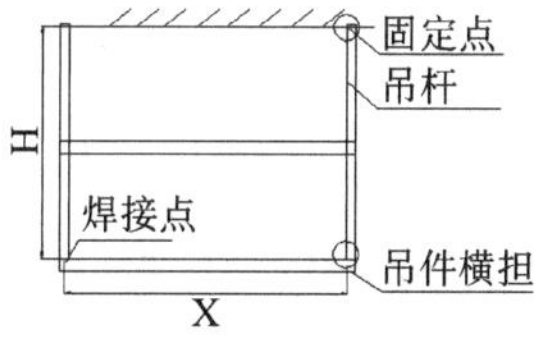 X = 2000 ~ 3000mm　H = 1000 ~ 2000mm	型钢 4 型 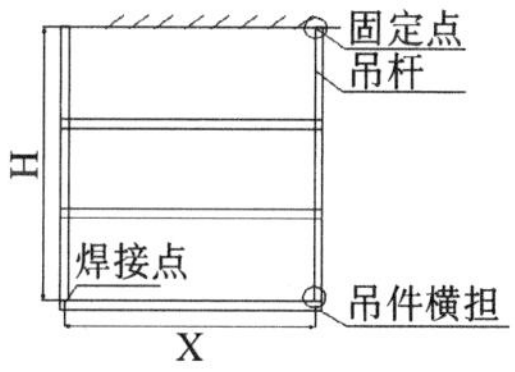 X = 2000 ~ 3000mm　H = 1000 ~ 2000mm
型钢 5 型 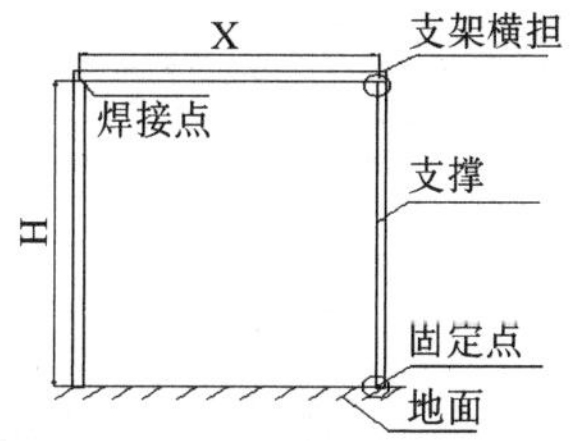 X = 2000 ~ 3000mm　H = 2500 ~ 3500mm	型钢 6 型 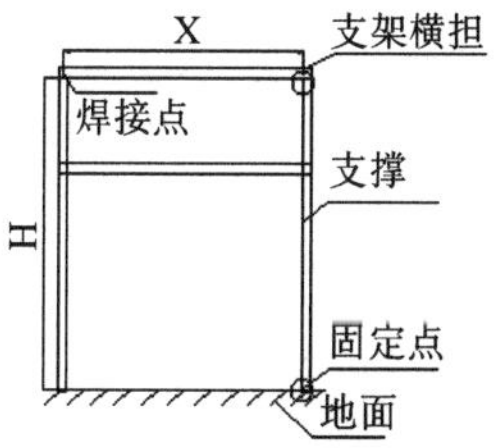 X = 2000 ~ 3000mm　H = 2500 ~ 3500mm

备注：固定点方式
吊杆型材材质、类型、尺寸
吊件横担材质、类型、尺寸
焊接点焊接方式
荷载为输送液体或气体的钢管或风管

结合以上 8 种支吊架基本型式，在软件开发过程中衍生了 21 种支吊架。

(2) 研究案例。支吊架设计严格按照《建筑结构荷载规范》(GB50009－2012) 等国家现行相关专业规范的要求，通过多个项目中测试应用，保证了设计质量，其可视化的特点提高了深化设计能力和三维碰撞检测能力，显著减少了项目中的返工现象。经过精准的支吊架设计，将原本粗犷的选型变为精确的选型，在保证安全的前提下，最大限度地节约成本。以图 2－47、图 2－48、图 2－49、图 2－50，表 2－4 为例为一组综合管道设计三种方案的支吊架，通过软件进行比较、优化快速完成校算、选型仅需要 10～30 分钟。对材料的优化选择提供了理论依据。

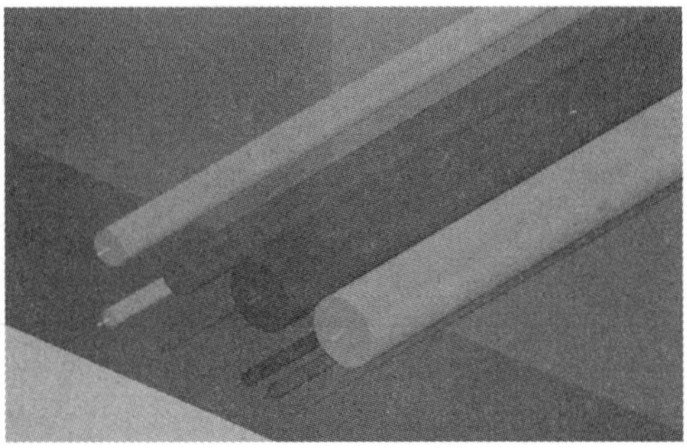

图 2－47 案例三维图

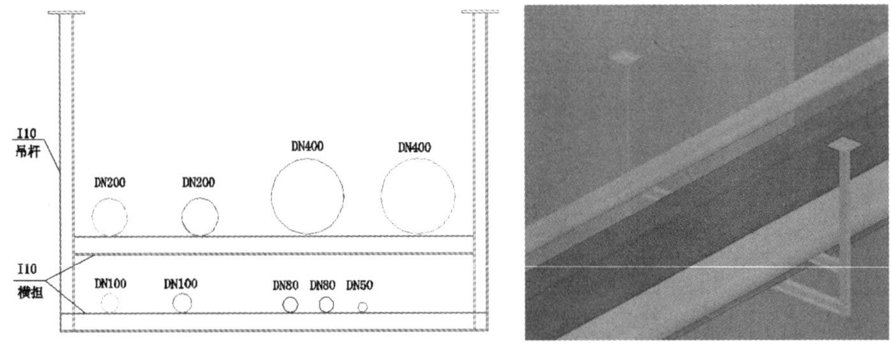

图 2－48 方案一：一组综合支吊架

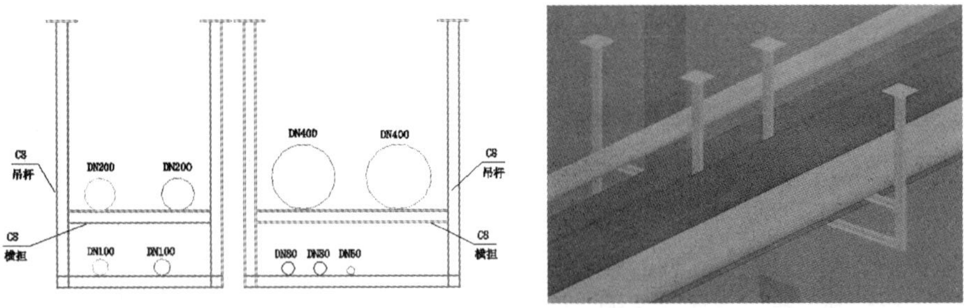

图 2－49 方案二：两组综合支吊架

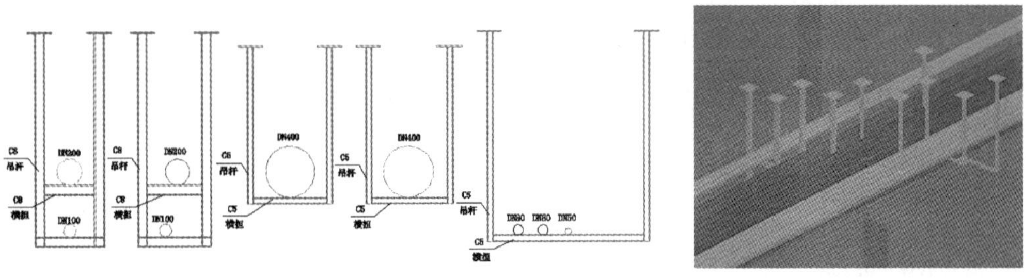

图 2－50 方案三：多组综合支吊架

表 2－4　三种方案的材料统计表

支吊架用量计算					
	横担型号	吊杆型号	支架间距（m）	支架长度（m）	支架重量（kg）
方案一	I10	I10	4	7.94	136.6
方案二	C8	C8	4	5.30	90.1
	C8	C8	4	5.90	
方案三	C8	C8	4	4.30	137.4
	C8	C8	4	4.40	
	C5	C5	4	3.04	
	C5	C5	4	3.04	
	C5	C5	4	4.47	

通过以上对比，可以很直观地看出选择方案二可节省型材约 30%。

（3）研究成果。通过两年的研究，设计方成功研发出了基于 BIM 技术的管道支吊架软件。该软件《管道支吊架设计软件》（CMSH－V1.0）获得了中华人民共和国国家版权局计算机软件著作权。

软件的计算精确度，通过具体案例对《管道支吊架设计软件》（CMSH－V1.0）计算结果与现行两款结构有限元计算软件（Midas、Sap2000）验算结果进行对比。

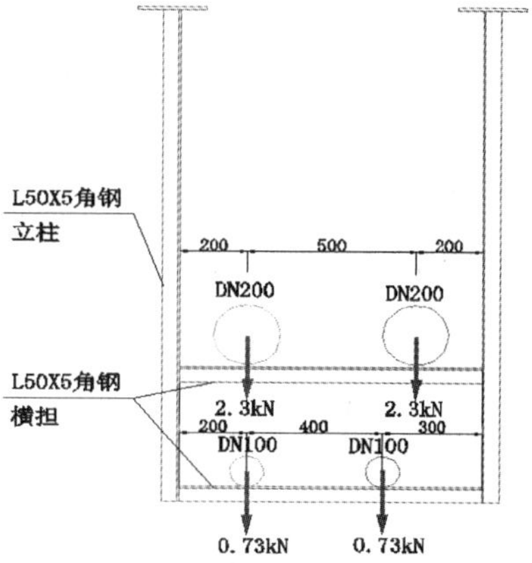

图 2－51　综合支架详图

图 2－51 为某建筑内空调水管公用综合支架详图。

图 2－51 中综合支架上层为空调水管，管径 DN200，热轧无缝钢管，内部运行介质为水；下层空调水管，管径 DN100，热轧无缝钢管，内部运行介质为水。支架采用两层横担共用立柱吊架，所有立柱规格为 50×5 角钢，所有横担为 50×5 角钢。支架间距为每 6m 一副。通过对所选支架形式及规格进行受力校算。按照相关公式计算和查材料手册得出上层 6m 空调水管及所载介质的垂直总受力均为 2.3kN；下层空调水管及所载介质的垂直总受力均为 0.73kN（此次计算中考虑管道在满水静止状态下的受力情况）。如图 2－52、表 2－5 所示。

通过以上案例分析可见《管道支吊架设计软件》（CMSH－V1.0）计算结果经与现行两款结构有限元计算软件（Midas、Sap2000）验算平均值结果对比分析，误差很小，完全能够应用于机电工程综合支吊架的设计。

4. 实际项目应用案例

（1）软件选型计算与经验选型的比较。下面以大厂喜来登酒店机电工程现场两个实例来进行论证。

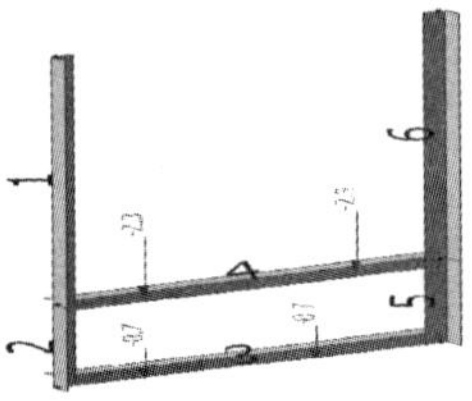

恒载（管重）计算简图

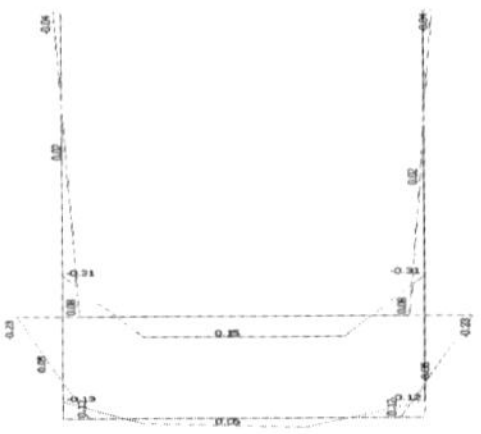

Midas(gen)：弯矩图（kN·m）

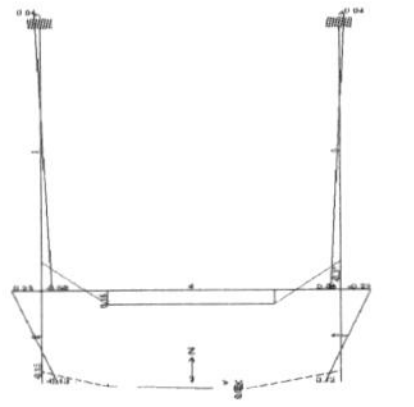

Sap2000：弯矩图（kN·m）

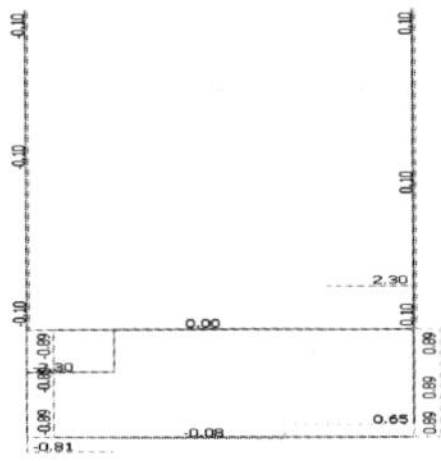

Midas(gen)：剪力图（kN）

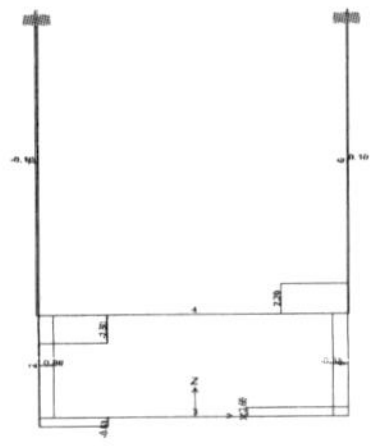

Sap2000：剪力图（kN）

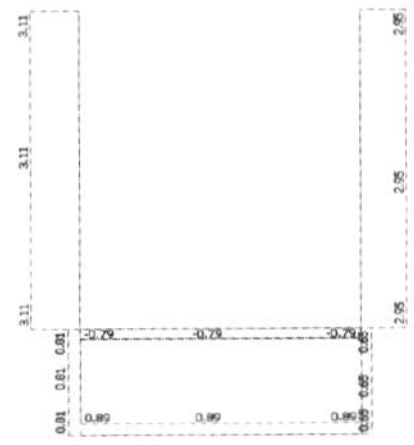

Midas(gen)：轴力图（kN）

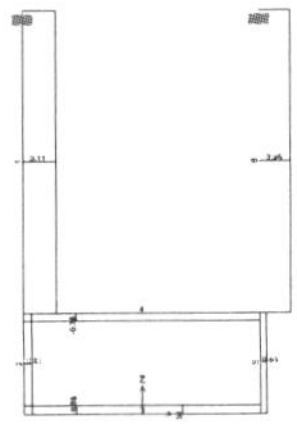

Sap2000：轴力图（kN）

图 2－52

表 2－5 恒载（管重）计算结果表格

构件编号		Midas（gen）	Sap2000	支吊架程序（CMSH）	结果对比
1	弯矩（kN·m）	0.08	0.08	0.08	0.00%
	剪力（kN）	0.1	0.1	0.1	0.00%
	轴力（kN）	3.11	3.11	3.11	0.00%
2	弯矩（kN·m）	0.23	0.23	0.23	0.00%
	剪力（kN）	0.89	0.88	0.88	0.00%
	轴力（kN）	0.81	0.81	0.81	0.00%
3	弯矩（kN·m）	0.13	0.13	0.13	0.00%
	剪力（kN）	0.81	0.81	0.81	0.00%
	轴力（kN）	0.89	0.88	0.88	0.00%
4	弯矩（kN·m）	0.31	0.31	0.31	0.00%
	剪力（kN）	2.3	2.3	2.3	0.00%
	轴力（kN）	0.79	0.78	0.78	0.00%
5	弯矩（kN.m）	0.23	0.23	0.23	0.00%
	剪力（kN）	0.89	0.88	0.88	0.00%
	轴力（kN）	0.65	0.65	0.65	0.00%
6	弯矩（kN.m）	0.08	0.08	0.08	0.00%
	剪力（kN）	0.1	0.1	0.01	0.00%
	轴力（kN）	2.95	2.95	2.95	0.00%

①案例1：现场4根直径DN80的空调水管，使用一副综合支架。图2－53为现场工长凭经验绘制的吊架选型图，工长预选用50×5角钢和ø6钢筋吊杆综合的吊架。

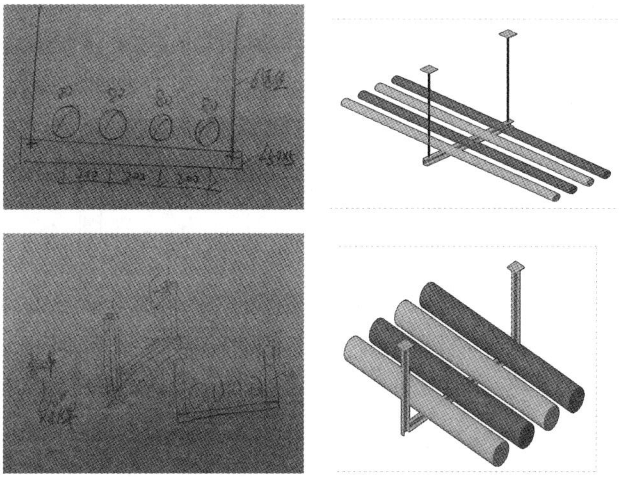

图 2 －53　现场工长绘制吊架选型图

经软件校算，以上型材综合的吊架不能满足安全需要。重新设计后最终在确定选用 50 ×5槽钢和 ø8 钢筋吊杆综合的吊架对这四根空调水管进行吊装。在安全性上为现场进行了把关。

②案例 2：现场 4 根直径 DN350 的空调水管，由于在一个走廊中，所以使用一副综合吊架。现场工长根据经验准备使用 16#槽钢对焊。

经过支吊架软件的设计和校算，4 根直径 DN350 的空调水管，在一副综合吊架时使用 14#槽钢就可以满足要求。

（2）软件选型与人工计算选型的比较。

案例 3：设计方承接的北京京东方显示技术有限公司第 8 代薄膜晶体管液晶显示器件项目中由于 3 号建筑（模块厂房）内机电管线密集，因此建筑内多处采用了综合支吊架。由于甲方聘用的韩籍空间管理顾问要求我方必须出具支吊架计算书，因此设计方花费 20 万元聘请专业结构人员对综合支吊架进行了详细计算。下面选取其中一个为例与软件进行对比。如图 2 －54、图 2 －55 所示。

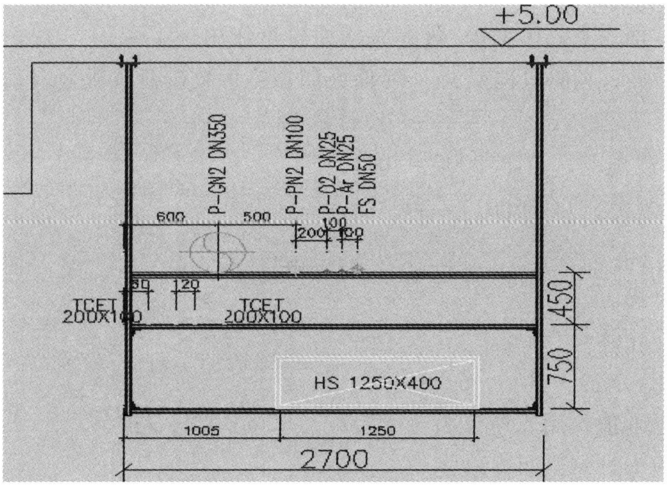

图 2 －54　综合支吊架设计图

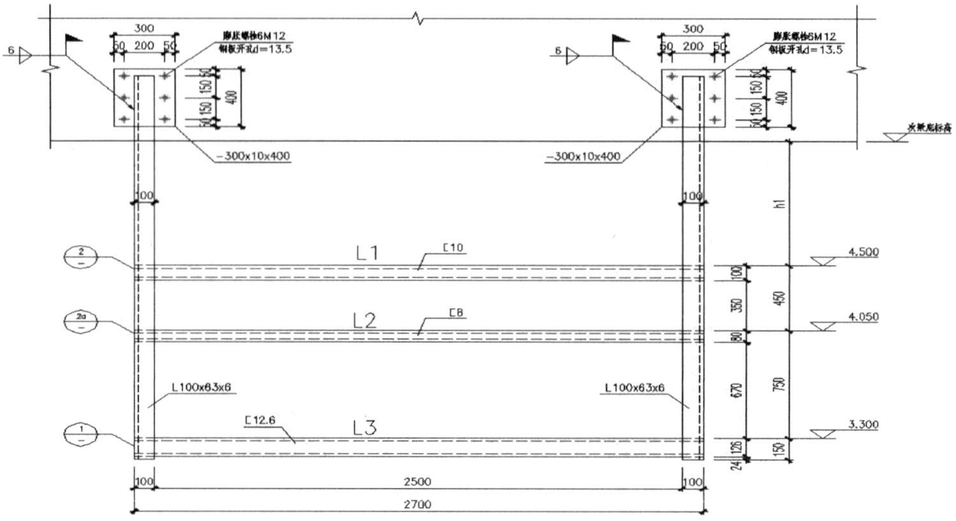

图 2-55 综合支吊架设计计算图

①原结构设计人员出具的该综合吊架计算书。

荷载分析：

L1：DN350 水管（1 根）：191.4kg/m；DN100 水管（1 根）：21.3kg/m；DN50 水管（1 根）：8.19kg/m；DN25 水管（2 根）：3.5×2=7kg/m　$\sum q1=227.89$kg/m

L2：桥架 200×100（2 个）：10×2=20kg/m　$\sum q2=20$kg/m

L3：HS1250×400：100kg/m　$\sum q3=100$kg/m

结论：梁上折算均布线荷载设计值：

L1：q=228×10×3.75/(2.7×1000)=3.1kn/m；L2：取 2kn/m；L3：取 3.5kn/m

吊架设计书

-----设计信息-----

钢梁钢材：Q235；梁跨度（m）：2.700；梁平面外计算长度（m）：2.700

钢梁截面：普通热轧 10#槽钢；容许挠度限值［U］：l/180=15.000（mm）

强度计算净截面系数：0.850；计算梁截面自重作用：计算

简支梁受荷方式：竖向单向受荷；荷载组合分项系数按荷载规范自动取值

-----设计依据-----

《建筑结构荷载规范》（GB50009-2001）

《钢结构设计规范》（GB50017-2003）

-----简支梁验算-----

面特性计算（略）

简支梁自重作用计算（略）

梁上活载作用（略）

单工况荷载标准值作用支座反力（压为正，单位：kN）（略）

梁上各断面内力计算结果（略）

简支梁截面强度验算（略）

简支梁整体稳定验算（略）

简支梁挠度验算（略）

简支梁挠度计算结果：

断面号	1	2	3	4	5	6	7
挠度值（mm）	0.000	1.666	3.210	4.530	5.540	6.176	6.394
断面号	8	9	10	11	12	13	
挠度值（mm）	6.176	5.540	4.530	3.210	1.666	0.000	

最大挠度所在位置：1.350m

计算最大挠度：6.394（mm）＜容许挠度：15.000（mm）

简支梁挠度验算满足。

****** 简支梁验算满足 ******

====== 计算结束 ======

②运用 BIM 支吊架软件进行设计计算（多方案选择）。如图 2－56 所示。

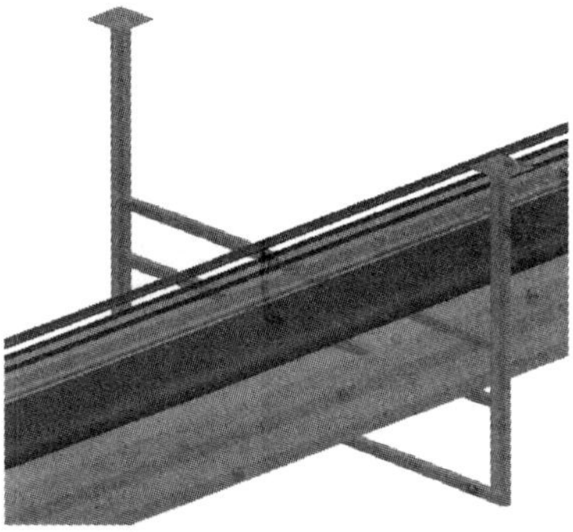

图 2－56

首先对以上手工计算进行复核。综合吊架的横担用 10 号槽钢，吊杆用 100×63×6 角钢。如图 2－57、图 2－58 所示。

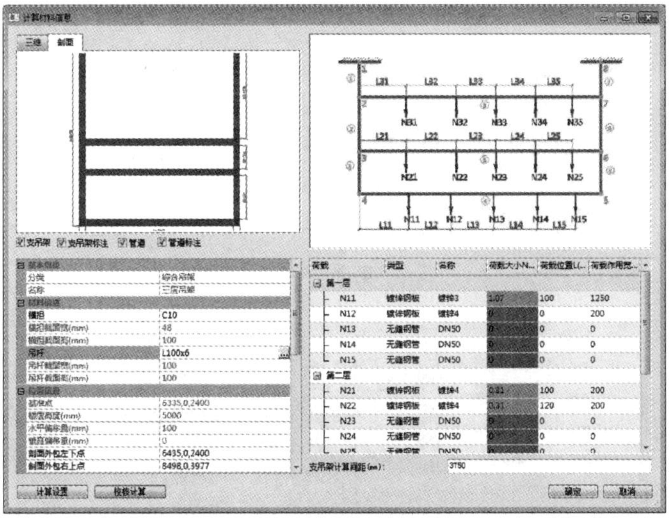

图 2－57

计算满足安全要求。

降低型材规格方案 A：横担选用 8 号槽钢，吊杆 100×63×6 角钢的情况，如图 2－59、图2－60 所示。

计算满足安全性要求。

降低型材规格方案 B：横担选用 8 号槽钢，吊杆 8 号槽钢的情况，图 2－61、图 2－62 所示。

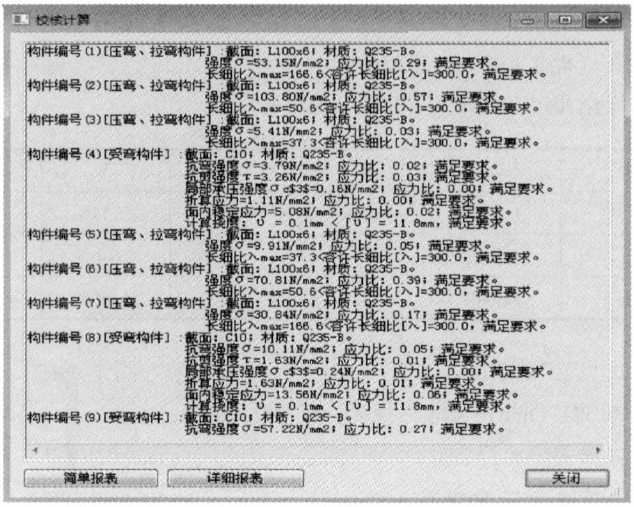

图 2－58

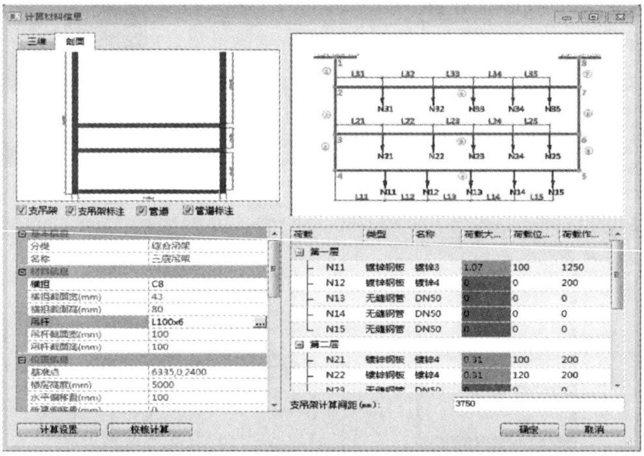

图 2－59

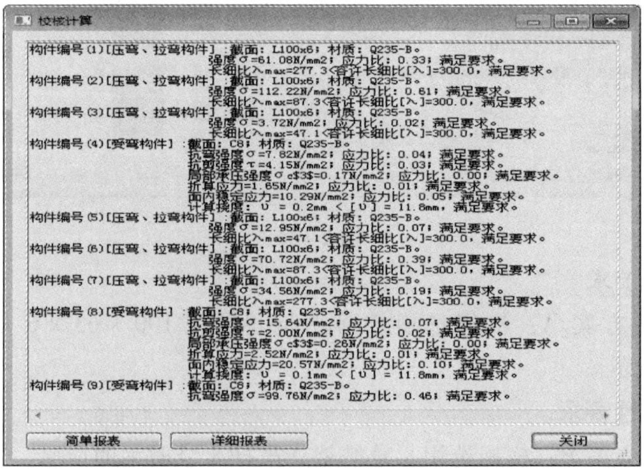

图 2－60

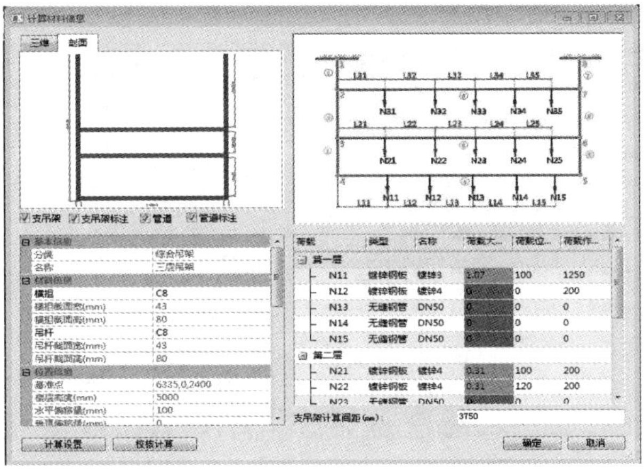

图 2 - 61

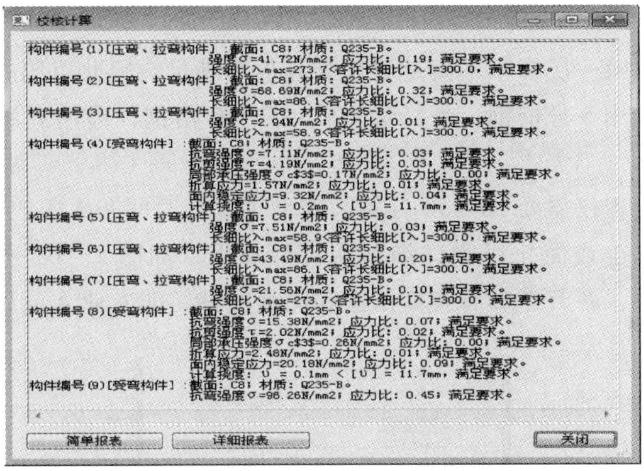

图 2 - 62

计算满足安全性要求。

降低型材规格方案 C：横担选用 5 号槽钢，吊杆 100 × 63 × 6 角钢的情况，如图2 - 63、图 2 - 64 所示。

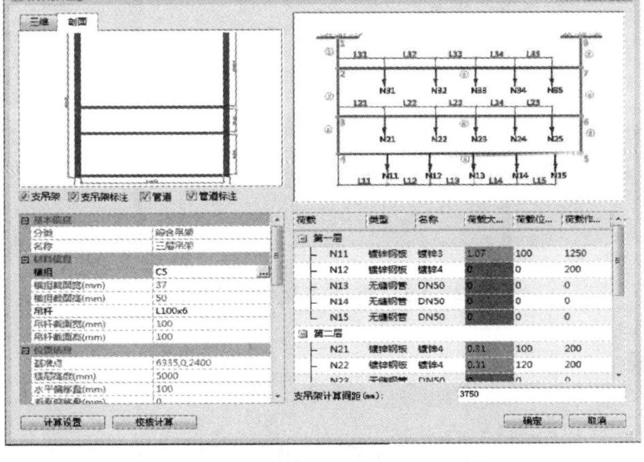

图 2 - 63

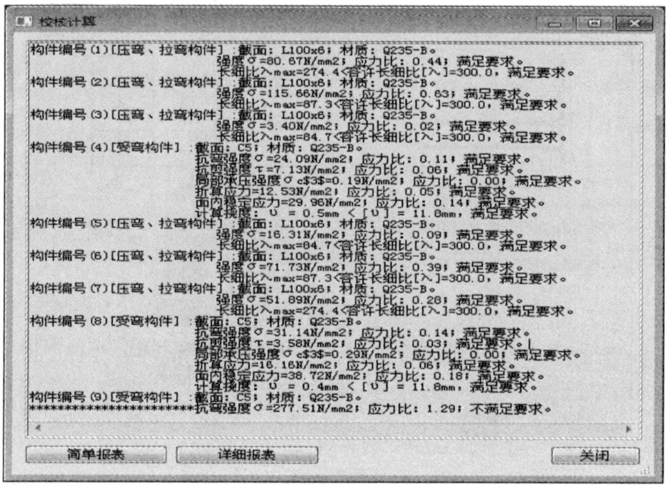

图 2－64

计算中可看出除第一层横担不满足要求外其他都满足。因此可第一层横担选用 8 号槽钢，下面 2 个横担选用 5 号槽钢，吊杆选 100×63×6 角钢，即达到满足安全的情况下最经济效果。

以上选型计算过程仅需要 10～30 分钟。降低了计算时间和人工成本。

软件可根据要求生成简化版和详细版两种计算书，如图 2－65 所示。与手工计算相比，计算书简明扼要，各节点都有验算依据和图形文件，非专业人员易理解。

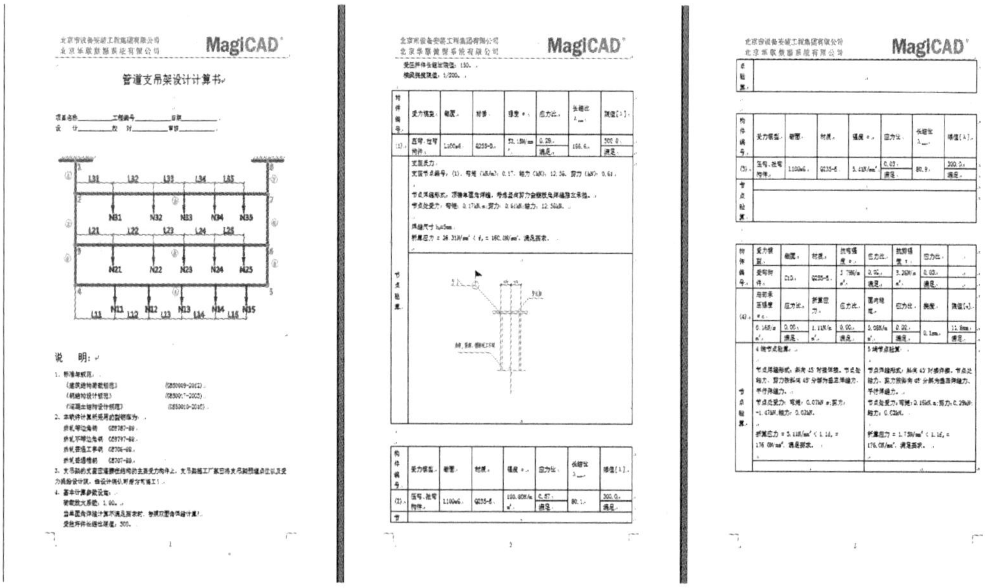

图 2－65　管道支架设计计算书

5. 研究应用结果

（1）技术效益。

①安全性的保障。可通过软件校算发现支吊架型材规格选择的问题，对于选小的型

材，提前发现、提前解决，避免了不安全因素的产生。

②实现综合管线零碰撞。解决了由于现有的机电综合图无法通过软件考虑综合支吊架对综合管线的影响而造成支吊架无法安装或影响操作空间，或只能安装单一吊架不能综合考虑，造成材料的浪费这一施工中普遍问题。使机电管道综合排布能达到具有实际意义的零碰撞，能更有效地指导施工，减少返工现象。

③应用拓展。对二维图的计算应用可通过建立简单三维图形运用该软件计算，也可达到需要效果。

（2）经济效益。

①节省设计费和设计时间。

以京东方项目为例，支吊架的选型设计如由设计院专业工程师计算设计费用为20万元左右，如采用软件计算则可节省这笔费用，软件计算生成专业计算书同样满足业主要求，有计算依据，节约设计成本。

②节省型材和安装成本。通过软件校算发现支吊架型材规格选择的问题，使选材合理，可以避免浪费，同时为施工技术人员提供可靠的选型。支吊架型号缩小之后，涉及的加工费用、工人安装费用等都会减少，降低人工成本。

以大厂喜来登酒店项目为例，实际应用时考虑到现场实际情况等其他因素的影响，最终经校算实际支吊架的耗钢量比现场经验型支吊架节省钢材约30%。

（3）社会效益。通过BIM支吊架软件的推广应用，可助力机电安装企业快速实现BIM应用带来的效益，提升整个行业的整体盈利能力。

基于BIM技术的综合支吊架的应用，可配合机电设备管线系统的工厂化预制和数字化建造，可支撑施工安装企业实现“四节”和绿色施工，可推动施工安装企业的产业升级。

四、智能型数码多联中央空调在多功能建筑的应用

随着现代建筑对环保及节能的要求越来越高，这也给空调选型设计提出更高要求。通过某邮政大楼空调设计布置的具体案例，简述智能型数码多联中央空调系统的设计构想及实施步骤。

1. 工程概况

某邮政大楼建筑层数为地上19层，地下1层。地下1层为设备用房，1层为变配电室、门厅、办公用房；2层为报告厅及贵宾室；3层为会议室、书库及阅览室；4层及4层以上为办公用房。

2. 设计依据

（1）《采暖通风与空气调节设计规范》（GB50019－2003）；

（2）《高层民用建筑设计防火规范》（GB50045－95，2005年版）；

（3）《通风与空调工程施工质量验收规范》（GBJ50243－2002）。

3. 设计范围

（1）办公用房及实验室空调设计；

（2）实验室通风柜排风设计；

（3）火灾防排烟设计。

4. 室内外计算参数

（1）室外计算参数。夏季空调室外计算干球温度 33.4 ℃，夏季空调室外计算湿球温度 27.6 ℃，夏季通风室外计算干球温度 31℃，夏季通风室外计算相对湿度 70%；冬季通风室外计算干球温度 13 ℃，冬季通风室外计算相对湿度 73%。

（2）室内设计参数，如表 2－6 所示。

表 2－6　室内设计参数表

房间名称	夏季		冬季		新风量	噪声等级
	温度 ℃	相对湿度 %	温度 ℃	相对湿度 %	$m^3/h\cdot Pe$	NC－dB（A）
门厅大堂	26±1	≤65	18±1	≤50	10	≤45
办公用房	25±1	≤65	20±1	≤50	30	≤40
实验室	26±1	≤65	20±1	≤50	30	≤45

5. 空调系统

（1）空调设计范围：除配电室等设备用房外均设计空调系统。

（2）空调方式。

①采用麦克维尔 MDS 系列。由于该办公楼专门为宁德邮政局规划设计的专业学科活动场所，适应现代科学研究的实际需要，同时考虑到节能与环保，因此空调的设计也应与之配合，具有很强的实用性满足实际需求，且要考虑环保与节能，基于以上原则，经过反复的论证，最终确定整个大楼的空调采用麦克维尔 MDS 系列智能型数码多联中央空调系统。

②充分考虑节能与环保。系统充分考虑到节能与环保的概念，因此空调系统除了考虑采用 R410A 环保冷媒数码变容量多联式中央空调设备外，其新风系统采用全热回收机组，每个办公区域设置一台全热回收机组，可以根据每个办公空调系统的开启情况进行灵活控制。

③采用智能型数码多联空调系统。室内机采用线控加遥控方式。室外机集中放置在各办公楼的天面上。1～19 层办公用房及实验室均采用智能型数码多联空调系统；共设 21 套智能型数码多联空调系统，总制冷量为 2601kW；1～19 层室外机均置于屋顶。系统充分考虑到节能与环保的概念，1～19 层办公用房及实验室采用的新风均由位于每层空调机房内的全热新风换气机统一处理后，送至各个房间。

6. 空调通风系统控制

（1）中央空调系统。麦克维尔智能型数码多联空调系统中，麦克维尔智能化空调集中管理系统具备以下功能：

监控功能：可以对所有室内机、室外机实行运转状态监控，具备空调故障预测功能，以及对每个房间连续运转时间监控功能和断电监控功能。

控制、操作和设置功能：能进行注册设置、独立设置、组群开关/组控设置、日程控制、断电/解除控制以及空调集中控制。

显示功能：房间（含所在楼、层）名称/图标/列表显示、控制组列表显示、屏幕滚动功能、操作时间显示、一体化开关数字显示、检查显示、清洗显示、历史记录显示（故障、报警、控制）。

运转历史管理、报警、打印输出、数据存储等功能。

分户计费功能：能精确计算到每一台室内机所消耗的电费，即使一个分区采用了一个以下或一个以上的空调系统，也能精确计算出该分区所消耗的电量。

（2）通风系统。所有进、排风机均由大楼管理中心手动、现场手动或由程序按时段自动启停；卫生间通风器就地控制。

7. 防排烟设计

（1）建筑类别：本工程为二类高层建筑，上部共 19 层。

（2）防烟楼梯间及合用前室均采用自然防排烟。

（3）1 ~ 19 层内走道设 2 个机械排烟系统，排烟风机置于屋顶。

（4）防排烟控制。1 ~ 19 层内走道排烟口控制：火灾时，手动或由消控中心自动开启着火层常闭排烟口，联动开启排烟风机，当烟气达 280℃ 时，排烟风机前 280℃ 防火阀自动关闭，联动排烟风机关闭。

（5）其他防火措施：空调通风系统的风管在管道穿越防火分区的隔墙处、穿越通风、空调机房及重要或火灾危险性大的房间隔墙和楼板处均设 70℃ 自动关闭防火阀。

（6）与防火阀连接的过墙（楼板）风管应采用厚度不小于 1.6 mm 的钢板制作。防火阀采用独立支吊架。

8. 方案分析

该工程对整个空调系统的要求应该是比较高，除了传统中央空调需要的温湿度要求之外，还应考虑如快速制冷、空气的舒适度、环保性及噪音等因素，所以选用麦克维尔数码变容量多联式中央空调机组，由于该系统的先进性，能最大限度地满足使用者的使用要求。基于以上的各方面的考虑，我们对方案做如下分析：

从设备方面考虑，选用麦克维尔的数码变容量多联式中央空调机组，室外机采用数码变容量压缩机，数码变容量压缩机是通过 PWM（脉冲宽度调节阀）来改变压缩机负载和卸载时间的比例来实现变容量输出，是最新的压缩机容量控制技术，具有调节范围宽广、节能性好、控制简单可靠、对设备无电磁干扰等特点，适合在实验室使用。室内机节流装置采用的是电子膨胀阀，空调开启时能够快速将膨胀阀开启度调到最大，有利于快速制冷。同时该机型具有噪音低的特点，加之该系统辅助有全热换热器补充新风，大大改善了室内活动环境品质。该机型采用了 R410A 环保冷媒，较采用 R22 冷媒机组具有能效比高、节约运行成本，又达到环保的目的等优点。如图 2　66 所示。

该机型具有如下特点：

（1）精确的室温控制、快速的负荷响应。数码变容量系统在 10% ~ 100% 的范围内，其容量调节是连续的、无级的。这可以确保非常精确的室温控制。同时，由于数码变容量系统可通过改变负载和卸载周期时间，迅速地将容量从 100% 转换至 10%（反之亦然）。因此，当一个多联系统内的所需负荷突然出现变化时（例如同系统中的另一台室内机被启动），数码变容量技术可瞬时改变系统的输出能力，即刻对应多联系统的新负荷要求。

（1）空调系统安装情况

（2）空调系统投入使用情况

（3）楼顶空调室外机投入使用情况

（4）裙楼空调室外机投入使用情况

图 2－66

（2）优良的季节能效比（SEER）。数码变容量系统具有优秀的能效比（EER），同时它在部分负荷运行时也具有良好的能效比。按照年度来计算，数码变容量系统与标准系统相比，可节省40%的电费。

（3）良好的回油控制。油只在负载周期内离开压缩机，所以，在低负荷情况下，离开压缩机的油很少；压缩机在负载周期内满负荷运行，此时的气体速度足以使油回至压缩机。

（4）无电磁兼容问题，不损害用户的供电系统。由于数码变容量系统的加载和卸载是机械动作，产生的电磁干扰可忽略不计。这一独特的特性使得数码涡旋变容量系统特别适合通信、电站、电视广播、计算机中心、监控中心以及精密实验室等行业的设备及办公用空调。

（5）卓越的除湿性能。数码变容量系统在任何的容量调节时，在其负载时间内均满容量运行。该满容量运行导致较低的平均吸气压力，进而导致较低的显热比（SHF）。因而会取得更好的除湿性能。

（6）电控系统更简洁，运行更可靠。数码变容量系统由于运行范围极广，因此它不需要任何一种旁通回路（如热气旁通回路或液体旁通）。用来控制卸期的电磁阀的寿命高达4千万次，相当于30年使用年限。用于数码变容量系统控制的电子设备也极其简单。

从系统的选择方面考虑，在选择空调系统时，除了以上要求之外，还应该考虑系统简单、安装使用方便、维修保养快捷。传统中央空调的管路复杂，施工难度大，在使用中出现问题难以解决，如需实现楼宇自控，还需弱电专业配合，进行专门的设计及进行综合布线。在这方面，数码变容量多联式中央空调具有明显的优势，系统管路简单。由于整个系统仅靠铜管连接，出现故障很容易查找，室外机尺寸较小，可以从载人电梯运输，极大地方便安装；并且具有功能强大的控制系统，该系统可以独立控制，也可进行智能化集中控制，每台室内机分别配置一个中文显示的有线控制器和遥控器，并具备开关控制、风量调节、风向摆动选择、运行模式选择（自动、制冷、除湿、送风等）、温度设定、定时开关等功能。配套与整栋大楼楼宇系统配合的智能化空调集中管理系统可满足如下功能：

①监控功能：对所有室内机、室外机实行运转状态监控，具备空调故障预测功能，以及对每个房间连续运转时间监控功能和断电监控功能。

②控制、操作和设置功能：能进行注册设置、独立设置、组群开关/组控设置、日程控制、断电/解除控制以及空调集中控制。

③显示功能：房间（含所在楼、层）名称/图标/列表显示、控制组列表显示、屏幕滚动功能、操作时间显示、一体化开关数字显示、检查显示、清洗显示、历史记录显示（故障、报警、控制）。

④管理功能：运转历史管理，生成日报表、月报表和年度报表。

⑤数据存储/报告功能：打印输出、数据存储功能。

⑥报警功能。

⑦优先级：其控制优先权高于有线控制器。

只需要将该系统接入电脑或以太网，并配合强大的 MDS 机组实时监控软件，就可实现对室内控制、系统监控、环路监控及服务监控，可使用户或服务调试人员及时了解机组详细的参数数据、运行情况及故障情况，做到对系统的运行了如指掌，以方便及时地解决系统发生的各种问题。

室外机与室内机的联锁，加之室外机采用数码压缩机，使得室外机可以根据室内机开启的数量进行自动的能量调节，而数码压缩机的特性，使得这种调节无限接近于无级调节，大大节约用户的运行费用，达到节能的目的。

9. 总结

在国家倡导建立节约型社会的今天，宁德东侨邮政大楼采用麦克维尔的 R410A 环保冷媒数码变容量多联式中央空调系统既满足了对室内空气温度和湿度的要求，又达到了节约能源、降低成本和环保的目的，同时配合强大的智能化控制系统，可以极大限度地提升建筑的智能化，减少运行的费用，使管理维护方便快捷。在国家大力提倡建立节约型社会的大环境下，该方案更显示出其特殊的意义。

五、某电厂蒸汽管道焊接施工方案

1. 工程概况

某电厂二期工程 2×330MW 燃煤发电机组为国产引进型火力发电机组，锅炉与汽机设备分别由美国巴布科克·威尔科克和法国 BECALSTHOM 公司供货，主汽系统设计温度 540℃，设计压力 17.75MPa。主汽系统管道（包括主蒸汽管及其疏水管）除去疏水管二次门后管段外，管子全部采用 A335P91 钢制造，主管道规格为 Φ325×30mm。焊口设计为双 V 型坡口，如图 2-67 所示。

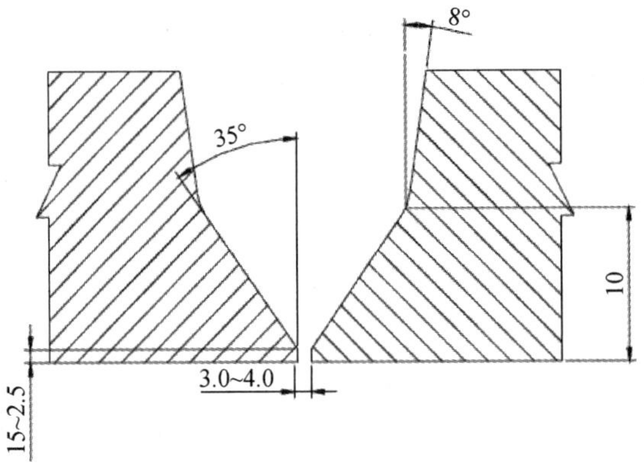

图 2－67 焊口双 V 型坡口图

A335P91 钢是一种改进型 9Cr－1Mo 钢，该钢合金元素含量较高，总量约为 10%。该型号钢具有较高的断裂强度、抗氧化耐腐蚀性、低的热膨胀系数及高的热传导率，被广泛用作火力发电厂的主汽管及联箱等材料。

2. 编制依据

（1）《现场设备、工业管道焊接工程施工及验收规范》（GB50236－2011）；

（2）《压力管道规范——工业管道》（GB/T20801－2006）；

（3）《工业金属管道工程施工及验收规范》（GB50235－2010）；

（4）《城市供热管网工程施工及验收规范》（CJJ28－2014）；

（5）《碳钢焊条》（GB/T5117－2012）；

（6）《热强钢焊条》（GB/T5118－2012）；

（7）《不锈钢焊条》（GB/T983－2012）；

（8）其他现行有关标准、规范、技术文件。

3. 施工准备

（1）技术准备。

①压力管道焊接施工前，应依据设计文件及其引用的标准、规范，并依据焊接工艺评定报告编制出焊接工艺技术文件（焊接工艺卡或作业指导书）。

②编制的焊接工艺技术文件（焊接工艺卡或作业指导书）必须针对工程实际，详细写明管道的设计材质、选用的焊接方法、焊接材料、接头型式、具体的焊接施工工艺、焊缝的质量要求、检验要求及焊后热处理工艺（有要求时）等。

③压力管道施焊前，根据焊接作业指导书应对焊工及相关人员进行技术交底，并做好技术交底记录。

④对于高温、高压、剧毒、易燃、易爆的压力管道，在焊接施工前应画出焊口位置示意图，以便在焊接施工中进行质量监控。

（2）焊接设备。选用逆变式直流弧焊机，型号为 ZX7－400ST。

（3）焊接材料。

①被焊管子（件）必须具有质量证明书，且其质量符合国家现行标准（或部颁标准）的要求；进口材料应符合该国家标准或合同规定的技术条件。

②焊接材料的质量必须符合国家标准（或行业标准），且具有质量证明书。焊接材料选用国外与母材成分基本相当的焊丝和焊条（9CrMoV－N 焊丝及 9MV－N 焊条），焊条在使用前必须按说明书的要求进行烘焙处理（350℃ ×1 小时），现场焊接时，焊条要放入专用焊条保温桶（80～120℃）中，并接通电源，随用随取。焊丝焊前用砂纸打磨清除表面铁锈、油物等脏物，见金属光泽。焊材施焊前应再次检查确认型号是否符合工艺文件要求，否则不得施焊。

③压力管道预制和安装现场应设置符合要求的焊材仓库和焊条烘干室，并由专人进行焊条的烘干与焊材的发放，且做好烘干与发放记录。

（4）焊接人员。

①压力管道焊工应具备按《特种设备焊接操作人员考核细则》考试合格的焊工合格证，且其合格项目与施焊项目相适应，并在规定的有效期内。

②焊条烘干人员、焊条仓库管理人员要严格按照《焊接过程控制程序》的规定执行。

4. 焊接工艺

（1）压力管道焊接施工流程图（见图 2－68）。

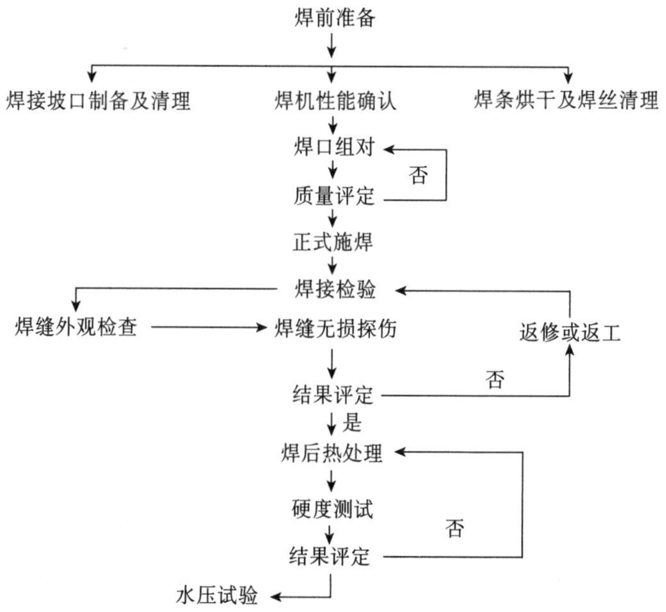

图 2－68　焊接施工流程图

（2）A335P91 钢焊接性分析及工艺确定。现场 A335P91 焊接采用氩弧焊打底，手工电弧焊盖面的方法。A335P91 钢属于马氏体钢，焊接性较差。为防止产生冷裂纹，焊前必须进行预热，并在焊接过程中保持层间温度不低于预热温度，考虑到冷却速度过慢，会使奥氏体向铁素体转变，预热及层间温度不应过高。A335P91 钢焊后不能立即进行高温回火处理，而应首先对焊接头在 Ms 和 Mf 点之间进行后热处理，其目的一方面是进行消氢处理，减少热应力，防止在冷却过程中裂纹的产生，更主要的是，进行一定时间的恒温后热处理可使接头高温金属实现由奥氏体向马氏体的充分转变，从而避免残余奥氏体组织在回火冷却后转变成新的未回火马氏体。后热处理完成后，应及时进行高温回火处理，以得到综合性能良好的回火马氏体组织，并减弱焊接残余应力。

根据以上的分析，在焊接工艺规程的基础上，模拟现场条件，进行了多次工艺评定试验，最终确定了符合钢材焊接性能要求的现场焊接工艺。以主汽母管大口为例，所采用的焊接工艺参数见表 2－7，预热、焊接、热处理曲线如图 2－69 所示。

表 2－7

焊层道号	焊接方法	焊接位置	焊材直径	焊材型号	电流范围（A）	电压范围（V）	电流极性	焊接速度（mm/min）
1	氩弧焊（两层）	2G	φ2.4	9CrMoV－N	100±10	10±2	直流正	120±10
2	电弧焊（两层）	2G	φ2.5	9MV－N	90±10	22±2	直流反	120±10
3	电弧焊	2G	φ3.2	9MV－N	120±10	22±2	直流反	130±10
其他	电弧焊	2G	φ4.0	9MV－N	130±10	22±2	直流反	150±10
1	氩弧焊	5/6G	φ2.4	9CrMoV－N	100±10	10±2	直流正	120±10
2	电弧焊	5/6G	φ2.5	9MV－N	90±10	22±2	直流反	120±10
3	电弧焊	5/6G	φ3.2	9MV－N	120±10	22±2	直流反	130±10
其他	电弧焊	5/6G	φ4.0	9MV－N	130±10	22±2	直流反	150±10

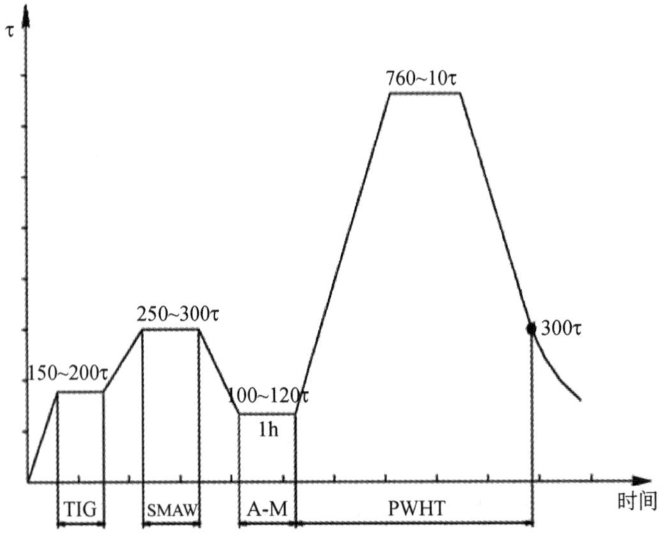

图 2－69 预热、焊接、后热、热处理曲线示意图

（3）主汽管道现场施工程序。

①蒸汽管道就位，打磨坡口用角向磨光机对坡口及其内外两侧 15～20mm 范围内打磨清除水、油、锈等脏物，见金属光泽。

②对口装配。

A. 点固焊采用定位块点固在坡口内，点固块材质选用 Q235 或 16 Mn 钢，但需在管子点固处堆焊一层 9MV - N 焊材，防止对口其他不利元素成分渗入母材造成裂纹等缺陷。点固焊前火焰或电阻加热点焊区 250 ~ 300℃，选用正常施焊时相同的焊材，焊接电流增大 10 ~ 15A。

B. 对口装配是将管道垫置牢固，不得在管道上焊接临时支撑物。

C. 管道对口错口不超过 1mm，P91 钢对口间隙 3 ~ 4mm，钝边 1.5 ~ 2.5mm。

D. 点固焊及正常施焊过程中不得在管子表面试电流、乱引弧。

E. 正常焊接到定位块时，将其除掉，并将焊点用砂轮机打磨，不得留有焊疤等痕迹，后用肉眼及低倍放大镜观察，确认无裂纹等缺陷后，方可继续施焊。

③焊口预热。焊前用电阻远红外履带式加热器加热坡口两侧 150mm 左右，TIG 预热 150 ~ 200℃，保温 0.5h，SMAW 预热 250 ~ 300℃，保温 0.5h，均应使管道内外壁温差 <30℃ 方可施焊。

④充氩并进行焊接。

A. 为防止根部焊缝氧化烧焦，管道内部充氩保护，在管道两内侧距坡口 250 ~ 300mm 处贴两层可溶纸，以耐高温胶带粘贴牢固，做密闭气室（可用打火机在气室打火，若不着火，则证明气室密封良好），以防止氩气从管道中流失造成充氩不足而产生焊缝根部氧化。氩气流量 20 ~ 30L/min。

B. 铜管端头插入氩气皮带内并伸入一定长度，铜管长度 200mm 左右，采用铜管端头敲扁充气法充气，以便于伸入管道间隙，同时防止焊态加热时，由于焊接区域温度较高，烧坏皮带造成铜管脱落。铜管端头弯曲成 70° ~ 90°，可防止打底焊接时充氩气流直吹焊接区造成熔池铁水搅动产生气孔。

C. 双层 TIG 打底焊接。双层打底焊可以防止单层打底焊接在电焊填充时因操作不当击穿焊道。打底起弧前将堵塞在坡口内的矿砂棉拨开一段约 50 ~ 100mm 左右，施焊一段，利用焊丝再拨开一段继续施焊。引燃电弧后，待焊缝钝边熔化后，迅速送丝，熔池铁水相连形成焊缝，送丝动作要轻，不能像焊接碳钢和低合金钢一样靠焊丝送进的力来突出根部焊缝，否则容易造成根部焊缝未熔、夹焊丝头等焊接缺陷的产生。送丝应贴靠钝边内部，在熔池与焊丝不脱节的情况下，采取自然过渡送丝方式。打底焊过程中，仔细观察熔池铁水流动情况，铁水相对较软，说明打底焊接质量较好；熔池铁水流动情况差，铁水发硬或熔池表面软根部发硬，说明充氩不良，容易造成根部焊缝未熔或烧焦。出现这种情况，应及时调整充氩气体并消除缺陷后，再进行焊接。氩弧焊打底收头、熄弧动作一般在电流衰减后，电弧移向坡口边沿时完成。衰减电流速度不易过快，防止熔池高温状态下温度陡降，产生弧坑裂纹。

焊接至充气点时，先预留充气点，将其余打底焊道焊接完毕，在施焊第二道打底焊道时再将充气铜管抽出一点，进行打底封口焊接，逐步缩小封口面积至封口结束。

D. 电焊条焊接时采用多层多道焊，两人对称施焊，电焊第一层应选用小直径焊条，小规范，防止击穿打底焊道。焊层厚度以焊条直径为宜，单焊道宽度以三倍焊条直径为宜。每次收弧时均应衰减电流，以防止弧坑裂纹等缺陷产生。

E. 焊层（道）间清理。每焊完一层（道）后，用角磨机或钢丝刷清除焊渣和飞溅，特别是焊道中间接头及坡口边缘处。

⑤焊口进行后热处理及高温回火处理，后热处理以完成焊缝组织的全马氏体转变，高温回火处理以改善焊接接头应力分布状态，降低焊接残余应力。

⑥检验。国外引进机组焊接质量检验按引进国技术标准和规范、规程及合同规定执行，若无规定，按国内电力行业DL5007－92规范执行。焊缝外观检验合格后，无损检验项目包括硬度检验（焊缝硬度不超过350HB，且与两侧母材硬度差小于100HB，若有焊接工艺评定，且热处理按工艺文件执行，温度曲线无异常，则可以免除硬度检验），超声波检验（Ⅰ级）。

⑦检验合格后，进行下一道口焊接。若焊口需做返修处理，应在分析原因后，重新编制返修作业指导书审批后进行预热、焊接、后热及热处理、检验工作。

⑧返修焊口一般不超过两次，否则应锯掉焊口，重新整口焊接。

（4）施工中需注意的问题。

①对口应尽量采用单向作业，即总保持一端为自由伸缩端，以便减小焊接时的应力，防止裂纹产生。

②尽量在环境温度适宜时进行焊接，按照《电力建设施工及验收技术规范》（DL5007－92火力发电厂焊接篇）的规定，P91钢焊接的最低环境温度为0℃，考虑到P91焊接对整个热循环的温度要求较严，焊接时的最低环境温度控制在＋5℃为宜。低于此温度焊接时需采取措施。

③采取有效的防风防雨措施。施焊前要搭设好防风防雨棚，以避免焊缝遭受风雨侵袭。尽量避免在雨、雾等不良天气条件下施焊，以减少焊缝含氢量，提高焊接质量。

④保证焊接、热处理的连续性，避免由于意外断电导致焊接及热处理非正常中断。为此有必要为焊接及热处理配备两路专用电源，其中一路为备用。

⑤对焊口返修要特别谨慎。为保证返修质量和成功率，最好采用机械打磨的方法消除缺陷。应保证将缺陷打磨干净后再进行补焊，必要时，在补焊开始前应请金属试验室专业检验人员对缺陷清除情况进行确认。

⑥为避免产生裂纹等缺陷，焊后在焊口附近取消打钢印或焊接钢印牌的传统做法。

5. 质量检查及评定

（1）焊缝质量检查。焊缝应进行外观自检和专检，自检率为100%，专检率根据设计要求执行。外观检查质量应符合设计要求，当设计无规定时，应符合以下要求：

①焊缝外观成型良好，与母材圆滑过渡，其宽度以每边盖过坡口边缘2mm为宜。

②焊缝表面不允许有裂纹、未熔合、气孔、夹渣、飞溅等存在。

③设计温度低于－29℃的管道、不锈钢和淬硬倾向较大的合金钢管道焊缝表面，不得有咬边现象。其他材质管道咬边深度不大于0.5mm，连续咬边长度不大于100mm，且焊缝两侧咬边总长不大于该焊缝全长的10%。

④焊缝表面不得低于管道表面。焊缝余高≤1＋0.2焊缝坡口宽度，且不大于3mm。

⑤焊接接头错边不应大于壁厚的10%，且不大于2mm。

（2）焊缝无损检测。

①压力管道焊缝无损检测方法：抽检率、合格等级和执行的标准应按设计要求执行。

②按百分比抽检的焊接接头，应由质量检查员根据焊工和现场的情况指定检测位置。

③同管线的焊接接头抽样检验，若有不合格时，应按该焊工的不合格数加倍检验，若仍不合格，则应全部检验。

④不合格的焊缝同一部位的返修次数，非合金钢管道不得超过3次，其余钢种管道不得超过2次。经返修后的焊缝按原要求复检合格。

（3）合金焊缝光谱分析按设计规定执行。焊后热处理质量检验根据设计规定进行，当焊缝的硬度值超过规定的范围时，应按班次作加倍复检，并查明原因，对不合格焊缝重新进行热处理及硬度测试。

6. 安全技术措施

（1）所有带电设备必须有良好的接地，焊工及热处理工在启动带电设备时，必须首先检查设备接地是否良好。

（2）非电工严禁拆装一次线，焊接及热处理设备的接线、检查、维修必须在切断电源后进行。

（3）焊接设备裸露部分、转动部分及冷却部分均应设保护罩，焊工所用导线必须是绝缘良好的橡皮线，在连接电焊钳一端的接头至少有5米绝缘软导线。

（4）焊工在闭合和断开电源开关时，应戴干燥手套，通电后不准触摸导电部分。

（5）焊工离开工作场所时，必须随即切断电源，检查施焊场地确无火种后离去。

（6）禁止焊接带有压力的管道；禁止在存有易燃易爆物品的车间、室及其周围5米的地方进行焊接与切割。

（7）高空焊接与热处理时，应戴安全帽、安全带并携带工具袋，所使用的工具一律放在工具袋内，并放置在可靠的地点。在焊接与热处理场所上部临时吊装物体时，焊工及热处理工应自动避开。

（8）高空作业使用的脚手架一定要用软铁丝扎牢固，焊工及热处理工使用前要认真检查，禁止登在梯子的最高层进行各种操作。

（9）打药皮时，要防止药皮伤害眼睛，两人对称焊时，应互防弧光打眼。

（10）热处理部位应设明显的警示和隔离措施。加热电缆及热电偶信号电缆应尽可能悬挂设置，防止意外损伤。

六、大型工业模块液压顶升技术

1. 概述

2010年7月，中机工程公司在某冶炼工程项目中，采用自行式模块运输车（简称液压模块动输车）、井字顶升架、液压顶升装置，用液压顶升技术成功将17个大型模块安装就位。模块最大为5000吨，外形尺寸长38.65m×宽22.5m×高41.48m，其次为2500吨，外形尺寸为长35m×宽20m×高30m，最高就位位置标高+70m，其中有6个模块是分层垂直安装构成冶炼装置主塔，净高112m，11个模块安装在地面基础上，构成冶炼装置的供电、还原、分离、研磨干燥等辅助系统。模块安装位置布置示意如图2－70所示：

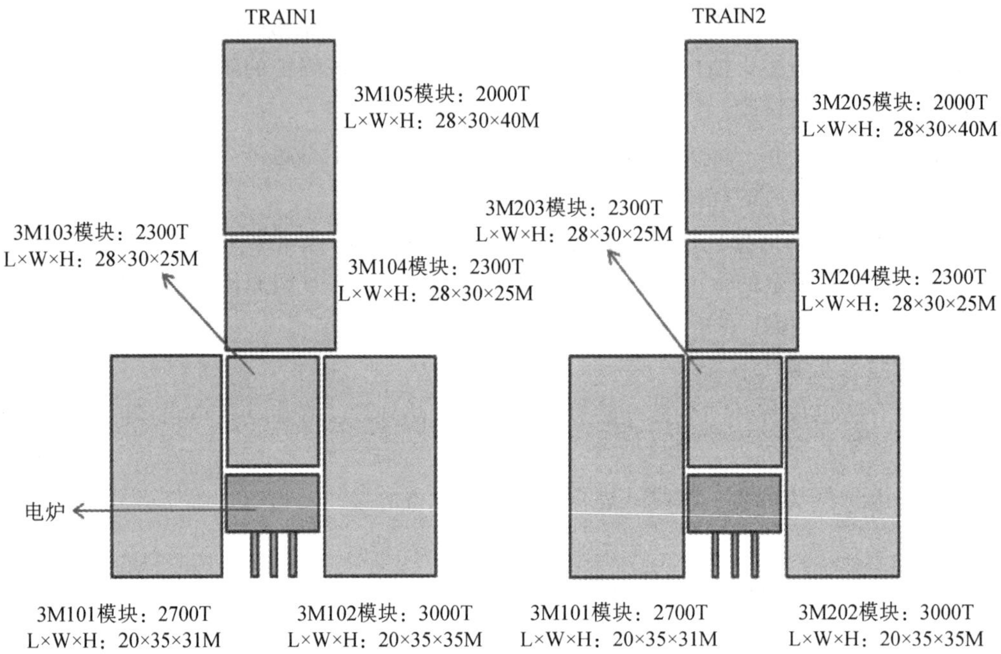

图 2－70 模块安装位置布置图

2. 安装方案的确定

（1）模块安装就位分析。

①以往类似模块安装采用大吨位吊车直接吊装就位或采作双直立门架液压提升装置进行吊装就位，对于安装在地面基础上的模块采用整体滑移法安装就位。

②对于本项目 17 个模块自身的重量和特殊的外形尺寸，安装就位的位置等特点，以上方法存在以下缺点：

A. 采用大吨位吊车直接吊装，目前还没有这样大吨位的吊车能使模块就位，地面安装的模块若采用整体滑移法，需要为搭设滑移轨道和辅助设施，因场地狭小就位难度增加，同时在工期和安装就位精度上无法保证。

B. 采用双直立门架液压提升装置技术，因模块体形比较大，提升吊点的布置困难、起重量存在限制，提升大梁无法上下移动，采用钢绞线作为承重受力，两副门架相对独立，需用缆风绳进行固定，锚点布置相对困难，风绳受力难以控制，双直立门架的布置受场地情况和模块安装位置等多种因素影响无法实施。

（2）采用液压模块运输车安装模块。根据国内大型模块安装经验，综合考虑到施工场地、施工周期，尤其是施工安全因素，经过多次论证和计算，根据模块安装位置将本项目模块安装分为两种方式：安装在地面基础上的模块，采用液压模块运输车直接安装就位；分层垂直安装的模块采用将两副双直立门架进行钢性连接（以下简称井字顶升架），液压顶升装置整体顶升模块，并利用液压装置水平推动功能将模块滑移就位。

3. 模块安装方法

（1）安装在地面基础上的模块安装方法。

①模块基础为混凝土基础，模块立柱采用地脚螺栓连接。将地面基础上部分为两部

分：过渡立柱和模块本体，过渡立柱直接和基础连接，其高度根据设计标高和液压运输车的起升行程确定。

②本项目过渡立柱的高度选定为 2450mm，上部采用法兰式，便于模块就位后多立柱对接和焊接。液压模块运输车行程高度为 1280mm ± 300mm，为便于模块运输车进入安装位置并利用自身的液压顶升行程，立柱短柱就位固定后，可根据需要对基础和周围运输通道进行回填压实，将露出地面部分的高度控制在 1280mm，保证了液压运输车的上下行程在范围内。

③过渡立柱的重量小，可以采用传统方法用汽车吊吊装，立柱安装时采用全站仪对各个立柱的横纵坐标位置进行测量放线和尺寸调整控制，然后利用液压模块运输车自身的升降和全方位移动功能，将模块直接运输到安装位置和精调，将模块立柱和下部短柱法兰进行焊接连接。

④本项目利用液压模块运输车核心技术，其自身可以升降、全方位行走功能成功将最大为 5000t 的模块安装就位，对工期和质量有了很好的保障，同时也减少高空作业。见图 2 - 71 液压模块运输车安装模块。

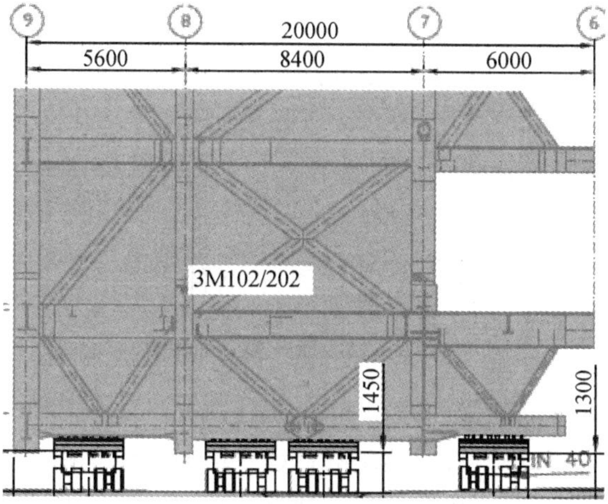

图 2 - 71　液压模块运输车安装模块

（2）分层垂直模块的安装方法。本项目分层垂直安装就位的模块重量最大为 2500t，安装就位高度最高为 70m，采用井字顶升架液压顶升技术进行安装就位。

①井字顶升架平面布置。根据现场实际情况，模块的安装尺寸、安装位置，确定井字顶升架基础位置，如图 2 - 72 所示（图中 A、A′、B、B′为井字顶升架基础，C、C′、D、D′为顶升架的钢性支撑基础）。

②井字顶升架的配置。

A. 采用井字顶升架。与传统的双直立门架提升大型龙门起重机的门架原理和结构有很大的区别，井字顶升架由两副门架组成，一个为主门架，一个为副门架；主门架由门架、提升大梁、格构柱内的顶升小梁、液压千斤顶、主门架格构柱支撑系统；副门架由门架、格构柱内的顶升小梁、液压千斤顶，两副门架之间由模块支撑大梁连接形成井字形，模块起升前放置在两副门架支撑大梁上。如图 2 - 73 所示。

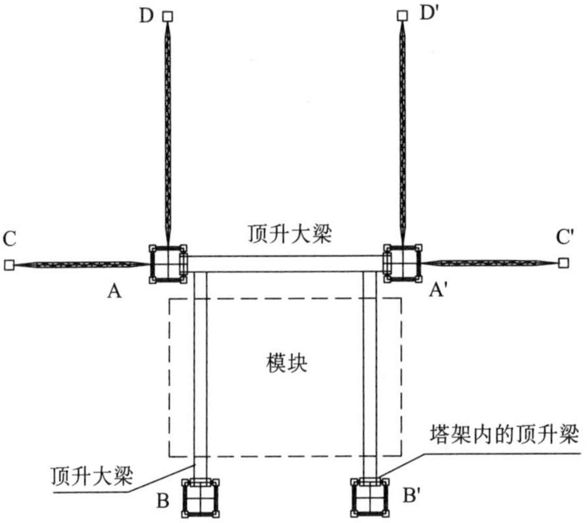

图 2－72 井字顶升架布置图

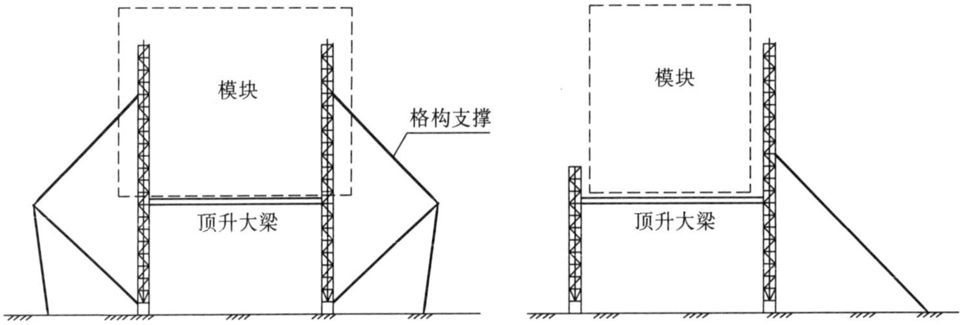

图 2－73 顶升架立面图

B. 利用安装在门架内侧的液压顶升机构进行顶升。液压顶升机构的行程为 450mm，每个行程完成后，锁死支撑块，落回液压缸行程，增加门架立柱内侧的支撑块，以此方法循环，实现顶升大梁缓慢上升，待模块顶升到就位高度，利用安装在模块支撑大梁上的液压推动装置将模块推动并实现滑移。精调到位后，进行模块之间立柱焊接工作。

C. 通过设计计算满足提升吊装的承重能力和高度要求。由吊装工艺计算可知，所设计和选用的井字顶升架必须具备承载能力不小于 2500t 的承载能力，考虑到两副门架为抬吊工况，按实际提升载荷为其安全提升能力的 75% 计算，所需门架提升能力应在 2500t/0.75 =3333.4t 以上，本方案采用提升能力 2000t 级的 3 ×3m 截面的提升门架；主门架底座与地面基础刚性连接，副门架基座与地面基础预埋件铰接，门架的有效高度为 70 米，两副门架总提升能力为 4000t，满足提升吊装的承重能力和高度要求。门架两侧采用刚性构件支撑门架，起到侧向缆风的作用，钢性支撑与地锚基础为铰连接。

③液压千斤顶配置。

A. 利用模块同步顶升原理。液压千斤顶的体积小、重量轻，液压千斤顶布置在单个塔架底座下部，在塔架内侧两个立柱“C”型轨道底端，共布置 8 个液压千斤顶，液压千斤顶每升高一个行程 450mm 后将支撑块从下方放入立柱“C”型轨道里，液压同步顶升装置循环顶升动作，顶升塔架内顶升小梁，同时顶升井字顶升架内的顶升大梁，使模块同步起升。

B. 采用液压同步顶升装置。液压同步顶升装置是一项较为成熟的超大型构件顶升安装施工技术。它较液压同步提升技术，安全性更好。液压同步顶升装置是采用液压千斤顶顶升、液压油缸由计算机控制，液压同步顶升的原理，液压千斤顶布置在门架主立柱下方内侧，在液压千斤顶顶升过程中，每个顶升行程后，自锁，安装支撑块，同时也有效保证顶升大梁不会因液压系统卸压等因素，造成大梁下降，保证顶升大梁缓慢上升。顶升过程中载荷实际通过支撑块传递到塔架底座，门架主立柱并不承重，门架主要是形成刚性的稳定结构体系。液压千斤顶顶升原理如图 2－74 所示。

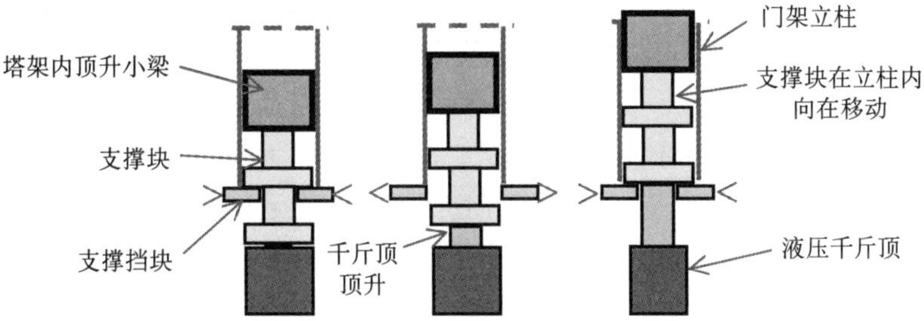

图 2－74 液压千斤顶工作原理

C. 采用计算机进行控制。液压顶升装置的核心技术是采用计算机控制，全自动完成同步顶升、负载均衡、操作闭锁、支撑块支撑承重、过程显示故障报警等多种功能。液压顶升装置由液压千斤顶、支撑块、液压泵站、传感测量系统和计算机控制系统组成，是集机、电、液、传感器、计算机和控制论于一体的现代化先进设备。

(3) 模块滑移和就位。

①设置液压自锁推动系统推运装置。模块由井字顶升门架顶到预定高度后，利用在两副门架间提升大梁上的液压自锁推动系统推运装置，缓慢推运模块，滑移前应在模块支墩下方和提升大梁接触的部分用四氟乙烯板粘接好，便于减少钢材之间的摩擦力。

②在滑移时防止模块移动偏离设置导向装置。在滑移时防止模块移动偏离提升大梁，因此在提升大梁上方设置挡块，起导向作用。模块滑移到位后利用全站仪测量模块对接立柱的位置和对口间隙，并调整到位；液压推动装置采用计算机控制，移动速度慢，有效地减少模块立柱对接的尺寸偏差。

第三节 机电工程项目施工工法

一、建设工程施工工法的特点

1. 工法名称

施工工法简称工法，是以工程为对象，工艺为核心，运用系统工程的原理，把先进的技术和科学的管理相结合，经过工程的实践而形成的综合配套的施工方法。工法一词来自日本，是指建造建筑物（构筑物）的施工方法或建造方法，大体包括新的工程结构构造、设备、材料和新的工艺方法。和工法相近的词义在英国、美国有 Construction Method（施工方法）和 System（体系）；法国比较流行的有 Technological（工艺）；也有用 Technical（技术）的，各国间称呼虽然不尽相同，其含义差别不大。

2. 我国推行工法的概况

我国推行工法是在学习鲁布革工程管理经验时提出来的。鲁布革水电站装机容量 4 × 15 万 kW，工程总投资 8.9 亿元，是我国第一个利用世界银行贷款实行国际招标的大型工程项目，1984 年 11 月开工，1988 年 12 月竣工。施工总承包方日本大成建设公司以精干的组织、科学的管理、适用的技术，包括其特有的工法，达到了工程质量好、用工用料省、工程造价低的显著效果，引起了我国社会各界的关注与思考，形成了强大的“鲁布革冲击”。随后该公司又承建电站工程的 9km 长，衬砌后内径 8m 的输水隧道。工程标底价 1.496 亿元，日本大成公司中标价 8463 万元。在施工中，大成公司采用了许多公司特有的工法，如输水隧道采用“圆形全断面一次开挖工法”，混凝土拌制采用“分次投料搅拌工法”，仅此两项技术就节约工程造价 2070 万元，在我国引起很大反响。从此，我国开始推广应用工法。

随着工法管理工作的不断推进，施工企业的重视和认识程度也逐年提高，在技术积累和技术跟踪中，调动了广大职工研究开发和推广应用施工新技术的积极性，使科技成果迅速转化为生产力，提高了队伍的技术素质和管理水平，并逐步形成施工技术管理新机制。工法的开发与应用工作都取得了很大的进步，申报数量和入选国家级工法的数量逐年增多。1997 ~ 1998 年度，全国共申报工法 111 项，62 项通过评审。到了 2007 ~ 2008 年度，全国申报工法已达 1694 项，360 项入选国家级工法，其中 108 项为国家一级工法，252 项为国家二级工法，57 项为国家一级工法升级版。近几年来，工法的推广和应用极大地提升了我国施工技术管理水平和工程质量，为企业带来了明显的经济和社会效益。特别是原建设部颁布《施工总承包企业特级资质标准》中对企业技术进步与管理创新做了量化的具体要求后，大多数企业都建立了工法管理制度，形成了一整套工法开发、编写和应用的产、学、研相结合的框架体系，为提高企业技术创新能力，促进企业科技成果转化为现实生产力奠定了坚实基础。

3. 工法的特点

工法必须符合国家工程建设的方针、政策和标准、规范，必须具有先进性、科学性和实用性，保证工程质量和安全，提高施工效率，降低工程成本，节约资源，保护环境等特点。

（1）工法与施工方法、施工组织设计或施工方案的关系。

①施工方法是对施工工艺、施工技术的泛指。

②工法是对施工规律性的认识，是施工技术通用性的文件，工法要求将技术与管理密切地结合，并强调是经过工程实践形成的综合配套的施工方法，是某些或某类施工技术的综合，是带规律性的施工技术总结，其内容包括前言、工艺原理及特点、工艺程序、操作要点、机具设备、质量标准、劳动组织及安全措施、效益分析及工程应用

实例等。

③施工组织设计是针对具体工程而编制的文件，其内容包括编制依据、工程概况、主要准备、工作计划、施工方案、工程进度计划、劳动力及各种施工机具需要量计划、材料需要量计划、质量安全措施、施工现场平面布置图等内容。

④施工方案或施工组织设计在施工前编制，而工法则在施工后不断的实践认识后形成；施工组织设计不能用工法取代，但在施工组织设计中可采用已有的工法成果，将工法作为施工组织设计的标准技术模块，从而简化施工组织设计的编制工作。

（2）工法与技术规范、规程、标准的关系。

①工法分为一级（国家级）、二级（部、省级）、三级（企业级）；标准规范、规程分为国家标准、部门（行业）或地方标准、企业标准。工法的级别越高，技术先进性要求也越高，而企业标准的具体规定往往高于行业标准或国家标准。

②工法属于企业标准的范畴，是企业必须执行的，不具备普遍性，别的企业可不执行；但标准、规范具有法律性，各企业都必须执行。工法必须执行国家标准和行业标准。

③工艺标准、操作规程主要是操作者必须遵守的工艺程序，而工法是对管理人员的工作要求，是技术管理的内容。

（3）工法与施工技术总结和学术论文的关系。工法与施工技术总结和学术论文都是在施工后撰写，但工法是带普通性、规律性的标准文件；而施工技术总结、学术论文可能是针对某一项目或某一工程而总结的，它可以是不成熟的，还需研究和讨论的东西，也可以是成熟的，具有普遍意义的理论。

（4）工法与专利的关系。工法属于知识产权的范畴，它具备专利的一些性质，但不是专利，工法中用到某些已获专利的技术应注明专利号；对于发明创造新开发的工法可申请专利。工法与专利的标准都是按申请的先后评定，但工法不如专利程序复杂，工法转让是有偿与无偿的结合，专利必须有偿转让。

4. 建设工程施工工法的编写要求

施工企业编制的工法，其核心工艺不应是广为人知的，或早已为人们所熟练应用的，或陈旧的、简单的施工方法，而是要具有开发与应用的价值、较高的技术含量、技术先进性的施工方法。

（1）工法的选题范围。

①通过推广新材料、新技术、新工艺、新设备而形成的专项施工工法。

②专项施工技术已达到或超过本企业先进水平，在时间上先于同行业而编制的施工工法。

③对类似的工法有所创新和发展而形成的新的施工工法。

④运用系统工程的原理和方法，对若干个分项工程工法进行加工整理而形成的综合配套的大型施工工法。

（2）工法的编写内容。《工程建设工法管理办法》对工法的编制方法从技术到管理都进行了严格的规定。工法的内容一般应包括：

①前言：简述开发本工法的理由、目的、意义和作用；形成过程及推广应用概况、解决的问题、达到的技术水平；关键技术的鉴定及时间、研究开发单位、主持鉴定单位、技

术可靠性证明情况及有关获奖情况及获奖等级，达到的技术水平应是科技创新及专家评审结论。

②特点：在使用功能或施工方法上与传统施工方法的区别和特点；与同类工法相比较，在工期、质量、安全、造价、用工或减轻劳动强度等技术经济效益方面的先进性和新颖性。如果只是一个应用方法的工法，则仅需写明使用功能上的特点。

③适用范围：针对不同的设计要求、使用功能、施工环境、工期、质量、造价等条件，列举最适用的具体工程对象或工程部位。有的工法还要规定最佳的技术条件和经济条件。

④工艺原理：本工法工艺核心部分的原理及其理论依据，着重说明关键技术形成的理论基础。从理论上阐述本工法施工工艺、管理的基本原理及操作过程，凡涉及技术秘密的，编写时应予以回避，对企业的利益予以保护。对工法中包含的技术专利，编写时可以写明专利编号。但是工法在报审时一定要将核心机密作为附件同时报出，否则不利于评审。

⑤工艺流程及操作要点：介绍本工法的工艺流程，主要施工工序、施工方法、与关键技术相应的施工机具操作方法和劳动组织（包括需要的工种及人数、劳动组织及调配情况等），同时说明所采用的施工管理方法和措施，重点叙述本工法的先进性和创新点。工艺流程不但要说明基本的工艺过程，而且还要说清程序间的衔接及其关键所在。工艺流程及操作要点最好采用流程图或网络图来描述，通俗易懂，一目了然。对由于构造、材料或机具使用上的差异而引起的流程上的变化，也应有所交代。在操作要点中，要按照工艺流程的顺序或者事物发展的客观规律加以叙述。对于用文字不容易叙述清楚的内容，可以辅以必要的插图和表格。

⑥材料：本工法所使用的主要材料的规格、主要技术指标、质量要求以及具体使用方法等。对于已有质量及验收标准的材料，应该列出该标准的编号与名称，同时给出主要技术指标。对于还没有质量及验收标准的材料以及初次使用的新型建筑材料，不仅要列出材料的规格、主要技术指标以及质量要求，还应提供相应的检验与验收方法。

⑦机具设备：施本工法所必需的主要施工机械、设备、工具、仪器等的名称、规格、型号、性能、合理的配置数量以及能源消耗、调配计划和管理方法等。通常采用列表的方法。对于动力设备还应标出电源电压与电机功率。合理的配置数量以一个最佳劳动组合作为计算单位。

⑧劳动组织及安全措施：本工法所需工种构成、人员数量和技术要求，以及实施本工法应重点遵照的有关安全法规，结合本工法的具体情况，应采取的主要安全注意事项和具体措施。工种构成、人员数量以一个最佳劳动组合作为计算单位。应说明各工种的技术等级。对于特殊工种需持证上岗的情况也应加以说明。以上内容通常采用列表的方式。在提出应注意的安全事项的内容时，可以列出有关规定的名称，同时列出现场采取的主要安全措施和安全预警事项。

⑨质量控制：本工法必须重点遵照执行的国家及有关部门、地区颁发的工程质量标准或规范名称以及应采用的主要技术措施与管理措施，并指出本工法在现行标准或规范中未规定的质量控制。

⑩环保措施：实施本工法应重点遵照的环境保护及控制各种污染的指标及防范措施，

以及必要的环保监测和在文明施工中应注意的事项，所对应的经济合理的能源消耗指标及可行的节能减排建议。

⑪效益分析：从本工法在应用中的工程实践效果（工时、物料的消耗及真实成本数据）与传统施工方法或同类工法的对比，说明其先进性。采用本工法对工程质量、工期的确保、成本及环保、节能等指标的有效性综合分析比较，尽可能提供一些参考数据，对工法取得的经济效益和社会效益，做出客观的评价。

⑫应用实例：可以采用列表的形式，列出应用本工法具有代表性的工程项目名称、地点、开竣工日期、实物工程量和应用情况和效果以及存在的问题。一项成熟的工法的形成一般须有三个工程的应用实例（已成为成熟的先进工法，因特殊情况未能及时推广的可适当放宽）。

对于工法中的工艺原理、工艺流程、材料与设备的主要技术指标，涉及技术秘密的内容，在编写工法时可予以回避；在申报国家级工法的材料中须加以说明；有关部门在审定时，应按照知识产权的有关规定对企业秘密加以保护。

（3）工法编写注意事项。

①工法的内容组成和层次安排一定要符合新版的《工法管理办法》的要求。

②注意搜集和整理工程施工过程中的原始数据，对施工中发生的重要问题做好记录。在工法编写中，对上述资料认真研究分析，发掘其内在规律性，使工法深度能够满足指导项目施工管理的需要。

③工法内容要求完整，结构层次分明，用语准确、规范，使用专用术语必要时加以注释。为了清楚地表达工法的内容，对关键技术、施工工艺、机具设备可插入图、表、照片等进行说明，图、表、照片应清晰。

④对工法中属保密范畴的专利技术或诀窍技术，编写时可说明其代号，只作简要的描述，具体内容可从略。

⑤工法编制企业应注意技术跟踪，加大技术创新力度，及时对原编工法进行修订，以保持工法技术的先进性和适用性，避免重复。

⑥已批准的国家级工法如发现有剽窃作假等重大问题，经查实后会撤消其国家级工法称号，五年内不再受理其单位申报国家级工法。

5. 国家级工法的申报要求

（1）工法的类别、分级标准。

①工法的类别。工法分为房屋建筑工程、土木工程、工业安装工程三个类别。

②工法的分级标准。工法分为国家级、省（部）级、企业级三个级别。

国家级工法：关键技术达到国内领先水平或国际先进水平、有显著经济效益或社会效益的；

省（部）级工法：关键技术达到省（部）级先进水平、有较好经济效益或社会效益的；

企业级工法：关键技术达到本企业先进水平、有一定经济效益或社会效益的。

国家级工法每两年评审一次，评审数量原则上不超过120项。

已批准的国家级工法有效期为6年。

(2) 国家级工法的申报条件。

①已公布为省(部)级的工法。

②工法的关键性技术属于国内领先水平或达到国际先进水平；工法中采用的新技术、新工艺、新材料尚没有相应的国家工程建设技术标准的，应已经国务院建设行政主管部门或者省、自治区、直辖市建设行政主管部门组织的建设工程技术专家委员会审定。

③工法经过工程应用，经济效益和社会效益显著。

④工法的整体技术立足于国内，必须是申报单位自行研制开发或会同其他单位联合研制开发。

⑤工法编写内容齐全完整，应包括：前言、工法特点、适用范围、工艺原理、施工工艺流程及操作要点、材料与设备、质量控制、安全措施、环保措施、效益分析和应用实例。

(3) 国家级工法申报表填写说明。

①“申报单位”栏：应为工法的主要完成单位。

②“类别”栏：请在房屋建筑工程、土木工程、工业安装工程对应项中划“√”。

③“专业分类”栏。

房屋建筑工程类别包括：地基与基础、主体结构、钢结构、装饰与屋面、水电与智能、其他；

土木工程类别包括：公路、铁路、隧道、桥梁、堤坝与电站、矿山、其他；

工业安装工程类别包括：工业设备、工业管道、电气装置与自动化、其他。

如没有对应专业，填写“其他”并注明自己认可的专业分类。

④“主要完成单位”栏：填写内容应与“主要完成单位意见”栏中的公章一致。

⑤“通讯地址”及“联系人”指完成单位的地址和联系人。

⑥“主要完成人”栏：最多填写5人。

⑦“升级版工法”指该工法已批准为国家级工法，有效期超过6年，但其关键技术有所创新，仍具有先进性和较高推广应用价值的工法。

⑧“工法应用工程情况”栏：最少填写3项工程；如填写2项(含)以下工程，应在申报表“工法成熟、可靠性说明”栏进行阐述。

⑨“主要完成单位”、“主要完成人”必须在省(部)级工法批准文件公布之列。

⑩工法关键技术涉及有关专利的，应在“关键技术及保密点”栏注明专利号。

⑪“工法形成企业技术标准情况”栏：该工法已形成了企业技术标准时，填写此栏。填写的内容包含企业技术标准名称、编号和发布时间等内容。

(4) 申报时需提交的书面申报材料。

①国家级工法申报表(正本的公章为原件)。

②工法内容材料(如工法内容与相关国家或行业工程技术标准一致，还需提供相应技术标准复印件)。

③省(部)级工法批准文件复印件。

④省(部)级工法评审委员会的评审意见复印件(包括工法关键技术水平，工法应

用所产生的经济、社会效益和推广前景等）。

⑤关键技术鉴定（评估）证书复印件，关键技术应经省级住房城乡建设部门或行业主管部门组织的技术专家委员会审查。

⑥工程应用证明（正本的公章为原件，由建设单位加盖公章或施工承包合同书为据）。

⑦经济效益证明（正本的公章为原件，财务部门提供）。

⑧专业技术情报部门提供的科技查新报告复印件。

⑨关键技术专利证书和科技成果获奖证明复印件。

⑩反映实际施工中工法操作要点的照片（10 张）。

⑪可附加工法对外进行技术转让的证明材料。

以上申报资料用 A4 纸打印，软皮纸装订成册，一式四份（正本一册、副本三册）及电子版文本光盘两份。

⑫需提交的 DVD 录像。DVD 录像应反映工法实际施工的工艺流程、操作要点及关键技术原理，提供 DVD 录像确有困难的，可用纸质照片代替。

二、30 万 m^3POC 型干式储气柜结构安装施工工法

1. 前言

随着我国冶金及石油、天然气等工业的不断发展，对储存各种工业及民用气体的储气柜的各项指标的要求越来越高。POC 型干式储气柜也称为新型稀油密封圆形储气柜，是 20 世纪 90 年代由中冶赛迪公司开发设计的一种比较先进的新型气柜，具有储气压力高、密封效果好、运行使用功能稳定等特点，21 世纪以来逐渐向大型化发展，目前国内最大容积可达到 30 万 m^3。

中冶赛迪公司率先在 2004 年承建了太钢 30 万 m^3 POC 型干式储气柜的建造施工项目，这是国内首台自行设计、建造的最大容积煤气柜，外壁直径 64.6m，总高度达 120.777m，储气压力 10000 ± 150Pa。由于以前的施工技术满足不了该气柜建造的要求，必须重新研发适合超大容积气柜的新的施工方法，所以公司决定立项研究超大 POC 型气柜的建造施工技术。该技术已成功应用于太钢 30 万 m^3 POC 型干式储气柜。

中冶赛迪公司又陆续承建了包钢、江阴、曹妃甸、天铁等 30 万 m^3 POC 型干式储气柜。在这些项目的施工过程中，为进一步提高工程建造施工的质量、缩短工期及降低成本，提高企业的核心技术能力和市场竞争力，公司通过研究、试验，形成了一套完整的 30 万 m^3 POC 型干式储气柜结构安装专用施工工艺。

2. 工法特点

（1）采用整体安装方法安装 30 万 m^3 POC 型储气柜大型球面薄壳柜顶，这种安装方法已经取得了国家发明专利，专利号为 ZL200810011750.3。它提高了 POC 型储气柜柜顶安装的质量、效率和安全性。

（2）在柜顶梁安装时采用了一种防止大跨度柜顶梁变形的施工方法，由此方法申报的发明专利国家专利局已予受理，与传统的施工方法相比较，它更加有效地控制了柜顶梁的侧向稳定和整体挠度，且大大降低了施工成本。

(3) 采用超高结构自提升和自锁安装施工技术，在安装过程不需使用大型高耸起重设备，使施工简便，易于操作，有良好的经济效益。

(4) 大容积薄壳结构安装、焊接变形控制工艺。

(5) 大容积薄壳结构密封机构安装调试技术。

3. 适用范围

本工法适用于 30 万 m^3 POC 型储气柜结构安装施工。

4. 工艺原理

(1) 柜体结构简介。30 万 m^3 POC 型干式储气柜采用稀油与橡胶环密封。柜本体外部结构由钢制平面底板、钢制带肋薄板组焊的圆筒型侧板、均布的 H 型钢立柱、多层钢制环形回廊、钢制球面薄壳柜顶、圆筒形通风气楼等构成；内部设置起密封作用的钢制球面薄壳活塞、密封机构及运行导向装置等工艺结构。基本结构形式如图 2-75 所示。

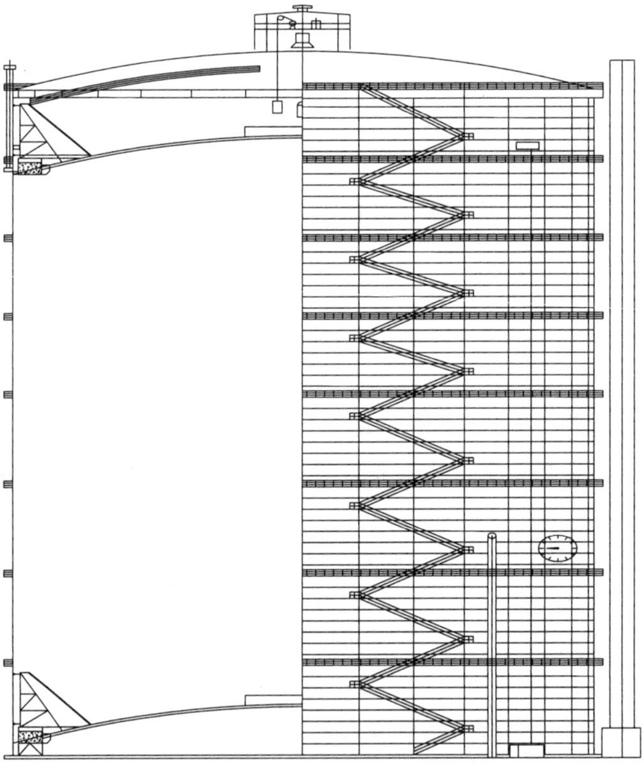

图 2-75 30 万 m^3 POC 型干式储气柜立面图

(2) 安装工艺原理。采用充气浮升法进行结构安装施工，即利用储气柜活塞工作原理，使其在施工初期形成密闭容器，浮升时向活塞下部充入压缩空气并达到活塞浮升工作压力，此压力将活塞及柜顶等结构升起到预定高度后，再利用特制的鸟形钩等自锁工艺装备，将活塞等构件固定在立柱的预定位置上。然后利用自制的柜顶起重机等自提升技术安装侧板、立柱及各种附着于柜壁上的结构，达到自下而上逐层安装的目的。如图 2-76 所示。

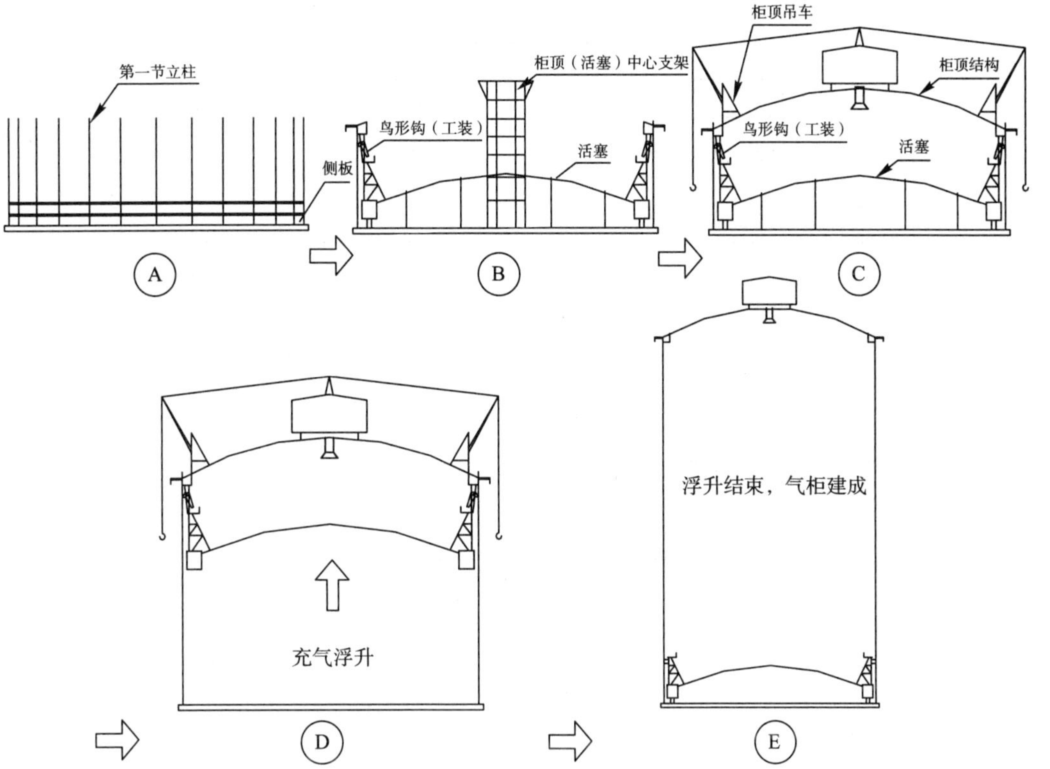

图 2－76　浮升法安装施工原理图

5. 工艺流程及操作要点

（1）安装工艺流程。安装工艺流程分四个施工阶段，即浮升前地面安装阶段、高空浮升安装阶段、附属工艺设备单体安装调试阶段、联合调试阶段，各阶段主要施工工艺流程如图 2－77 所示。

（2）操作要点。

基准点复测：测量用仪器、量具必须经国家专门的计量检定部门检定合格，统一使用，不得随意更换。

基础交接时，必须一次交清控制点、基准点和有关测量资料，并按规定复测，确定各点的准确性，做到精确定位。

以柜基中心基准点为准，呈放射状分四个区域，以立柱中心至柜中心为半径依次确定四个区域（0°～90°、90°～180°、180°～270°、270°～360°）内基准柱的定位轴线及基础高程，然后确定基准柱夹角区域内各柱的基准位置轴线等，在各区域内平差，消化积累误差，达到精确定位。

柜底板焊接：底板敷设时各板之间焊口必须用卡具临时固定。

采用先短后长、先内后外，分段对称退（或跳）焊法施焊，选用同一焊接方法和适宜的规范参数，使各焊口尽量做到均匀收缩。

焊接时要将底板对称分成若干的区域，区域之间焊道做为预留收缩焊道最后焊接，并预留收缩余量，保证底板焊后满足规定的几何尺寸。

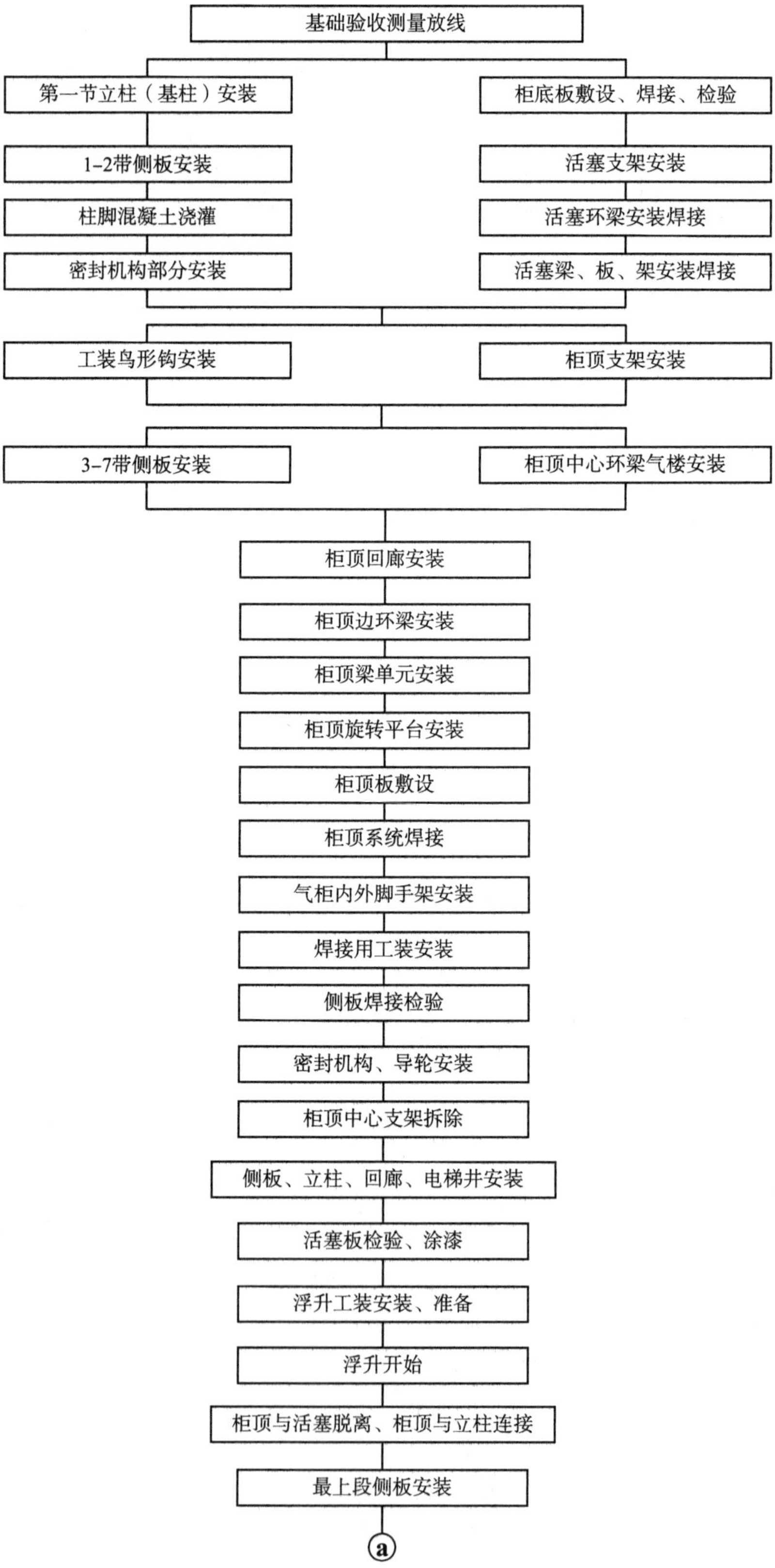
基础验收测量放线
第一节立柱（基柱）安装
柜底板敷设、焊接、检验
1-2带侧板安装
活塞支架安装
柱脚混凝土浇灌
活塞环梁安装焊接
密封机构部分安装
活塞梁、板、架安装焊接
工装鸟形钩安装
柜顶支架安装
3-7带侧板安装
柜顶中心环梁气楼安装
柜顶回廊安装
柜顶边环梁安装
柜顶梁单元安装
柜顶旋转平台安装
柜顶板敷设
柜顶系统焊接
气柜内外脚手架安装
焊接用工装安装
侧板焊接检验
密封机构、导轮安装
柜顶中心支架拆除
侧板、立柱、回廊、电梯井安装
活塞板检验、涂漆
浮升工装安装、准备
浮升开始
柜顶与活塞脱离、柜顶与立柱连接
最上段侧板安装
a

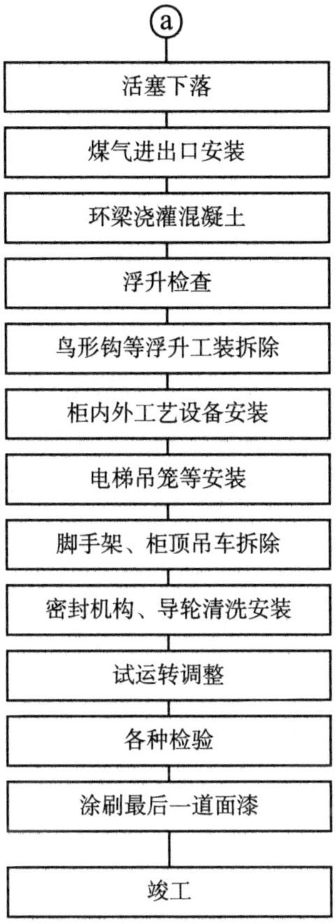

图 2－77　主要施工工艺流程图

①第一节立柱（基柱）安装调整。严格复测基准轴线，按轴线安装定位，对称分区平差。基柱安装就位后逐根调整轴线、标高、垂直度。合格后拧紧地脚螺栓固定，然后浇灌柱基下部混凝土，浇注时用测量仪器跟踪监测，确保基柱位置的准确。

②活塞箱形环梁的安装调整。安装前，利用光电测距仪、经纬仪、水准仪、钢盘尺等测量仪器及工器具在柜底板上划出安装控制基准线（每组环梁不少于 5 个控制点）和接口控制基准线。

按基准线安装环梁，要严格控制顶面标高、外侧半径。安装时，要根据控制线将每组环梁依次就位、调整接口，在支架上部安装斜垫铁调整标高，全部调整合格后拧紧接口螺栓，进行焊接固定。

接口焊接均采用分段对称退焊法施焊；立缝应先用弧形卡板固定，保证焊口成型。

③活塞主梁及活塞板安装焊接。活塞主梁采用扩大拼装法进行单元对称安装，边安装边跟踪监测。主梁挠度由临时支撑控制调整，中心支架必须稳固，保证主梁安装精度，全部安装完毕后统一调整，统一焊接固定。

活塞板由外向内呈环状敷设，弧度及位置调整合格后做定位焊接。全部敷设完毕后，统一由外向内（由下至上）分区对称焊接。焊后对每条焊缝进行外观检查和 100% 真空试漏。

④柜顶结构安装焊接。在地面拼装平台上，将分成若干单元后的边环梁与柜顶回廊走台拼装在一起，然后分单元对称安装。全部安装完毕后，调整圆度及周长，合格后焊接固定。

柜顶主梁及顶板的安装焊接要求与活塞系统相同。

活塞导向架安装调整。安装前，应在环梁上放出定位轴线，然后依次对称安装导向架及支撑系统，边安装边检测径、切向垂直度及标高，减少公差积累，全部安装调整合格后进行分区对称焊接。

工装系统（自锁及自提升系统）安装调整。鸟形钩系统安装：应根据立柱、柜顶端节点的位置及活塞导向架顶部标高调整鸟形钩的位置，做到受力状态合理、钩板开启灵活、钩嘴位置准确，且与固定板及立柱面板接触严密、均匀。调整合格后，用支撑系统固定。待柜顶结构焊接完毕形成稳定结构后，鸟形钩顶部再与柜顶端部用螺栓联结固定，使柜顶载荷通过鸟形钩传到导向架立柱上。应注意上下节点必须牢固可靠，以保证浮升施工的安全。

外吊（挂）脚手架安装要保证各节点的牢固可靠，与柜侧壁之间预留足够间隙，保证脚手架能随柜顶自由浮升。

柜顶辅助导轮安装须在立柱垂直调整合格后进行，可使导轮与立柱基准面贴严，并且柜顶上升时可以自由转动。

柜顶起重机安装调整：要严格按起重机设备规程进行。在地面进行整机调试，使各部机械及滑车均达到合格要求，并达到正常运行状态后，再将其吊送到柜顶轨道上就位。使用前应按相关规程进行严格试吊。

⑤立柱、侧板安装焊接。

立柱安装：立柱安装前必须严格检查整修，保证每根立柱的几何尺寸、直线度等指标达到标准规定。

安装就位时采用特制双夹模具固定，用钢冲、螺栓调整定位，确保接口准确平顺。

在安装和焊接过程中，用激光铅垂仪和专用卡板严格检查径、切向垂直度，如有变化则调整焊序纠偏。

焊后用超声波探伤仪对焊缝进行100%探伤，如有缺陷须返修，直至合格为止。

侧板安装：必须保证侧板与立柱及上下两层侧板之间定位孔的准确定位，用钢冲校孔使定位特制切口螺栓自由通过，然后拧紧螺栓备焊。内侧焊口间隙必须均匀一致，焊道内清理干净，保证 CO_2 气体保护焊的焊接要求。

侧板焊接时必须预留上部两层侧板不焊，焊接第三层侧板，以利于控制变形。按规定的焊序施焊，对称布置焊工，采用相同的规范参数，焊速应尽量一致。

施焊原则：先内后外、先纵后横，最后扭断切口螺栓，进行封闭焊接。

为减少和控制焊后残余变形，焊前要采取刚性固定措施，利用胀圈或千斤顶预先施力，减小焊接收缩，使焊后变形趋于均匀。

内侧对接焊缝，焊后全部打磨光滑平顺。然后进行真空试漏检验，并按规定比例做超声波探伤检验，如有缺陷应及时返修，直至合格为止。

密封机构及导向轮安装调整：密封机构必须严格按设计组装图安装。橡胶环与柜壁均匀贴严；帆布安装后松紧适度均匀一致；防回转处联结件与导轨面间隙均匀。

导向轮安装调整：应严格控制上下导轮中心距离、标高、与立柱中心的偏差等；严格按设计规定使导轮与导轨面紧密接合；各导轮对导轨的支撑力均匀一致，松紧适度，以人力手搬不能转动为宜。

浮升过程活塞动态控制：浮升前鼓风机及供水泵必须严格调试，保持设备完好。应设两路供电线路及备好备用设备。

浮升前启动水泵，向活塞柜内注水。当水深达到浮升压差需要深度后，开启风机，缓慢向柜内充气。达到预计压力后，观察活塞是否开始升起，超过预计压力，尚未升起时应停止供气，查明原因处理后再次充气浮升。

浮升过程中应对称设置专人认真观察活塞的倾斜度及旋转趋势，适当调整柜顶起重机及旋转平台的位置，保持活塞平衡。控制鼓风机供气量和供水量，使每次浮升顺利完成。

柜顶就位固定：就位前必须根据鸟形钩的位置计算出活塞浮升高度，标记挂钩板的准确位置，焊接临时挂钩板。

根据整体安装方法的发明专利使柜顶就位后，应先确定柜顶端与柱的间距尺寸。在确认立柱垂直度达到规定要求后，切割多余柱肢，焊接联结节点，最后安装、焊接立柱与顶部回廊间的连接件。

柜顶与柱顶联结节点焊接完毕、检查合格后，即可解除鸟形钩与柜顶的联结节点，使活塞回落。

活塞运行试验：活塞运行试验应在密封机构及导轮系统二次清洗检修结束后，柜内工装全部拆除、清理结束后进行。试验过程中，每升（或降）两层侧板要统一检查一次活塞的倾斜度和密封机构、导向轮，并详细记录，以备调整。

活塞内混凝土施工：箱形环梁现浇砼应分区分层浇灌，振捣到位，保证密实，上表面平整，高度一致，保证活塞工作压力要求。

活塞配重块的外形要均匀一致，重量偏差均匀。入柜后按设计规定摆放整齐，并根据设计要求和活塞运行情况适当调整。

6. 材料与设备

（1）施工材料（见表 2－8）。

表 2－8　施工材料

序号	工艺装备名称	备注
1	活塞中心支架	
2	柜顶中心支架	
3	鸟形钩系统	
4	内外部脚手架系统	
5	接柱模具	
6	挂钩板	
7	柜顶起重机轨道系统	

续表

序号	工艺装备名称	备注
8	柜顶起重机	
9	柜顶起重机锚固系统	
10	柜顶辅助导轮	
11	柜顶与立柱连接间隙垫	
12	临时挂钩板	
13	鼓风机基础台架	
14	侧板现场拼装专用胎具	
15	侧板现场焊接专用胎具	
16	侧板现场放置专用胎具	
17	无间隙钢冲	
18	扭断螺栓	
19	构件运输胎架	
20	临时密封橡胶	
21	油槽保护装置	
22	侧板焊接用防护棚	
23	安全爬梯	
24	现场临时拼装台	
25	柜顶拼装胎架	

(2) 施工机具（见表2-9）。

表2-9　　施工机具

序号	机具名称	规格	型号	数量	备注
1	履带式起重机	100t	QUY100	1	根据具体情况选用
2	履带式起重机	50t	QUY50	1	
3	汽车式起重机	20t		1	搬运构件
4	载重汽车	5t~10t		3	构件运输
5	逆变电焊机			4	
6	CO_2 气保焊机			40	
7	直流电焊机		AX-500	2	碳弧气刨用
8	角向磨光机	Φ150		50	
9	链式起重机	3t~5t		40	

续表

序号	机具名称	规格	型号	数量	备注
10	千斤顶	16t ~ 32t		36	
11	水泵			3	
12	鼓风机	200kW		2	检修用风机
13	空气压缩机			1	碳弧气刨用
14	碳弧气刨枪	Φ8		2	
15	真空泵/真空箱			6	
16	水柱测压计			4	
17	红外线电热干燥箱			2	二级库
18	焊条保温筒			36	
19	超声波探伤仪		PXUY - 350	1	
20	对讲机			12	
21	漆膜测厚仪			1	
22	弹簧秤			2	测量用
23	水准仪		N3	1	
24	经纬仪		T2	2	
25	激光铅垂仪			1	
26	光电测距仪		DCH - 2	1	
27	扭力搬手	28 ~ 76kg · m		1	
28	干湿温度仪			2	

7. 质量控制措施

（1）执行标准。

①设计文件（施工图、设计说明书、技术协议、施工要领书、调试要领书等）；

②现行国家或行业标准、规范。

《钢结构工程施工质量验收规范》（GB50205）；

《工业金属管道工程施工及验收规范》（GB50235）；

《建筑钢结构焊接规程》（JGJ81）；

《现场设备工业管道焊接工程施工及验收规范》（GB50236）；

《涂装前钢材表面锈蚀等级和除锈等级》（GB8923）；

《碳钢焊条》（GB/T5117）；

《气体保护电弧焊用碳钢、低合金钢焊丝》（GB/T8110）；

《钢焊缝手工超声波探伤方法和探伤结果分级》（GB11345）；

《钢制焊接常压容器》（JB/T4735）；

《钢制压力容器》（GB150）；
《建筑工程冬期施工规程》（JGJ104）；
《冶金机械设备安装工程施工及验收规范》（YBJ201）。
③本企业内部质量检验评定标准及检定表。
《新型（橡胶—稀油密封）干式储气柜结构制作工程质量检验评定标准》；
《新型（橡胶—稀油密封）干式储气柜结构安装工程质量检验评定标准》；
《稀油密封干式储气柜（含新型柜）浮升安装操作规程》；
《干式储气柜柜内混凝土工程施工质量验收标准》。
（2）工序控制。主要工序停检点控制程序见图 2－78。

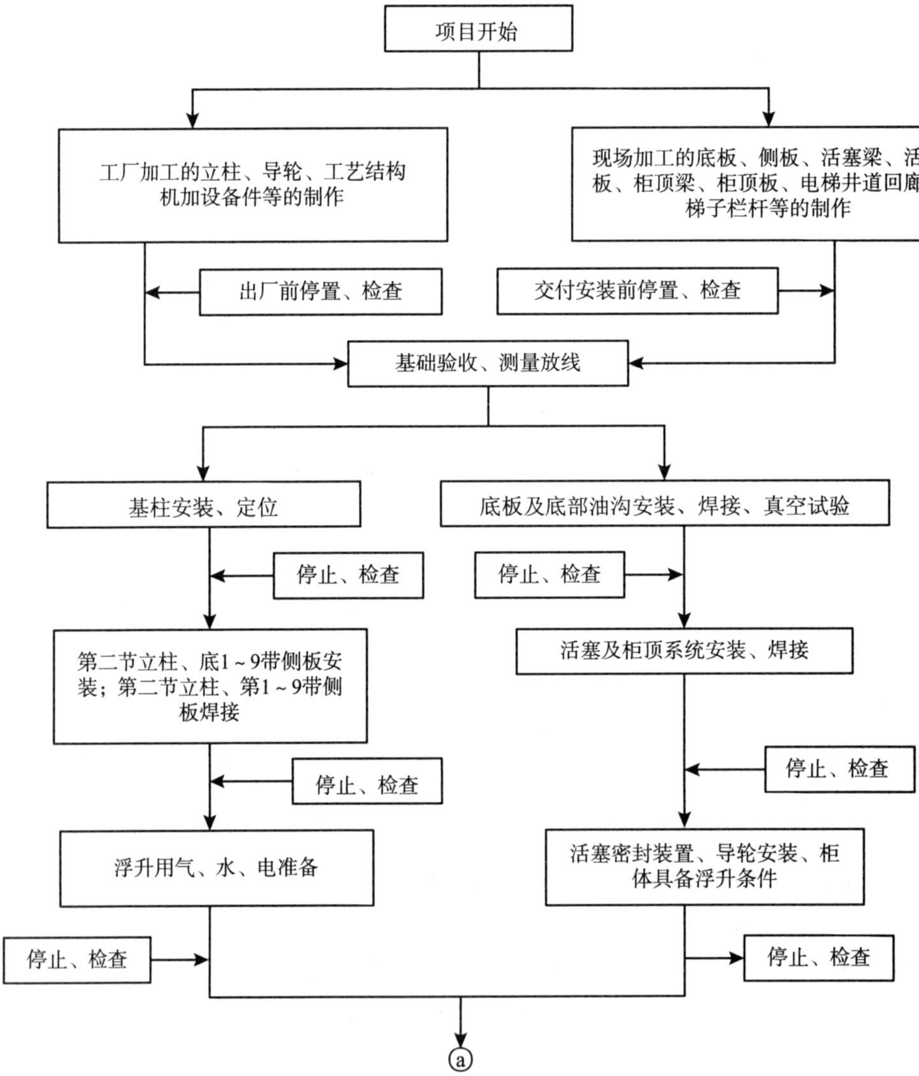

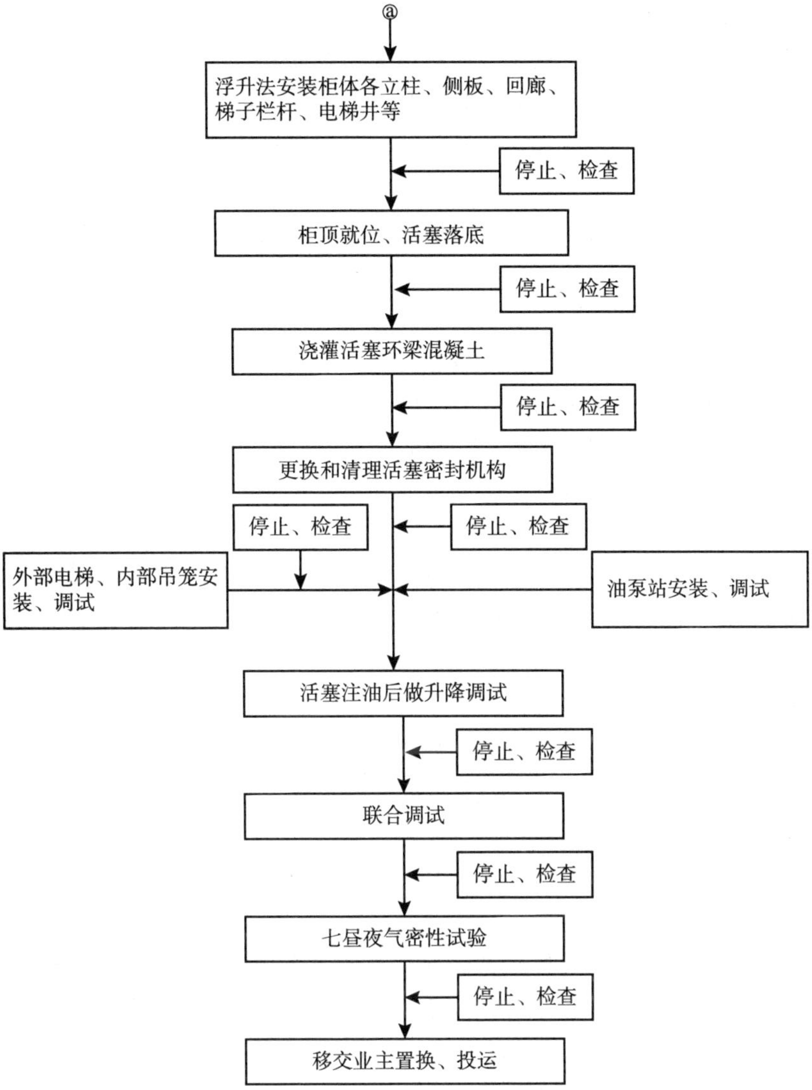

图 2－78　施工质量控制停检点程序图

（3）运行检验指标：以太钢为例，见表 2－10。

表 2－10　运行检验指标

序号	检项	单位	指标	备注
1	储气压力	kPa	10±0.15	
2	每台油泵站启动次数	次/日	≤20	
3	活塞水平倾斜度		晴天 D/500 阴天 D/1000	最大 50mm
4	活塞水平转动值	mm	≤15	
5	泄漏率	7 昼夜	≤2%	
6	密封油损耗量	吨/半年	10	
7	活塞最大下降速度	m/min	2.3	考核时间 5 分钟
8	防腐涂层寿命	年	5	

（4）关键工序施工质量控制。

①立柱安装垂直度控制。立柱安装前必须逐根检查其直线度、几何尺寸、端头截面的几何尺寸、坡口型式等，如有超差应及时修整，合格后方可吊装。

基柱是后续立柱及柜顶、活塞安装的基准，必须严格达到规定的安装精度后，方可安装后续立柱。

后续每一节立柱的控制轴线、垂直度控制点均应从地面控制轴线直接引出，消除积累误差。

每安装一层侧板，必须测量一次立柱径、切向垂直度，如有变化或超差，应及时调整至合格，不得留到下一层侧板施工后调整。

侧板焊接过程中，焊速等规范参数应尽可能保持一致。必须跟踪监测立柱的径、切向垂直度及弦长，如有变化应调整焊接工艺参数或采用机械方法及时调整。

后续立柱安装测量时，应考虑日照温度变化产生的热影响引起的立柱垂直度的变化。因此必须在没有日照时实施观测，避免温差的影响。

②侧板对接焊缝质量控制。焊前必须经质检员严格检查安装螺栓是否拧紧，焊缝坡口型式、间隙缝等装配质量是否满足设计要求，焊道内铁锈、油污等脏物清理干净，然后方可进行焊接。

必须对称布置焊工，施焊方向段落划分应严格按工艺规定执行。

采用 CO_2 气体保护焊时，应保证焊丝伸出长度、气体纯度等满足工艺规范规定。

焊丝表面必须保持干燥、干净，必要时应经烘干处理。CO_2 气体必须达到规定的纯度要求；气路中应设置干燥器，减少 CO_2 气体的水分。

CO_2 气体保护焊焊接电源极性采用直流反接，以利于减少飞溅，稳定电弧，增大熔深，保证焊接质量。

③导轮安装。导轮安装前，导轮架系统必须全部安装、调整固定完毕。每个支架的径、切向垂直度、轴线位移都应达到标准规定，不得超差。导轮座的表面垂直度、轴线位置、孔距、孔径必须达到标准、规范的要求，如有超差应及时处理。

导轮安装前，安装人员应对导轮逐个检查其外观、几何尺寸、孔径、孔距、油孔、油线等，应完全满足设计要求后方可安装。

导轮安装应以达标的立柱导轨面为基准，上、下导轮轴线，垂直度，导轮与导轨面轴线，导轮轴与导轨面的平行度，导轮轴的水平度等，必须达到有关标准规定的公差范围内后，方可将导轮固定。

导轮调整固定时，应考虑日照温差影响立柱垂直度，应尽量选在日落后或日出前的时间调整，以减少温差影响。

浮升前导轮安装时，不应对导轮施加过大轮压。导轮接触到的侧板壁微受力，即用手不能搬动导轮转动为宜。

④活塞环梁混凝土浇灌。环梁内混凝土浇灌的质量必须严格按设计规定执行。混凝土的强度等级、表观密度（容重）、浇灌方法、浇灌的混凝土配合比必须严格控制。

浇灌应在活塞回落之后进行，由柜壁入孔和每段环梁入孔进入浇灌区域。

浇灌前应首先确定浇筑流向，按流向施工，分层浇筑，振捣密实，保证浇筑高度一致，顶面抹平控制高差在 ±5mm 范围内。

⑤运行机构调整。导轮、防回转装置及密封机构调整，必须严格按设计要求的质量标准及公司的检评标准执行。本公司专职质检员严格检查验收，保证最终质量指标满足气柜正常运行需要。

密封帆布必须经缩水处理后方可使用。

浮升施工用的密封机构应严格按正式安装的要求进行安装。

浮升施工过程中要采用适当的措施对密封帆布进行保护。

8. 安全措施

（1）遵守国家安全法规及行业、企业内部各种有关规定。

（2）所有施工操作的脚手架、平台等均采用自制的特殊脚手架，并设置标准维护栏杆，防止高空坠落。

（3）柜体是由全部钢结构焊接组成，施工时用电设备较多，电缆、电线上下垂悬分布范围很大。故应特别注意用电防护，设专业电工随时检查维护，防止发生触电造成伤害，雨、雪天户外应停止施工。

（4）浮升用的鼓风供水设备，是浮升施工的关键设备，须设专业人员操作维护。其工作时随时观察压力计的压力变化情况，随时调节进风量，控制浮升速度，保证浮升顺利进行。

（5）各种工装卡具（如鸟形钩、中心支架、挂钩板等）的联结螺栓、焊缝等，技术人员应根据不同情况预先严格计算，考虑各种不利因素，校核强度、稳定性，保证使用需要。

（6）施工过程中设专人操作、看管每个鸟形钩，观察其与挂钩板的咬合状况，尽量使其受力均匀，挂钩各部位销钉应与钉孔紧密配合，使截面受力良好。

（7）柜内作业区域应配置适当的消防器材，严防电气设备及易燃易爆物品因操作不当造成火灾。

（8）夏季雷雨天时，应采取有效防雷措施，保证安全。当柜体高度未超过附近原有建筑物高度之前，应根据有关规定做好临时避雷接地装置。

柜体安装高度超过附近原有建筑物后，如遇雷雨天应停止施工。

柜体结构安装施工到顶后，应及时安装避雷系统。

（9）若在易燃易爆区域内施工，开工前公司安全保卫部门必须会同甲方有关部门针对工程实际情况共同订立《安全防火协议》，施工中双方共同遵守。

（10）施工用气体、油漆等必须按规定隔离存放、专人看护，并将防火器材配备齐全。

9. 环保措施

（1）施工现场周围应按施工需要划定施工场地，与居民区域或其他生产厂区隔开，减少施工干扰。

（2）施工期间，尽量避免破坏场地内外的绿化带和树木等绿化设施。

（3）油漆涂装时应有良好的通风条件，保证施工人员能够安全施工。

（4）在居民区附近施工时，应严格控制噪声污染，夜间作业不超过 22：00，不能影响居民和职工休息。

（5）职工宿舍、食堂、洗浴、卫生设施齐全、整洁干净，生活垃圾定期外运到垃圾场集中处理。

10. 效益分析

（1）本工法在柜体安装中不需高耸大型起重设备，可节约起重吊装设备费216万元。

（2）本工法解决了施工工期与质量控制的矛盾，可边施工边对质量成果进行控制检查。大量降低质量返修成本，约占投资额的5%。

（3）高空作业施工安全度大大提高，改善了施工人员高空作业环境，使施工安全、有效进行。

（4）社会效益显著，提高工业、民用煤气化程度，减少环境污染，改善了大气环境，对建设节约型社会有极大的推动作用。

11. 应用实例（见表2-11）

表2-11 应用实例

序号	建设单位	气柜类型	容积（m^3）	压力（Pa）	介质	竣工日期
1	太原钢铁（集团）有限公司	POC式（新型干式）	300000	10000	高炉煤气	2005年
2	包头钢铁集团有限责任公司	POC式（新型干式）	300000	8000	高炉煤气	2007年
3	江阴兴澄特种钢铁有限公司	POC式（新型干式）	300000	10000	高炉煤气	2008年
4	首钢京唐钢铁联合有限责任公司	POC式（新型干式）	300000	10000	高炉煤气	2008年
5	天铁集团	POC式（新型干式）	300000	11000	高炉煤气	2009年

三、多功能结冰风洞驻室大门制作安装工法

1. 前言

（1）工法形成原因和形成过程。3m×2m多功能结冰风洞是我国第一座大型生产性结冰风洞，它是以飞行器结冰试验为主，同时兼顾飞行器高空低雷诺数试验的特种风洞。结冰风洞主要是通过模拟飞行器在高空飞行时的结冰环境状态，来测试飞行器的各项性能设计指标，从而为飞行器的设计提供基础资料。结冰风洞的建成将进一步大幅提升我国空气动力试验模拟水平，为我国独立自主研制各类飞行器提供有效的试验设备和试验手段。该工程项目属高、精、尖、难的国防重点工程项目，其建成运行，对我国的国防科技水平和国防军工建设，特别是提高航空航天领域的特种试验能力具有极其重大的深远影响。结冰风洞的驻室大门是风洞配套的主、次、高试验段及可更换收缩段进出驻室的通道，由于该门体尺寸大、质量大、门体质量比亚洲最大的2.4m×2.4m跨声速风洞驻室大门还重约30t，堪称亚洲风洞第一门。风洞的工况和大门的结构决定了其制造安装将具有极大难度，其制造安装质量直接关系到洞体内试验环境的模拟能力和模拟效果。因此，驻室大门的制造安装是结冰风洞建设过程必须攻克的技术难关之一。

四川省第六建筑有限公司与四川省工业设备安装公司共同承建，成功完成了1.2m×1.2m超声速风洞、2.4m×2.4m跨声速风洞、φ5m立式风洞、2m×2m超声速风洞、0.6m×

0.6m 连续式跨声速风洞等多座风洞的建设任务。其中 2.4m×2.4m 跨声速风洞于 2000 年荣获鲁班奖，φ5m 立式风洞于 2007 年荣获天府杯金奖，2m×2m 超声速风洞于 2013 年 10 月荣获鲁班奖。在这些风洞建造中，有很多类似的大型门结构部件，攻克了现场制作安装大型密封门的技术难关，在成功制造了上述各型风洞大型密封门的基础上，总结提炼而形成本工法。

（2）驻室大门简介。驻室大门主体结构采用 16mm 厚的 16MnDR 钢板焊接而成，最大外形尺寸为：19016mm（长）×8460mm（高）×1750mm（宽），重约 120000kg，由大门门体、上下限位座、导向轮组件、驱动装置、气垫及气垫座、密封法兰等组成。其中大门门体重量 83547.3kg，由内外立板、内外纵横肋板、顶板、底板、端板、竖板等组成。门体要求整体热处理消除焊接应力。驻室大门结构如图 2－79 所示。

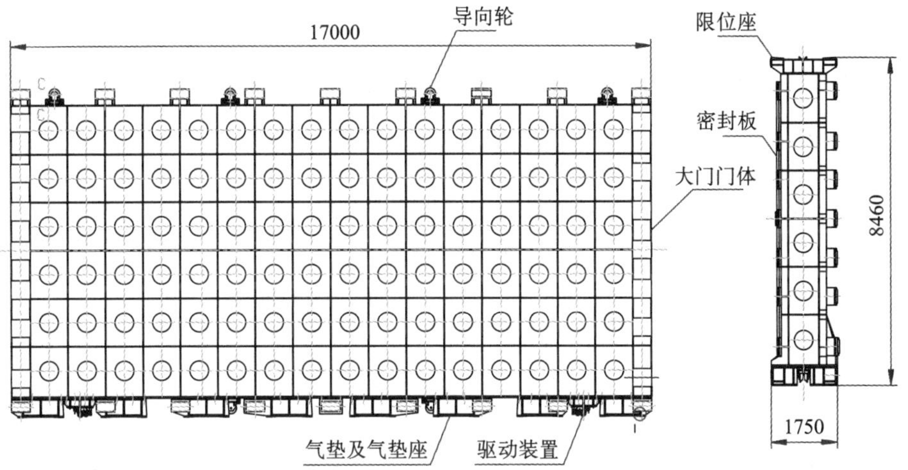

图 2－79　驻室大门结构示意图

驻室大门密封面的平面度要求不大于 2mm，垂直度不大于 3mm。安装要求驻室大门挡块及对应的门框上的挡块座各自在同一平面上，其平面度小于 5mm；驻室大门的移动是采用气垫将大门提升至一定高度，气马达驱动的新技术。

驻室大门的移动为气垫运输和气动马达驱动。气垫选用美国 Airgo 公司的 K27NHDSM 型气垫共 16 只，每只气垫提升重量约 12t；大门上下安装有柔性导向装置，以保证大门运行的直线性。

大门与门框间采用充气密封围带密封，密封形式如图 2－80 所示。洞体在进行 160kPa（绝对压力）的增压试验以及 5kPa（绝对压力）的真空试验时，要求大门密封达到严密要求。

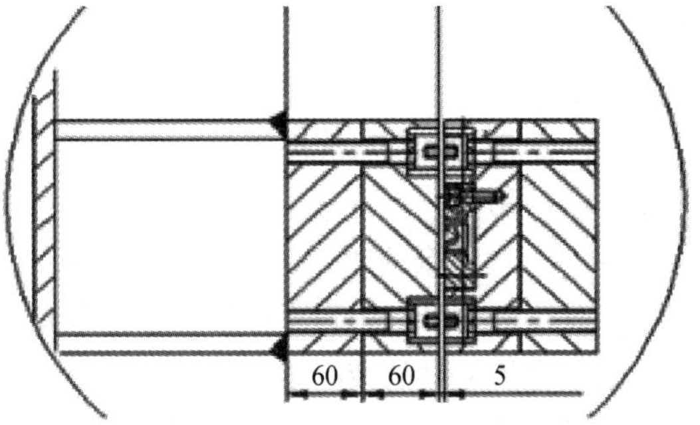

图 2－80　驻室大门密封结构示意图

2. 工法特点

本工法具用简明的程序化施工特点，与传统施工方法相比，在工期、质量、安全、造价等技术经济效能方面具有先进性和新颖性。

（1）采用电脑放样、排版，数控火焰切割机下料，下料尺寸精准、效率高且不再需要大的放样平台。

（2）根据门体结构的对称性，施工过程中贯彻了按门体对称轴X轴、Y轴进行分区、分段对称跳焊的思路，严格控制焊接变形，确保焊接质量。

（3）根据风洞所在的地理位置以及运输道路条件的限制和国内机加设备状况，驻室大门的密封面无法整体加工。本工法采取将密封面分段加工后再现场组焊，采取精确的调整工艺保证了大门密封面平面度精度要求。

（4）大门吊装上位安装时通过修配调整驻室大门挡块及对应的门框和拉钩挡块座，保证其各自平面度小于5mm；同时保证挡块与挡块座之间的间隙小于3mm，安装完成后驻室大门在全行程范围内运动无干涉。

（5）为控制焊接变形，在施工过程中必须对门体进行吊装翻身，以实现多层多道焊。采取的双机抬吊翻身工艺比以前采用的“逍遥椅”式翻身工艺效率高且节省场地。

3. 适用范围

我国大型的低速风洞、跨声速风洞、超声学风洞中，大多设计有驻室大门或其他功能部段的大门，这些大型门体的结构和功能基本相同。因此，本工法适用于低速、跨声速以及超声速系列风洞大型门体结构的制作安装工程项目。

4. 工艺原理

（1）根据形位公差理论，在门体预制过程中通过经纬仪、水准仪等测量手段和安装时适配门框上挡块座高度的工艺，保证了分段加工的门体密封板整体平面度公差要求，以及门体和门框上所有挡块面的平面度、垂直度公差要求。

（2）大门在关闭和打开的运动过程中，必须保持直线运动才能保证门体上的挡块和门框上的挡块不会发生干涉。通过经纬仪测量控制原理，以洞体轴线为基准对大门导向轨进行精准定位，保证了导向轨安装的直线度和位置度公差要求，从而达到了门体运动直线性要求，全行程范围内运动无干涉。

（3）根据焊接变形和焊接应力产生的原理，焊接构件在施焊过程中，由于焊缝和焊缝附近的局部区域受到强烈的高温作用，而临近焊缝的其余部份温度较低，这样在不均匀加热和随后的冷却过程中，就产生了焊接变形；同时在冷却过程中，焊缝和焊缝附近的钢材不能自由收缩，受至两侧钢材的约束而产生焊接应力。门体结构的焊缝分布对称且相互约束，数量多而密集，焊缝距门体中性轴距离较远，焊接变形和焊接应力对门体结构的整体挠曲有很大影响。本工法根据门体结构的对称性，施工过程中贯彻了按门体对称轴X轴、Y轴进行分区、分段对称跳焊的思路，最大限度地降低了门体的整体挠曲，达到了控制焊接变形的目的。

（4）焊接残余应力增大了结构的变形，降低了结构的刚度，同时结构焊缝中存在双向甚至三向拉应力场，阻碍了塑性变形的发展，使钢材变脆，使裂缝易于发生和发展，因此焊接应力将使钢材的疲劳强度降低。特别是本风洞为低温工况风洞，结构的脆性倾向就更大。根据上述原理，门体焊接完成后进行了消除焊接残余应力的炉内整体热处理工作，保证了门体结构的刚度和尺寸稳定性，大大降低了大门在低温工况下的安全风险。

5. 施工工艺流程及操作要点

(1) 施工工艺流程，如图 2－81 所示。

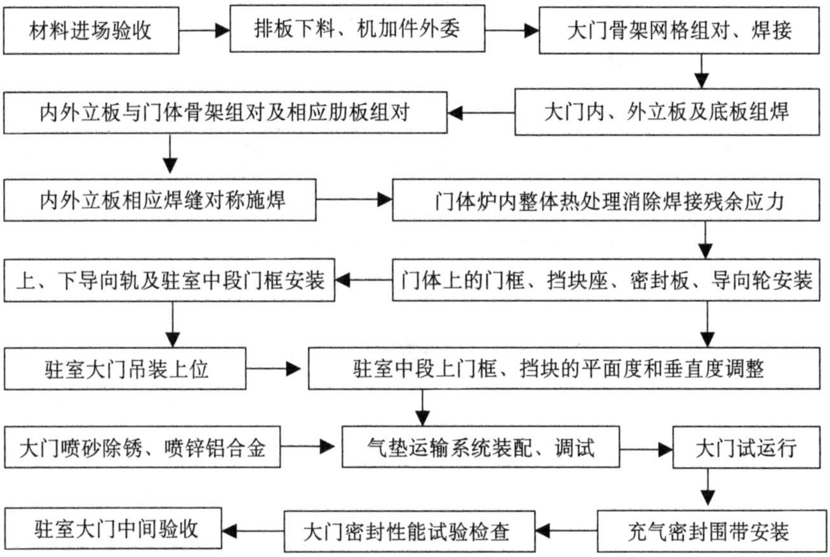

图 2－81 施工工艺流程图

(2) 操作要点。

①材料进场验收。16MnDR 板材应符合《低温压力容器用低合金钢钢板》(GB3531) 标准，交货状态：正火；按《承压设备无损检验》(JB4730.3) 进行超声波探伤检查，超声波探伤检查Ⅲ级为合格；钢板合格证内容：化学成份、力学性能、超声波探伤、表面质量。材料进场验收合格后即可进行下料和机加件外委机加工作。

②门体骨架组对与焊接。大门骨架由 5 张长宽尺寸为 16968 ×798mm 长腹板与 96 短腹板组焊成的网格状结构，板厚均为 16mm。长腹板对接焊缝为双“V”形坡口焊缝，如图 2－82所示。长、短腹板间 T 型焊接接头，采用短腹板开坡口焊透的对称角焊缝形式。

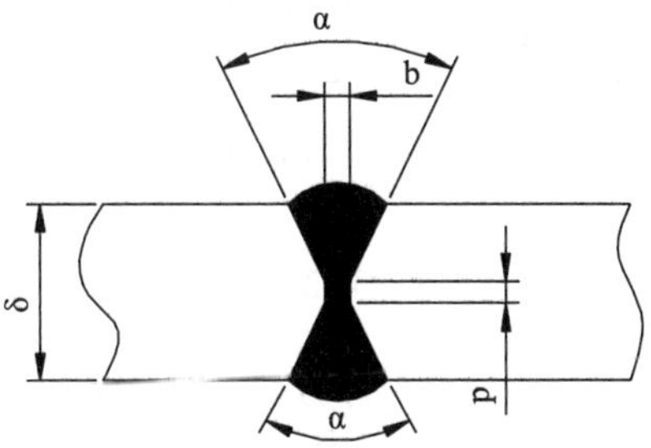

δ	>10
α	55°±5°
b	1～3
p	≤2

图 2－82 对接焊缝型式图

为保证焊接后大门的外形尺寸的准确性，下料时应放出焊接收缩余量。门体骨架在钢平台上组对，短腹板与长腹板组对时不留间隙，门内立板侧朝上，用水准仪测量控制骨架上平面高差，高差控制在≤1mm 范围内，如图 2－83 所示：

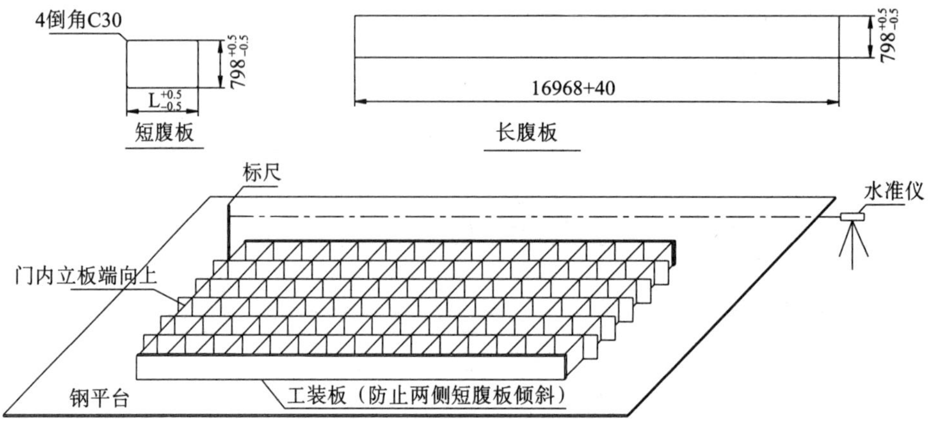

图 2－83 门体骨架组对示意图

组对时在钢平台上弹墨线控制长腹板位置，并将下方点焊在墨线上，用水平仪测量控制每块肋板的垂直度，全部网格组对完成，几何尺寸核实无误后交焊接工序焊接。

如图 2－84 所示，以 X 轴、Y 轴建立直角坐标系对骨架纵、横向格板进行编号。焊工尽可能在 X 轴、Y 轴两侧对称分布，向两侧跳格对称焊接。第一层焊道焊接时在每条焊缝上、下端先各焊 100mm 的固定焊缝，然后将立焊缝等分 3 段，先焊中段，再焊上段和下段。第一层焊完后，检查结构变形情况，根据结构的变形情况来确定焊接方向，如发现结构起拱，第二层焊道从上向下焊来校正。如发现结构下凹，则焊接方向相反。每个焊接接头分三层焊完。

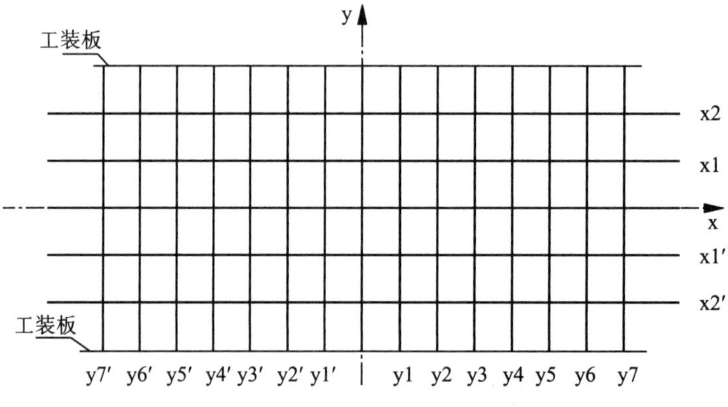

图 2－84 大门骨架焊接顺序说明图

③大门内、外立板及底板组焊。大门内、外立板为厚度 δ＝16mm 的 16MnDR 板，按来料尺寸排版下料，如图 2－85 所示由 8 块板拼焊而成，外立板拼接焊缝需避开纵横肋板位置和 96 个 φ500mm 圆形孔。

拼接焊缝仍为图 2－86 所示的双 “V” 形对接焊缝，先将 2 块钢板拼装焊接成 17m 长的单元，在钢平台上矫平焊角变形后再两两横向对接拼焊成一体，最后再拼焊成整体。采用小电流多层多道焊，减小每层焊接输入的焊接热量来控制焊接变形。上表面的坡口分 3 层焊完，翻身后焊接另一面，另一面清根后分 4 层焊完成。另外，将 17m 长的对接纵焊

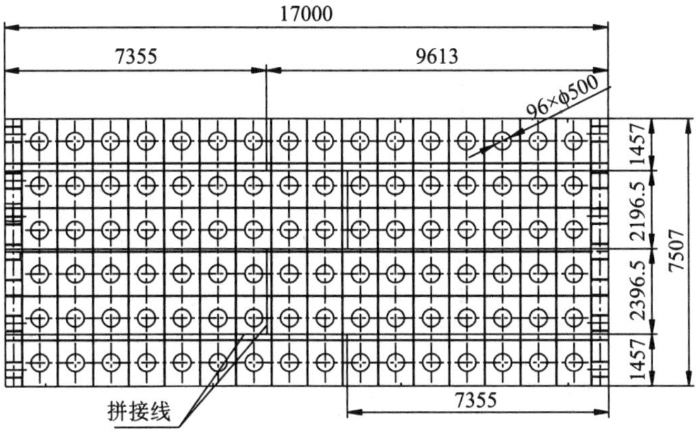

图 2－85　大门外立板排版图

缝划分为 1000mm 一段，采用对称分段跳焊，从中间向两端焊接的方式。上平面焊后翻身按同样方法焊接另一面，用已焊好的大门骨架网格作大平板翻身的背架，将壁板固定在网格板上，用龙门吊两台小车抬吊凌空翻转。对接焊缝焊完后作 100% 超波探伤，I 级合格。

大门底板长宽尺寸为 17000mm × 1750mm，钢板厚度 40mm，重量 9. 42t，为单面机加件，分 3 段机加后现场拼焊成整体，每条焊缝用 4 块过桥板约束焊接角变形。焊缝对称施焊的方法与内外立板的焊接相同。

④大门内、外立板与门体骨架组对及相应肋板组对。按相同工艺将内、外立板组焊完成后，先将外立板与大门骨架组对，对准纵横方向上的组对基准点，点焊时从中间的分格向两边点焊。外立板与门体骨架组对后，再组装立板外侧纵横肋板以及挡块座肋板。外立板两侧的方格点焊完后再用气割开 96 个 Φ500 圆孔。

外立板及其肋与门体骨架组对完成后，采用龙门吊双小车抬吊凌空翻身，然后按相同方法组对内立板及其外侧的门框肋板、纵横肋板、挡块座肋板等，然后再组对门体顶板、底板以及前后端板。组装下底板时将门体吊装翻转后直立到下底板上，用经纬测量门体垂直度，符合要求后进行点焊。

⑤内外立板相应焊缝对称施焊。按装配工艺将大门门体装配成形，共检合格后交焊工序。此时门体骨架已经形成较大刚性，但由于内外立板两侧的焊缝全部远离结构中性轴且焊接量大，焊接收缩对结构挠曲的影响仍不能忽视。

内、外立板与门体骨架焊接时，焊接人员都必须进入骨架内部，并且外立板与骨架焊接时为了人员进入内部焊接，需将大门吊到约 1000mm 高的刚性支架上进行焊接，如图 2－86 所示。

内、外立板与门体骨架及相应肋板的焊接，按分区图（如图 2－87、图 2－88 所示）以 X 轴、Y 轴为对称轴，由中心部分的框格向四周辐射进行，焊工尽量对称分布在 X 轴、Y 轴两侧，焊接时相临格子要跳开施焊，每条焊缝分三层焊完。第一层焊缝焊完后，检查结构的挠曲情况，将结构翻转 180°，再按上述方法焊接另一侧的焊缝。这样每层检查，翻身施焊，有效控制了内外立板与门体骨架焊接时大门的整体挠曲变形。

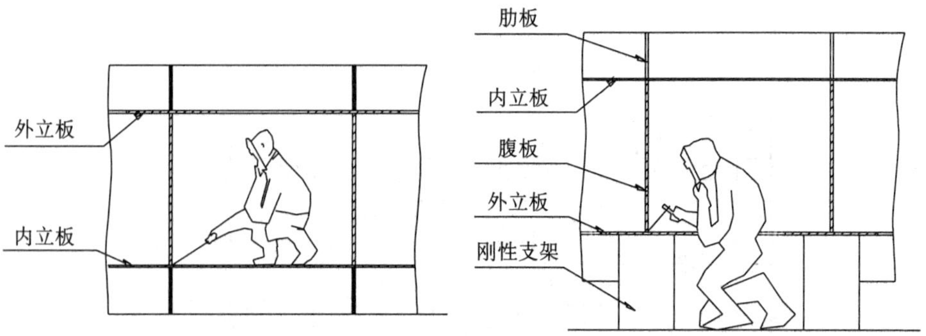

图 2-86 大门内外立板与门体骨架焊接示意图

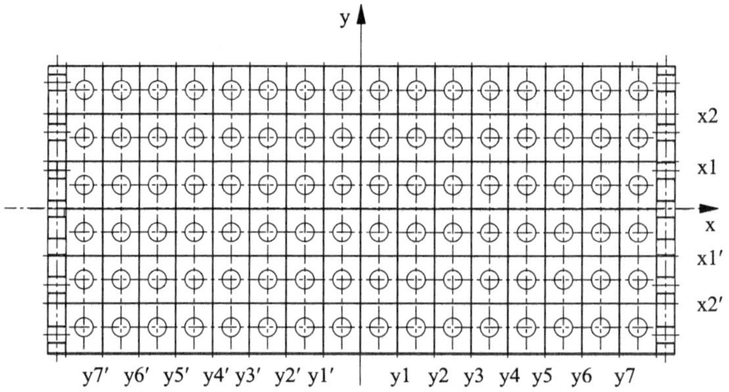

图 2-87 外立板焊接分区图

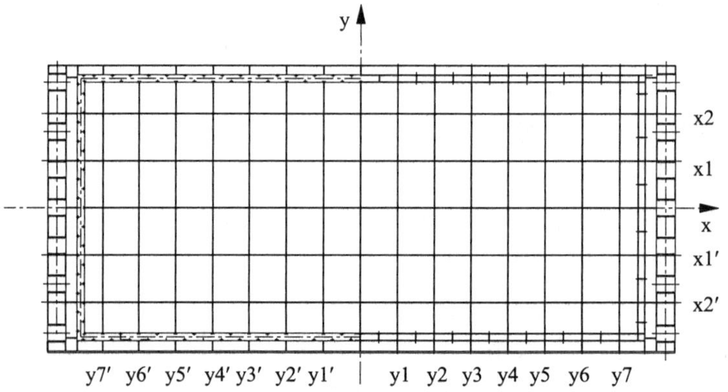

图 2-88 内立板焊接分区图

大门焊接过程中的翻身采用龙门吊的双大钩起吊凌空翻身，翻身过程如图 2-89 所示。

⑥门体炉内整体热处理。在施工现场建造内部净尺寸为长×宽×高 = 20m×8m×4m 的远红线热处理退火炉对门体进行整体热处理，采用全自动温控设备进行温度控制，热处理过程按专项方案进行。

⑦上、下导向轨安装。导轨安装的重点在于控制上下导轨道的直线度、标高和与洞体轴线的平行度。

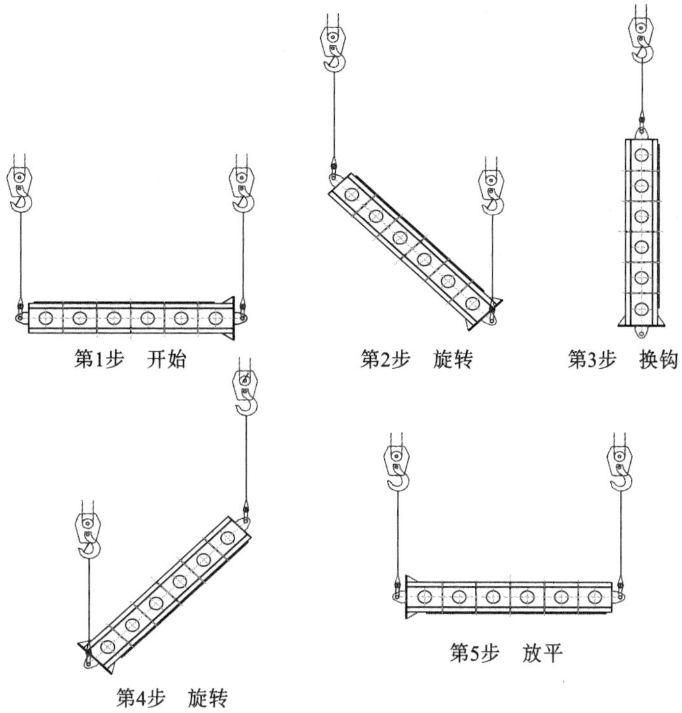

图 2-89　驻室大门翻身示意图

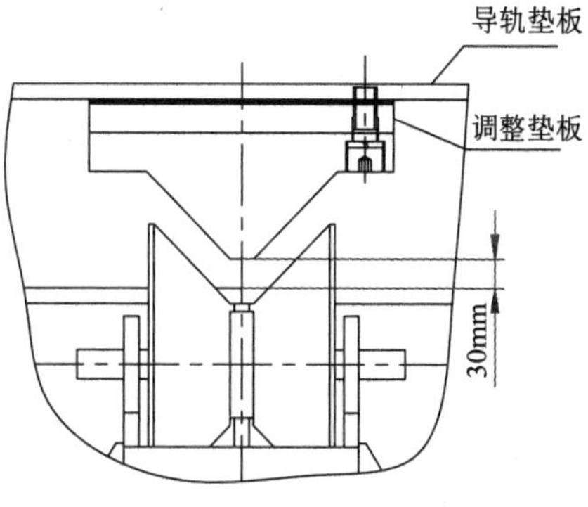

图 2-90　导轨安装示意图

驻室中段及驻室大门支架上的导轨分段加工后，通过连接螺栓安装在上下导轨垫板上，导轨垫板与结构底板和顶板通过焊接连接。用经纬仪测量放出上下导轨的安装中心线，并用画针划在结构底板和顶板上。分段的轨道垫板焊接到结构底板和顶板上时，垫板横截面中点必须对准画针刻划的中线，经检查合格后先点焊固定，然后再分层分段对称跳焊。实测上下导轨垫板距离，以及大门上下轮子间距，确定导轨与垫板间调整垫板的厚度，保证导轨顶部与轮子“V”形槽底部有约 30mm 的间隙，如图 2-90所示。最后将分段导轨用连接螺栓安装到垫板上，复测导轨标高及其直线度，标高误差可通过调整垫板再调整至合格标准。

⑧驻室中段门框安装。驻室中段门框及门框法兰的安装重点要保证密封面的平面度和垂直度。

门框厚度 60mm、宽度 200mm，有两排间隔 500mm 的 M 20 的螺孔，分段机加验收合格后安装。在驻室中段预制时，门框背面的加强肋板预留 60mm 的修配余量，上下门框安装前制作专用的画线样板，以导轨顶面为准用画针划线后打冲眼，气割后用角磨机精确修磨至样冲眼处，保证修磨后的肋板端面的共面性，如图 2-91 所示。肋板修磨经检查合格后方可分段吊装组焊门框，用样板对分段门框进行精确定位。焊接前用样板逐段检查上下门框的安装位置精度，左右门框位置度以上下门框面为准。门框组焊完后将分段制作的门框法兰安装到门框上，检查法兰面的平面度情况，局部超差片采用铜皮调整，最后将法兰分段处采用密封焊连接。

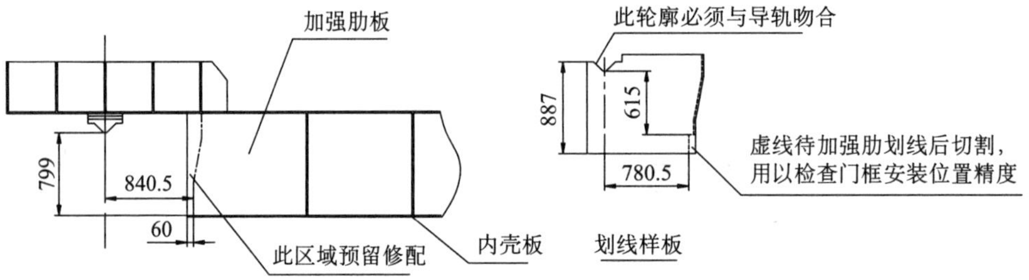

图 2-91 门框肋板修配示意图

⑨门体上的门框、挡块座、密封板、导向轮等安装。门体焊完经整体热处理后再修配门框背面肋板以及挡块座肋板高度后，配装焊接方形门框及焊接挡块座。修配肋板前，将大门吊到刚性支架上，以顶板和底板的纵向中心线为准将大门找平。然后用水准仪测量和控制各肋板的修配线，并用画针划线后打上冲眼，气割后精确修磨至样冲眼处，保证修磨后的肋板端面的共面性。组焊挡块安装板和安装挡块，确保同侧挡块上表面的平面度小于设计值，局部超差处用薄垫片调整。

分段安装大门密封板，安装后接头处采用密封焊焊接并打磨平整。测量检查密封面的平面度，局部超差处在密封板下垫薄片调整。

上下导向轮安装时，先在门体顶板和底板是划出门体在宽度方向上的对称线作为安装基准线，以确保导向轮中分面在大门对称线上。

⑩驻室大门吊装上位。驻室大门及驻室壳体经共检合格后即可吊装大门，吊装时大门平放在支架上，内侧面向上。吊装前在大门底板上前后端分别安装 2 个重型运输小车，以配合大门穿入大门支架门孔内。采用在大门顶板上安装 2 个焊接吊耳，以及在下部侧面上安装 2 个焊接吊耳，利用这 4 个吊耳将大门从水平状态凌空翻转成直立状态后，拆除下面的两个吊耳，用上面两个吊耳吊装大门并穿入大门支架门孔内。当第一个吊耳到大门支架立柱处时，在大门后端设置临时支座将大门后部支撑住，在大门高度 2/3 处的两侧用限位块对大门进行侧向支撑，防止大门侧向倾斜。经检查确认支撑安全可靠后，松钩拆除第一个吊耳。然后吊车吊住第二个吊耳，继续向前穿装，当穿装到第二个吊耳处时，大门前段已到中间支架立柱处，大门重心已在大门支架内。穿装过程中用倒链牵引大门移动，大门吊装如图 2-92 所示。

大门吊装上位以及驻室中段上门框等结构焊接完成后，进行喷砂除锈和喷锌铝合金工作，此项工作按专项方案完成。

⑪气垫安装、大门试运行及相关配合调整。气垫运输系统的安装和调试工作由专业厂家完成。

大门气垫系统投用后，全程运行大门，检查门框上及大门上挡块间的间隙情况，超差处通过在挡块后增减垫片厚度来予以调整。调整后驻室大门挡块及对应的门框和拉钩挡块

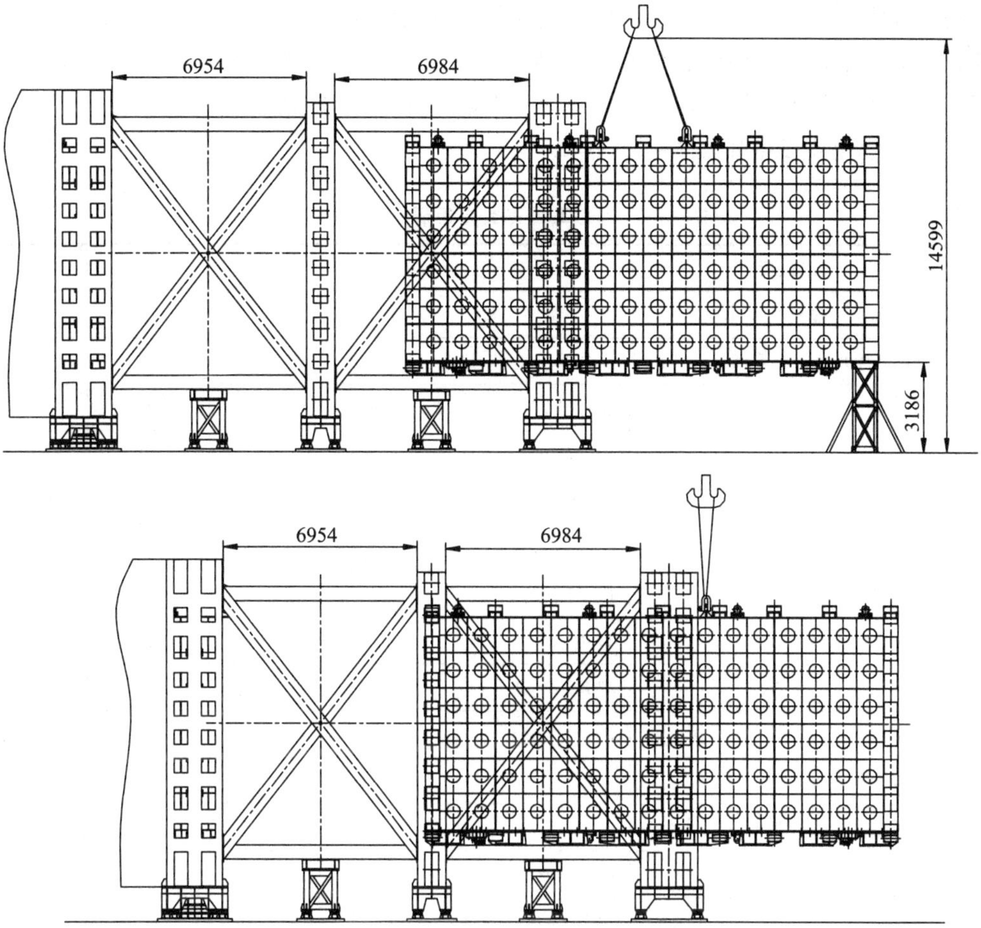

图 2－92　大门吊装示意图

座各自在同一平面上，平面度小于 5mm；大门密封面间隙不大于 5mm。

上述间隙检查调整完成后即可安装充气密封围带，为气密性试验和检查作好准备工作。

⑫大门密封性能检查。主洞体进行增压试验时对大门的密封性能进行检查，检查手段主要为采用喷壶沿密封面喷涂肥皂液检查。按本工法施工后，驻室大门密封性试验一次成功。

6. 材料与设备

（1）主要材料。

①16MnDR 板材进场验收。16MnDR 板材应符合《低温压力容器用低合金钢钢板》（GB3531）标准，交货状态：正火；按《承压设备无损检验》（JB4730.3）进行超声波探伤检查，超声波探伤检查Ⅲ级为合格；钢板合格证内容：化学成份、力学性能、超声波探伤、表面质量。材料进场后与建设单位共检并进行报审工作，材料验收和报审合格后才能交付施工班组使用。

②焊接材料。根据焊接工艺评定结果，本工程主体结构的焊选用的是 E5015G 焊条。

在采购、接收、保管、烘烤、领用发放及回收等方面建立严格的管理制度，分两级库进行管理，一级库主要负责验收、储存及保管，二级库主要负责焊材的预处理（如烘干等）、向焊工发放及回收等。做到责任到人，记录准确，具有可追溯性。

（2）工程主要设备如表 2－12 所示。

表 2－12 工程主要设备表

序号	设备名称	型号规格	数量	备注
一	主要起重运输机械			
1	160t＋100t 龙门起重机	双机抬吊达 200t	1	
2	龙门起重机	起重量 20t、吊高 12m，轨距 18m	1	
3	千斤顶	10～100t	10	
4	手拉葫芦	1～10t	10	
二	主要加工设备			
1	数控龙门铣	JD－X2030	1	
2	铣镗床	T130	1	
3	摇臂钻床	Z3063	2	
4	牛头刨床	B995/B665	2	
三	焊接切割设备			
1	数控多头火焰切割机		1	
2	半自动火焰切割机	CG1－30	3	
3	逆变焊机	ZX7－500S	4	
4	逆变电焊机	ZX7－400	6	
5	半自动 CO_2 气体保护焊	NBC－500	4	
6	碳弧气刨	QB－600	2	
7	红外线电热烘箱	ZYH－100kg	2	

7. 质量控制

（1）驻室大门施工检查评价项目，如表 2－13 所示。

表 2－13 驻室大门施工检查评价项目表

	检查评价项目	质量要求	检查办法及工具	检查数量
保证项目	合格证	门体及其附件的制作加工合格证；材料的材质证明、探伤报告；焊接资料及焊缝的探伤报告；热处理报告；安装记录等资料内容完整，签署齐全	检查合格证及交工资料	全数检查
	加工件验收记录	导轨、法兰副、限位板等加工件加工质量符合设计要求	加工方提供加工检验报告，我方组织验收	全数检查

续表

	检查评价项目	质量要求	检查办法及工具	检查数量
保证项目	门体及附件的安装	（1）精确调整大门导向轨位置，保证其在安装中心的形位公差±1mm，安装后导向轨的直线度不大于2mm，总长范围内标高误差不大于1mm （2）驻室大门密封面的平面度调整，保证法兰密封面平面度1mm，垂直度3mm （3）大门预留密封间隙不大于5mm （4）修配调整驻室大门挡块及对应门框和拉钩挡块座各自在同一平面上，平面度小于5mm；同时保证挡块与挡块座之间的间隙不大于3mm，以确保安装完成后驻室大门在全行程范围内运动无干涉	经纬仪、水准仪配合检查	全数检查
基本项目	门体制作	门体拼板组对焊接平整；骨架及纵横肋板组焊后直线度、平面度不大于2mm；所有拼焊及对接焊缝打磨光滑；门体外形尺寸符合要求；门体及肋板表面无飞溅、毛刺、凹坑等表面缺陷	观察及验收资料	抽查20%
允许偏差项目	热处理升、降温及恒温变化允差	在规范允许偏差范围内	资料检查	抽查10%

（2）质量保证措施。

①工艺方案。工艺方案经项目编制后报公司技术部门审核、批准后，然后再报工程指挥部，经工程指挥部组织专家组评审合格后方可用于指导施工。

②关键工序监控。关键工序设检验停止点，关键工序施工完成后首先由施工班组自检，自检合格后报项目质检员进行专检，专检合格后报请指挥部代表进行共检，共检合格后才能进行下道工序的施工。

驻室大门制造安装项目所确定的关键工序有：

原材料进场检验；门体骨架网组对、焊接；门体炉内整体热处理消除焊接残余应力；上、下导向轨及驻室中段门框安装；门体上的门框、挡块座、密封板、导向轮安装；驻室大门吊装上位；驻室中段上门框、挡块的平面度和垂直度调整；大门密封性能试验检。

8. 安全技术措施

（1）树立“安全第一、预防为主”的安全方针，建立健全安全管理制度，项目部安全员经常巡视现场，监督检查安全状况。

（2）实行班前会制度，进行“三交三查”〔交任务、交安全、交质量（技术）；查思想、查措施、查安全防护用品配戴〕；

（3）安全防护和监督重点。

①进入施工现场应正确配戴安全帽，严禁酒后进入施工现场；有高处作业禁忌症者严禁从事高处作业；高空作业时必须正确拴好安全带。

②安全部门对氧气、乙炔气瓶的存放、使用情况定期检查，对检查出的问题及时落实整改，确保氧气、乙炔气瓶在使用过程的安全。

③每台用电设备必须有各自专用的开关箱，严禁用同一个开关箱直接控制2台及2台以上的用电设备（含插座）。

④在吊装施工过程中，由有经验的起重工统一指挥；机、索具的选择符合吊装方案要求，并作好检查工作，严禁超负荷使用。

⑤无损检测施工，应遵守放射性污染源的安全管理规定。采用射线探伤时应选择夜间进行，并做好相关区域的标志和防护措施。

⑥焊工在门体骨架内施焊时采取排烟和通风措施，并安排专人监护焊工的作业情况，防止窒息和中毒事件发生。

⑦特种作业人员持证上岗。

9. 环保措施

（1）施工现场的废铁和其他垃圾分别设置堆放点并定期清理，垃圾运到甲方指定点处理。

（2）对作业区域附近道路进行洒水湿润，避免产生扬尘。

（3）对施工过程中产生的废油及破布等集中回收处理。

（4）施工过程中尽量避免产生施工噪声污染。

10. 效益分析

（1）社会效益。结冰风洞为国家投资的重点项目，建成后填补了国内特种风洞试验领域的一项空白，使我国空气动力地面模拟试验能力跨上一个新台阶，为我国独立自主研制各类飞行器提供有效的试验装备和试验手段，大大缩短我国在这一领域与美、俄等发达国家差距，提升了我国国际地位，其社会效益十分显著。

（2）经济效益。经过成本统计核算分析，结冰风洞驻室大门制作安装的投标报价为184.8万元，公司下达给项目部的目标成本为168万元，实际发生成本为149.5万元，实际成本与投标报价成本相比节约35.3万元，节约率19.1%，实际成本与公司目标成本相比节约18.5万元，节约率11%。

结冰风洞与国外同类型风洞相比，资金投入和建设周期都远小于国外同类型风洞，大大节约了国家投资并能在最短的时间内，使国家投资形成试验能力。另外，结冰风洞的建成将大大扭转我国飞行器结冰试验依赖国外风洞资源的不利局面，为提高我国的国防科技水平和国防军工建设做出了突出贡献，并且为国家节省了大量外汇。因此，结冰风洞建设的经济效益也是十分显著的。

11. 应用实例

（1）工程实例。

2.4m×2.4m跨声速风洞制安工程，该工程于1994年开工，于1997年竣工，实物工程量约4100t。

0.6m×0.6m连续式跨声速风洞制安工程，该工程于2011年6月开工，于2012年1月竣工，实物工程量约168t。

3m×2m多功能结冰风洞制安工程，该工程于2011年4月开工，于2013年9月完成动力性能试验，实物工程量约4249.6t。

（2）应用评价。

在驻室大门制造安装过程中，严格执行了本工法所确定的工艺流程及操作要点，全过程始终处于平稳推进、优质可控的状态，主要技术指标均达到了设计图纸要求，受到了××××部队空气动力学专家们的一致好评。

（3）实例照片，如图2－93至2－102所示。

图2－93　预制场概貌

图2－94　洞体合拢概貌

图2－95　数控火焰切割机下料

图2－96　驻室工艺段预制

图2－97　驻室工艺段吊装上位

图2－98　大门预制过程翻转吊装

图 2-99 大门吊入炉内退火

图 2-100 大门吊装上位

图 2-101 大门吊装穿入门体支架内

图 2-102 驻室中段大门拉钩与挡块

第三章　机电工程项目管理案例

第一节　上海中心大厦超高层建筑机电工程施工组织管理实例

一、工程概况

1. 工程基本概况（见表 3－1）

表 3－1　　上海中心大厦工程基本概况

工程名称	上海中心大厦项目
业主	上海中心大厦建设发展有限公司
设计单位	晋思建筑咨询（上海）有限公司、同济大学建筑设计研究院
监理单位	上海建科建设监理咨询有限公司
施工总承包单位	上海建工集团股份有限公司
机电总承包单位	上海市安装工程集团有限公司
项目开工日期	2008 年 5 月
机电工程开工日期	2011 年 5 月
机电工程完工日期	2014 年 12 月 31 日
项目地点	陆家嘴金融中心 Z3－1、Z3－2 地块，紧邻金茂大厦和环球金融中心
周边道路	北临花园石桥路，南邻陆家嘴环路，西邻银城中路，东临东泰路
建筑面积	总建筑面积约 574058m^2，其中地上建筑面积约 410139m^2，地下建筑面积约 163919m^2
建筑组成	地下室、裙楼和塔楼
楼层结构	地下室 5 层，裙楼 5 层，塔楼 121 层
建筑高度	裙楼高度 32m，塔楼结构高度 580m，塔冠最高点为 632m
结构形式	裙楼采用钢结构，塔楼采用钢框架－核心筒组合结构体系

2. 建筑楼层功能（见图 3－1 和表 3－2）

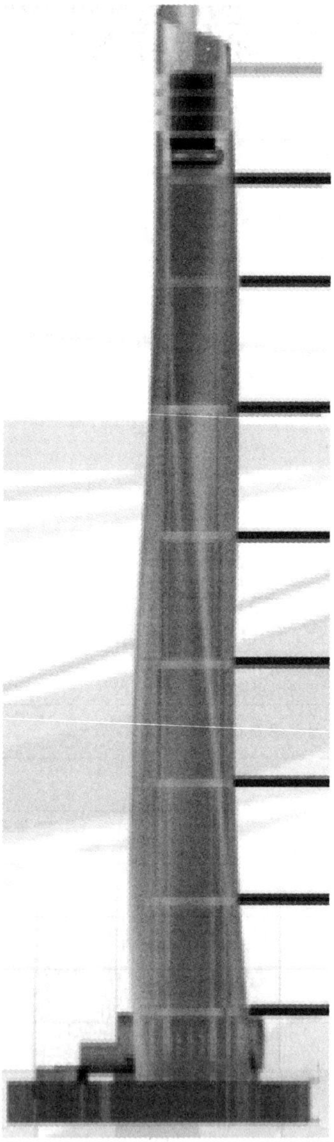

图 3－1　结构示意图

表 3－2　楼层功能分布表

楼层	功能	备注
121F	120 层屋顶、室外观光、九区设备层	
120F	餐厅	
118F～119F	观光	
117F	八区设备层、避难层	
116F	八区设备层	
101F～115F	精品办公区、酒店客房、餐厅、酒店大堂	
100F	七区设备层、避难层	
99F	七区设备层	
84F～98F	酒店泳池、酒店大堂、酒店客房	
83F	六区设备层、避难层	
82F	六区设备层	
68F～81F	办公区	68F 带中庭花园
67F	五区设备层、避难层	
66F	五区设备层	
52F～65F	办公区	52F 带中庭花园
51F	四区设备层、避难层	
50F	四区设备层	
37F～49F	办公区	37F 带中庭花园
36F	三区设备层、避难层	
35F	三区设备层	
22F～34F	办公区	22F 带中庭花园
21F	二区设备层、避难层	
20F	二区设备层	
8F～19F	办公区	8F 带中庭花园
7F	一区设备层、避难层	
6F	一区设备层	
1F～5F	大堂、商业、会议中心、餐厅、宴会厅及公共空间	
B1～B5	商业、设备用房、停车	

3. 机电工程范围

工程范围按照分包合同文件规定深化设计（含综合管线设计及土建配合图）、供应（由业主或总承包方负责供应的物料除外）、安装、检验测试、调试、验收及保修总承包工程所需之地下室、裙房及塔楼机电系统工程，主要包括给排水及燃气系统、暖通空调系统、强电系统、消防系统、弱电系统（含火灾报警）及酒店泳池、桑拿、水疗系统等，其中包括但不限于下列各项，见图 3－2：

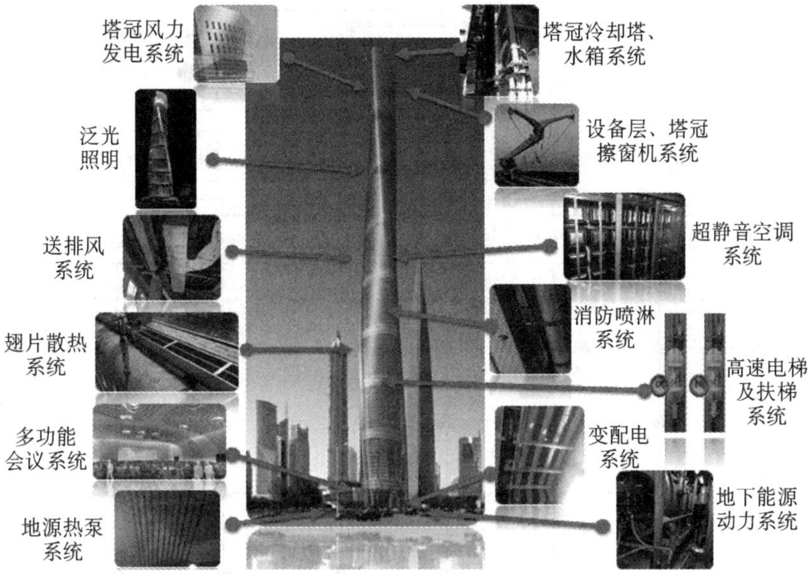

图 3－2　机电工程分布示意图

二、施工组织管理

机电管理范畴包括：机电系统施工（含设备材料招标采购、专业小系统招标比选采购）、弱电系统施工（含运营商招标采购）、泛光照明分包工程、电梯及自动扶梯供应及安装分包工程（A/B 标）、电梯及自动扶梯供应及安装分包工程（C 标）、擦窗机系统分包工程、地源热泵系统工程、总承包合同外专业工程（三联供系统工程）。

1. 组织机构

根据上海中心大厦的工程概况及机电系统管理特点，机电主承包项目组织结构按照组织管理与操作实施分离的原则建立，在总承包的指导与帮助下，牵头组建组织组织管理层（即机电主承包），并将其纳入到总承包项目管理部，成为总承包组织框架下的一个部门。机电主承包根据分包工程的特点和难点，在统一管理组织协调总承包范围内所有机电范畴的专业分包工程的基础上实施差异化管理，区别对待，突出重点，有的放矢，如图 3－3 所示。

操作实施层包括两块。第一块包括水、电、风、弱电等机电综合工程，按照总承包分区管理理念分为地下室项目部、裙房低区项目部、酒店高区项目部。对于这一部分机电安装工程，机电主承包的管理重点为深化设计、垂直运输、设备材料集中采购与供应及项目信息化，同时兼顾商务合约管理、工程技术支撑及安全管理。实施层的第二块为机电类专业分包，按照合同约定的机电主承包管理职责，对这部分的管理重点为深化设计、垂直运输及项目信息化，同时兼顾联动调试开通上的组织集成、现场组织协调的集约化管理。

该模式基本抛弃了传统机电专业工程的组织形式，加入了旨在提升机电主承包能力的一些部门和职能，如深化设计部门、信息管理部门及集中采购部门。

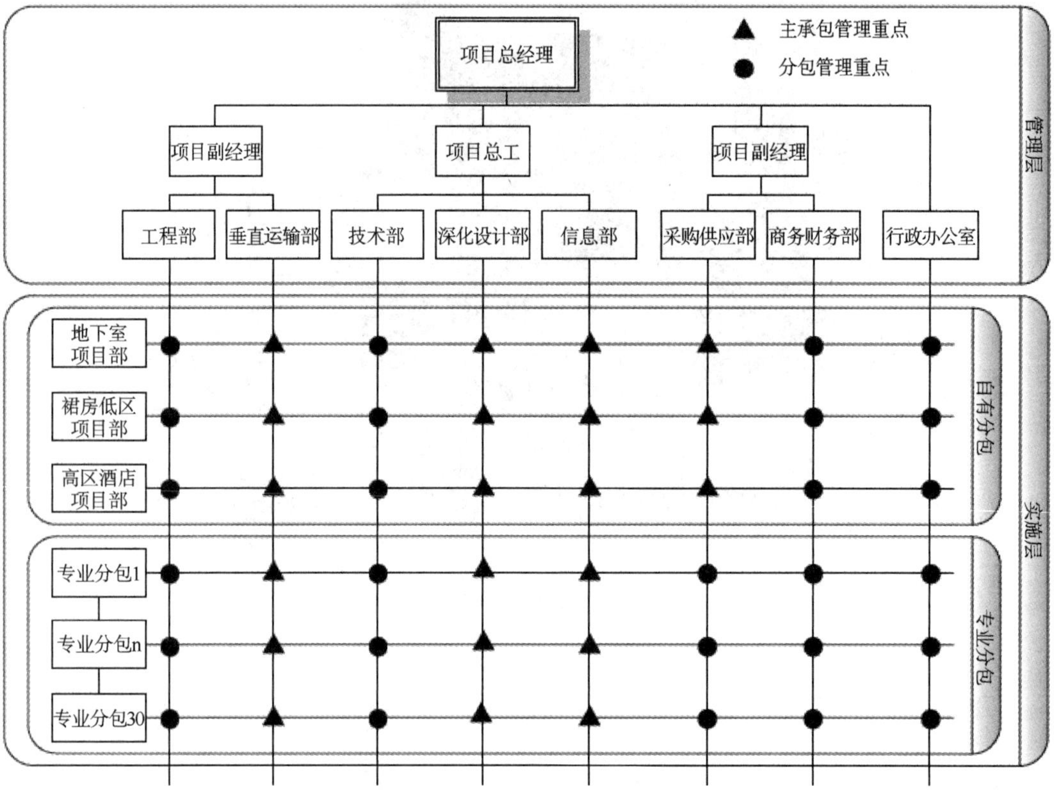

图 3－3 组织集成构架图

2. 组织协调管理

（1）配合整体工程进展的机电提前介入。

①契合结构与幕墙施工进度的设备通道解决。上海中心具有独特的双层幕墙结构，且玻璃幕墙安装进度快于设备进场时间。设备层内设备众多，桁架交错，因此必须根据幕墙施工的封闭要求，事先规划设备吊运方法和行走路线，确保设备安装优先完成，后续风、水、电、弱电各专业跟进施工。否则等土建二结构及机电管线都完成，再进设备，会造成大量返工的工作量。为确保设备拖运路线实施的可行性，专门利用 BIM 技术进行设备拖运的模拟。

②专业深化设计综合时间与空间预留。上海中心项目的深化设计工作是一项全过程、全方位的设计、协调及管理工作。面对上海中心大厦这样“高、大、全”的项目特点、难点，深化设计与 BIM 的提前介入是解决施工图设计中难以避免的错、漏、碰、撞现象，以及紧密联接设计与设备采购环节的重要手段。

A. 项目前期的提前介入为项目策划做好充分的时间预留。

a. 提前介入施工设计，参与机电系统的缔造。

例一，利用 BIM 模型对双层玻璃幕墙中的热效进行分析，同时结合上海所在地理位置的气象特征，对翅片散热系统设置与开启方案进行设计，并提出了确保系统安全运行、同时兼具节能降耗的运行办法。

例二，原境外设计将大容量的有源滤波器设置在变电所，其作用是改善供电系统的电能质量，但对大楼内用电设备产生的谐波造成的电能质量能耗却无法改善，且噪声大、能耗高。针对这一问题提出了在末端变频控制箱内增设无能耗谐波改善装置，在源头进行谐波控制。这一方案既改善了大楼内的电能质量，又减少线路投资。同时取消原来变电所内的谐波装置，也节省了造价、降低了今后的运行成本。

b. 以 BIM 模型为基础，为限制标高提供依据。深化设计团队提前介入到地下室的综合管线设计工作中，在相关专业资料不全，部分机电系统设计尚不完整的情况下，开始了模型搭建工作与标高分析工作。在有限的空间进行管线预留、支架预留分析，为设计院初步标高限定设计提供了有利的帮助。见图 3－4 标高控制图和 BIM 综合管线图。

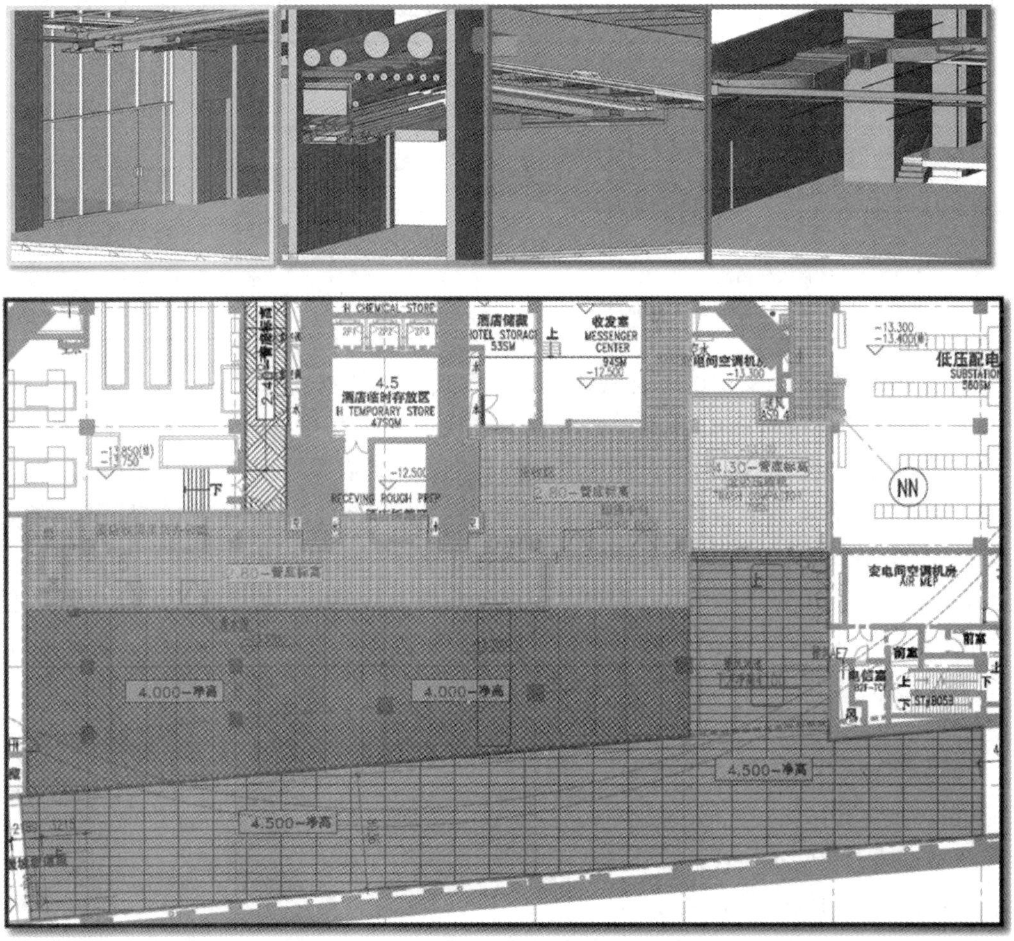

图 3－4 标高控制图和 BIM 综合管线图

B. 项目施工实施阶段的深化设计工作为工程施工赢得时间与空间。

a. 更深入的设计空白点及功能预留为施工协调获得先机。项目初期，一些较特殊的系统未在施工设计图纸中被全面、完整地体现出来。更多是在设备或系统招标后才得以补充及完善。面对着机电工程的全面开展、项目施工进度的迫切要求，深化设计则只能在既有条件下进行全面配合。

深化设计团队只有在超前的综合管线设计对中雨水系统、高压细水雾系统、气体灭火系统、照明控制系统、应急照明系统、CPMS 等一系列待招标的专业系统给予了充分的预留与考虑，才能有效地减少滞后招标给工程带来的不利因影响，降低工程后续施工协调难度。

b. 以 BIM 模型为平台的综合管线设计为工程施工获得空间。传统 CAD 设计手段很难有效实现管线综合设计。利用 BIM 的 3D 可视化设计特点是最有效的解决方案，也是唯一解决的途径。以本项目的 6、7 层（一区设备层）与 82、83 层（六区设备层即高区能源中心）为例，它们分别采用 2D 的 CAD 软件以及 3D 的 REVIT 软件进行综合管线设计。工作效率提高，成果明显，例见表 3 - 3 工作效率对比表。

表 3 - 3　CAD 与 REVIT 工作效率的对比

序号	对比项目	一区设备层（CAD）	六区设备层（REVIT）
1	初步深化	3 天	10 天
2	初步管线综合	10 天	30 天
3	管线碰撞调整	20 天	—
4	综合管线出图	20 天	7 天
5	接管大样图制作	10 天	3 天
6	管线碰撞率	30%	<7%

利用以 BIM 技术为支撑的综合管线设计，不仅有效地提高深化设计出图效率，而且 3D 技术下的管线碰撞检测也极大程度上减少了现场实施过程中的错、漏、碰、撞现象，有效地降低了由于设计不到位所产生的管线拆装率，并提高施工质量与进度的可控性。

c. 精确的设备复核为设备安装获得时间与空间。受本项目设备招标方式所限，绝大部分设备几何参数的确定都晚于施工部门对区域深化设计图纸的需求。

深化设计人员在管线综合的过程中给予充分地考虑，在最不利点对各标杆品牌都进行了平衡，最后向采购部门提供设备制造的限制参数，以供各生产厂进行参考，为今后中标设备的外形尺寸基本与现场条件相一致，有效控制了设备选型困难、现场无法安装的发生率。

C. 机电深化设计实现跨界配合，使机电工程施工与相关专业实现无缝连接。

a. 与钢结构的提前配合，管线布局合理、钢结构加工降本。

b. 与幕墙专业紧密结合，使管线敷设畅通无阻。

c. 相互支持的机电与土建配合。

③配合结构正常施工工序的设备提前到位。

A. 塔楼大堂层自动扶梯的提前到位。本项目塔楼大堂层自动扶梯分布在 L22 - 23、L37 - 38、L52 - 53、L68 - 69，共 8 台。上海中心具有独特的双层幕墙结构，且玻璃幕墙由大堂层开始往上安装，因此位于空中大堂的扶梯必须在幕墙封闭前提前到位。事先制定自动扶梯的吊装方案，明确设备的运输尺寸、重量，确定楼层的吊运口和搬运路线。

B. 配合塔冠结构施工设备固定支架的提前预制。上海中心大厦的塔冠区域所具有的特殊性，施工具有高度高、风气候环境恶劣、结构复杂、施工空间狭小、工序多、工序交叉等多方面不利因素。塔冠上主要设备有擦窗机、冷却塔、水箱、泛光照明、灯光秀、风力发电、卫星天线等设备。见图3－5塔冠布置图。由于塔冠钢结构防腐形式为热镀锌，不能进行焊接以防破坏防腐层，必须提前对设备连接方式和机电管线支座分布进行深化设计，并在钢结构加工时同步进行支座的预制和预留。

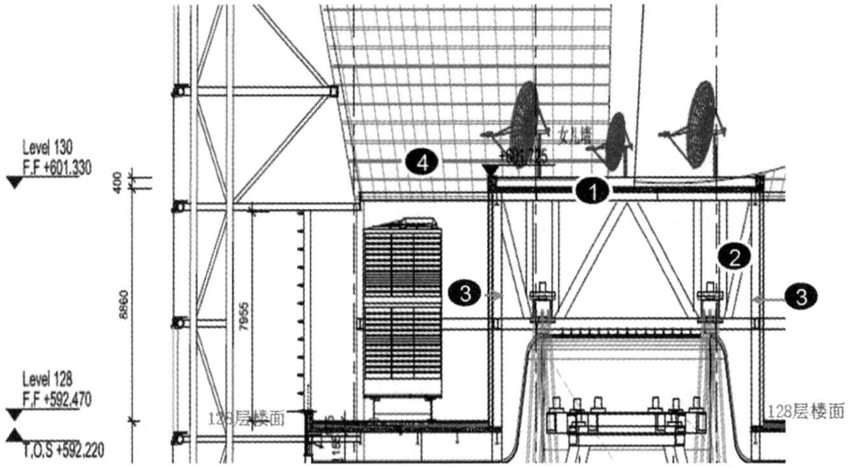

①屋顶混凝土板　②屋顶桁架　③玻璃幕墙　④鳍状桁架隅撑

图3－5　塔冠布置图

在进行支座深化设计时，必须进行以下多方面的研究：

a. 塔冠冷却塔基础弹簧支座的计算和选型等，需考虑塔冠自身的摆动周期，为避免振动耦合和考虑限位设计；冷却塔厂家根据目前塔冠屋顶设计，对冷却塔工作的CFD模拟；塔冠区域内的设备检修空间的考虑和确定。

b. 塔冠外露的小型设备应考虑其抗风能力，如水箱、水泵等。

c. 风力发电包括布置位置、尺寸、荷载、与钢结构连接节点做法、防脱落保护装置及对支承钢结构的刚度要求等。

d. 卫星天线的荷载、布置位置、尺寸大小提资等。

e. 灯光秀灯具重量及配电箱位置等相关内容的确定；航空阻碍灯与避雷针碰撞问题。

f. 擦窗机停机工况下的抗风分析、风力选取；擦窗机轨道与钢结构连接节点做法。

g. 塔冠增设施工马道位置及节点做法。

C. 配合塔冠结构施工的设备提前到位。塔冠冷却塔和水箱位于128F的八角形框架结构内。根据施工工序，在128层以上钢结构安装后，冷却塔和水箱的基座紧随施工，验收后移交土建浇注混凝土，在冷却塔和水箱安装并做好相应的产品保护后，提交上部钢结构的封顶。

（2）机电系统接口界面的分割与综合管理。

①招投标阶段的接口界面商务划分。在综合机电合同中，对机电总承包与其他施工单位的接口界面做了详细的划分与定义，主要为了满足招投标需要，待相关单位进场后，该界面划分的细节还需要进一步确定与定义，使之符合满足实施需要。

②实施阶段的接口界面细化。在分包正式进场后，以专题会议的形式对工程界面进行

梳理，召集涉及界面和接口的各分包单位共同进行协商，以会议纪要形式确定各界面接口，对模糊不清、缺乏操作性的部分重点进行梳理，确保界面与接口的再次划分具有可行性、可操作性。如各方界面中存在较大的疏漏、错误及不妥之处，可在机电总包的牵头下，从有利于项目实施的角度出发，现行确定一个具备实际操作的界面划分形式，并请相关各方签字确认，最后由机电总包发函业主以工程指令确认覆盖。

（3）设备、材料的集中垂直运输。

①项目部内设立了专门的垂直运输管理部门。统筹负责机电设备、材料垂直运输的计划管理工作和塔吊、施工电梯使用的协调工作，明确职责分工，加大管理和协调的力度。以整个工程的所有机电系统和施工的整个过程为对象，进行机电设备、材料垂直运输的总体策划，明确运输总量，统筹运输安排。

②采取了以 BIM 为辅助的多种管理、技术措施与协调手段。

A. 严格按照施工总进度计划做到适时有序进场。设备与材料运输以不影响结构施工为前提，以满足机电施工需求为目的。策划好运输数量，根据现场实际情况，灵活采取多种大型设备吊装方法，严格遵守垂直运输塔吊使用提前申请办理制度。

B. 建立预先沟通机制。针对必须采用塔吊进行垂直运输的大体积、大重量设备，将预先考虑其订货加工周期和进场吊装时间，根据设备、材料的重量、外形尺寸、安装位置等，及时作好吊装平台设置、吊装孔洞预留、运输线路通畅等技术措施。

C. 充分发挥设备利用率。大宗材料的运输应尽量集中于夜间进行，统一协调，统一安排，上行材料及下行废料穿插进行，以在电梯允许载荷的情况下，装车时尽量利用有效空间，增加每次运输数量。

D. 加强设备材料运输的区段管理，减少塔吊的停靠次数，提高运率。

E. 加强运输设备的安全操作和运输安全。加强水平垂直运输设备的安全操作和运输安全技术措施的贯彻执行，加强水平垂直运输设备材料的产品保护工作。

在垂直运输部门的有效协调下，2013 年 3 月开始，二区开始陆续进行设备吊装，截至 2013 年 12 月，所有大型设备基本吊装完毕，基本领先幕墙结构施工，顺利完成垂直运输任务。

（4）弱电系统的总承包、总集成。

①基于合同的技术界面分解。总集成管理主要分为技术集成、要素或资源集成和智力集成，还可以根据工程需要进行信息集成和管理文化集成。

A. 明确技术集成是系统总集成的核心。协调处理各子系统的功能与工程界面；合理配置、优化总体设计；各子系统集中监测控制，形成与现场信息及控制融为一体的分布式管理监控系统。

B. 明确系统集成的条件与分类。

a. 系统集成的充分条件必须熟悉和掌握其相关的专业工艺要求（例如空调、给排水等）。把工程界面的确定，作为系统集成的充分条件。

b. 基于智能化系统及各搭接的机电相关系统操作平台接口与界面分解。

c. 基于智能化系统及各搭接的机电相关系统系统的技术接口界面分解。

d. 基于智能化系统自身之间及与土建、机电、装饰等相关系统施工界面的分解。

C. 明确系统集成的界面。

a. 明确各子系统的功能及相应之间接口界面，各供应商（或工程承包商）的职责，以确保系统集成。

b. 系统集成的工程界面包括：各子系统之间、设备之间的接口与界面的划分，使其不同系统和产品之间接口、通讯、信息的规范化、标准化，以致相互之间能“对话”，或者具有互操作性。

c. 基于各智能化系统自身功能界面分解。

d. 基于智能化各系统应用软件的界面的分解。

e. 各系统设备材料、软件供应界面分解。

f. 基于智能化系统及各搭接的机电相关系统系统的技术接口界面分解。

g. 基于智能化系统自身之间及与土建、机电、装饰等相关系统施工界面的分解。

②三层次招标的技术准备。上海中心的弱电和消防报警系统共由 13 大类、计 29 个子系统组成。根据需求调查、技术资料移交和完善、招标书准备、招标公示、资格预审、发标、回标、开标、澄清、评标、签发中标通知书、商务谈判、合同签订等招标环节来确定相应的时间节点；此外考虑到项目竣工验收涉及的政府验收的周期，经与业主、总包、顾问及设计等各方多次协商，达成一致，由机电总包进行梳理协调，最终策划完成弱电各标段划分和相应的招标计划。

A. 弱电各标段划分如下：消防报警系统，公共广播、应急广播系统；无线对讲系统（消防用、物业用）；楼宇自控系统、能源计量管理系统；停车库管理系统；视频监控系统、防盗报警、防爆安全检查系统；一卡通系统、访客管理、速通门、电子钥匙管理系统；综合布线系统、网络系统、固话通信系统、信息发布系统、机房工程；通讯配套系统、室内无线覆盖（运营商实施）；卫星通讯系统、卫星电视系统及有线电视系统；会议系统；IBMS、时钟系统；防撞柱系统；阻尼器观光层 3D 音响系统。

B. 弱电系统招标标段技术规格书梳理。结合上述标段的划分，对各标段进行如下梳理工作，组织编制各系统的技术规格书，明确各系统的技术规格书的技术审验、核定的方式，用以对系统集成商或设备、技术供应商，实施管理，以便把系统集成商的系统、产品、技术等资源及技术要求进行整合，成为总集成和总承包完整产品的构成部分，以符合业主方、系统总集成方的管理要求和期望值。

C. 弱电系统招标及流程的管理。有别于其他工程，根据整体机电主承包合同的要求，在上海中心大厦整体弱电系统前期招标准备阶段开始，整体弱电系统团队就已经提前介入和参与，通过前期的配合，能够有利于后期的总体弱电系统总承包的管理工作。

③弱电系统总集成的实施。

A. 采用智能化系统总集成管理能各取所长，充分利用各系统承包商的成熟软硬件产品、相应的专业技术及其技术团队的力量，为业主提供完整而有效的服务。智能化系统总集成管理的实施在上海中心大厦项目上主要分为技术集成、人力资源的智力集成、智能化施工总集成、系统调试等几方面开展。

B. 技术集成管理，主要围绕技术工程界面为管理关键。在本项目中根据原设计及现有实际情况进行系统性功能界面梳理，整理出整个 IBMS 系统所应集成的其他被集成系统之间，或其之间相互关系的界面表。梳理完成针对机电系统中高区、低区冷热源部分的大型设备及系统的中央能源管理系统（CPMS）之间的逻辑关系。梳理完成近 500 个系统接驳关系，并制定完善的接口表等。

C. 人力资源的智力集成，主要以建立一支具有智能化系统总集成能力的队伍为核心。该队伍的建义主要侧重于以下能力的具备：具有技术参数性能的设定能力；具有对集成所需资源的管控能力；具有对集成信息的整合利用能力；具有对集成过程的管理控能力。

D. 建立系统责任制，任命各系统技术负责人；集中调配、取长补短、整合资源。按照四大专业，委派有能力、有经验、懂专业、懂技术的工程师对各分包单位的工程技术、质量实施专业化管理与监督。

E. 智能化施工总集成，主要围绕施工中各智能化系统与土建、结构、机电、装饰、幕墙等专业在作业区点、线、面的协作及垂直主干、井道、主机房、分控机房的集中管理、协调、统筹而开展。

F. 智能化系统调试涉及面广，系统多，配合单位多，作为总承包方，最为重要的是如何来协调，如何来妥善管理。特别是消防系统及楼宇自控系统，所以在施工过程中，按系统按区域按楼层制定相应调试纪录表格，从点做起，最终到面再到核心机房，从而缩短调试时间和确保整体调试功能及质量。

（5）机电样板段、间、层的管理。

①按照合同规定，业主要求，总承包部于 2011 年 9 月—12 月在上海中心大厦 9 层，设置了办公区、酒店视觉效果样板间，以装饰效果、色差、饰面层观感等为基本控制因素。施工中，业主忽略了其中的机电系统的综合布置，以及空间分布。所以 9F 样板施工完成后，发现此样板层的毛坯施工，仅仅对饰面层设备材料的色度、样式封样起到了一定的帮助（开关、面板、风口、喷淋盖板、烟感温感、喇叭）。对机电系统的功能以及在日后的施工没有任何的实际帮助和意义。所以在 2012 年 3 月，经机电部提议，于 10 层重新设置办公区机电样板层，并于 2012 年 4 月开始实施。

② 10 层作为机电的正式的样板层，对上海中心机电系统的施工有着里程碑的意义。它改变了 9 层施工中，只为确保饰面而放弃其他一切系统的设计方针。使得建筑、机电、装饰各项施工走上了正轨。

A. 10 层的设计论证采用的是世界最先进的 BIM 模型。从同济院的结构开始初始建模，再交由建筑专业进行空间布置，最后交由机电专业进行毛坯综合布置。前后出图只用了一个月的时间，共涉及到空调 VAV 系统、排烟、空调供回水、消防喷淋、给排水、动力照明、BA、消防报警、广播、门禁、安防监控、综合布线等多个系统。平面内设有空调机房 4 间，静音式空调机组 4 组，VAVBOX32 台，FPB 盘管 24 台；强电间 2 间，配电室 1 间，各类配电箱 28 套；弱电间 2 间，机柜 4 套，交换机等各类设备 43 台套；公共卫生间 2 间、VIP 冲淋房 1 间，热水器 4 台，各类洁具 29 套；公共走廊及楼梯间，各类灯具 210 套；办公区大空间。

B. 合理地考虑整个项目的样板间、段、层，在整体项目实施中起到了积极的样板引领作用，详见表 3 - 4。

表 3－4　样板设置表

样板层（段）	类型	达到的目的	相关的单位	施工中出现的问题以及得到的经验和教训
9F 样板层	装饰样板段	确定装饰效果，饰面观感、饰面材料及封样	装饰、土建、机电；以装饰为主，机电土建为辅	因未综合考虑机电系统的综合布置，仅为纯粹的饰面效果确定，故对机电的综合施工无实际的指导意义，唯一确定的是面层上涉及到的一些机电末端设备的色度，诸如开关、面板、喇叭、烟感、喷淋罩以及风口等的颜色及视觉观感
10F 样板层	综合性样板段	确定各标准办公区出图流程、施工流程、工序、工法、质量标准、验收流程，且为机电模块化施工进行实际验证。协调机电系统施工与建筑、装饰之间以及机电系统内部各专业之间的工序交接流程	机电、土建、装饰等	工厂化预制、模块化施工的目标基本得到实现，但作为初次的运作，各专业的 BIM 建模的准确性、精细度有待提高；例如，建筑结构误差大，结构防火层面层尺寸未计入净高，机电系统 BIM 模型实际碰撞率略高，为 15%，而原控制为 5%；故在之后 BIM 建模及深化设计中，加入了现场复测的环节
8F 中庭北段灯架	专业性样板段	确定各中庭灯架出图流程、施工流程、工序、工法、质量标准、验收流程	机电、机施、凌云	因为灯架为非标、非定型产品，横截面积仅为 0.6～0.8平方米。BIM 建模的复测工作量很大；空间小，精准度要求高，允许偏差量极小；工序搭接紧密，施工周期短，质量要求高；样板层以后的灯架截面积随着楼层的提高，而进一步减小；从而要求 BIM 模型尺寸更加精确，配合位置更加准确，实际施工中，喷淋总管与低轨下照灯具的碰撞时有发生，造成灯具无法安装，需要二次调整
8F 中庭北段环梁	专业性样板段	确定各中庭环梁出图流程、施工流程、工序、工法、质量标准、验收流程		环梁外包层严格按照外幕墙目数进行分隔，随着楼层升高，每区幕墙净尺寸逐区递减，空间随之压缩收拢。8F 样板层施工时，为考虑滑移支座的影响，饰面方案先后调整了 7 次，机电系统亦随之修改了 7 次。饰面包内截面积仅为 1.2m^2，且要去除 D330 环形钢梁及滑移支座与其下部占用的空间。在剩余的空间内，机电系统还要安装风机盘管、各类电箱、地暖总控箱、各类线槽、面板、开关、侧向点光源等设备。因此 BIM 建模的复测工作量很繁重；包内空间紧凑，安装精准度要求高，允许偏差量极小；工序搭接紧密，一次成型，且施工周期短，质量要求高
19F 中庭东段吊顶	专业性样板段	确定各中庭上空出图流程、施工流程、工序、工法、质量标准、验收流程	机电、机施、新立装饰	一次性成型，施工周期短，质量要求极高

续表

样板层（段）	类型	达到的目的	相关的单位	施工中出现的问题以及得到的经验和教训
20F 设备层	机房层样板段	确定各设备层出图流程、施工流程、工序、工法、质量标准、验收流程	机电、土建、一建粗装	空间布局先天不足，管段尺寸大，空间紧凑，后续检测、维修困难；局部内部通道标高低于门框高度，人员进出极为不便，后期其他的设备层施工中，有些机房已被完全封闭，无法进入通道
84F 酒店样板层	综合性样板段	确定各酒店客房出图流程、施工流程、工序、工法、饰面效果、质量标准、验收流程	机电、土建、精装	以饰面效果为主控，辅以功能效果，在机电施工空间极为有限的条件下，强化了机电系统的点位布局，视觉质量要求高，实际效果极佳
B2F 冷冻机房	大型机房观摩样板段	确定冷冻机房、锅炉房、三联供机房的出图流程、施工流程、工序、工法、饰面效果、质量标准、验收流程	机电、土建	以 BIM 模型为施工基准，全面采用工厂化预制，以机房布局，确保功能的前提下，达到美观，平直的观摩效果。为大型机房的模块化施工奠定了坚实的基础

（6）机电工程联调管理。机电工程的功能性实现，以工程实物安装完成后，为满足原设计各系统的功能参数要求，进行系统单调、联调。

①调试组织管理—构架。成立调试组织协调小组和调试实施小组，按照水系统、供电系统、通风系统、控制系统、试运行保障分为 5 个实施小组，各司其职，开展工作。

②调试技术管理—策划。以水电切换、消防联调和检测、空调冷热工况调试 3 条主线展开实施机电工程的功能性调试和试运行。

A. 临水、临电的正式切换。以供配电系统受电为基础，设备单点、区域送电为保证，从生活消防供水主干线送水为主线，实现水电系统的正式接入。

以排水系统区域贯通，消火栓系统区域贯通，由下而上进行区域水源接入，同时满足排水需求，消防喷淋系统、给水系统同步跟进，实现区域供水。

在区域供电和供水满足现场施工的条件下，由下而上开始拆除临时施工电力设施和消防及施工用水设施，转换为正式水电替换临时施工用水电，拆除临时变配电站、临时电缆电箱，拆除临时水箱和临时消防供水管道，补缺临时设施占用的空间内的机电系统管线，完善机电各系统。

B. 消防联调与检测。在水电全通的条件下，结合火灾报警系统的测试，进行消防系统机电单点测试，然后进行系统联调，以区域为单位，联调满足要求的条件下，第三方消防检测单位及时进场进行消防检测，促进工程整体消防验收的计划实施。

C. 空调的冷热工况调试。暖通空调冷热工况根据上海中心大厦冷源高低分区、热源蒸汽直供区域换热分区的特性，分为低区冷源系统调试、高区冷源系统调试和全区热源系统调试。夏季初开始低区冷源系统调试，夏季末开始高区冷源系统调试，秋末冬初开始全区热源系统调试。

a. 以区域系统开通循环为基础，逐级打通各区空调冷冻水供回系统、热水供回系统、高低区冷却水循环系统，以低区 2 区和高区 7 区一次冷冻水为空调冷工况主系统，其他各区二次冷冻水为子系统。

b. 主系统开通后，以区域冷源经济运行的顺序，开展冷源机组倒序调试，进行送冷调试，按步骤调试常规离心制冷机组、冰蓄冷双工况制冷机组、三联供溴化锂制冷机组、地源热泵机组。

c. 一次水系统调试试运行成功以后，再行调试二次水系统，空调机组按水系统调试顺序，配合进行区域空调风系统调试，BA 控制系统和其他智能化控制系统跟进实施。

d. 热源系统调试，前期以各区域闭式循环系统开通循环为基础，进行系统冷水状态循环调试。蒸汽换热系统以蒸汽主立管试压结合区域蒸汽换热系统试压开通为基础，待锅炉安装完成，燃气进场，锅炉单体调试运行后，进行冬季蒸汽供应换热后热水系统运行。

三、施工进度

机电总施工进度计划，是上海中心总承包计划的重要组成部分；是机电系统项目施工组织设计重要组成部分，对机电工程的履约起着主导作用。

1. 系统合同工期目标及完成情况

机电总施工进度计划，是在总承包部总计划的框架下，遵循机电系统施工规律及特点；按照现场实际工况；编制的符合机电工程、建筑工程、结构工程、装饰工程以及相互间协调、制约的施工进度指导性计划。所以，计划中不仅要考虑机电自身的系统节点，又要兼顾与建筑、钢构、装饰专业施工间的工序节点。合同工期：2011 年 6 月 17 日工程开工；2014 年 12 月 30 日竣工；主要目标节点及完成情况汇总见表 3－5。

表 3－5　　主要目标节点及完成情况汇总表

节点名称	节点性质	总包进度控制目标	实际完成情况	原因及偏差分析
主楼核心筒大地板浇筑	预埋配合	2010 年 3 月 26 日至 29 日	按时完成	零工期配合作业
主体结构出正负零零面	预埋配合	2010 年 9 月 18 日	按时完成	零工期配合作业
9F 样板层毛坯施工	机电样板层	2011 年 9 月 16 日至 11 月 15 日	按时完成	作为施工样板工期略长于后期单层工期
主体结构封顶（580m）	标志性节点预埋配合	2013 年 8 月 3 日	提前完成	零工期配合作业
10F 装饰样板层完成	二次精装工序磨合	2013 年 10 月 1 日	滞后于 D 版计划 125 天	受业主装饰施工招标影响
11 万伏变电站受电	供电节点	2013 年 12 月 30 日	滞后于的 D 版计划 30 天	受业主变配电站变更影响
东部给水总管贯通	供水节点	2014 年 1 月 15 日	滞后于 D 版计划 45 天	受总包总体开挖进程滞后影响

续表

节点名称	节点性质	总包进度控制目标	实际完成情况	原因及偏差分析
20F、35F、B1F1 万伏配电柜受电	供电节点	2014年1月20日	滞后于D版计划	受配电柜、线缆供货出现脱节影响
50F、66F、B2F1 万伏配电柜受电	供电节点	2014年3—5月	滞后于E版计划30天	受配电柜、线缆供货出现脱节影响
82F1 万伏配电柜受电	供电节点	2014年6月	滞后于E版计划30天	受配电柜、线缆供货出现脱节影响
低区能源中心供冷	夏季工况调试节点	2014年7月25日	按时完成	
高区能源中心供冷	夏季工况调试节点	2014年10月2日	按时完成	

2. 系统施工进度控制经验与体会

符合机电系统进度的控制方针：抓设计、促施工；抓采购、促供料；抓工序、促交接；抓流水、促效率；抓协调、促配合；抓平面，促系统；抓机房，促调试。

（1）机电施工严格以深化设计为龙头。上海中心的机电设备材料数以万计。全面考虑到图纸技术消化周期、招标采购流程周期、设备供货周期，并计入了设备进场的正常的延误时差，确保了主要设备材料按时按序进场，成为机电系统正常施工的有力保障。

（2）结构施工按由低到高的顺序逐步展开。根据现场的实际条件，机电施工在结构的最后一道工序防火喷涂完成后开始进行。为了加快工序交接以及施工效率，在计划中采取了流水作业。

（3）计划在编制过程中分类量化。编制了分层的施工及收尾菜单计划，将机电各子系统分类量化，具体到每个层面、机房、功能间的工序确定。提高了协调的效率。

（4）机电系统是以总干管为主线，以机房为核心，以功能调试为最终目的。机电工程与结构工程、土建工程的单体特性有所不同，是以总干管为主线，以机房为核心，以功能调试为最终目的。所以机电进度的编制以水平毛坯管线施工为基础，竖向系统总管施工为主线，以完成机房内各设备及功能管线为核心，确保最终的各单系统调试以及系统之间的联动。

3. 机电施工进度控制的改进意见

（1）首先要从深化设计入手，选择最合理精简的深化方案，再加强施工组织和施工方案优选；加强落实施工组织，并注意分析影响工程进度的风险，在分析的基础上采取风险管理的措施；最后采取必要的技术措施，对各种施工方案进行论证，选择既经济又能节省工期的施工方案。

（2）施工进度计划应再细致地表示施工项目中各个分项、分部工程的施工顺序、施工时间及相互衔接关系。施工进度计划的编制不仅要应根据各施工阶段的工作内容、工作程序、持续时间和衔接关系，还要考虑到进度总目标。在计划实施程中应严格检查各工程环节的实际进度，及时纠正偏差或调整计划，跟踪实施，并制定相应的奖惩制度。

(3) 机电系统总进度计划还应对整个工地的所有工程施工活动提出时间安排；作为高层建筑施工的一部分，机电系统在施工时，不仅要确定分部、分项工程及关键工序。还应详尽地考虑到相关专业工序的实施期限、开工和完工的日期；确定机电施工的切入点及移交点。充分发挥工序交接的及时性以及流水作业的效益，降低工程成本。

(4) 严格按计划规定，确定各工程的施工顺序和开、竣工时间，以此为依据确定各项施工作业所必需的劳动力、机具（械）设备和各种物资的供应计划。并保证实施到位。

四、技术质量

1. 技术管理

(1) 进行设备技术参数的复核和技术确认，保证设备满足机电功能需求。海量的设备需要招标后才行采购，根据原设计的设备参数，进行设备技术参数的复核和技术确认，再行合同签订和下单生产，按进度要求组织设备进场安装就位，保证设备满足机电功能需求。

(2) 以 BIM 模型为先导，满足现场施工进度需求。以 BIM 模型为先导，以管井、标准层、设备层、机房间为序，逐步开展图纸深化工作，满足现场施工进度需求。

(3) 建立技术方案方案体系。安排施工各专业、各阶段的施工组织设计和施工方案计划，按计划进行方案编制和审批上报，严格执行方案先行的要求，做到先策划，后执行。

(4) 开展工程技术研究。针对上海中心大厦的特性，开展各专业的专项技术研究，对塔楼的设备吊装、垂直电缆吊运敷设、垂直管道安装、翅片安装、同层排水超静音空调等专项施工技术，确保各项关键机电技术的顺利实施。

2. 质量管理

(1) 质量目标管理。明确机电工程整体质量目标，合格率达 100%，优良率达 85% 以上，工程质量整体通过“申安杯”评审，最终达“鲁班奖”要求。

(2) 施工工艺控制。施工过程严格按照机电工程施工工艺工序要求，明确施工方法，严格实行工艺质量技术交底和过程工序检查制度，上道工序不合格，下道工序不进行，实行自检、互检、抽检、专项检查等多种检查制度，控制施工工艺工序，保证实体工程质量。

(3) 统一样板质量。根据机电工程在上海中心的特性，建立样板段、间、层，确定不同施工部位、不同机电专业的施工质量样板，统一机电工程的施工质量标准。

(4) 践行评价体系。根据总承包质量管理的千分考核要求，从材料进场申报、技术方案编制和交底、质量制度执行、检查整改情况、资料建立收集等全方位进行月度考核评价，按照管理体系要求实行 PDCA 持续改进，不断提高质量管理。

五、施工安全

1. 针对性的对策措施，确保机电安装工程全过程施工安全受控

上海中心大厦工程是国内目前为止机电专业最齐全、系统最复杂、安装实物量最大的在建工程，建造这样一座超级摩天大楼，无论是其施工技术难度还是安全管理难度都是未

知数。因此，在总包机电部组建之后，就认真分析了该工程的机电安全管理特点、重点和难点，并采取针对性的对策措施，确保机电安装工程全过程施工安全受控。

2. 安全管理覆盖不留盲区

针对分包单位多、作业人员分布散、调试阶段受电范围广的特点，机电部建立了定期安全例会、个性化安全教育、联合巡视检查及隐患处置等管理制度，做到安全管理覆盖不留盲区。针对大型设备吊装、垂直电缆敷设、高低压受送电、泛光照明安装及受限空间作业等重点，机电部督促各单位落实了危险作业报审及旁站式监控制度，做到责任人明确和安全防护措施到位。

3. 要求各单位做到方案先行

针对在结构环梁上安装灯具、玻璃幕墙预留孔吊入设备、多功能厅及宴会厅吊平顶内补缺等难点，机电部要求各单位做到方案先行，设计及制作了一批双层操作吊篮、设备吊装专业平台等非标产品，通过组织专家认证的形式既解决了施工难题又规避了安全风险。

4. 建立了现场安全管理组织网络，实行了区域安全主管制度

按照上海市地方标准《现场施工安全生产管理规范》（DGJ08－903－2010）和HSE管理体系，建立了现场安全管理组织网络，实行了区域安全主管制度，通过对主管进行定岗定责和监督考核，消除了以往各专业分包单位自扫门前雪的不利局面，为及时消除安全隐患和制止危险行为起到了积极作用。

5. 安全技术攻关

机电部充分发挥安全专业大学生和工程技术人员的优势，建立了机电系统施工安全风险评价体系、动态监控和预警机制，对于危险源严格按照工程技术、安全管理和劳防用品三档防护级别采取应对措施。例如，在立管施工过程中优先采用调整管道接口高度的工程技术措施，减少高处焊接作业量，从源头控制安全风险，之后再考虑配置登高设施、做好教育交底和监控等安全管理措施，最后则是正确使用安全带、软底鞋等劳防用品。

6. 防范高处坠物是安全管理的重中之重

上海中心大厦工程地处闹市区，临近的金茂大厦及环球金融中心观光客流又极大，在工程进展初期如何防范高处坠物是安全管理的重中之重，各单位除做好零散材料和小工具的防坠管理工作外，总包领导时刻督促相关单位尽快封闭玻璃幕墙。然而，随着本工程进入装饰安装阶段，垂直运输压力加大，现场易燃外包装材料和施工垃圾急剧增加，在玻璃幕墙封闭区域消防安全风险更加突出，暴露出了防高处坠物与消防安全工作矛盾的一面。在这种形势下，机电部发文明确了消防责任区及各楼层责任人，疏堵结合治理吸游烟，利用电梯物业管理优势协调各单位减少不必要的易燃物上楼，并及时清运已产生的易燃垃圾，确保不在楼层内过夜。

六、深化设计

1. 以BIM为基础的深化设计工作是提高施工质量、控制工程进度的最好支持

2. 以BIM串联起的协调平台，是优质深化设计服务最佳方案

上海中心大厦的BIM工作平台是一项多专业、多工种协调沟通平台，相通的语言与相同的标准成为最大限度确保模型信息准确性与即时性的重要保证。全面采用 Autodesd Revit 与 Navisworks 系列软件并与总包同步升级。同时将这一要求传达至各专业分包、系统供应商以及主设备供应商，并对没有条件的分包、供应商提供技术支持。

3. 基于 BIM 的管线综合

传统的管线综合设计都是以二维图纸为基础，在本项目中利用 BIM 的三维可视化进行设计。实现复杂区域管线合理高效排布，确保各深化区域可行性和合理性。

4. 基于 BIM 的管线优化

在三维环境下，可以根据实际情况选择最优的管线排布方式，创建更加合理美观的管线排列。在不影响原管线机能及施工可行性的前提下，将机电管线进行适当调整，优化空间，快速解决碰撞问题，管线合理布留。

5. 基于 BIM 的设计成果检测

BIM 技术则通过将各专业模型汇总到一起之后应用碰撞检测的功能，快速检测到并提示空间某一点碰撞，同时可高亮显示、以便于快速定位和调整管路。本项目中利用 Navisworks 软件的碰撞检测功能，直观地观察到了管线的碰撞检测情况和位置。然后，返回到 Revit 软件中根据碰撞的情况将各个碰撞点一一调整解决，调整完成之后再次对模型进行了第二次的检测，如有碰撞则继续进行修改，直至最终检测结果为“零“碰撞。

6. 图纸会审、技术交底

项目施工前，对施工图进行初步熟悉与复核，通过深入了解设计意图与系统情况，为施工进度与施工方案的编制提供支持。通过对施工设计的了解，查找项目重点、难点部位，制定合理的专项施工方案。将施工设计中不明确、不全面的问题记录与设计院、业主进行沟通与讨论。利用 BIM 模型的设计能力与可视性进行技术交底，减少各方的沟通障碍，提供最为便利、直观的沟通方式，从而提高工作效率。

基于 BIM 的工程出图在确保模型“零”碰撞的情况下，利用模型指导深化设计出图。根据调整后的模型，有效指导深化设计出图，每一类图纸都有其固定的出图流程以确保图纸准确性及可靠性。

通过 BIM 模型辅助深化设计出图，不仅能够确保图纸精确性，便于施工安装，还能利用 BIM 模型的三维可视性模型配图方式，方便现场施工人员理解辨认系统，上海中心项目在根据现场实际情况配以剖面、平面、轴测、大样图等多种形式辅助施工人员施工，有效提升施工效率。

第二节 天津 117 大厦机电安装技术

一、工程概况

1. 工程基本概况

天津 117 大厦是以甲级写字楼为主，集六星级豪华酒店及其他设施为一体的大型超高层建筑，117 大厦地上建筑面积为 37 万 m^2，建筑高度 597m，共 117 层，塔楼 7 至 92 层为甲级写字楼，94 层至顶层为六星级豪华酒店，其中最高两层为观景台及特式酒吧。

天津 117 大厦首层为 65m×65m，4200m^2，向上以 0.88 度的角逐层缩小至顶层 46m×46m，2100m^2，采用钢筋混凝土核心筒 + 巨型框架柱的结构体系，塔楼顶部为巨大的钻石造型，象征着尊贵无比的至高荣誉。工程基本概况见表 3－6。

表 3－6 天津 117 大厦基本概况

工程名称	天津 117 大厦
建设单位	高银地产（天津）有限公司
设计单位	华东建筑设计研究院有限公司
施工总承包单位	中建三局集团有限公司
机电总承包单位	中建三局集团有限公司总承包公司安装分公司
监理单位	上海市建设工程监理咨询有限公司
质量监督部门	天津市质量监督站
机电设备设计顾问	柏诚公司
工程项目管理公司	北京威宁谢工程咨询有限公司天津分公司
建筑高度	597m
结构形式	钢筋混凝土核心筒 + 巨型框架柱
工程地址	天津市滨海高新区海泰南北大街与津静公路交口
建设工期	2012 年 7 月至 2016 年 8 月

2. 机电系统概况

（1）给排水系统。天津 117 大厦给排水系统包括生活给水系统、生活热水系统、游泳池循环系统、中水系统、污废水系统、雨水系统等。

①117 大厦办公层、酒店层及餐饮区分别采用一套独立的冷水系统，大厦办公区及酒店采用高位水箱及变频调速给水设备供水方式。

②117 大厦办公层洗手盆、酒店客房、餐饮生活及洗衣房用热水采用集中热水供应系统，生活热水采用容积式或半容积式热交换器换热供应热水，酒店热水系统的分区同相应区域的给水系统，集中热水的供回水温度为 60℃/55℃。

③117 大厦中水系统供水方式及分区与生活给水系统相同。

④117 大厦办公区各层茶水间就地设置的小型饮用水处理装置处理后直接供给电热开水炉供应开水，开水水源取自同层生活给水管。酒店客房层制冰机及厨房工艺需求的饮用水用水点供水由就近设置的小型饮用水处理装置处理后直接供给，水源仍为同区生活给水。

⑤117 大厦办公层、酒店、裙楼的污废水排放系统将分别设置，两区采用双管污废分流排水设计，系统设置专用通气立管，以平衡管道内的压力波动。

⑥117 大厦顶层屋面雨水重现期 P＝10 年，117 大厦侧墙雨水重现期 P＝10 年，117 大厦裙楼屋面雨水重现期 P＝5 年，总部办公楼 E 顶层屋面雨水重现期 P＝10 年，117 大厦顶层屋面雨水工程与溢流设施的总排水能力不小于 50 年重现期的雨水量，塔楼的裙楼屋面雨水工程与溢流设施的总排水能力不小于 10 年重现期的雨水量。

（2）电气系统。117 大厦电气系统包括：高压变配电系统、低压配电系统、照明系统、智能照明控制系统、防雷接地系统、消防智能应急疏散指示逃生系统、剩余电流火灾报警系统、电力监控系统、能耗监控系统、楼宇设备自控系统等。

①地下一层设置 3 台 3000KW 的 10KV 柴油发电机作为 117 大厦及地下室重要负荷的应急电源；1 台 3000KW 的 10KV 柴油发电机作为酒店重要负荷的应急电源。

②低压配电系统电压 220/380v，采用放射式与树干式相结合的方式供电。对于单台容量较大或重要负荷采用放射式供电；对于照明及一般负荷采用树干式与放射式相结合的方式；117 大厦低压配电房分别设置在 31 层夹层、62 层夹层、93 层夹层。

③照明系统分为正常照明和应急照明。精装修区域预留装修需求电源负荷；一般场所选用荧光灯、金属卤化物灯或其他节能灯，均选用高效节能型灯具。

④配电房、发电机房、消防控制室、弱电信息中心等采用 100% 的应急照明；117 大厦办公区域、餐厅、大厅等的照明采用 20% 的应急照明。其他场所的应急照明按正常照明的 10% ~15% 设置。应急照明灯具采用自带独立地址、自带独立蓄电池的灯具，并采用 LED 光源，应急时间大于 90min。

⑤智能照明系统控制模块（4 路、6 路、8 路），控制模块安装于受控的配电箱内，主要对公共区域的照明用电实行智能分段控制，达到节能目的；公共场所设智能照明控制系统，平时由智能控制系统控制，发生火灾时由消防控制室自动控制点亮全部应急照明灯；智能控制主机设在 BA 控制室，副机设置在消防控制室内。各智能照明控制箱内设置专用智能控制模块或控制面板，由模块通过管、槽敷设电源线，引出线路至各个受控的照明灯系统。

⑥防雷接地系统采用联合接地，接地电阻要求不大于 1Ω。117 大厦为二类防雷建筑，防雷等级为 A 级，防雷接地系统满足防直击雷、防侧击雷及电波的侵入，同时设等电位联结。117 大厦引下线利用外围钢管柱金属体，上下形成金属性贯通作为引下线；其他楼利用建筑物钢筋混凝土柱子或剪力墙内两根 Φ16 以上主钢筋通长焊接或绑扎作为引下线。引下线上端与避雷带焊接，下端与建筑物基础底梁及基础底板轴线上的钢筋内两根主钢筋焊接；防侧击雷及电波侵入采用浪涌保护器（SPD）保护；接闪器采用 25mm × 4mm 热镀锌扁钢或者直径不小于 12mm 的圆钢作为接闪器。屋顶避雷连接线网格不大于 10m × 10m 或 12m × 8m，所有高出屋面的金属均须和避雷带电气连接。

⑦消防智能应急疏散指示逃生系统系统采用集中控制型应急标志灯，控制线路同电源线分管敷设，集中控制系统底层设备（嵌墙安装应急标志灯），电源由应急照明回路供电；集中控制型消防应急标志灯具系统应 24 小时不间断的对终端设备进行巡检，每个终端设备采用独立的地址码。如某处发生故障，主机可发出声光报警信号，并定性到灯具故障；应急情况时，集中控制型的消防应急灯具主机根据火灾报警系统传递的信息，对危险区域的灯具进行调整，危险出入口的指示灯关闭，安全出入口的灯具进行中英文语音提示。引导人员逃离危险区域；应急疏散指示系统在大厦办公区和酒店设置两种控制回路，一种是控制应急标志灯具，另一种为控制应急照明灯，以控制回路的单、双号编制区分。

⑧剩余电流火灾报警系统系统采用剩余电流监视系统，主要是监视照明系统的漏电状态，漏电报警监控主机及漏电报警监控分机均安装在消防控制室；正常照明部分可根据漏

电电流的大小分级采用报警不动作，应急照明部分可根据漏电电流大小分级采用预报警、报警，但不切断电源。

⑨智能化电力监控系统工程主要完成对高压保护和监控设备的接入，以及低压设备的监控。实现包括10KV高压、400V低压系统开关柜及第三方设备变压器、发电机、直流屏等设备的遥信、遥测、遥控、管理等功能；电力监控系统以计算机、通讯设备、测控单元为基本工具，为变配电系统的实时数据采集、开关状态检测及远程控制提供了基础平台，它可以和检测、控制设备构成任意复杂的监控系统，在变配电监控中发挥了核心作用，可以帮助降低运作成本，提高生产效率，加快变配电过程中异常的反应速度。

⑩电力、中水、生活水、燃气、燃油、热力等的在线监控采用数据采集、远程抄表的方式，系统主要配置数据采集器对具备计量数据输出和标准通信接口的：数显电表、数字水表、数字燃气表、数字燃油表、数字热力表等智能远传表具的“电度、水流量、燃气流量、燃油流量、热力热（冷）量”等能耗数据实时采集，通过总线制网络组网，将数据传输至管理中主机，有管理主机实施分类、分项统计、实时数据刷新、图形化动态发布，最总实现能耗的分类分项计量、在线监测、动态分析等功能。

⑪楼宇设备自控系统主要用于实现对建筑内的冷热源系统、空调机组、新风机组、换热系统、通风系统、给排水系统的监视管理和最佳节能控制，中央管理服务器提供与对应系统的接口设备及软件，实现集中管理、分散控制的管理模式；楼宇设备自控系统主要由中央管理服务器及操作站、通讯控制器、现场控制器（DDC）、传感器和执行机构组成，中央管理服务器及操作站联接于以太网，通信控制器联接于以太网或RS485。系统向上与中央集成管理平台完成功能集成和信息共享，实现与火灾自动报警及消防联动控制系统、综合安防系统的信息共享和联动功能，能与其他相关的工作站或控制器通过网关进行集成，建成功能完善的楼宇设备管理中心。

（3）采暖、通风与空调系统。

①117大厦设备房、电房、储藏室、卫生间、垃圾房、厨房、酒店后勤用房车间均设有机械通风系统。办公区卫生间设机械排风，排风通过管井排至最近的机电层，由排风机排至室外；办公区采用带热回收装置（液体循环式热回收）的新风机组，以回收排风中的能量。

②117大厦采用分段设置机械加压防烟送风系统，在每一楼梯加压送风系统段，将为所有疏散楼梯间、消防电梯前室、合用前室以及避难区域分别设置各自独立的机械加压送风系统；办公区楼层层机械排烟系统由办公区及内走廊的排烟系统组成，系统按竖向分段设置，排烟风机设于机电层。

③办公大堂采用全空气定风量系统夏季供冷风；办公室及电梯厅采用变风量（VAV）系统，新风机组集中设置，每个标准层设两个空调机房，平均负担每一楼层的空调面积；新风处理机组集中设置在各机电层内，将集中处理后的新风通过竖井送至各楼层，在每个楼层空调处理机入口处，设置一个定风量风箱，以保证各层的新风量。沿玻璃幕墙的内侧设对流式散热器，采用暗装式。

④首层大堂采用全空气定风量空调机系统及低温热水辐射地板采暖；办公室外区沿玻璃幕墙设低位对流式散热器。

⑤办公楼及酒店采暖热源的蒸汽将由各自独立的蒸汽立管送至各区的采暖热交换机房进行换热使用。经蒸汽/水热交换器的次级采暖热水输配系统与冷冻水末端输配系统的布置相同。除办公楼（塔楼）的末端采暖热水供/回水温度为85℃/70℃，其他各区的末端采暖热水供/回水温度为60℃/50℃。

（4）消防系统。117大厦消防系统包括：自动喷淋系统、消火栓系统、水喷雾系统及消防水炮系统、气体灭火系统、移动式消防器材、火灾自动报警及联动控制系统、消防广播系统、消防防排烟系统。

①117大厦分别在18层、47层、78层、105层设置有效容积66m^3的消防水箱作为下区高位水箱，用以维持下区的系统压力及初期火灾的要求。同时在以上楼层设置消火栓加压泵，供应本区消防用水，在屋面层设置18m^3的高位水箱及增压泵，300L的气压罐，用以维持系统压力及初期火灾的要求，为防止系统超压，在各个分区消火栓消防供水泵出口处设减压泄压阀。117层屋面消防水池有效容积18m^3，存储火灾发生初期消防用水量。

②117大厦分别在18层、47层、78层、105层设置有效容积66m^3的消防水箱作为下区高位水箱用以维持下区的系统压力及初期火灾的要求。同时，在以上楼层设置喷淋系统加压泵，供应本区消防用水，在屋面层设置18m^3的高位水箱及增压泵，用以维持系统压力及初期火灾的要求，为防止系统超压，在各个分区消火栓消防供水泵出口处设减压泄压阀；除不采暖的避难间为干式系统外，其余均为湿式系统。

二、工程特点、难点

1. 工程特点

117大厦作为华北地区标志性建筑，主要为高档写字楼、六星级酒店、高档商场等，社会影响大，质量要求高。机电工程作业面广，各专业工序衔接和交叉作业点多，质量控制难度大。系统庞大、涉及专业多、管线复杂、施工体量大。

2. 工程难点

（1）机电管井施工工程量大、工期紧。117大厦主塔楼管井众多，管井内有给排水管、消防管、空调水管、蒸汽管等，管道尺寸大且管道密集，施工工艺各不相同（有焊接、硬钎焊接、卡箍连接等），部分管道施工要求高，管井内管道的施工质量要求高，工程量大，工期紧。

（2）超长距大截面高压电缆竖井敷设。117大厦主塔楼电气专业部分竖井电缆竖向敷设长度长，截面大重量重，敷设要求高，造成施工难度大（最长整根电缆长达460m，高压电缆，重约4.5t）。

（3）超高层大型设备及管道吊装运输。117大厦主塔楼设备层多，部分设备及管道外型尺寸大、重量大，设备垂直运输高度高（设备运输最高高度达515m），设备吊装的风险控制难度大。

三、主要施工技术措施

1. 塔楼机电管井施工

117 大厦主塔楼给排水管、消防水管、空调水管、蒸汽管等管井主要分布在核心筒区域。由于所有管井均在平面进行多次转换，各个专业管井数量众多、排布复杂。整个塔楼核心筒区域根据楼层位置主要有 25 个管井。工程工期非常紧张，按照施工进度计划，机电安装工程按楼层分专业自下而上流水施工，分段完成施工。安装插入时间与主体外框筒施工保持 5 ~ 6 层的安全级施工距离。这就决定了 117 大厦的管井施工，在保证安全和质量的前提下，必须是高效的。

（1）管井主要施工方法分析。由于塔楼管井在各层水平转换较多，在核心筒范围内分布较广，根据组合立管施工工艺要求，管组单元垂直吊装需从结构顶部进入，这就需要在土建的顶升模架上预留吊装孔洞，而预留孔洞的数量和位置都很局限，且核心筒内部分管井一般两面或三面为剪力墙而非钢梁，由于管井内管道密集，管井空间狭小，如采用组合立管进行管组整体吊装，在垂直整体吊装过程中由于受到空间因素影响，施工人员不易操作，易与剪力墙发生碰撞，因此 117 大厦管井施工不适合采用预制组合立管施工工艺。

综合以上情况，117 大厦主塔楼水管井施工采用了分段垂直吊装倒装法施工工艺。所谓“倒装法”，就是管井立管从上向下依次进行施工，对于管井一根立管先行施工最高一层管段立管，依次向下逐段施工，每根立管焊接连接的施工作业面固定，吊装工具吊点设置固定，确保了施工质量、安全，提高了施工效率。

（2）分段垂直吊装倒装法。

①施工工艺流程，如图 3 – 6 所示。

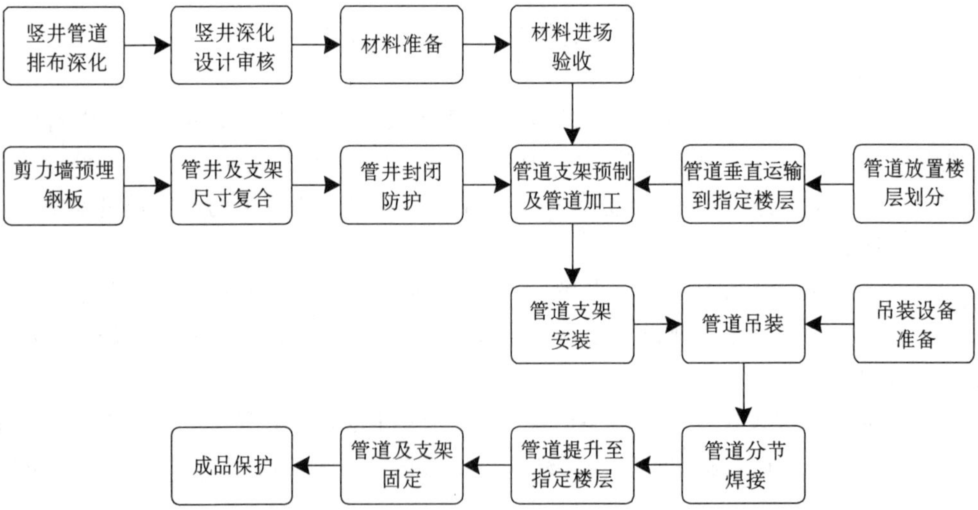

图 3 – 6　分段垂直吊装倒装法施工工艺流程

②管道吊装方案。以 1～31 层编号为 3#的管井为例。3#管井楼层标高的分布条件为：1～5 层层高为 5.3m 到 7.7m 不等，6 层、18 层、31 层为设备层，层高为 5m；9 层、13 层、17 层、22 层、26 层、30 层为交易层层高为 5m 左右，其余楼层均为 4.32m。若采用分段垂直吊装倒装法施工，管道分段和卷扬机设置情况如表 3－7 所示。

表 3－7　管道及卷扬机位置选定

序号	楼层段	管道集中放置楼层	卷扬机设置楼层	管道连接操作楼层
1	1～6 层	1 层	6 层	2 层
2	6～18 层	6 层	18 层	7 层
3	18～31 层	18 层	31 层	19 层

具体施工步骤方法如下（以 1～6 层为例）：

A. 管道吊装时每条井道一组共 8 人，人员安排如下：2 名机械操作工在 6 层负责卷扬机的运行，维护工作，2 名起重工在 1 层负责管道吊运，2 名巡查员跟随管道提升或下放速度，隔层交叠检查吊运情况，另有 2 名管工在 2 层负责管道的连接固定。

根据管井中吊装管道的大小及长度选择合适的卷扬机，通过设置滑轮组调节管道的提升速度。如图 3－7 所示。

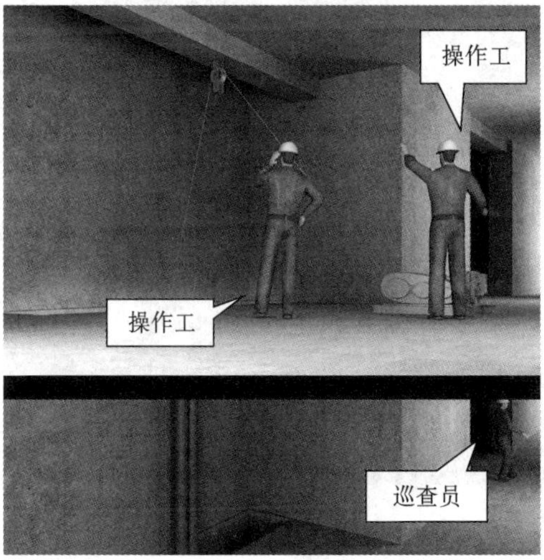

图 3－7　倒装法施工步骤一

B. 卷扬机在 6 层将吊钩下至 1 层，位于一层的两名起重工将管道固定至吊钩上。卷扬机将固定好的第一根管起吊至 3 层。

在管道吊装开始后巡查员 A 在 1 层检查吊运情况，巡查员 B 在 2 层准备检查管道吊装情况，管道顺利通过 1 层井道后巡查员 A 迅速到 3 层等待，巡查员 B 在检查完 2 层管道吊装情况后迅速到 4 层等待，依此方式进行交替跟随检查。在巡查过程中如发现异常情况，立即用对讲机与机械操作工联系，停止吊装，分析原因，排除故障后才能继续吊装工作。如图 3－8 所示。

图 3-8 倒装法施工步骤二

C. 在 2 层顶板设置手拉葫芦一个。2 名起重工再将一根管道用位于 2 层的手拉葫芦起吊至 2 层，管工在 2 层开始连接管道。如图 3-9 所示。

图 3-9 倒装法施工步骤三

D. 管道连接好后，卷扬机将连接好的管道向上起吊，使管道下口位于 2 层方便操作之位置。再由两名起重工将一根管道吊起，管工连接。

管道吊运时负责管道连接固定的人员停止作业，并对管井做好及时封堵和围护，保证吊装工作安全、紧张有序地进行。如图 3-10 所示。

E. 当连接好 3 根管道后，为保证安全以及管道接头位置的施工质量，卷扬机将连接好的管段吊至 6 层进行固定安装。安装完成后，将卷扬机吊钩下至一层进行第二管段施工，依此工序完成 1~6 层的管道安装（6~18 层及 18~31 层施工与 1~6 层的施工方法相同）。如图 3-11 所示。

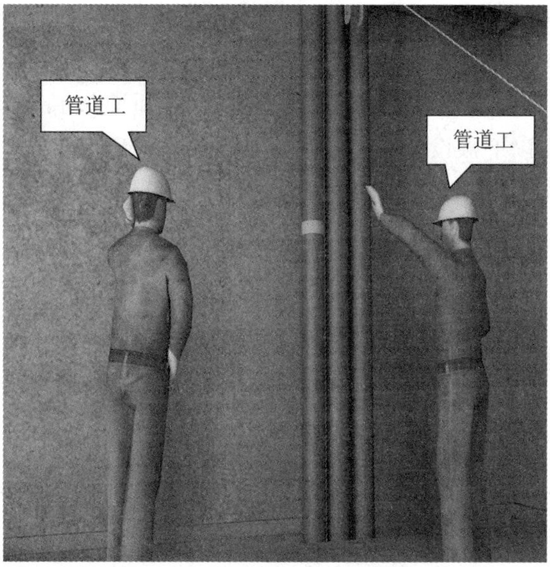

图 3-10　倒装法施工步骤四

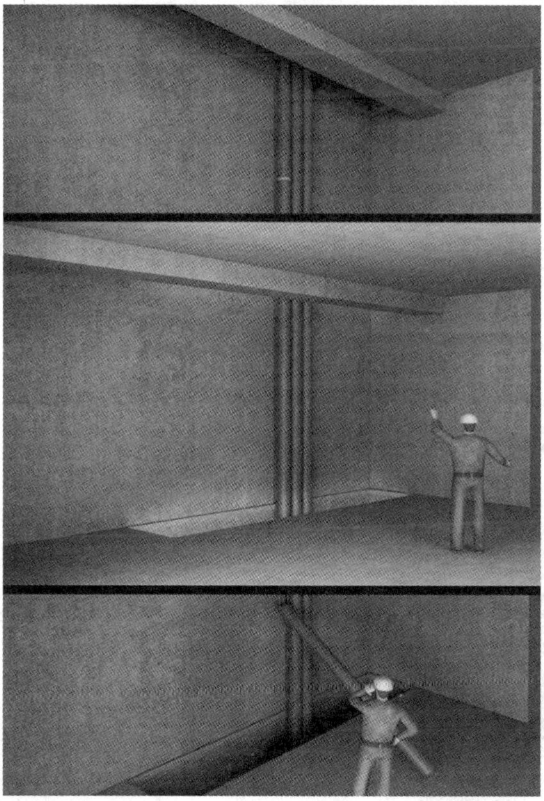

图 3-11　倒装法施工步骤五

2. 超长电缆竖向敷设

117 大厦主塔楼共设 3 座变配电房，分别位于 31M、62M、93M。塔楼低压配电以配电房为中心，上下配电；每座配电房的高压进线由地下一层夹高压开关站和应急柴油发电机高压出线供电。主塔楼设 4 个主强电管井，两个高压专用管井、2 个低压配电主管井，其中高压应急电缆管井有多个转换层。

（1）敷设方法简述。117 大厦主塔楼高压电缆最长垂直段长 460m，截面 300mm^2，竖向自重 4.6t。主要存在以下敷设难点：电缆重量重，在提升时电缆不能承受自重，导致电缆由于自重拉伤；电缆距离长，提升过程中电缆摇摆，损伤电缆。必须解决以上难题才能顺利实施电缆敷设。

采用垂吊式特制高压电缆，在电缆垂直敷设段设计 3 根柔性钢丝绳，柔性钢丝绳用扇形塑料包覆，填充在电缆芯的外围空隙。电缆垂直吊装受到钢丝绳侧压力时，将压力分散在电缆表面上，有效避免电缆受压损坏。

采用电缆专用吊具吊装电缆（简称吊装圆盘），吊装圆盘安装于电缆带钢丝绳段的前端，卷扬机通过提升吊装圆盘而提升电缆。在电缆垂直段到位后，吊装圆盘与吊装板卡具配套安装在电气井口槽钢台架上，起到承受电缆垂直重量的作用。采用穿井梭和定位滑轮防止电缆提升过程中摆动而损伤电缆。

（2）垂吊式特制高压电缆。根据垂吊式电缆的特殊要求，为减少竖向吊装时来自钢丝绳的侧面压力，设计扇形塑料包覆柔性钢丝绳，填充在电缆的外围空隙，当电缆垂直吊装受到钢丝绳侧压力时，压力分散在电缆外表面上，使电缆不受压损坏。该电缆专门为长距离竖向电缆敷设研制，已通过相关政府部门检测，并已有超高层建筑应用先例。

电缆结构：在电缆竖向敷设段设计有 3 根柔性钢丝绳，柔性钢丝绳用扇形塑料包覆，与三根电缆芯绞股成电缆，外围用高强度捆绑带缠绕，两头水平敷设段电缆不带钢丝绳。缆头端的 3 根钢丝绳头拆弯后分别浇铸在连接螺栓的锚杯上，安装时连接螺栓与吊装圆盘连接。电缆的任意两根钢丝绳的最小破断力总和都大于四倍电缆垂吊部分的重力，保证了电缆的吊装安全。如图 3－12 所示。

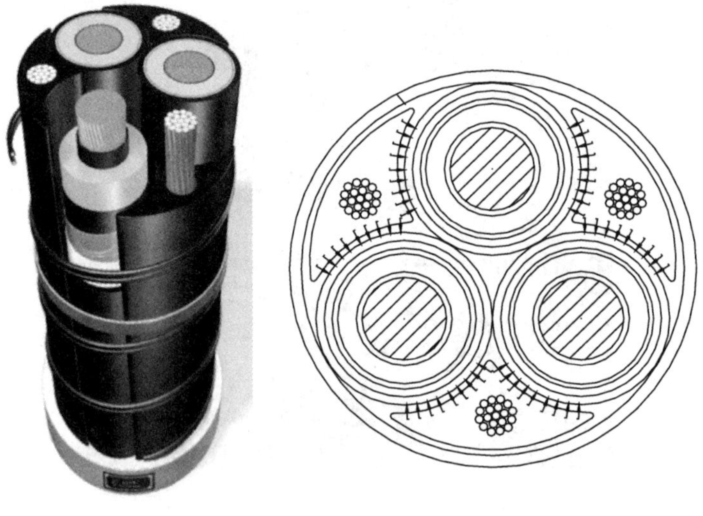

图 3－12 电缆大样图

（3）吊具—吊装圆盘。

①垂吊式高压电缆专用吊具简称吊装圆盘，吊装圆盘作为垂吊式电缆的一个附件专门

设计加工，卷扬机钢丝绳与吊装圆盘连接，提升电缆。设计的原则为结构简单，便于安装敷设，性能安全可靠。该吊具分为吊具及吊具附件两部分组成，吊具由吊环、吊具本体、连接螺栓（钢丝绳拉索锚具）组成；吊具附件主要由吊装板卡具组成。

②每根电缆竖向段的3根钢丝绳头拆弯后分别浇铸在吊装圆盘的连接螺栓的锚杯上。在电缆装盘时，把3个锚杯绳浇铸体与吊装圆盘分离，吊装圆盘单独装箱运输，待电缆吊装敷设时，再把吊装圆盘与3个钢丝绳浇铸锚杯安装成一体。

③吊装圆盘安装于垂直段电缆设钢丝绳段的前端（电缆中间垂直敷设段设钢丝绳，两头水平敷设段不设钢丝绳），卷扬机通过提升吊装圆盘而提升电缆。在电缆垂直段到位后，吊装圆盘与吊装板卡具配套安装在电气井口槽钢台架上，起承受电缆垂直段重量的作用。

（4）穿井梭和定位滑轮。

穿井梭：吊装圆盘过井时，如不扶住吊装圆盘，电缆拧劲或摆动就会使吊装圆盘转动从而碰到井口，卡在井口上。如用人扶住，将使劳动强度增大，吊运速度缓慢，且电动卷扬机控制器触点因为点动过多引起过热、烧坏。如发生卡井叫停不及时，将会造成电缆受损甚至报废。为此设计穿井梭，用以框扶吊装圆盘，让其顺利穿过井口。

117大厦主塔楼大部分的楼层净高为4.2m，将穿井梭设计尺寸为（长×宽×深，mm）4400×400×270（以井口宽300mm考虑）。设计4.4m长的目的是穿越净高4.2m的楼层时，尾部未出下井口时，上梭头已穿进上井口，不必用人扶住，节省了人力。当少部分楼层净高超过梭头长度时，人扶住梭头稍做调整，即可对准上井口，顺利过井。穿井梭宽400mm，大于井口宽，目的是限制其转动，使吊装圆盘及电缆始终不来回转动。深270mm，与吊装圆盘尺寸相同，穿井口时有30mm间隙的自动柔性调整余量。穿井梭头尾部收口是为了顺利通过每层楼管井。设计四个绑环，用于穿绑绳，将电缆绑扎在穿井梭中心，在电缆重量的作用下保证穿井梭平行于井道，起到了自动柔性调整作用。穿井梭中心卡套用于固定吊装圆盘，并使其保持在穿井梭的中心。

定位滑轮：电缆在卷扬机拉力和人力共同作用下会产生摆动，电缆从地面向上方的管井口传递的弧度越大，在电气竖井内的摆动就越大。电缆摆动较大时，将会被井口刮伤，因而必须采取措施控制电缆摆动。二层电气管井井口为卷扬机和人力结摆动合部，在此处安装定位滑轮，可以有效的控制电缆摆动，同时起到了保持电缆垂直吊装的定位作用。定位滑轮安装在二层电气竖井口的槽钢台架上，由两个滚轮组成，滚轮内镶装轴承，使其转动灵活。

（5）电缆敷设施工流程，如图3－13所示。

3. 塔楼机电设备吊装

117大厦机电大型设备主要有：冷水机组、燃气锅炉、板式换热器、柴油发电机组、变压器、空调机组等。以上设备主要分布在B1、31F、78F、31M、62M、93M等楼层内，且在117塔楼办公区（93层以下）每层均有尺寸较大的组合式空调机组。主塔楼设备规格品种多、数量大，安装部位分散、楼层高，尤其是31F、78F层的板式换热器垂直吊运高，重量大，体积大，危险性大。

（1）设备吊装方式。

①117塔楼31F有4台水—水板式换热器，其中：型号为CHE－O－31－1、CHE－O－31－2，

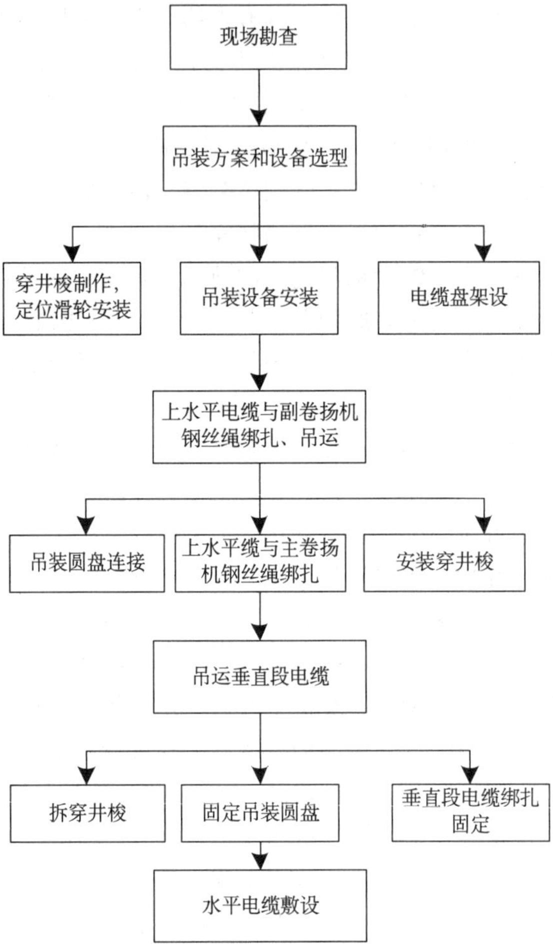

图 3－13 电缆敷设流程图

净重 11t；型号为 CHE－O－31－3、CHE－O－31－4，净重 13.7t。此 4 台设备需提前进场，在本层楼板混凝土浇筑后，上层楼板封闭前就将设备利用塔吊吊装到位。如图 3－14 所示。

图 3－14 主塔楼水—水板式换热器吊装示意图

117 塔楼 31F 重量超过 5t 的板式换热器共 8 台，从 2013 年 11 月 9 日开始进场吊装，每天吊装两台，11 月 12 日可吊装完毕。根据土建施工进度计划，11 月 12 日塔楼 34F 斜撑、钢梁、压型钢板及 31MF 钢板组合楼板已施工完毕，因此需预留设备吊装口。

经综合考虑，与土建及钢构施工部沟通后，计划将吊装口设置在 T1－8/T1－9 轴交 1－S 轴位置，吊装口尺寸（长×宽）5000mm×2500mm，距核心筒剪力墙 1000mm。如图 3－15所示。

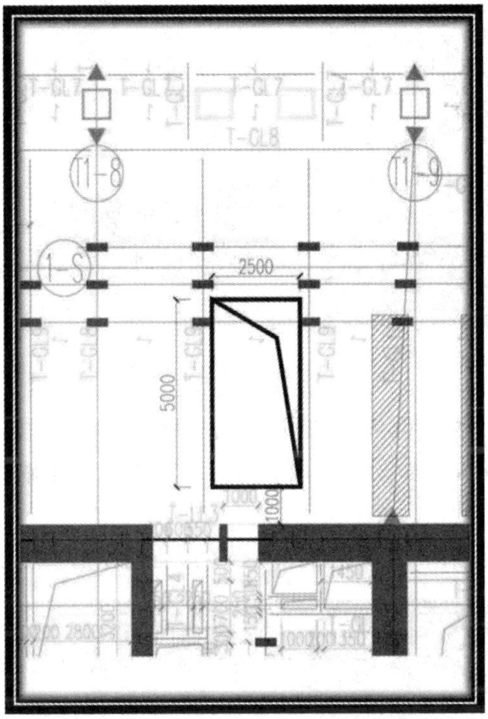

图 3－15　31M 层楼板设备吊装口预留位置

②117 塔楼 31F、78F 各有 6 台净重在 5t 与 10t 之间的水—水板式换热器，故在这两个设备层安装承重 10t 的钢制吊装平台，利用塔吊结合吊装平台吊装。如图 3－16 所示。

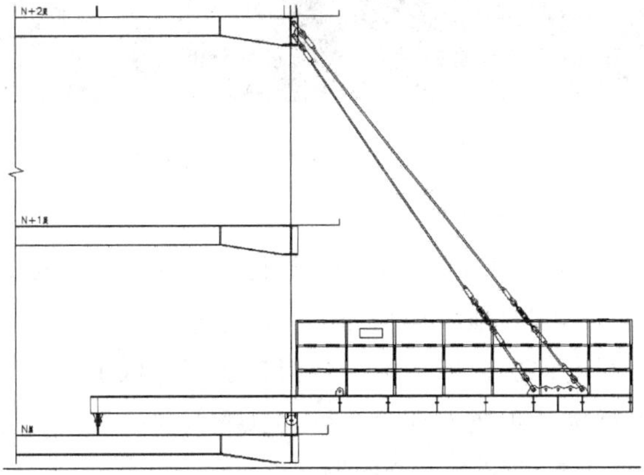

图 3－16　钢制吊装平台

③在其余楼层安装承重 5t 的成品伸缩式吊装平台，其他设备例如水泵、风机、配电柜等均可采用施工电梯运输，在设备层设吊装平台，也可以利用塔吊结合吊装平台吊装，具体实施时根据现场条件灵活选择。如图 3－17 所示。

图 3－17 成品伸缩式吊装平台

（2）设备楼层内的运输。设备通过预留吊装口或吊装平台吊装至楼层内，利用手动葫芦等工具将设备即时转移入楼面预先铺设轨道上，沿着轨道运输至机房附近，最后再用手动葫芦等工具将设备放置到位。

为确保设备的重量完全落在载重梁上，必须预先铺设滑行轨道。如图 3－18 所示。

图 3－18 设备在楼层内的运输

4. 装配式支吊架的应用

117 大厦在机电水平管线安装过程中采用装配式支吊架。与传统支吊架相比，装配式支吊架采用工厂化预制，不需要施工现场加工，简化施工工序，降低了安装工作量及管理成本，减少了材料边角料的浪费，减少了能量消耗从而降低了施工成本。同时，由于不需要施工现场加工从而降低施工现场的环境污染（弧光污染、噪音污染、尘埃污染及油漆化学污染），并消除了焊接火灾隐患等安全问题。

（1）装配式支吊架简介。装配式支吊架下列部分组成：底座、横梁、立柱、连接件及固定件（导向件）。底座是将支吊架固定在工程建筑某个位置的部件；立柱是固定横梁或固定被支撑物的部件；横梁是固定被支撑物的部件；连接件是把横梁与立柱连接固定的部件；固定件是将被支撑物固定在立柱或横梁上的部件。

（2）装配式支吊架选型流程，如图 3－19 所示。

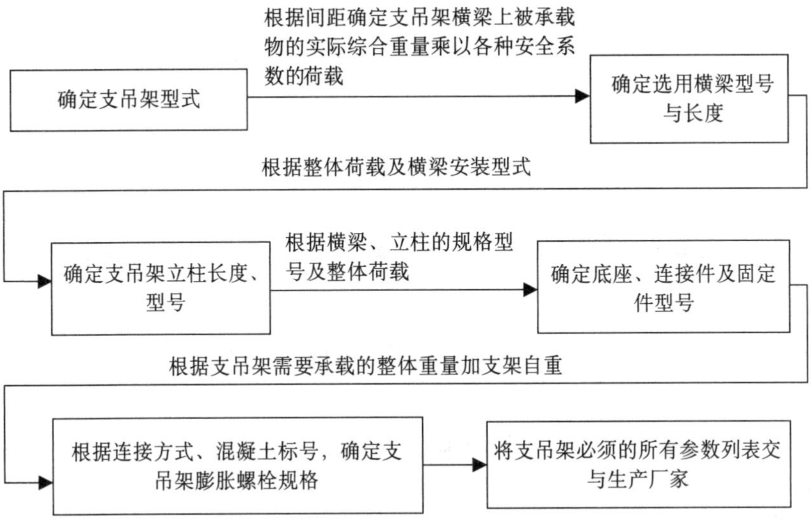

图 3－19　装配式支吊架选型流程

（3）装配式支吊架安装步骤。

①锁扣安装程序。

A. 将方块螺母插入带翼的塑料联接件中，对称放正、齿槽向上。如图 3－20 所示。

B. 用拇指和中指捏住塑料件翼翅，食指按住螺母放入 C 型钢槽内；食指稍用力向下按，同时作顺时针旋转 90°至方块螺母与槽口成 90°时即可。移动前可捏住塑料件翼翅提手向下反按数下（以方便放联接件时更顺手）然后，移动到所需大致位置。如图 3－21 所示。

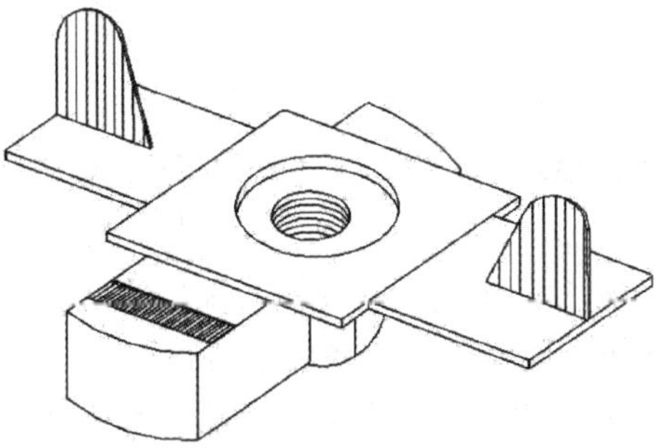

图 3－20　装配式支吊架组装程序一

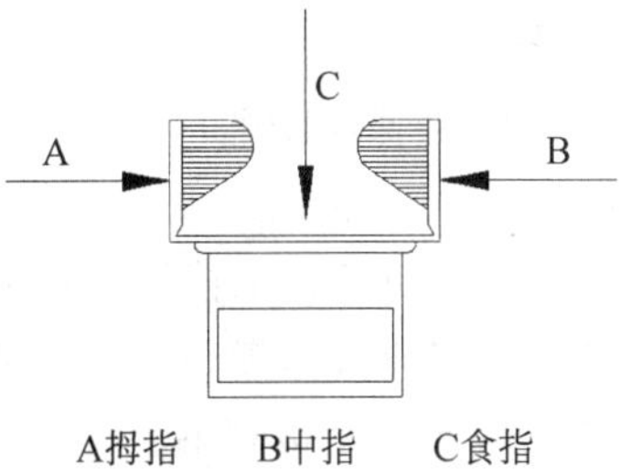

图 3－21　装配式支吊架组装程序二

C. 根据所需连接品种，先将承重垫片放入连接件花孔内，对准已放在 C 型钢槽内的方块螺母旋入螺栓，松紧以方便移动调整位置为宜。如图 3－22 所示。

D. 将已装入连接件移动到理想所需位置，预压。如图 3－23 所示。

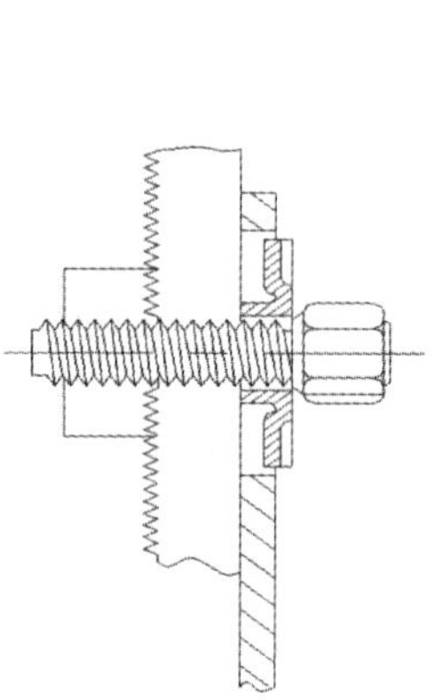

图 3－22　装配式支吊架组装程序三

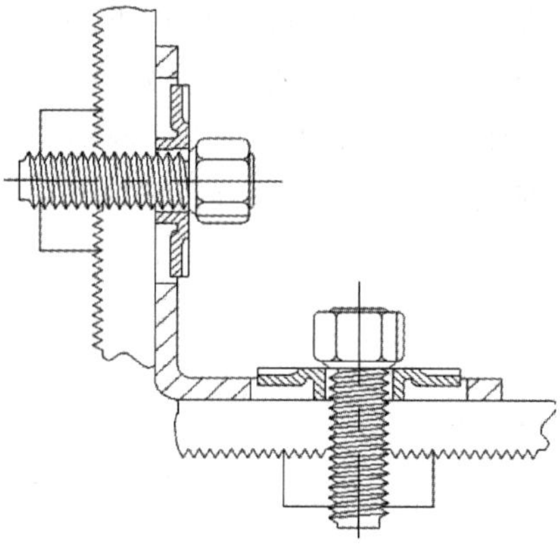

图 3－23　装配式支吊架组装程序四

②支吊架安装步骤。

A. 安装支吊架底座（立柱底座，单悬臂支架为单悬臂底座，支吊架有丝杆拉吊时还需安装丝杆底座）。

B. 安装立柱（将立柱与底座连接固定，支吊架有丝杆拉吊时还需安装丝杆，单悬臂支架将单悬臂与底座连接固定）。

C. 用辅助起吊装置将管道两端吊起并超过吊架横梁安装位置。

D. 安装横梁连接件（将横梁连接件与立柱连接固定）。

E. 安装横梁（将横梁与横梁连接件连接固定，支吊架有丝杆拉吊时还需将横梁与丝杆固定）。横梁安装结束后，必须检测所有连接螺栓锁紧副连接是否紧固到位，扭力扳手扭矩调至60N·m时听到打滑声才为合格，合格后须贴合格证标签。

F. 将金属管道两端同时放下，放置在安装好的横梁上。

G. 安装管道固定件。

四、施工组织管理措施

1. 组织集成架构（见图3－24）

2. 安全管理

（1）健全管理体系，安全风险群防群治。项目经理部、区域项目、劳务分包三级单位成立联合安全领导小组，全面指导安全管理工作；实行塔楼、靠山楼、地下室区域负责制，责任工长负责施工楼层、各分包负责施工专业，三级管控。与各项目、部门、工长层层签订年度安全目标责任状，分解、量化岗位责任，确保安全体系健全运行。

（2）编制安全策划书，安全管理有的放矢。根据主塔楼、靠山楼、地下室区域的机电施工特点，项目编制年度施工安全保证策划书，对危险有害因素全面辨识，对现场动火、临时用电、高空作业、管井立管施工、大型设备吊装等施工作业采取针对性的有效控制措施。施工过程中潜在的隐患能有效的预防及响应，减少危险因素带来危害与损失，指导本项目的安全管理和安全隐患防治活动的具体落实，全年安全管理、危险源监控、事故防范有的放矢。

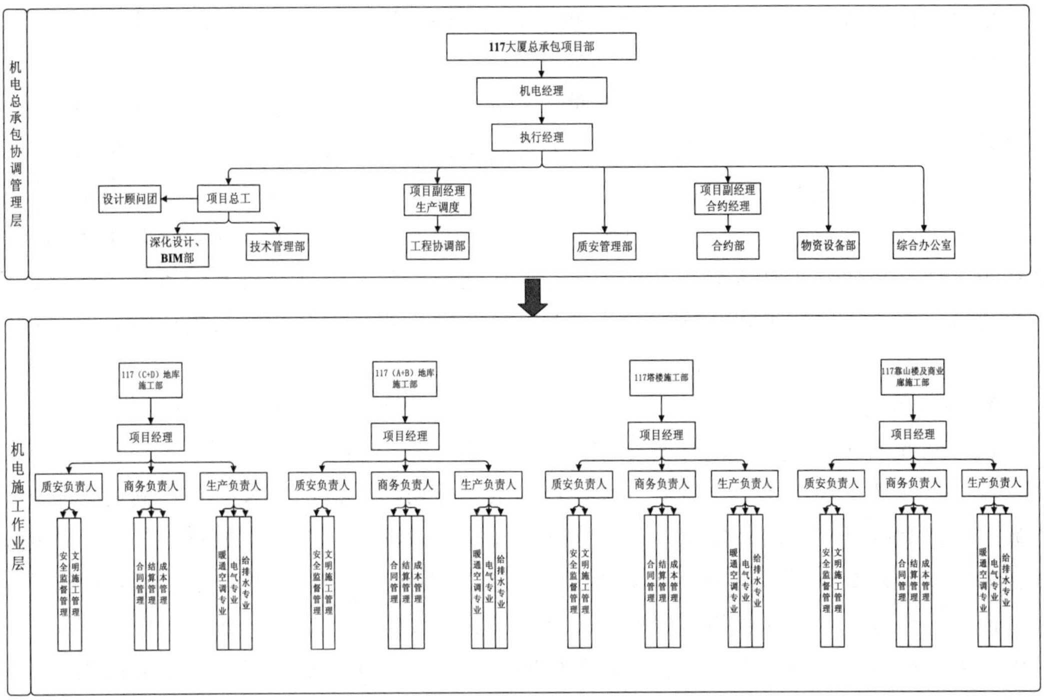

图 3－24　机电总包管理组织机构图

（3）丰富教育形式，安全意识深入人心。定期组织安全教育、安全知识讲座、事故案例警示教育，约束工人行为，减少违章操作；根据季节变化，有针对性开展夏季施工安全教育、冬季施工专项交底，夏季防触电、冬季防火、防滑等安全防范措施通过教育形式告知工人，采取对应措施。

有效开展班前安全活动，每天项目工长组织班前安全活动，检查工人施工机具可靠性，监督工人劳保用品的佩戴情况是否符合作业要求；根据当日施工安排，提前告知劳务工人施工环境危险因素以及安全措施。

编制安全指导手册，将安全操作规程、安全管理制度、安全交底印制读本发放工人，指导日常安全施工。

通过系列安全教育、培训，安全教育覆盖率达到100%，全面提升工人安全意识。

（4）加强“源头”管理，“三违”现象有效控制。针对现场施工点多面广情况，经理部每周组织项目安全评比检查，对所有施工面全面排查，消除隐患，避免事故。项目每周自行组织区域施工检查，劳务队日常巡查的三级联查模式，确保隐患及时发现、及时整改。

定期消防专项检查，对宿舍用电、库房易燃易爆材料、消防器材配备情况专项检查，发现隐患例会通报，限期整改，切除事故源头，有效避免事故发生。

（5）危险较大工程重点管控。从六个环节严格控制危险性较大工程的施工：作业前制定安全可靠专项施工方案；对可行性组织专家论证；施工前安全专项交底；项目对施工准备情况联合验收；符合施工方案并采取相应安全措施，由劳务班组作业申请，项目核准后方可进行危险性较大工程的施工；专业工长每天施工现场巡查，安监人员旁站监督。

实施危险性较大分部分项工程施工核准制，由劳务分包作业申请，项目组织验收核准，确保安全可控。

（6）开展应急演练，提升应急处置能力。定期组织应急救援演练，各岗位熟悉掌握应急救援的处置程序、方法和注意事项，有效提高整体应急救援的反应能力、指挥水平、实战能力和应急处置能力。

（7）推行安全标准化，有效落实预防措施。结合机电安装特点，在安全防护用品、临时用电、登高作业、大型机械、动火作业、库房建设、消防设施、机具设备挂牌验等方面积极进行了安全管理标准化实施，规范现场安全管理，营造安全环境与氛围，提升本质安全水平。

3. 进度管理

（1）进度计划的编制。进度计划按内容可分为工期计划、资源计划、工作计划三个层次。其中，工期计划是龙头，所有资源计划和工作计划都要根据它来安排；同时，资源计划是工期计划得以实现的必要条件，工作计划又是资源计划得以落实的重要保证。机电总承包的进度计划要求层次分明，重难点突出，并且能够切实体现各道施工工艺的先后顺序。因此，在进度计划编制的过程中，总承包单位需要事先排好各专业各工序的施工顺序节点，再根据施工顺序节点审核各分包单位的工期计划，在满足总进度计划的前提下还要做到各专业衔接顺畅，并做到有效工作面的利用最大化；资源计划在机电总承包管理的体系中尤为重要，由于机电各专业系统复杂，涉及的材料也是更加精密、多样，因此，机电总承包的资源计划不仅要体现及时性还要更多地注重准确性。在这种情况下，如果不能根据工期计划编制行之有效的资源计划，那么将会打乱全盘的节奏，牵一发而动全身。

进度计划也不是一层不变的，作为总承包管理单位，需要根据项目推进的程度并综合考虑各项影响因素，对计划进行实时调整，调整方式以保证总计划中关键节点为前提，通过月计划和周计划来对总计划进行补充和调整。

（2）进度计划的考核。进度计划的考核以三级考核为基础，工期计划和资源计划同步考核为原则，将经过批准的分包商和供应商的计划，作为分包合同与采购合同的附件，并且在合同中加入详细的计划考核奖惩办法，运用合约的力量来保证各项计划的顺利实施。同时工期计划和资源计划的考核需要区别对待，工期计划通过现场的形象进度以及对其他分包的影响程度可以实时监控，属于显性特征；而资源计划是后台人员及物资的供应，需要通过工期计划的考核结果才能体现出来，属于隐性特征，这就需要总承包单位严格把关分包单位的材料报审环节，既要保证材料品质也要对材料商的生产供应能力进行评估。对关键节点、关键材料需要采取定期到供应商检查生产进度的措施来保证资源计划的实施。

4. 质量管理（略）

5. 物资采购管理

招标采购，不仅仅是合约管理的延伸，更是总承包项目团队计划管理、技术水平、统筹组织能力的综合体现。因为成熟的总承包商，一方面是优秀的管理者，另一方面又是强大的资源组装者。招标采购是一个管理水平的体现之一，资源组装能力将会成为总承包商的核心竞争力之一。

作为总承包商，在招标采购上必须要树立“共赢”理念和“有钱大家赚”的意识。

如果分包商、供应商都赚不到钱，总承包商的市场之路是走不远的；反之，如果大家都有钱赚，就会有越来越多的优秀分包商、优质供应商前来合作，总承包商才能建立起越来越强大的资源供应链，进而增强市场掌控力。

招标采购与传统项目管理不同，有大量的我们过去不熟悉的、没有相关知识和经验的专业分包招标，有大量的我们不甚了解的材料设备采购工作。虽然如此，但我们仍然要保证资源计划的合理有效与严格落实，要保证所选择的分包商和供应商是具备与项目相匹配的实力、且守法诚信的优秀企业，要保证所采购的材料设备能充分满足工程建设需求；同时，要能够科学合理地划分招标采购的范围，约定双方之间的责权利，等等，这都是招标采购需要具备的基本能力。

提升招标采购能力，内部挖潜的着力之处在于拥有一批综合素质高的通才，辅以一批业务能力过硬的专才，并建立一整套高效的招标采购运行机制。

6. 合约管理

在机电总承包管理模式中，合约管理既有自身单独的管理体系，同时又与深化设计管理、计划管理、施工组织管理、招标采购管理有着密不可分的联系。合约是所有管理办法的基础，是约束也是武器。

合约的约束力告诉我们哪些是合约赋予的正当权利，要想使用这个权利，首先要与业主及分包单位建立起“诚信守约”的沟通原则，加强自身的履约能力；然后在“诚信守约”的基础上与业主及分包单位确立“互利共赢”的经营理念，即在合约赋予权利的基础上处理分歧、协调利益，让对方认识到“诚信守约”所带来的便捷有效的管理模式和“互利共赢”的良好局面。

合约同时也是对分包单位各项管理办法的有效武器，通过在分包合同中加入各项管理办法考核的奖惩措施，使管理工作有章可循，有法可依。再通过之前建立起来的“诚信守约”的沟通原则，这样在对分包单位的管理过程中就可以避免很多争议，既提高了总承包管理单位的管理效率，还大大提升了总承包单位在业主和分包单位面前的威望。在机电总承包管理模式下，我们所管理的合约范围、种类等都与传统模式发生了重大变化，我们有可能会面临业主的处罚和索赔，也同时可能面临众多分包商和供应商的索赔，这个时候将是我们自我保护的武器。通过对合约的理解和策划，可以规避风险，在必要的时候也可以做有力的还击。这就需要我们不断强化合约意识和风险意识，加强学习，进一步提高合约管理能力。

第三节　国家大剧院机电工程施工管理

一、项目概况

国家大剧院位于人民大会堂西侧，北靠西长安街中南海对面，东靠人民大会堂西路并与人民大会堂相邻，地理位置十分重要。总占地面积约 11.89 公顷，总建筑面积约 21 万平方米，总投资约 30 亿元。它由北侧建筑（201 区停车库）、中心建筑（大剧院）（202 区）、南侧建筑（203 区）三部分构成：南北侧建筑分别为地下三层、二层，包括票务大厅、消防通道、演职人员入口、员工餐厅、停车场等；中心建筑为长轴 212.2 米，短轴 143.64 米的椭球体建筑，内设公共大厅歌剧院（2416 个座位）、音乐厅（2017 个座位）、戏剧院（1040 个座位）。国家大剧院整体建筑外部围护为钢结构壳体，呈超椭球形，外饰为 0.4mm 厚的钛板，中部安装玻璃，椭球体外四周 3.5 万 m^2 水池环绕，分 22 个区域设置，构成一水上明珠的建筑艺术造型。北侧 201 区停车库可停放机动车 951 辆，自行车 1420 辆。它的建造体现了我国文化事业的繁荣与发展。

国家大剧院建筑物总高度（椭球壳部标高）为 +46.285m，建筑物室内地坪（局部台仓最深处）约为 -32.50m，平均深度为 -26.00m。工程的椭球壳体采用钢结构，内部建筑物采用钢筋砼框架剪力墙结构。工程机电设备系统设置有：水系统：室内外给排水系统、消防喷淋系统、室内采暖热水、地板辐射冷热系统。强电系统：室内燃气变配电系统。弱电（通讯、安保和智能）系统。通风空调系统。舞台升降机构、舞台视频、音响、照明、监督系统。电梯、自动扶梯系统。室外景观水池地热利用与回灌系统。国家大剧院建设单位为国家大剧院工程业主委员会（由北京市、建设部、文化部三方组成），设计方是法国巴黎机场公司主设计师安德鲁及北京建筑设计研究院。监理单位是北京双圆工程咨询监理有限公司，施工单位为北京城建—香港建设—上海建工国家大剧院工程建筑安装总承包联合体机电分部，下设三家机电作业队。

二、施工特点、难点

1. 技术创新多

作为国家级的大剧院，一定要体现出文化艺术的品位，不但建筑外形要突出水上明珠的诗意，内部设备的安装也要体现出先进性、智能化；不但舞台灯光需要电脑控制，壳体的返光照明、色彩、图案等也将由电脑控制，剧场大空间的空调也将由电脑操纵。其他弱电系统也较多，有跨世纪水平的 BA 系统、火灾自动报警系统、固定水炮和移动水炮系统，保安监视系统（CCTV）、数字程控交换机系统、广播电视转播系统、扩声及同声传译系统等。它把管理现代化和服务自动化有机地结合起来，可满足世界一流水准的歌剧、芭蕾舞、交响乐、中国的戏剧等演出的要求。

2. 质量要求高

工程质量必须达到“优良”等级，作为国家级的大剧院必将是首都的文化艺术的标志性建筑，是中国文化事业走向世界的体现，所以工程的质量目标，目前工程结构已评为国内建筑业的最高荣誉奖——结构“长城杯”，争取工程评为“鲁班奖”。

3. 技术难度大

第一，噪声控制要求高。第二，大空间的空调系统既要满足对温度的要求，又要无吹风感、无幕布的晃动。第三，各智能化弱电系统的安装开通，施工难度很大。国家大剧院分三个剧场，地下室共分三层，是一个全封闭高音响质量剧院。机房多分布在地下层面，风管系统多，交叉施工密集，此施工难点主要表现以下几点：

（1）密封空间地下室对金属材料防腐有要求。大剧院虽地处北京，天气相对干燥，但不少建筑设备位于地下层面，空气湿度较高，金属风管、配件易产生结露与锈蚀，项目采用高质量的上海宝钢镀锌板做风管。

（2）噪声控制难度大。剧院内部多为大空间，高音响质量与舒适环境是观众的最大要求。为了满足空调要求，必须保持一定的送回风量，风量大，容易产生风噪声，影响现场视听效果。另外，场馆需用的机械设备在运转时，会产生较大的机械噪声，通过结构及管道传到剧场内。为控制噪声，选用了一定数量的消声器和消声设备。

（3）保证舞台布景效果非常重要。在舞台上空由于各种管线、灯光、幕布布置，会影响风管的走向，如果送回风口的布置不合理或不平衡，便会吹动舞台幕布，影响舞台布景效果。施工中在风管布置做样板、深化图，保证送回风达到理想布置状态。

（4）既要满足观众对温度要求，又要无吹风感，却有一定的难度。三个剧场内 5473 个椅子的送风口一般设置在观众座位下，观众在座位上既要感到温度适宜、舒适，又无吹风感。特别采用了椅下和侧向旋流式风。

（5）施工管理技术难度大。大剧院是一座现代化工程，各工种设备管线分布在同一空间，水、强电、弱电、通风、舞台系统管线密集，交叉施工密度高，对通风施工工期及技术管理要求高，相对系统调试平衡质量更严格。

（6）动力照明、防雷接地、强弱电的相互干扰、三相谐波对剧院的影响，施工中克服了这一技术难题。

（7）建立具有国家大剧院特色的智能化弱电系统是机电工程“亮点”。在目前国内智能建筑中，弱电工程往往作为建筑物亮点之一。项目弱电主管工程师发挥了总包协调作用，组织人员对弱电 BA、安防、消防、无线通讯、舞台照明、音响、视频、监督等各系统现场看路由，加班加点画出深化图纸，管槽安装、穿线、设备安装、单机调试已完成，具备联动调试条件。

（8）工程交付使用后的特殊售后服务。竣工后，成立维保专业组，水、电、风、弱电技术人员为大剧院保驾。否则，会出现故障不断、功能低下、维修不到位等情况。

三、机电系统施工

1. 水系统

（1）制冷机房、热力机房均设置在 203 区，其冷、热源沿走廊和管道输送到末端空调箱、风机盘管、地板辐射集水器和散热器。冷源：由 4 台离心式和 1 台螺杆式制冷水机组共提供 4700RT 制冷量。如图 3－25 所示。

图 3－25　水系统

热源：由市政热力管网提供 130℃/70℃一次水，经设于热力机房内的板式换热器换成 50℃ ~60℃热水供冬季空调使用。

（2）给水机房位于 202 区音乐厅 B3 层，负责冷热水的供应，输送至卫生间、开水间、清洁间、演员化妆间等。如图 3-26 所示。

图 3-26 给水机房

大剧院共有 6 个消防水系统，包括：水幕、雨淋、喷洒、室内消火栓、室外消火栓和水炮系统。国家大剧院的水炮系统可谓各消防系统中最特殊的。国家大剧院外壳是采用钢结构网架做屋架，外敷钛合金板做屋面，将整个 3 个剧场建筑囊括其中，为解决屋面以下剧场建筑以外这样一个大的封闭空间的消防问题，国家大剧院采用消防水炮系统。之所以说国家大剧院的水炮系统特殊是因为一般的大空间灭火所采用的水炮都是固定式的，而国家大剧院出于建筑上的考虑需要整个空间内无向外突起的部分，所有水炮在不使用的时候均需隐藏，所以国家大剧院采用可升降式的固定水炮和移动水炮，可以说国家大剧院的可升降式固定水炮和移动水炮是全国独一无二的。如图 3-27 所示。

图 3-27 水炮系统

（3）由于国家大剧院由 3 个区域组成，其间的连接管道均为室外敷设，为防止冬季使用的低温环境对管道造成损坏，国家大剧院采用了电伴热系统进行保护。

2. 通风空调系统

总体消声技术要求：最大限度地妥善处理好消声降噪的统筹，而且要兼顾建筑隔声和各类附属设备的隔振减振处理。如图 3-28 所示。

图 3-28　消声系统

根据多年来暖通空调系统噪声治理工程的实践经验，结合我国相关行业经济技术水准和环境保护产业发展动态，针对国家大剧院暖通空调系统噪声治理工程特点和难度，选择了综合性能最为高效可靠、经济适用的阻性片式消声器作为本工程主导形式的消声器，在进一步拓展和优化结构后，形成新型的 ZP 系列阻性片式消声器结构。国家大剧院使用的绝大部分消声静压箱和消声弯头等也参照此类型阻性消声结构设计、制造。

3. 强电系统

国家大剧院共设有 2 个高压站和 7 个低压站，各变电站位置为：高压南站设于 203 区，高压北站设于 202 区。1#、2#、3#、4#站设于 202 区；5#、6#、7#站设于 203 区；8#、9#站设于 201 区。从王府井站、前门站各引入 10KV 高压电源进入高压南站。从西单站、前门站各引入 10KV 高压电源进入高压北站。如图 3-29 所示。

图 3-29　强电系统

强电系统中主要对智能型应急电源（简称：EPS）介绍：国家大剧院作为一个公共场所，为确保电力供应及紧急疏散，在不使用备用小型发电机组的情况下大量地采用了智能型应急电源。主要用于国家大剧院发生火情或其他紧急情况下为消防设施或一级负荷和特别重要负荷或其他负荷供电，如应急照明、事故照明、消防卷电门、消防电梯、空调排烟、消防水泵、观众厅及重要场所等。

4. 弱电系统

由楼宇自动化监控系统、消防探测及报警系统、背景音乐及应急广播系统、安全防范及报警系统、门禁系统、有线电视系统、综合布线系统、多系统合路室内覆盖系统（无线通讯）、票务管理系统、车库管理系统以及为舞台服务的舞台灯光系统、舞台音响系统、舞台视频转播系统、舞台监督系统、舞台同声传译系统和舞台字幕系统构成。如图 3-30 所示。

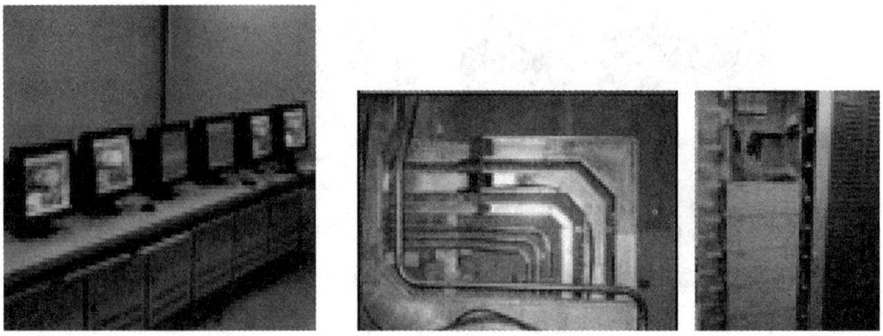

图 3-30　监控及报警系统

国家大剧院工程主体建筑内共有戏剧场、歌剧院、音乐厅三大剧场，三个剧场的所有演出资源都可以共享和互通，这就是依靠了大剧院的有线电视、综合布线和消防报警等系统的管线和设备来实现的。可以说综合布线系统和舞台五大系统的紧密配合，使得国家大剧院的弱电系统在功能上更趋完善，特点更加鲜明。

5. 电梯系统

电梯系统作为业主独立发包项，机电分部牵头对齐质量、进度进行管理，现场交叉施工进行协调。国家大剧院共有自动扶梯 36 部、垂直电梯 50 部，目前除 201 区 4 部垂直电梯外，其余均已安装完毕，有 2 部垂直电梯已投入使用。

6. 室外景观水池地热利用与回灌系统

室外景观水池地热利用部分的热源和水处理均由业主发包，利用国家大剧院四周打下的 18 口深井取地下水，对室外景观水池的水温进行调节。地下水经提升后至机房内的热交换器换热后再被回灌地下，以平衡地下水总量。18 口深井于 2004 年底全部完成，热交换机房及水处理机房也于 2006 年基本完成，室外景观水池的机电配管工作也将全面完成。

四、机电工程管理

总承包联合体机电分部全权代表总承包联合体履行总承包合约中规定的机电工程总包各项权力和义务，并管理业主直接发包或指定发包属机电范畴的承包商或供应商。

（1）工程策划管理：按业主和合约规定工期，制订分区和分阶段进度控制计划，并监督作业队按控制计划进行实施，每月报告修整计划。督促承包商按进度同步填报工程分部分项及隐蔽验收资料。对施工过程中的公文管理，做到上情下达，政令畅通，令行禁止。

（2）安全管理：根据 ISO9000 及 14000 标准，建立工地现场安全管理责任体系，监督作业队严格按体系进行过程控制。安全教育制度，三级讲评。建立临时用电管理机制，定人定岗、专人维护。安全设施搭设管理，脚手架和移动平台的搭设，实行挂牌制度。现场防火管理，现场交底，实行动火证制度。

（3）施工图深化及图纸发放、变更管理：ADPI 将机电施工图分包给北京建筑设计院，而北京院由于与法方 ADPI 合约等原因，图纸深度不足以满足现场施工和设备之采购。机电分部设立设计室将北京建筑设计院图纸进行深化设计，其重点放在按各分区逐层出综合平面布置图，在进入各大机房和各类房间处出节点详图。所有设备机房重新布置并出详图，对各类管道出固定支架详图，对各类设备出操作与检修平台详图。配合装饰分部重新布置室内机电末端、管线及相关设备等，同时尽早与北京建筑设计院和业主沟通核准设备各类技术参数。考虑到国家大剧院对机电降噪、减振、隔振的声学要求，再委托北京市劳保所进行消声、减振、隔振的设计。

现场设计变更管理，将北京院的设计变更转化为深化图，用直观的深化图来明确设计意图，使设计变更更具可操作性。

竣工图管理，与北京市城建档案馆取得联系，制作样板竣工图及标准文本进行先期审图工作，汇同专业人员和施工人员归档相关数据包括电子文文件，最后形成符合北京市城建档案馆标准的竣工图。

（4）各专业技术管理：各类设备招标采购前技术文件的指定，并落实北京建筑设计院、业主、监理的四方会签。业主方供应设备的技术会签与审批。编制本专业施工技术方案，经总工审定，再报监理批准后组织实施。施工技术交底，对施工方案进行技术交底，明确控制点。施工记录的整理和汇总。

（5）质量管理：材料报审管理，进入现场的材料经质量部门验收合格后报监理，审批后可进入现场使用。人员资质管理，施工操作人员必须持证上岗，特殊工种进入现场施工执行备案制。施工前对施工方案进行质量交底，明确重要施工控制点。施工交接及施工验收，要求作业队进行自检、互检、专检，合格后报质量部门检验，再组织监理验收，合格后进行下道工序施工，并办理交接手续。

（6）弱电系统设计集成管理：把BA控制系统、安保控制系统、门禁控制系统、车库管理系统等集成在一起，既能独立工作又能资源共享，有效地对各种设备进行维护、保养和记录，人员出入控制、费用结算、安全防范，减少了物业管理成本，提高了物业管理水平。建设方、设计方、集成方这三方，在建筑智能化系统工程实施过程中，既是利益的共同体，又是互相制约、互相牵制的一个临时组合体。作为工程的总承包方，通过组织各专业学习和研究标书文件及有关图纸资料，在分析了各种影响施工的因素和工程的特点、难点后，在技术方案中应采取相应的措施。在弱电系统深化设计阶段，总承包方除了要及时掌握设计进度、深度等情况外，还要组织各专业与弱电各系统召开专题会议，解决各系统之间的接口、施工界面、配合等问题，特别是要与装饰设计确定末端点位的布置。

（7）物资采购及仓储管理：建立建材物资集成、配送中心。提出同种设备材料的多种选样方案。汇总材料需求计划，编制采购进度表。材料采购流程：资料统计→资格预审→样品报批→产品考察→综合评价→确定厂家→签订采购合同。设备采购方式：公开招标；邀请内部询价比价招标；竞争性谈判定价备案。设备材料的仓储：设备材料的接收→验收会签→场内驳运→入库清点→分类存放→按计划发放。整理汇编供应商手册，提供调试售后服务。

（8）商务管理：结合合同单价配以工程量清单进行商务预算的编制、工程款的请款和洽商索赔。参与各专业分包与业主预算部洽谈承包造价的工作。签订专业施工分包合同、安全协议和总包配合协议。按照清单编制月工程验工计价表。汇总的月完成工程量报表工程监理单位进行审核。收取及拨付月工程进度款，同时扣除各类费用。对于涉及索赔金额的设计变更，按照经济索赔的程序操作。汇总、整理编制索赔函。编制竣工结算预算书结合工程设计变更洽商。

第四节 变电所电气安装质量管理

随着电力体制改革的逐步深入，目前各省的电力建设都已逐步推行工程招投标制，电力施工企业市场化竞争更加激烈。同时，随着国内电力施工企业科技含量、管理水平和工作效率的不断提高，少数具有领先优势的电力施工企业中标大量工程，使大多数电力施工企业都不同程度面临任务不足、负担沉重的困境。在这样的市场环境下，如何保证企业在长期的市场竞争中占据有利位置，立于不败，质量管理工作必将成为企业的主攻方向，狠抓项目经理部质量管理，创精品工程，创用户满意工程，树企业品牌将成为电力施工企业必由之路。

一、安装工程项目部质量管理的策划

1. 确定科学合理的工程质量目标

工程项目的质量目标必须根据业主的要求、用户的意见和企业自身的综合水平来确定，太低了，业主不满意，用户不满意；太高了，投入太大，或者企业根本就没有实力达到，企业自身不满意。质量目标确定好之后，必须进行质量目标的层层分解，质量目标的层层分解原则上越细越好，最好分解到分项工程的下一步骤——工序，如图 3－31 所示。

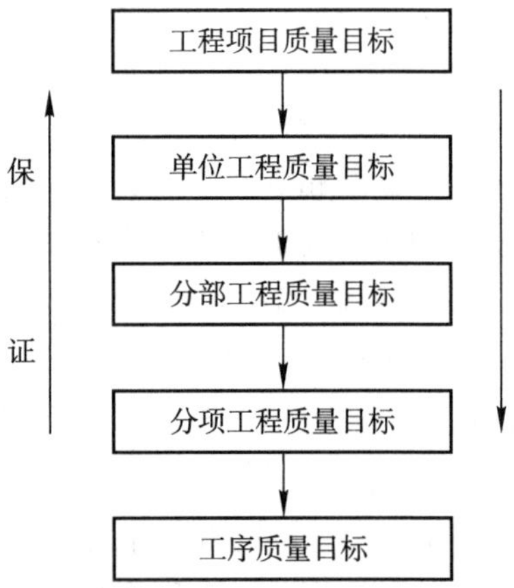

图 3－31 质量目标的分解示意

一般情况下，工程的质量目标确定的是单位工程、分部工程、分项工程的合格率和优良品率，目前南方电网公司《110～500kV 送变电工程质量检验及评定标准（变电电气安装）》中分项工程施工质量检验只设“合格”一个等级，并且必须合格。所以分项工程要全部达到质量标准。目标定下来之后，每一道工序的目标如何实现对于作业层来说都是具体的，作业层作为具体的执行者，知道哪些步骤存在问题，哪些步骤是保证质量的关键，做到有的放矢。否则，即使有了目标，目标也会显得“很空”，形同虚设，即使出现达不到目标的情况，也不知从何下手。因此，从工序目标入手，通过保证工序目标的实现来达到分项质量目标的实现，依次保证分部工程、单位工程及整个工程的最终质量目标。

2. 开展形势多样的全员质量教育培训

做好教育、培训工作是项目经理质量管理的保证条件之一，“始于教育，终于教育”是推行全面质量管理的成功经验，电气安装工程项目经理部的质量教育工作包括：质量意识教育、管理知识教育、电气安装技术业务培训等，该项工作必须由项目经理通过公司决策层协调公司人事教育部、质量保证部、技术科等来完成。

（1）工程质量意识培训。项目经理是项目质量管理工作的领头羊，项目经理必须真正从思想上摆正质量、进度、效益的辩证关系，质量管理工作的各项方针、政策、要求、办法才能扎扎实实落实到作业班组，才能落实到每个施工人员身上。通过意识教育，让每一位职工知道“质量是企业的生命”。它不仅仅是一句口号，让每位职工都树立起质量意识，明白企业的工程项目来之不易，工程项目的质量取胜法宝掌握在参与工程施工与管理的每个人手中，而不是仅仅掌握在公司领导决策层手中。通过培训对职工施行思想意识感染、熏陶和精神激励，培养和提高员工的质量意识，从而支配实际施工和管理工作中的质量行为。质量意识培训的效果以及对质量的保证程度，最终取决于职工意识的潜在作用，有什么样的意识支配就会产生什么样的管理质量和工程实物质量。

（2）质量管理知识培训。这里说的质量管理知识是指贯彻执行 ISO9002 国际质量体系标准的有关知识，不谈质量体系的认证，因为那是公司的事而非项目经理部的事，工程项目经理部是要确保 ISO9002 质量体系标准在本工程项目中有效、适宜运行。工程项目优良质量的形成，特别是专业性极强的电气安装工程优质实物质量的形成，其过程是一个非常复杂的质量管理活动，必须做到每一位施工人员的一切行为都要受到规范、体系要素的约束，质量规范管理必须以其科学性、系统性、程序性将质量管理中的“人治”变成“法治”，使得质量管理工作有准则，考核有依据，做到凡事有人负责，凡事有法可依、凡事有据可查，杜绝质量管理工作中的随意性、不确定性和随机性，这就必须认真学习 ISO9002 质量体系标准，用体系要素来约束施工过程和管理过程。ISO9002 质量体系标准的培训学习是一个经常的、持久的、渐进的过程，通过多年的工程实践运作，已经卓有成效，质量体系培训取得了良好效果。然而在贯标初期，许多职工，包括一些领导人员，对 ISO9002 质量体系都存在厌倦和应付心理，认为贯标给工作增添了麻烦，带来了负担，只有投入不见产出，是劳民伤财的差事。通过几年持续的学习，职工认识到了 ISO9002 质量体系标准确实对工程实践起到了指导作用，为工程质量的提高提供了保证，指明了方向，一方面每位职工都可以明确自己的质量职责，另一方面也协调了项目经理部管理层对一些异常问题的分析、处理的想法和办法，减少了过去各执己见或者以大压小、领导说了算的现象，减少了无谓的争执和扯皮，做到各负其责，提高工作效率。

（3）电气安装专业技术业务的培训。理论上讲，一个电气专业安装工或调试工的专业技术业务要靠项目经理部的短期培训得到整体提高是很难做到，或者说是根本不可能做到的，整体技术的提高靠的是作业人员自身长期理论知识的积累和工程实践经验的总结，以达到理论贯穿实际，理论与实践的有效整合。这里说的项目经理部的技术业务培训是具有强烈针对性的，根据工程项目的具体构成情况，从中确定本工程的技术难点，针对技术难点安排培训（一般由项目经理部协调公司有关部门来完成）。一个 500kV 的大型变电站，其技术难点是主变压器安装、大截面管母线的制作及安装、SF6 断路器的安装、500kV 线路保护调试、变电站综合自动化监控系统调试、变压器局部放电试验、超高压输电线路参数测试等，分析这些技术难点，结合队伍的具体情况，采用外培、外聘内培、内培等方式进行有目的性的培训。外培是将作业人员送到外单位进行培训，如送到设备的制造厂家或有专业资质的培训机构，以达到熟悉的设备作业过程和要求或者取证的目的；外聘由内培是在项目经理部安排培训，外聘专业工程师、科研机构（如电力中心试验研究所）专业人员或厂家专业工程师进行讲授；内培是项目经理部自己培训自己，选拔有技术专长的作业或技术人员对广大作业人员进行工程实践的讲授，达到对以往工程项目技术总结、技术推广、互相交流、互相提高的目的，根据我们的实践，对于有施工经验的技术项目，采用内培方式尤为有效，因为它本身就是工作实践的交流与传授。采取这种有目的性、有针对性的短期培训，甚至比集中学习几个月或半年还更为有效，因为作业人员明白这些业务技术，立即会用在工程实践中，这些知识可以让自己在工作中如虎添翼。

3. 建立变电站安装质量管理体系

（1）项目经理部人员组织及职责分工根据 ISO9002 质量体系的要求，确定质量管理体系的人员组成，明确各自的质量责任和权利。在项目经理部中，要重点强调兼职质检员的作用，要给予其一定的权利（包括工作上和经济上的权利），如果没有权利，责任就成空架子。人员组织如图 3－32 所示。

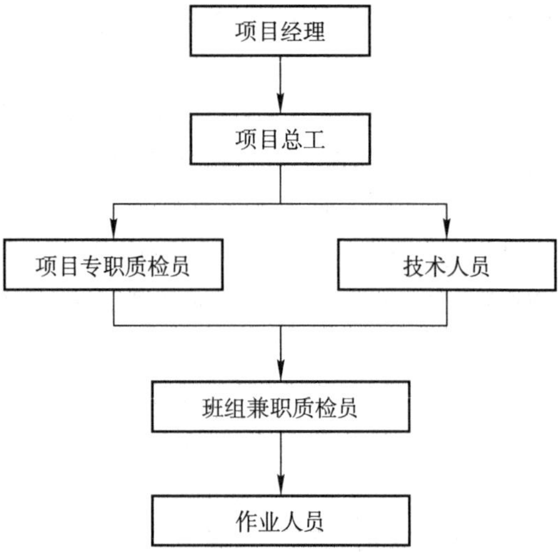

图 3－32 组织结构图

项目经理是工程质量的直接组织者、责任者组织并领导施工队严格按图纸、规范、工艺进行施工；承担工程的一切质量经济责任；对工程的所有人员有奖罚、处分权。

项目总工及技术人员是工程质量的技术把关者，对于工程质量在技术上负责，按国家施工验收规范、质量技术要求编写易于操作的技术措施，在工程施工过程中指导作业，解决施工中出现的技术质量问题，掌握工程全部技术资料，在技术上对工程现有人员有奖罚处分权或有权汇报项目经理进行奖罚、处分。

专兼职质检员是工程质量的监督、控制者，对工程质量监督、把关负责，掌握工程的质量动态，督促作业班组进行自检、初检，负责项目部的终检，对违反国家验收规范及工艺要求的作业过程有令整改、返工、停工权，有权汇报项目经理进行奖罚、处分。

作业人员是工程工序的直接质量责任者，有义务做到“四懂四会”、爱护原材料及设备，有义务自觉接受质检员的检查监督，有义务积极参加 QC 活动，对造成质量事故的现象负责按规定赔偿，在作业过程中，对违反作业工艺要求的错误督促和指挥，有权拒绝接受指挥，有权汇报项目经理进行奖罚、处分。

（2）公司各部门在项目经理部的作用。工程管理部（或技术科）对项目进行图纸会审，进行技术措施、施工方案审批，技术总交底，对重大质量问题提出技术性补救措施，对工程质量进行监督检查，协助“三检”，协调对外工作。

物资处保证项目施工材料按时到货，做好进货质量把关，加强材料管理，推进限额领料措施。

计划经营处编制施工计划，下达公司要求的质量计划，督促作业生产执行情况，做好施工前的准备工作，为施工作业创造条件。

劳动人事部门合理安排调配劳动力，进行技术培训与岗位练兵，贯彻按劳分配原则，促进工程质量提高。

财务部门为工程提供资金保障，搞好工程结算，在工程中结合工程情况进行成本核算和经济性分析。

党政工团综合部门配合人事部门搞好思想教育，掌握考核技术带头人及工人的工作质量状况，有计划地培养质量管理人才，搞好后勤综合服务。

二、工程质量的控制

根据前面质量目标分解的原则，质量目标最小分解到工序目标，要实现工程质量目标，首先就要控制工序质量，以实现从工序质量到分项工程质量、分部工程质量、单位工程质量的系统控制过程。每一道工序质量的完成过程都是由人、机械、材料、施工方法、环境5个方面因素决定的，为了控制工序质量，就必须控制其影响因素。

1. 对人的控制

控制人的主要目的是为了让作业、管理人员避免失误，充分调动积极性，发挥主导作用。除了对作业人员的培训之外，还应根据工程质量的特点、作业人员的技术特点做出合理的作业分工，如安排技术熟练、经验丰富、责任心强的人承担技术复杂、难度大、精度高的工序作业（如500kV主变压器安装），应严格控制的是无技术资质的人上岗操作，不懂装懂，图省事，碰运气，存侥幸心理，有意违章等行为，以避免没有必要的人为质量损失。

2. 对机械的控制

对机械的控制主要表现在机械设备的选用、调配及操作使用、维护保养等方面，电气安装工程工序复杂，要使用许多专业机械设备，正确选用和使用机械设备是确保工程质量的前提。必须健全“人机固定”制度、“操作证”制度、“岗位责任制度、交换班”制度、“技术保养”制度、“安全使用”制度、机械设备检查制度等，确保机械设备处于最佳使用状态，以保证工程质量。

3. 对材料的控制

材料控制包括对原材料、成品、半成品、构配件等的控制，包括抓好检查验收关，在项目经理部建立材料库、材料场，加强材料的账卡物对应管理，特别要加强工程中特殊成品材料（如用量较少的耐张线夹、设备线夹）的控制，这些材料一旦发生损失或丢失，补充起来会是很麻烦的事，严禁不合格的材料用到工程中。

4. 对施工方法的控制

施工方法是影响工序质量的关键因素，施工方法的编制确定应本着切合工程实际、解决施工难题、技术可行、经济合理的原则，各种施工方案，技术措施的审批要严格执行公司质量体系程序文件的有关规定，严禁越级跨专业审批，确保方案、措施的科学性和有效性，严禁未经审批的方案，措施等用到工程中去。

5. 对施工环境的控制

影响电气安装的环境因素复杂多变，包括技术环境、管理环境、劳动环境、工序环境等。应根据现场条件制定控制环境的有效措施，建立安全文明的施工环境，保持材料工件有序堆放、道路畅通，推行“工完料净场地清”原则，为确保工程质量创造条件。

三、安装工程质量管理办法

（1）在项目质量管理中采用“危机管理”方式项目经理部需要一个有“刺激”的环境，在激烈的市场竞争中，必须时时刻刻灌输和强化“危机意识”，危机感应推行夸大原则。每位作业、管理人员必须清楚地认识到市场只相信能力，只相信你创造出来的精品。

（2）质量管理推行“n－1”的原则。在项目经理部的质量管理过程中，应追求人尽其用，追求办事高效率，让每个人在工作时永远感到人手不足（因为一旦感到“人手够了”的时候，已经出现人力的浪费，就有人在工作时间休息）需要竭尽全力地工作才能完成任务。

（3）贯彻“质量第一、用户满意、为企业创品牌”的方针。当前，以用户为中心的质量管理模式正在逐步形成，决定一个企业标准、水平应该从上级主管部门的评价转向用户的需求和评价。质量观念的转变导致了质量管理的方式改变，今天的管理理念应该是“用户永远是对的”，在市场经济条件下，服务已变成一个非常重要的因素，它也是工程施工的一个重要组成部分，如果工程质量搞得好，服务质量跟不上，将会使产品竞争力大打折扣。工程竣工投入生产后，用户在运行过程中发现了运行缺陷，项目经理部应本着任何原因造成的缺陷都处理（包括运行操作不当造成的），都会给运行单位一个满意结果的原则。项目经理部的每一个动作行为，都会成为企业树品牌的关键因素。质量是用户所需，而非公司所给，只有用户满意的项目方能被称为“合格”产品。

（4）“团队精神”与“有效的团队成员”是精品工程的制造者。优良的质量离不开“团队”的协作，特别是变电站电气安装的复杂工序，单独的个人即使是工作英雄也完成不了任务，何况达到优质。建设一个和谐、士气高昂的项目团队，对最终完成组织目标具有很大的意义，一个高效的团队有明确的目标导向，在解决问题时具有独特的创造性，对问题有独到的见解，并能及时作出决策。高效的团队成员都强烈希望为取得项目标付出努力，能积极热情地为项目成功付出必要的时间和努力，相互做出或接受彼此的意见反馈及建设性的批评，体现出高度的合作互助和责任感，互相之间相互依赖，具有极强的信任感和统一感。在质量管理中，加强团队建设，展现团队协作的巨大优势，就可以避免在变压器安装过程中由于责任心不强，导致变压器油受到污染或变压器吊罩检查时在大罩复罩后发现少了一把扳手、在设备开箱时由于不小心对瓷件造成损坏、母线搭接时由于对搭接面清洁不够导致运行后接触面发热等。高效的团队能自发地解决身边的质量问题。要创精品工程只有依靠团队的力量。

（5）在质量管理中采用“激励”手段。在质量管理中把员工有效组织好是一个极其重要的问题，在这个组织中合理安排他们的工作，并要他们充分发挥积极性和主观能动性。激励离不开合理的奖罚制度，奖罚措施要按时兑现，奖罚禁开“空头支票”，空头支票会使职工失去信任或存侥幸心理。扣钱发奖金固然是激励的手段，是目前我国许多企业采用的手段之一，但在物质生活水平达到一定层次的今天，光靠钱可能已经很难激发工人的积极性了，或者员工在渴求“钱”的同时更渴求爱的需要、尊重的需要。在质量管理中，应采用一种新型的管理理念，把职工看成“用户”，用对待用户的诚恳和热情来对待职工。如果没有全体员工的努力，纵有最先进的技术和科学的管理也发挥不了作用，工程质量仍然达不到预期的目的，要让员工满意（不仅仅是增加其工资）实现其自身需要，满足求知、发挥才能、享有权利、实现自我等需要。员工满意不仅能忠于职守、兢兢业业干好本职工作，而且还能激发满腔工作热情、无私奉献的精神以及持久的创造性和协同作战的团队精神，自觉把自身的利益同项目经理部利益及企业的目标紧密联系在一起，发挥出人的潜能，改进工作方法，提高工作效率，创造精品工程。

21世纪是品牌竞天下、精品抢市场的质量世纪，在激烈的国际市场竞争大潮中，唯有那些得到用户认可的名牌企业才能立于不败之地，施工企业的制胜法宝是通过项目质量管理来创建精品工程，创用户满意工程，树立企业品牌形象。

第五节　某大酒店吊装施工方案

一、工程概况

1. 工程总体概况（见表3－8）

表3－8　工程总体概况表

工程名称	某大酒店贵宾楼及设备用房
工程地址	西侧紧邻花果山大道，北侧广电影视中心及某住宅小区，南侧为财经学校，东侧为工贸学校。
建设单位	某房地产开发有限公司
设计单位	某市建筑设计研究院有限责任公司
监理单位	某工程项目管理有限公司
施工总承包单位	某建工集团有限公司
合同工期	2012年10月1日～2013年3月31日
总建筑面积	贵宾楼总建筑面积：18177.9m^2。其中地上：16956.4平方米（含设备夹层1049.3m^2）。地下：1221.5平方米（含设备管沟及泳池设备层1819.72）m^2 能源中心总建筑面积：3243.28m^2。其中地上：2424.4m^2；地下：818.88m^2

2. 建筑概况表（见表3－9）

表3－9　建筑概况表

序号	项目	地下车库
1	工程等级	特级
2	使用年限	50年
3	抗震设防裂度	七度
4	抗震等级	二级

续表

序号	项目	地下车库	
5	高程/檐高	±0.00 相对于绝对标高 5.40m	
6	建筑楼层/层高	一层、二层	三层
7		5m	5.5m
8	建筑结构形式	框架结构	
9	普通货梯/自动扶梯	4 部普通货梯/2 部自动扶梯	

二、编制依据

（1）《建筑地基基础设计规范》（GB50007）；

（2）《混凝土结构设计规范》（GB50010）；

（3）《钢结构设计规范》（GB50017）；

（4）《起重机使用说明书》；

（5）《龙门架及井架物料提升机安全技术规范》（JGJ88）；

（6）《塔式起重机安全规程》（GB5144）；

（7）《塔式起重机操作使用规程》（ZBJ80012）；

（8）《建筑卷扬机安全规程》（GB13329）；

（9）《施工升降机安全规则》（GB10055）；

（10）《建筑施工安全检查标准》（JGJ59）；

（11）《工程建设重大事故报告和调查程序规定》；

（12）《建筑施工手册》（第四版）（中国建筑工业出版社出版）；

（13）本工程施工组织总设计及相关文件。

三、塔吊吊装方案

1. 吊装对象

（1）木工模板，支撑材料及构件。

（2）钢管脚手架及扣件。

（3）斗装砂浆。

（4）钢筋原材料、半成品。

（5）大中型机具、设备。

2. 辅助吊装工具及承载力验算

（1）卡环：本工程选用螺纹销卡环。（M30 螺纹销）

（2）钢丝绳：本工程选用（6×37）d = 15 mm规格的钢丝绳，极限荷载 1670Mpa，钢丝绳采用插头用作吊索，绳卡长度≥25d、绳环长度 ≥20d。

（3）钢丝绳允许拉力计算：

钢丝绳结构（6×37）d=15 mm，极限强度1670Mpa，破断拉力总和 P8=121KN。由《简明施工手册》P479 表6-2 查得换算系数 a=0.85，表6-3 查得安全系数 k=5.5 时的允许拉力为：

P=2P8×a/12=0.85×242/5.5=37.4KN=3.81T

即采用图3-33 两吊装又采用卡环配合：

最大可吊装 G=2×3.81=7.62T

（4）卡环计算（允许拉力）。

M30 卡环 Qb=0.04d2=0.04×302=36KN=3.67T

即采用图3-34 方式两点吊装，钢丝绳配合卡环吊装时最大可吊重 M30 卡环 2×3.67=7.34T。

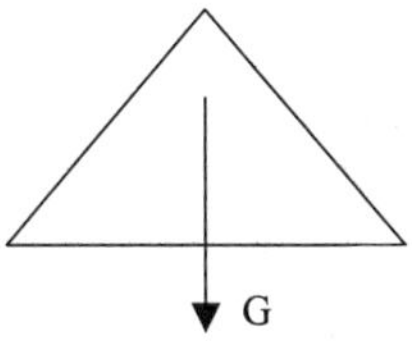

图3-33

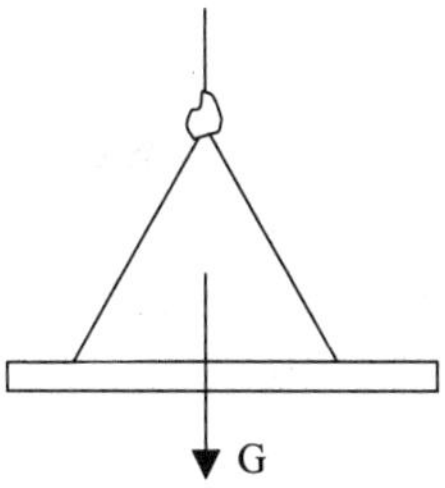

图3-34

因此在实际吊装过程中应预先估算好吊物重量，超过上述极限重量时，须采用多吊点吊装，且吊物重量不得超过塔吊限载。

3. 吊装方法

模板、小型工具、扣件吊装，现场制作吊笼，上述物件放在吊笼内进行吊运。

体形较长的构件，如钢管、钢筋原料、成品半成品采用钢筋绳套，在两端对称位置捆扎牢固后挂钩起吊。

大中型机具设备吊装前，先了解设备的重量是否在塔吊及吊索、吊环的允许范围内，再确定好吊点及数量方可正式吊装。

四、塔吊吊装安全技术措施及各项应急预案

1. 一般规定和要求

起重吊装工程安全技术基本分为三项：地基与基础；塔架的主体结构；吊绳及吊具。

要求地基能够满足最不利荷载下的最小需要承载力要求及对地基的其他要求，根据设备的说明书及设计要求确定；起吊设备的设计与安装要由有资质的单位进行设计、制造、安装；吊绳及吊具根据具体的施工状况进行自行设计。

2. 构造要求

地基与基础严格按设计要求进行施作，塔式起重机与门式起重机要经过当地安监部门验收通过并取得安全使用许可证。

3. 设计计算

（1）地基与基础。按机械设备本身的要求检查地基承载力，达不到地基承载力要求的，进行换填，以达到承载力要求，扩大基础尺寸按塔式起重机、龙门式起重机基础图要求进行施工地基基础。

（2）钢丝绳设计与计算。钢丝绳是吊装中的主要绳索，它具有强度高、弹性大、韧性好、耐磨、能承受冲击载荷等优点，且磨损后外部产生许多毛刺，容易检查，便于预防事故。

钢丝绳允许拉力按下列公式计算：

$$[Fg] = \alpha Fg/K \quad (1)$$

式中，[Fg] ——钢丝绳的允许拉力（kN）；

Fg——钢丝绳的钢丝破断拉力总和（kN）；

α——换算系数，按表3－10取用；

K——钢丝绳的安全系数，按表3－11取用。

表3－10 钢丝绳破断拉力换算系数

钢丝绳结构	换算系数
6×19	0.85
6×37	0.82
6×61	0.80

表3－11 钢丝绳的安全系数

用途	安全系数	用途	安全系数
作缆风	3.5	作吊索、无弯曲时	6～7
用于手动起重设备	4.5	作捆绑吊索	8～10
用于机动起重设备	5～6	用于载人的升降机	14

施工现场采用的为全部为6×19形式的允许拉力［Fg］＝1550Mpa的钢丝绳，根据公式（1）、表3－10、表3－11进行验算得以下各个最小钢丝绳直径。如表3－12所示。

表3－12 最小钢丝绳直径

序号	起重量（T）	起重方式	换算系数	安全系数	最小钢丝绳直径（mm）	备注
1	1	单根吊索无弯曲	0.85	7	8	双根直径相应减小
2	2	单根吊索无弯曲	0.85	7	12	
3	3	单根吊索无弯曲	0.85	7	14	
4	4	单根吊索无弯曲	0.85	7	16	
5	10	单根吊索无弯曲	0.85	7	26	
6	70	四根吊索无弯曲	0.85	7	69	

塔式起重机最大吊重6t，单根最小钢丝绳直径不得小于16mm。

（3）钢丝绳的安全检查。钢丝绳使用一定时间后，就会产生断丝、腐蚀和磨损现象，其承载能力减低。一般规定钢丝绳在一个节距内断丝的数量超过表3－13的数字时就应当报废，以免造成事故。

表3－13　钢丝绳报废标准（一个节距内的断丝数）

采用的安全系数	钢丝绳种类					
	6×19		6×37		6×61	
	交互捻	同向捻	交互捻	同向捻	交互捻	同向捻
6以下	12	6	22	11	36	18
6～7	14	7	26	13	38	19
7以上	16	8	30	15	40	20

当钢丝绳表面锈蚀或磨损使钢丝绳直径显著减少时应将表3－13报废标准按表3－14折减并按折减后的断丝数报废。

表3－14　钢丝绳锈蚀或磨损时报废标准的折减系数

钢丝绳表面锈蚀或磨损量（%）	10	15	20	25	30～40	大于40
折减系数	85	75	70	60	50	报废

断丝数没有超过报废标准，但表面有磨损、腐蚀的旧钢丝绳，可按表3－15的规定使用。

表3－15　钢丝绳合用程度判断

类别	钢丝绳表面现象	合用程度	使用场所
Ⅰ	各股钢丝位置未动，磨损轻微，无绳股凸起现象	100%	重要场所
Ⅱ	1. 各股钢丝已有变位、压扁及凸出现象，但未露出绳芯 2. 个别部分有轻微锈痕 3. 有断头钢丝，每米钢丝绳长度内断头数目不多于钢丝总数的3%	75%	重要场所
Ⅲ	1. 每米钢丝绳长度内断头数目超过钢丝总数的3%，但少于10% 2. 有明显锈痕	50%	次要场所
Ⅳ	1. 绳股有明显的扭曲、凸出现象 2. 钢丝绳全部均有锈痕，将锈痕刮去后钢丝上留有凹痕 3. 每米钢丝绳长度内断头数超过10%，但少于25%	40%	不重要场所或辅助工作

（4）吊装工具。起重吊钩常用优质碳素钢锻成。锻成后要进行退火处理，要求硬度达到95～135HB。吊钩表面应光滑，不得有剥裂、刻痕、锐角、裂缝等缺陷存在，并不准对磨损或有裂缝的吊钩进行补焊修理。

吊钩在钩挂吊索时要将吊索挂至钩底；直接钩在构件吊环中时，不能使吊钩硬别或歪扭，以免吊钩产生变形或使吊索脱钩。

①带环吊钩规格。带环吊钩规格见表3－16。

表 3-16　　带环吊钩规格

简图	起重量（t）	A（mm）	B（mm）	C（mm）	D（mm）	E（mm）	F（mm）	适用钢丝绳直径（mm）	每只自重（kg）
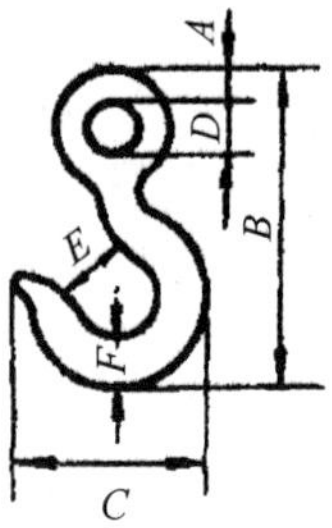	0. 5	7	114	73	19	19	19	6	0. 34
	0. 75	9	133	86	22	25	25	6	0. 45
	1	10	146	98	25	29	27	8	0. 79
	1. 5	12	171	109	32	32	35	10	1. 25
	2	13	191	121	35	35	37	11	1. 54
	2. 5	15	216	140	38	38	41	13	2. 04
	3	16	232	152	41	41	48	14	2. 90
	3. 75	18	257	171	44	48	51	16	3. 86
	4. 5	19	282	193	51	51	54	18	5. 00
	6	22	330	206	57	54	64	19	7. 40
	7. 5	24	356	227	64	57	70	22	9. 76
	10	27	394	255	70	64	79	25	12. 30
	12	33	419	279	76	72	89	29	15. 20
	14	34	456	308	83	83	95	32	19. 10

②卡环（卸甲、卸扣），如图 3-35、表 3-17 所示。

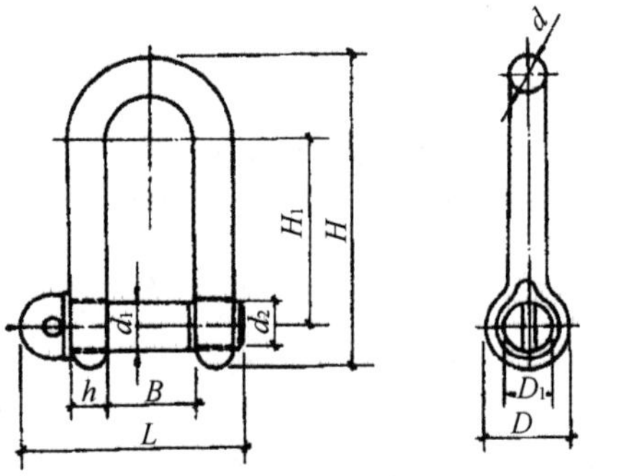

图 3-35

表 3-17　　卡环规格

型号	使用负荷		D	H	H1	L	d	d_1	d_2	B	重量
	（N）	（kg）	（mm）								（kg）
0. 2	2450	250	16	49	35	34	6	8. 5	M8	12	0. 04
0. 4	3920	400	20	63	45	44	8	10. 5	M10	18	0. 09
0. 6	5880	600	24	72	50	53	10	12. 5	M12	20	0. 16
0. 9	8820	900	30	87	60	64	12	16. 5	M16	24	0. 30
1. 2	12250	1250	35	102	70	73	14	18. 5	M18	28	0. 46
1. 7	17150	1750	40	116	80	83	16	21	M20	32	0. 69
2. 1	20580	2100	45	132	90	98	20	25	M22	36	1

续表

型号	使用负荷		D	H	H1	L	d	d_1	d_2	B	重量
	(N)	(kg)	(mm)								(kg)
2.7	26950	2750	50	147	100	109	22	29	M27	40	1.54
3.5	34300	3500	60	164	110	122	24	33	M30	45	2.20
4.5	44100	4500	68	182	120	137	28	37	M36	54	3.21
6.0	58800	6000	75	200	135	158	32	41	M39	60	4.57
7.5	73500	7500	80	226	150	175	36	46	M42	68	6.20
9.5	93100	9500	90	255	170	193	40	51	M48	75	8.63
11.0	107800	1100	100	285	190	216	45	56	M52	80	12.03
14.0	137200	1400	110	318	215	236	48	59	M56	80	15.58
17.5	171500	1750	120	345	235	254	50	66	M64	100	19.35
21.0	205800	2100	130	375	250	288	60	71	M68	110	27.83

五、危险源及相关措施

1. 危险源分布情况

（1）吊装过程中钢丝绳断裂；

（2）塔式起重机大臂拆断与翻倒；

（3）刹车失灵重物滑落；

（4）高处坠落。

2. 危险源预防措施

（1）防止起重机事故措施。起重机的行驶道路必须平坦坚实，地下墓坑和松软土层要进行处理。必要时，需铺设木头或路基箱。起重机不得停置在斜坡上工作。当起重机通过墙基或地梁时，应在墙基两侧铺垫道木或石子，以免起重机直接碾压在墙基或地梁上。

应尽量避免超载吊装。在某些特殊情况下难以避免时，应采取措施，如：在起重机吊杆上拉缆风绳或在其尾部增加平衡重等。起重机增加平衡重后，卸载或空载时，吊杆必须落到水平线夹角60°以内，操作时应缓慢进行。

禁止斜吊。所谓斜吊，是指所要起吊的重物不在起重机起重臂顶的正下方，因而当将捆绑重物的吊索挂上吊钩后，吊钩滑车组不与地面垂直，而与水平线成一个夹角。斜吊还会使重物在离开地面后发生快速摆动，可能碰伤人或碰撞其他物体。

起重机应避免带载行走，如需作短距离带载行走时，载荷不得超过允许起重量的70%，构件离地面不得大于50cm，并将构件转至正前方，拉好溜绳，控制构件摆动。

绑扎构件的吊索需经过计算，绑扎方法应正确牢靠。所有起重工具应定期检查。

不吊重量不明的重大构件或设备。

禁止在六级风的情况下进行吊装作业。

起重吊装的指挥人员必须持证上岗，作业时应与起重机驾驶员密切配合，执行规定的指挥信号。驾驶员应听从指挥，当信号不清或错误时，驾驶员可拒绝执行。

严禁起吊重物长时间悬挂在空中，作业中遇突发故障，应采取措施将重物降落到安全地方，并关闭发动机或切断电源后进行检修。在突然停电时，应立即把所有控制器拨到零位，断开电源总开关，并采取措施使重物降到地面。

起重机的吊钩和吊环严禁补焊。当吊钩、吊环表面有裂纹、严重磨损或危险断面有永久变形时应予更换。

起重设备在未得到安全使用许可证前不得投入使用。

经常对设备进行检查与维护，保证钢丝绳与杀车的良好运行。

（2）防止高处坠落措施。操作人员在进行高处作业时，必须正确使用安全带。安全带一般应高挂低用，即将安全带绳端的钩环挂于高处，而人在低处操作。

在高处使用撬棍时，人要立稳，如附近有脚手架或已安装好的构件，应一手扶住，一手操作。撬棍插进深度要适宜，如果撬动距离较大，则应逐步撬动，不宜急于求成。

雨天和雪天进行高处作业的时候，必须采取可靠的防滑、防寒和防冻措施。作业处和构件上有水、冰、霜、雪均应及时清除。

对在高耸建筑物进行高处作业，应事先设置避雷设施。遇有六级以上强风、浓雾等恶劣天气，不得从事露天高处吊装作业。暴风雪及台风暴雨后，应对高处作业安全设施逐一加以检查，发现有松动、变形、损坏或脱落等现象，应立即修理完善。

（3）防止高处落物伤人措施。

地面操作人员必须戴安全帽。高处操作人员使用的工具、零配件等，应放在随身佩带的工具袋内，不可随意向下丢掷。在高处用气割或电焊切割时，应采取措施，防止火花落下伤人。

地面操作人员，应尽量避免在高空作业面的正下方停留或通过，也不得在起重机的起重臂或正在吊装的构件下停留或通过。

构件安装后，必须检查连接质量，只有连接确实安全可靠，才能松钩或拆除临时固定工具。

设置吊装禁区，禁止与吊装作业无关的人员入内。

（4）防止触电措施。吊装工程施工组织设计中，必须有现场电气线路及设备位置平面图。现场电气线路和设备应由专人负责安装、维护和管理，严禁非电工人员随意拆改。

施工现场架设的低压线路不得用裸导线。所架设的高压线应距建筑物 10m 以外，距离地面 7m 以上。跨越交通要道时，需加安全保护装置。施工现场夜间照明，电线及灯具高度不应低于 2.5m。

起重机不得靠近架空输电线路作业。起重机的任何部位与架空输电线路的安全距离不得小于表 3－18 的规定。

表 3－18　起重机与架空输电导线的安全距离

电压（kV） 安全距离	<1	1～15	20～40	60～110	220
沿垂直方向（m）	1.5	3.0	4.0	5.0	6.0
沿水平方向（m）	1.0	1.5	2.0	4.0	6.0

构件运输时，构件或车辆与高压线净距不得小于 2m，与低压线净距不得小于 1m，否则，应采取停电或其他保证安全的措施。

现场各种电线接头、开关应装入开关箱内，用后加锁，停电必须拉下电闸。

电焊机的电源线长度不宜超过5m，并必须架高。电焊机手把线的正常电压，在用交流电工作时为60V～80V，要求手把线质量良好，如有破皮情况，必须及时用胶布严密包扎。电焊机的外壳应该接地。电焊线如与钢丝绳交叉时应有绝缘隔离措施。

使用塔式起重机或长起重臂的其他类型起重机时，应有避雷防触电设施。

各种用电机械必须有良好的接地或接零。接地线应用截面不小于25mm的多股软裸铜线和专用线夹。不得用缠绕的方法接地和接零。同一供电网不得有的接地，有的接零。手持电动工具必须装设漏电保护装置。使用行灯电压不得超过36V。

在雨天或潮湿地点作业的人员，应穿戴绝缘手套和绝缘鞋。大风雪后，应对供电线路进行检查，防止断线造成触电事故。

(5) 防雷措施。通过具有资质的气象部门在塔吊顶安装避雷针。

(6) 防风措施。按塔吊使用说明书的要求对塔吊定高度在墩柱上安装附着。

六、应急预案

1. 应急准备

(1) 成立组织机构及职责。

项目部起重吊装事故准备和响应领导小组：

组长：

组员：

值班电话：

高空坠落事故应急处置领导小组负责对项目突发高处坠落事故的应急处理。

(2) 培训和演练。项目部安检部长负责主持、组织全项目部在施工作业前进行一次按高处坠落事故“应急响应”的要求进行模拟演练。各组员按其职责分工，协调配合完成演练。演练结束后有组长组对“应急响应”的有效性进行评价，必要时进行调整或更新。演练、评价和更新的记录应予以保持。

项目部工程部负责对相关管理及施工人员进行培训。

(3) 应急物资的准备、维护、保养。

应急物资的准备：简易担架、跌打损伤药品、包扎纱布、氧气等各种应急物资要配置齐全并加强日常管理。

(4) 防坠落措施。高空作业人员必须持证上岗且经检查身体合格，经过现场培训、交底，安装人员必须系安全带、戴安全帽，禁止穿硬底鞋，交底是按方案要求结合施工现场作业条件和班组情况作详细交底，并确定指挥人员，在施工时按作业环境做好防滑、防坠落事故发生。发现隐患要立即整改，定人、定措施、定期完成整改。建立危险源排查整改登记台账，在隐患没有消除前必须采用可靠的防护措施，如有危及人身安全的紧急情况，应立即停止作业。

2. 应急响应

(1) 一旦发生高空坠落事故立即启动应急预案，有专职安全员组织抢救伤员，并视伤员情况拨打“120”电话，由施工队长保护好现场防止事态扩大，其他人员协助安全员做好现场救护工作，如有轻伤或休克人员，现场由项目部医护人员做临时抢救，包扎止血或胸外心脏挤压，尽最大努力抢救伤员，将伤亡事故控制到最小程度，损失降到最低。

（2）处理程序。

查明事故原因及责任人；

制定有效的防范措施，防止类似事故发生；

对所有员工进行事故教育；

宣布事故处理结果；

以书面形式向上级报告；

第六节　锅炉安装施工方案

一、工程概况

余气发电项目配套一台 220t/h 高温超高压燃气锅炉，该锅炉为单锅筒、自然循环、集中下降管、一次中间再热、倒 U 型布置；锅炉前部为炉膛，四周布满膜式水冷壁，炉膛上部布置屏式过热器，水平烟道内设有高温对流过热器和高温再热器，水平烟道转向室和尾部前、后侧均采用膜式壁管屏包覆，并由中间隔墙使尾部形成双烟道，前烟道布置低温再热器，后烟道布置低温过热器，低温再热器及低温过热器下布置烟气调温挡板，后依次为省煤器、空气预热器；锅炉构架采用全钢结构，由 12 套部件组成（锅筒、水冷系统、钢结构、过热器、省煤器、空预器、本体管道、燃烧设备、炉墙及门类、再热器等）。

施工工期：2018 年 5 月 15 日至 2018 年 9 月 15 日。

二、编制依据

设计院图纸；

锅炉厂家图纸及技术资料；

《电力建设安全工作规程》（火力发电厂部分）（DL5009.1－2014）；

《电力建设施工及验收技术规范》（锅炉机组篇）（DL5190.2－2012）；

《电力建设施工及验收技术规范》（第 5 部分：管道及系统）（DL5190.5－2012）；

《电力建设施工质量验收及评价规程》（第 7 部分：焊接）（DL/T 5210.7－2010）；

《火力发电厂焊接技术规程》（火力发电厂焊接篇）（DL/T869－2012）；

《锅炉安全技术监察规程》（TSGG0001－2012）；

《工程建设标准强制性条文》（电力工程部分）2011 版（第一篇：火力发电工程）；

《电力建设施工质量验收及评价规程》（DL/T5210－2009）；

《电力建设工程施工技术管理导则》（国电电源〔2002〕896 号）；国家及部颁的各种现行有效版本的技术规范、规程、标准等。

三、设备技术参数及施工技术要求

1. 锅炉主要参数（见表 3－19）

表 3－19　锅炉主要参数

名称	单位	数据
额定蒸发量	t/h	220
额定蒸汽压力	MPa	13.7
额定蒸汽温度	℃	543
给水温度	℃	253.6
空预器出口温度	℃	224
冷风温度	%	92
设计燃料	高炉煤气、焦炉煤气	

2. 锅炉基本尺寸（见表 3－20）

表 3－20　锅炉基本尺寸

名称	单位	数据
炉膛尺寸（长×宽）	mm	7570
锅筒中心线标高	mm	32760
锅炉最高点标高	mm	37570
锅炉长度	mm	21000
锅炉宽度	mm	18400

3. 锅炉钢架

锅炉构架为采用全钢构架悬吊结构，炉架由炉顶板、柱、梁、垂撑构成一个立体桁架体系，连接形式为焊接，钢架固定形式为筋包柱，为了减少高空作业量，钢架在地面组对成片后进行集中吊装、调整就位，合计 8 片，钢架总重量 150t。

顶板梁表面标高 37 米，主要连接承重梁 66 根，总重合计 51t；其中主梁为 4 根，顶板梁采用单根高空组装的方式进行安装，除主梁 2、主梁 3 采用 100t 吊车吊装外，其他梁均采用 5013 平臂吊进行吊装。

锅炉炉架沿高度方向分 11 层平台扶梯：分别在 4.8m、7.95m（8.8m）、11m、13.4m、16.3m、18.6m、21.3m、24.7m、27.1m、31.5m、35.6m；平台扶梯重量总重为 68t，平台、栏杆地面组对后，按相应的位置吊装就位。

4. 汽包

汽包外形尺寸为 10226mm×1770mm×85mm（长×直径×厚度），重约 42t；汽包就位标高为 32760mm，汽包材料为 DIWA353 低合金钢，除允许在预焊件上施焊外，锅筒其他部位严禁引弧和施焊；由于构件跨度尺寸小于汽包，汽包需倾斜起吊，汽包到场后直接运输至锅炉零米，并且使得汽包中心与锅炉中心线重合，拟使用 2 台 200t 吊车进行抬吊就位。汽包吊点选择需等汽包图纸到现场后确定。

5. 受热面

锅炉承压部件是指省煤器、水冷、过热、再热等几大系统，包括炉室四侧膜式水冷壁，包墙、后烟道内部蛇形管排、内悬吊管、外置式换热器内的蛇形管、汽包、各部联箱、导汽管、本体管路及其相关支吊架、刚性梁、连接件、孔门、附件、密封铁件等，合计 528t。

过热蒸汽流程：锅筒→饱和蒸汽引出管→顶棚入口集箱→顶棚管中间集箱→后包墙下集箱→后侧包墙下集箱→侧包墙上集箱→前包墙下集箱→前侧包墙下集箱→侧包墙上集箱→两侧的侧包墙上集箱→低温过热器→一级减温器→屏式过热器→二级减温器→高温过热器。

再热器由高温再热器和低温再热器组成。

再热器流程：再热器母管→事故喷水减温器→低温再热器入口集箱→低温再热器→低温再热器出口集箱→微量喷水减温器→高温再热器入口集箱→高温再热器→高温再热器出口集箱→汽机。

受热面安装可分前炉膛、水平烟道、尾部竖井三部分同时展开。组件吊装以先上部后下部。这三部分工作基本结束后，可进行顶棚管、一次密封、炉顶汽水联络管、本体管路的安装工作。

受热面主要规格如表 3-21 所示。

表 3-21　　受热面主要规格表

序号	名称	材质	规格	备注
1	水冷壁	20G	Φ60×6.5	
2	顶棚过热器	20G	Φ51×5	
3	省煤器	20G	Φ38×4	
4	包墙过热器	20G	Φ38×5	
5	低温过热器	12Cr1MoVG	Φ38×4.5	
6	屏式过热器	12Cr1MoVG/20G	Φ38×5	
7	高温过热器	12Cr1MoV	Φ38×5	
8	低温再热器	12Cr1MoVG	Φ51×3.5	
9	高温再热器	12Cr1MoVG	Φ42×3.5	

锅炉受热面组合。

因炉膛尺寸较宽，膜式壁刚性梁长度方向可能为整件供货，膜式壁单片供货，采用刚性梁与膜式片整体组合的方法，整段起吊，以节省工期。

水冷壁主要采用分段散吊就位方式，为了使水冷壁与尾部包墙过热器的同期吊装，水冷壁主要用卷扬机进行吊装。蛇形管排受热面按设计及供货的悬吊管分段进行组合。

包墙和水冷壁以及蛇形管排共用组合平台，受热面在组合安装前必须分别进行通球试验，通球前应先用压缩空气吹扫管内杂物，通球的压缩空气压力不小于 0.4MPa，试验应采用钢球，且必须编号并严格管理，不得将球遗留在管内，通球后应及时封闭，并做好记录。

6. 水冷壁安装

（1）施工流程图。设备清点→组合架搭设→上部水冷壁组合、组件验收→上部水冷壁附件安装、水冷壁刚性梁安装→上部水冷壁吊装找正→下部水冷壁吊装、找正→下部水冷壁焊接→水冷壁整体找正、验收→四角拼缝、刚性梁连角→临时固定 割除→四级验收。

（2）水冷壁组合方案。水冷壁分左右侧墙、前后墙等水冷壁组合件进行地面组合。各段管组的对接，各管组之间的拼接，刚性梁安装等工作应在经过找正的有足够刚性的固定组合架上进行，并确保组装过程中组合架不变形，不下沉。

立柱采用14#槽钢制作，支架底座用14#槽钢制作十字，该组合架按水冷壁组件长度每3m设置一件，同时在各水平支撑中间拉设50×5的角钢作为稳定部件，并以避开组对焊缝、刚性梁、人孔门等适当调整，距焊缝每边1m~1.5m为宜。

组合前首先要对集箱和水冷壁管组进行检查与清理。检查管子外表面有无裂纹、擦伤、龟裂、压扁、砂眼和分层等缺陷；表面缺陷深度缺陷深度超过管子规定厚度的10%且大于1mm，应提交监理、建设单位研究处理。清理集箱内部，不得存有异物，尤其要注意管座处有无“眼镜片”。检查管组集箱各孔位方向的正确性。检查管组集箱尺寸的正确性，不符合者应予以纠正。

各管组的对焊拼缝工艺，要保证整体水冷壁墙的几何尺寸符合图纸要求。焊接时应采取措施防止变形。组装时可将管端处鳍片从中间割开500~1000mm调整对口，对接焊后再补焊鳍片割口。

将水冷壁下段吊装就位悬挂于水冷壁上段之下，空中对口焊接。工地安装水冷壁时，必须严格控制各管屏间的安装间距，使之与图纸要求相符。空中对口焊接搭建临时平台，用架管和钢隔板做稳固临时平台。

（3）水冷壁吊装。水冷壁组件在锅炉组合场组合验收完后，由卷扬机配合滑轮组起吊就位；手拉葫芦接钩对口焊接，选用5t卷扬机两台。

7. 过热器

过热器系统由炉顶过热器、包墙过热器、低温过热器、一级减温器、屏式过热器、二级减温器、高温过热器及集气集箱等组成。低、高温过热器系统采用分片现场安装，其余部分采用组件安装。

8. 省煤器安装

省煤器布置与尾部竖井烟道中，分左右两列对称布置，锅炉给水分别从两侧集箱供水，省煤器管排在锅炉组合场将每一片的上、下二段组合为一片，上、下之间的定位板同时组合焊接好。省煤器采用平臂吊进行安装。

9. 炉顶密封

本锅炉的炉顶密封是由钢板，梳形板、弯板、Z形板、扁钢和伸缩节等组成，工作量大，施工面广，有很大的施工难度。炉顶密封施工是在四侧水冷壁、包墙、过热器等安装找正后进行的。

炉顶密封装置的安装分为两个阶段，即一次密封和二次密封。

一次密封是指锅炉水压试验前必须安装的需要与汽水系统管道进行焊接的密封部件。由于锅炉水压试验结束后不能再汽水管道上进行任何焊接工作，所以一次密封的所有部件必须在水压前完成。

锅炉水压试验后安装的密封部件为二次密封，二次密封的钢板安装后即对锅炉炉顶大部分管道进行了封闭，如果水压前施工，在水压期间顶部出现的缺陷就无法发现，所以二次密封的部件一定要在水压试验后安装。但部分二次密封的钢板由于锅炉本身结构的限制，必须在汽水系统的管道安装对口结束之前预先穿入存放，在锅炉水压结束后，再正式安装这些密封板。

10. 锅炉附属管道安装

锅炉附属管道包括排污、事故放水、集箱的疏放水管道、放空气管道、就地压力表、吹灰器汽源引出管道、锅炉房燃油管道、连续排污扩容器和定期排污扩容器及其放水管道等。安装方案如下：

（1）锅炉附属管道在一般情况下除管径比较大的管道图纸给出了具体施工图外，其余小管径管道图纸只给出了大致走向，并没有详细的定位尺寸。所以，在施工前要通过现场的实际测量，根据现场的具体情况确定管道的走向。

（2）锅炉附属管道的支吊架有一部分为现场配制的，现场制作时，要根据实际情况下料，支吊架的形式必须符合图纸中提供的支吊架标准图。

（3）管线中阀门在安装时根据图纸设计的大概位置，布置整齐，便于操作与检修，且不能影响平台通道。对有特殊要求的阀门在安装时详细阅读说明书，在说明书的指导下进行安装，安装时要特别注意介质的流向和阀门标示的流向一致。

11. 燃烧器

燃烧器布置于炉膛前后墙，依靠自身的固定直接与水冷壁焊接，运行时随水冷壁向下膨胀，燃烧器安装前认真检查，各连接处均应有良好的密封性，以防止漏风漏气。

12. 空气预热器

采用立式管箱结构（管箱总量为 8 件），错列单层布置管箱高度 3.79m，合计 70t；单件重 8t 左右，安装前应进行外表检查，有损伤的管子要修复，管子要畅通，护板严格按图进行焊装，防止因焊装不妥造成护板刚性较差，出现来回振动。

13. 水压试验

锅炉受热面系统安装完成后，进行整体水压试验：

水压试验范围：锅炉本体主蒸汽系统自给水操作台至集汽集箱出口水压用堵阀；再热器系统自低温再热器进口水压用堵阀到再热器出口管道水压用堵阀。

锅炉试验压力为汽包工作压力（14.8MPa）的 1.25 倍，$P = 14.8 \times 1.25 = 18.5$MPa。

再热器单独进行水压试验，试验压力以再热器进口压力（2.68MPa）的 1.5 倍 $P = 2.68 \times 1.5 = 4.02$MPa。

升压速度缓慢平稳，压力≤0.98MPa 时升压速度≤0.244MPa/min，压力升至 0.98MPa 时暂停升压进行检查，无异常，稳压 15 分钟继续升压，至 5.88MPa 时暂停升压，观察压力变化，无异常，继续升压到 9.8MPa 后放慢升压速度，使其≤0.196MPa/min，当压力升至 11.77MPa 时暂停升压，检查有无异常。无异常，继续升压，直至合格，压力升到水压试验压力（18.5MPa），并在此压力下保持20分钟，水压合格后，疏水泄压。

四、施工部署

1. 施工主要内容

锅炉安装主要内容为：钢结构、汽包、水冷系统、钢结构、过热器、再热器、省煤器、空预器、锅炉范围内的管道及阀门仪表、燃烧装置、炉墙及门类等。

2. 工程的重点和难点

锅炉钢架1米线划定和大板梁吊装、汽包吊装、受热面管焊接为工程的重点和难点。

五、施工进度计划

1. 主要项目施工进度计划

锅炉安装计划如图3-36所示。

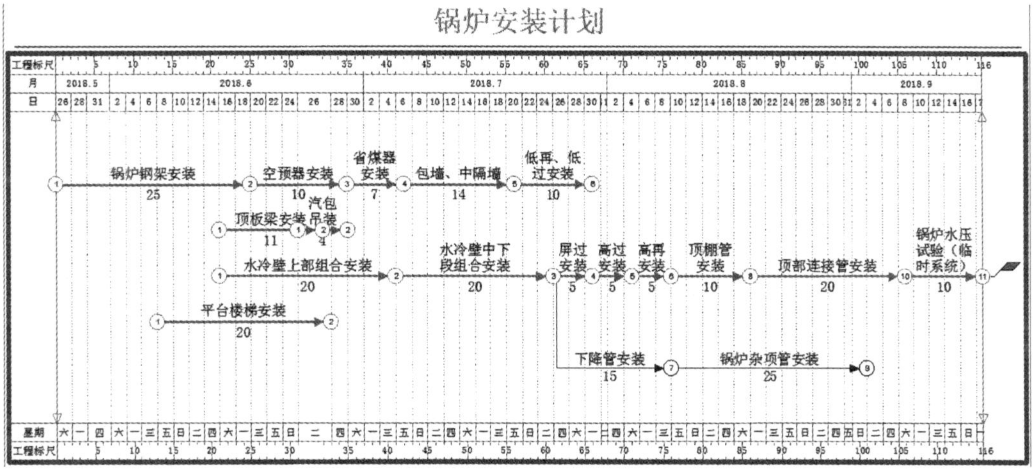

图3-36　锅炉安装计划图

锅炉钢结构安装周期：2018年05月26日—2018年06月18日。

锅炉大板梁就位：2018年06月15日—2018年06月25日。

锅炉汽包吊装：2018年06月25日—2018年06月28日。

锅炉受热面组对吊装：2018年06月15日—2018年09月14日。

锅炉整体水压试验：2018年09月15日—2018年09月20日。

2. 施工综合进度保证措施

根据工程进度要求，编制材料计划、进行图纸会审、编写作业指导书，施工前的工器具配备、施工辅助材料准备等。

编制月施工计划，并根据此计划合理安排每周施工内容，同时每天下午下班前由班长与技术人员碰头，详细制定明日的施工计划。

确定主要关键项目的施工，合理安排、明确目标，使关键项目准点完成。

加强设备、材料的管理，应设立专人负责联系、清点材料设备，确保材料设备满足施工需要。

根据锅炉安装顺序，联系材料设备科按此顺序进货，对个别急需的设备要提前通知，避免因设备未到而影响施工。

根据现有施工组合及机具配置，合理利用。

加强技术管理和质量管理。每一项目开工前必须编写作业指导书并经交底，使施工人员清楚施工范围和要求以及注意事项。在施工过程中加强监督检查，及时发现问题及时处理。施工中严格执行质量管理制度和工艺质量要求，减少返工，保证施工质量和工程进度。

技术人员根据提供的参考图纸，提前进行消化吸收，尽早统计施工主材，减少主材的申报周期。

加强施工人员的专业培训工作和职业道德思想教育，提高施工人员工艺水平和敬业精神，来保证施工质量和进度。

合理配备资源，投入足够的人力、机械，实现关键项目准点运行，以满足工程总体进度。

六、施工准备与施工资源配置计划

1. 主要机具配置

主要机具配置如表3-22所示。

表3-22 主要机具配置表

序号	名称及型号规格	单位	数量	用途
1	TC5013-16平臂吊	台	1	锅炉安装（小件吊装）
2	200t汽车吊	台	2	汽包吊装
3	25t汽车吊	台	1	组合
4	130t吊车	台	1	锅炉钢架吊装
5	运输卡车	辆	2	设备运输
6	卷扬机5t	台	5	受热面吊装
7	电动试压泵 $P=30MPa$，$Q=3.5m^3/h$	台	2	锅炉水压
8	逆变电焊机	台	25	设备焊接
9	叉车	台	1	现场设备卸车倒运
10	手动试压泵 $P=2.5MPa$	台	1	低压小管道水压
11	弯管机WC27-108	台	1	弯管
12	1-10t手拉葫芦	只	共30	配合安装
13	油压千斤顶100t	只	4	配合安装
14	空气压缩机W-6/7	台	2	通球，气压

2. 主要机具布置

根据施工组织总设计的施工总平面布置图，并结合锅炉安装的实际情况，锅炉主要机具具体布置位置如下：

在锅炉北侧布置一台 TC5013 平臂吊，作为小件吊装，锅炉南侧根据安装进展布置 200t 汽车吊及 100t 汽车吊，其主要用途为吊装锅炉汽包及顶板梁主梁 2 和主梁 3。

在施工现场还配置了移动式汽车吊，用于设备的转运和小型设备的就位等。

3. 劳动力计划

为了确保锅炉总体进度，结合机炉工程处具体情况，为充分发挥劳动力潜能，我们采取综合调度劳动力，并加强职工技能培训，实行一工多能，合理安排工程施工顺序和进度，并制定机炉工程处各阶段劳动力计划。

七、施工工艺质量管理

1. 施工工艺质量要求

（1）密封。密封件材质、规格、数量经核实，符合图纸要求。安装位置及尺寸符合图纸。无漏装、漏焊、错焊、假焊。密封件接口要平整，热膨胀满足要求。

外观检查，无缺陷。焊接处必须清理干净，符合焊接要求，焊接缝应均匀，无夹渣、气孔，焊渣及时清理检查。焊接时必须采取合理的焊接顺序和焊接电流，以防变形严重和将密封件焊通。

密封件安装与保温密封交叉施工时，按图施工后须经有关部门验收合格，办理签证后方可进行下道工序施工。

（2）平台、栏杆。栏杆制作安装符合设计要求，切割宜机械切割。用火焰切割应平齐，并打磨；安装焊缝须打磨光滑并及时用油漆防护；栏杆安装横平竖直，不变形弯曲，立杆间距布置均匀，标高平齐；拐弯栏杆宜使用冷弯机械加工或订购热压弯头，人工冷弯或热弯弯头应圆滑，不得有扁状或裂痕；立柱根部应满焊，并清理检查，防止点焊、假焊现象。

平台表面应平整，栅格板应整齐平整；平台接头处应对齐，不错边，并增铺栅格；平台未接通，栏杆未安装的缺口处应用红白相间一样的临时栏杆封闭，并挂警示牌，临时栏杆要横平竖直。

（3）小口径管道。小口径管道施工前根据系统图并结合现场实际勘察，组织业主、技术人员、施工负责人确定管路走向，阀门布置位置由技术人员总体考虑确定，经审批后方可施工。

小口径管径道宜采用集中布置，走向有序，不相互交叉，整齐水平、坡度一致。同一位置同一口径管道弯曲半径相同。高温管道应增设膨胀弯，同一管系冷弯与热弯弯头不得混用。统一布置，管间节距应均匀。

小管道施工必须使用机械弯管。管口须机械打磨合格，集中布置管道焊口尽量控制在同一位置。

支吊架应符合设计要求，集中布置的管道支吊架应尽量使用同一根部，支吊架的花角铁规格统一，机械切割，花角铁超过包箍的长度要一致，U 形螺丝露出部分应基本一致，以 2 ~ 3 牙为宜。

小口径管采用丝扣连接时，连接前丝口应清理干净，并涂好密封涂料，冷却水管丝口上应缠好生料带，紧好后，接口不允许摇动，固定牢。

（4）烟道。根据图纸进行清点、复核，外观检查合格后方可安装，拼装应在样板台上定位进行；烟道就位后，水平找正再对口焊接。严禁强力对口，对管壁厚大于 3mm 的应打磨坡口符合要求后方可焊接；焊缝焊完后应清理干净，能做渗油试验检查的，必须进行渗油试验合格，不能检查的应加强外观检查并合格。

对口处法兰连接，接口要平整，螺栓孔须机械加工，间隙均匀。

挡板安装符合要求，调整装置灵活自如，柄轴上有与挡板一致的方向标识。临时加固铁件割除干净，不得伤及母材，必要时打磨干净。

（5）油系统。油系统设备应无缺陷，内部无杂物，清理干净；阀门必须水压合格，均经签证认可。

管道安装前必须清扫干净，并及时封口，对口焊接必须符合焊接要求，坡口采用机械打磨，焊口一律采用氩弧焊打底的焊接工艺。

所有开孔应在安装对口前进行，开孔后清理干净，彻底杜绝铁屑、焊渣等杂物进入管道。

法兰连接的结合面应使用耐油垫片，法兰结合面应平整，无缺陷，结合面间隙均匀，连接螺栓方向一致，螺纹露出一般 3 ~ 5 牙。

2. 锅炉安装质量验收要求

锅炉安装标准执行《电力建设施工及验收技术规范》（锅炉机组篇）（DL5190. 2 - 2012）。

锅炉验评资料执行《电力建设施工质量验收及评价规程》（第 2 部分：锅炉机组）（DLT 5210. 2 - 2009）。

锅炉安装施工质量的检查、验收，由施工单位编制质量验收划分表，经监理单位审核，建设单位确认后，三方签字、盖章后执行。

检验批、分项、分部工程，应有监理单位组织，相关单位参加；单位工程的验收，由建设单位组织，相关单位参加。

施工项目必须施工完毕后，方可进行质量验收，对施工质量验收，施工单位应自检合格后，且自检记录齐全方可报工程监理、建设单位进行质量验收。

隐蔽工程应在隐蔽前，由施工单位通知监理及有关单位进行见证验收，并完成验收记录及签证。

检验批项目验收合格，方可对分项工程进行验收，分项工程验收合格方可对分部工程进行验收，分部工程验收合格，方可对单位工程进行验收。

八、安全文明施工措施

1. 组织措施

建立安全文明施工管理网络体系，实现安全文明施工标准化；制定安全文明施工管理制度，加大管理力度，杜绝各类违章现象，实行区域环境管理，创建文明环境示范区；加强物品堆放定置化管理，确保施工现场整洁有序。

专职安全员负责现场安全文明施工的监督检查及安全措施的落实工作，对不合要求的及时要求整改，不听从管理者，下处罚整改通知单，限期整改，并做登记备案工作，每月考核，按管理规定进行处罚，必要时作下岗处理。

施工班组负责人对各自的施工区域，按规定要求做好安全文明施工管理工作，对不能做到的，按管理制度进行处罚，工地每月进行考核备案。必要时作下岗处理。

施工人员对各自的施工场所及施工范围按规定要求做好安全文明施工工作，同时做好自身的安全及他人的安全工作，相互督促。对违反规定的，按管理规定进行处罚并备案，每月进行考核，必要时作下岗处理。

2. 技术措施

（1）施工准备阶段。工地按施工区域划分安全文明施工责任区，对差的区域由施工负责人根据检查结果实施限期整改，并按规定考核。所有施工人员必须经考核、检查合格后上岗。

施工现场的二级配电箱应采用同一规格型号，布置位置根据施工需要由电工统一布置，安装的配电箱应整齐美观，电源线按正式布置要求布置，并由专门电工负责管理维修。

施工用的皮线、氧乙炔皮管走向须沿平台旁或架空用专用挂钩悬挂，严禁随地任意布置，要求做到排放整齐美观。

（2）安装阶段。各级项目技术负责人在编制作业指导书时，针对项目施工特点，编制具体的安全文明施工措施，经审批后付诸实施，并督促检查。

对必须填写安全施工作业票的作业项目，应按规定逐级审批后，经专业工长交底后施工，并办理交底手续。

加强对施工区域的安全文明施工检查，专职安全员每天一次，及时发现问题及时整改，对危险区域应采取防护措施。

机具由专人负责管理维修，每月对所用的机械进行一次安全质量检查，对不能使用的应作标识、隔离，投入使用的机具应完好。

起吊或悬挂钢丝绳部位应采取防护措施，加垫包箍或加垫木进行保护。

施工区域配备足够的安全消防器材，尤其辅机检修间、油系统施工区及其他重要的防火区等。

炉架吊装区域采用色标栏杆设立隔离区。炉架上的临时脚手统一设计、统一制作。柱接头上方设置临时安全带悬挂扣，临时通道区域设好水平扶绳拉环。

炉架吊装中通道处均及时设水平扶绳，构成井架结构后设安全网。

转运到主厂房区域的钢架（立柱、横梁、斜拉条等）、平台、扶梯等均按指定位置顺序存放。

炉顶梁吊装前设立焊接固定式临时栏杆及爬梯。

锅炉上焊机采用集装箱式布置，快速接头接线方式，焊机出线沿钢架绑扎布线。

锅炉及主厂房区域照明采用灯架式碘钨灯照明及2kW卤素灯照明相结合的照明方式。

抢水压阶段，安装脚手架逐步检查、拆除，确保上下通道及平台的畅通。

水压期间炉零米四周设临时活动式防护围栏，楼梯通道、向空排气门、阀门侧面等危险区域等均设置醒目安全标志。

另外，所有气瓶不能置于电、气焊火花、飞溅内外的区域内。必要时，应采取安全隔离措施。照明电源必须采用12V安全电源。

（3）调试阶段。对调试单位提供的酸洗及临时冲管安全技术措施应突出防化学药剂伤害，防蒸汽烫伤等针对性防护措施，并严格执行。

设立冲管安全区，增设出口消音器，挂设安全警示牌。拆除表盘、设备等的包装防护，全面进行设备的清理，擦拭及标识工作；整套启动试运时，做好油、水系统的检查，防止断油、断水、漏油等事故的发生。

九、施工技术管理

建立施工技术管理网络，认真贯彻执行《电力建设工程施工技术管理制度》，遵照本公司的质保体系文件（质保手册、程序文件、实施细则）以及项目部的《质量计划》和其他相关文件，结合锅炉专业施工特点，制定并做好全过程施工技术管理，使施工技术管理工作标准化、规范化、程序化。

项目开工前加强对施工图纸的会审工作并形成记录，尤其是对各专业之间，各相关系统之间，设计院图纸与制造厂家设备图纸之间的接口的审核，以便及早发现问题，避免返工和影响施工。

按单位工程实行文件包管理制度，定期进行检查、评比并对技术人员进行考核，采用必要的奖罚手段加强对文件包管理，提高施工技术管理水平。

加强施工技术资料管理，认真做好图纸领用、发放、图纸会审记录、材料计划表、作业指导书、交底记录、施工记录、验收签证单、材料设备质保书及合格证、试验报告等资料的编制、收集、整理工作，利用微机等现代化管理手段，提高技术资料管理水平，并按达标要求及时高质量完成竣工资料的整理移交工作。竣工资料做到内容完整，数据准确、真实、可信、清晰有序，移交及时。

推行新工艺、新材料、新方法在工程中的应用，并经认证切实可行，大力提倡技术革新和合理化建议，对工程起到提高工程质量和降低成本以及促进工程进度的，实行必要的奖励，鼓励职工的技术创新精神。

每一项目由技术人员制定全过程质量控制工艺流程卡，主要包括：施工准备、外观检查、检修、组合、安装。按施工顺序编制，交施工负责人，每一工序的验收应由相应施工负责人、技术员、质检员签字认可。

严格按程序文件规定的要求制定本专业的施工质量计划，并在施工中贯彻实施。

分包单位的施工技术管理纳入工地管理，作为班组管理，由分管技术员负责。

每一项目开工前必须由技术人员编制作业指导书，经审批后进行技术交底并办理签证，技术交底须符合交底要求。施工人员必须按施工图纸和作业指导书进行施工。

技术人员编报材料计划应认真核对图纸及相关图纸，防止照抄材料清单现象，对施工中结余的材料分析其原因，因技术人员不负责任编报计划的，进行考核并与奖金分配挂钩。

工程技术人员应协助安装副经理做好施工工程量、工期、材料消耗、劳动力等资料的积累工作，为以后更好地安排工作提供经验积累。

项目检查验收按三级验收划分表进行，班组自检合格、工地复检合格，报项目部质检最终验收的方式，有外部参加验收的项目由项目部质检部门通知验收。每道工序验收合格方可进行下道工序施工。

工程项目开工后，各级管理人员做好工程日记，工程结束后认真做好施工总结工作，为以后工作积累经验。

各班技术员根据文件包名称一览表建立文件包管理制度，及时收集、整理作业指导书、图纸会审记录、交底记录、材料质保书及合格证、设备缺陷记录、设计变更通知单、设计修改通知单、设备厂家修改通知单、工作联系单、施工安装记录、验收签证单等工作。

十、职业健康安全

1. 安全管理保障措施

坚持“安全第一，预防为主，综合治理”的安全生产方针，深入贯彻公司有关安全生产的指示精神，以安全文明施工为重点来组织推动各项生产工作。

健全安全监察体系，完善各项安全管理制度，以有效的监察手段和严明的管理制度来保障安全文明施工的顺利进行。

严格执行业主安全文明施工的有关制度和规定，接受业主方对我方安全文明施工的监察。

建立安全风险、制约机制，层层签订安全文明施工目标责任承包书，真正把安全文明施工摆上首要的议事日程；同时实现安全风险抵押金制度，以强化全体职工的安全生产意识，有效地规范职工安全文明施工的行为。

加强安全宣传教育，大力开展多种安全施工竞赛活动，认真抓好班组建设，营造良好的安全文明施工氛围。

严格安全奖罚制度，加大对习惯性违章违纪行为的惩处力度，确保安全施工。

坚持定期的安全大检查制度，除坚持日常的安全监督和检查外，项目部每月组织对现场安全文明施工进行一次全面大检查，以及时发现并消除隐患。

坚持定期的安全例会制度，做到每月一次项目部领导亲自组织主持召开的安全工作会议，以统筹安排、协调处理安全文明施工的有关问题。

为加强对现场安全文明施工的领导和监察，及时协调、处理安全文明施工的问题，项目部实行领导跟班制度，同时坚持做到安全文明施工日讲评、月总结，在现场碰头会上对当前的安全文明施工进行具体的讲评和总结。

加强对为外包队伍的安全管理，严格做到招用安全资质审查合格的外包队，对招用的外包队必须在安全教育考试合格且签订安全文明施工协议后，才允许进场开工。

2. 安全健康技术保障措施

（1）根据现场情况与施工经验，对本工程重大危险、危害因素进行辨识。

（2）对一般的危险、危害因素按《安全操作规程》和安全管理制度进行控制，对重大危险危害因素除按规定、程序控制外，还要制定管理方案。管理方案中对安全措施计划、步骤、实施责任部门和人员、监督检查部门、人员及实施时间进行确定。

（3）主要管理方案内容。

①高处作业管理方案：针对工程安装高处作业量大、交叉施工频繁的特点，为减轻高处作业场所脚手架搭设的劳动强度，消除高处作业、交叉作业的不安全因素，在该工程安装中拟采用钢架夹板架、骑马架以减少锅炉钢架吊装阶段脚手架的搭设工作量，为高处安全施工提供保障；采用水冷壁对接脚手架以消除水冷壁高空对口、组合的不安全因素；分层铺设满堂滑线安全网，牵设安全绳以保障锅炉钢架吊装、大件吊装阶段高处施工的人身安全。

②施工现场沟道、孔洞危害因素管理方案：对施工现场沟道、孔洞等危险处均加盖标准、规范的孔洞盖板或安全围栏。

③施工现场用电设施、电动工具使用管理方案：施工现场用电设施多、电动工具使用频繁，为确保用电安全，避免触电事故的发生，对电气设施采取可靠的接地、接零措施；施工电源盘及现场动力控制电源均采用标准规范的盘、柜定点布置；小型电动工具电源均使用带漏电保护器的电源小箱；在金属容器内或潮湿地域等处使用电动工器具时，另须加设安全隔离电源。

④大型施工机械使用、起吊管理方案：建立机械管理制度，使施工机械的管理、使用、维护、保养、维修有一整套操作规程和岗位责任制、交接班制，并严格督促按制度执行。大型施工机械的操作、指挥、维修人员均须持证上岗，禁止无证上岗和违章作业。完善大型施工机械安全保护装置，并经常检查维护，确保其性能完好。严禁施工机械带病运行和超负荷使用。完善吊装作业方案或措施，对大型起重机械及起重工具、索具坚持每月进行不少于2次专业性的安全检查，以保证其性能良好可靠。

⑤射源辐射管理方案：建立完善的射源保管、领用及运输的管理制度和安全操作规程，并严格遵守执行。配备齐全的安全防护用品，并督促正确使用。射源使用须按规定时间作业，在使用前和有关单位联系，通知现场人员撤离并设立安全警戒线、悬挂警示标牌。

⑥火灾事故控制管理方案：布置充足的消防器材，易燃、易爆物品分类集中存放、放置间隔符合防火安全检查要求，存放地点有可靠的消防设施。高处从事焊接、切割作业时，应清除下方的易燃物品，如无法清除，需采取可靠的隔离措施。

⑦季节性施工管理方案：本工程根据工程所处地理位置，对冬雨季施工编制具体措施。

第七节　某化工厂高压管道爆炸着火事故

一、事故概况

某化工厂新上的热力管网节能技术改造项目的设计、安装、施工委托给当地一家工程公司，所需的设备、材料均由化工厂提供。工程公司将该技改项目的安装、施工交付给当地一家安装公司，由于工期紧迫，工程公司对热力管网络系统改造时，在现场一边设计，一边组织安装公司安装、施工。经两年的运行和大修更换了氨合成塔内筒，氨合成塔二出管道爆炸起火，造成4死5重伤5轻伤的重大人员伤亡，直接经济损失达800万元。

事故详细情况如下：

在热力管网络系统改造期间，工程公司项目部与安装公司相互沟通配合不好，管理混乱，此项目的安装、施工由该化工厂原副厂长负责组织安装公司有关人员进行施工。在既无现场设计施工图纸资料又未经详细计算的情况下，只凭工艺流程图进行施工。即由原副厂长估约出废热锅炉、塔前预热器、排管式冷却器等设备的位置，用石灰划线，在现场施工人员认可的情况下便开始开挖基础进行安装。结果由于估约误差，使合成塔与废热锅炉的安装间距加大，致使原构件的管道长度不足，短缺了1.5m；而且，还使废热锅炉合成气体进口与其对接的合成塔二出管道气体出口同向，造成合成塔二出管道必须弯制一个U形弯管才能与废热锅炉砌体进口对接。

原设计合成塔二出管道为φ137mm×24mm，材质为1Cr18Ni9Ti的合金管。施工时，经化工厂方同意，改用原西德进口的φ127mm×24mm10CrMO－910合金管（省化工厅推荐用管，与原设计管质量相同）。根据合成塔和废热锅炉的现场安装位置，二出管道与废热锅炉合成气进口对接需用5个弯头，前3个弯头由维修车间在用耐火砖砌成的加热炉上，将10CrMO－910管道加热后自行煨制，而另外两个弯头，即U形弯管，因加热炉和弯管半径小的原因，自行煨制有困难，现场施工负责人根据其他厂使用20号碳钢管作合成塔出口管的经验，决定用两个材质为20号碳钢φ127mm×24mm900角的标准弯头，对焊成U形弯管状，直接焊接到合金钢管上，对因安装间隔加大而短缺的1.5m合金钢管，也采用20号碳钢代替。安装完毕后，没有组织竣工验收，直接试压后即投入运行。

大修时，又将合成塔内筒更换为长吉化机厂生产的提温型合成塔内筒，投入运行后，合成塔出口温度由210℃提高到280℃。合成塔二出管道U形弯管（即废热锅炉进口弯管）突然爆裂，压力为28MPa的高压合成气体喷出着火，将离爆破管口22.4m的调度室南面门窗玻璃震碎、烧毁、着火气体喷入室内，调度室平房顶部即刻烧毁坍落，合成塔二出管道碳钢U形弯头一段爆裂为3块，有两道焊缝开裂。

二、事故原因分析

（1）在施工过程中，未经工程公司认可，未作技术论证，无现场设计施工技术资料，凭经验，边设计，边施工，错用了20号碳钢管道、弯头。从钢材氢腐蚀与介质温度、压力关系的纳尔逊线可知，当温度为280℃~290℃、氢分压为14MPa~16.8MPa时，碳素钢处于氢腐蚀线上方，说明碳素钢容易发生氢腐蚀。钢管内表面吸附的部分氢分子，在高温高压下分解成直径很小的氢原子、氢离子，通过金属晶格和晶界向钢内扩散，因晶粒界面上的渗碳体反应生成甲烷气体（$Fe_3C+2H_2 \rightarrow 3Fe+CH_4$）。由于该气体不溶于碳素体中而成气体聚集在晶粒界面处，产生巨大的内压力，使金属形成突气泡，同时，因碳钢渗碳体Fe_3C被氢还原成铁素体，碳钢强度大大降低，且体积减少6.67%，这两个因素将促使碳钢沿晶界开裂，形成氢腐蚀裂纹，即碳钢发生“氢脆”，此事故为典型的氢腐蚀断裂。

（2）施焊不科学，焊接质量差。施焊中没有制订科学的焊接工艺，用车床车坡口，坡口不规范；焊铅未加温预热，焊后未回火处理，消除应力；采用507碳钢焊条，按常规施焊合金钢，致使熔合不良；施焊电流过小，加之操作不当局部未焊透，焊缝内存有加渣等缺陷；焊后未经探伤检查，未能发现及时消除，从而给安全运行留下了事故隐患。

（3）没有进行管道应力计算来确定弯头的具体部位与形状，使高温高压下管道应力集中于U形弯头处，从而使其受力过大造成焊缝断裂，弯头爆破。

（4）1990年合成塔更换新型内件，塔出口温度由210℃提高到280℃，加剧了塔出口碳钢弯头内壁的氢腐蚀。

（5）工程公司项目部成员责任不清，工作不落实，与安装公司沟通指导不力，对技改项目缺乏具体指导，化工厂方面设备材料供应不到位；项目竣工后未按规定组织验收，有关部门检查监督不力。

（6）尽管事故的直接起因是安装公司，但安装公司是由工程公司委托并与工程公司有合同关系，也说明工程公司对安装公司质量监管不到位，工程公司对该起事故负有连带责任。

（7）安装公司内部人员管理混乱，不应该聘请化工厂原副厂长为该项目的负责人。

三、事故处理

事故发生后，事故现场生产人员立即向化工厂负责人报告，化工厂及时向事故发生地县级以上人民政府安全生产监督管理部门和负有安全生产监督管理职责的有关部门报告。

省人民政府安全生产监督管理部门责成调查小组对该起事故进行了调查。根据中华人民共和国国务院令第493号《生产安全事故报告和调查处理条例》认定该事故为较大事故。尽管工程交付使用时间已经过了保修期，但根据特种设备相关法律规定，事故主要责任人仍为安装公司，工程公司负连带责任。

依照条例对安装公司和工程公司共处40万元的罚款；对工程公司项目部经理处以当年年收入40%的罚款；其他相关责任人也分别得到了行政降级、行政记过、行政警告处分等行政处罚以及罚款等经济处罚。

工程公司和化工厂共同对死难者家属每人给予一次性30万元补偿，承担伤者全部的医疗费用和误工费用。

四、事故教训与防范措施

(1) 落实岗位责任制，加强企业领导班子建设，责任明确到位。

(2) 加强新项目的管理指导，严格按照设计程序施工。

①在企业中不论生产性建设新项目的大小，都要有设计方案，设计者对技术经济评价、安全、环保、节能等规范要严格执行；对项目的审查论证、施工建设、竣工验收、投资使用，有关技术部门要严格把关；施工单位如需修改施工图纸，必须征得原设计单位同意，并由设计单位签发修改技术书，并书面通知，它是工程竣工图和界定法律责任的依据；对违反规定的施工单位，要强制进行整改，必要时令其停止施工进行整顿。

②新、改、扩建项目要明确项目技术总负责人，编制设计现场施工方案，变更设计(改变使用条件、工艺参数、更换部件) 要进行论证，取得原设计单位同意后，将变更设计的通知形成正式文件存档，以便查阅。

③设计、施工时，要选用有资格证的施工单位承担，特殊工程作业，要选用有资格证的人员操作，按国家规范做好各种施工记录。

(3) 在施工过程中，要与施工单位经常联系，对质量和安全问题，有特殊要求的材料、施工方法、质量检查等都要心中有数，并指派专业技术人员监督。

(4) 严格竣工验收制度，特别注意有特殊要求涉及安全问题的零部件材料质量，要每一个阀门、每一条管线、每一个法兰、每一个螺栓、每一个垫片逐个进行核对，认真验收，确保不给生产留下安全隐患。

第八节　××卷烟厂搬迁工程成本管理措施

一、项目成本管理一般程序

1. 掌握生产要素的市场价格和项目基本状况

在投标前对项目所在地的作业人员的工资，物资供应情况和价格，施工设备租赁费用，项目所在地周围环境、气候、交通，业主的资信和资金到位情况，施工场地情况，土建进展情况，甲供设备及材料的到货情况，当地政府和周围群众对项目的配合情况等进行详细的调查和了解，作为投标和签订合同依据的基本依据。这是投标报价和项目成本控制必须要做好的一项前期工作。

2. 确定项目合同价

在充分考虑了项目的基本情况、可能存在的风险因素、企业自身情况、投标对手的基本情况等，根据预算定额、同类项目的成本或企业内部定额、预期利润和工程量清单确定合同价。必须注意的是：总承包合同中应尽量避免不平等条文；对可能出现风险的规避条文等要明确。例如，当发生工程变更，或因业主原因造成的工期、费用损失等，业主要履行签字手续，这对经常发生的索赔十分重要。

3. 编制项目成本计划，确定项目成本实施目标

确定项目成本实施目标通常有下列几种方法：

（1）经验估算法。由专门知识和实施类似工程丰富经验的人，根据工程情况，采用近似的测算，提出一个近似的数字。这对于业主在没有完成施工图设计的情况下，要求投标单位报价时，投标单位靠经验估算法拿出一个大概数字进行报价是可以的。

（2）因素估算法。利用规模和成本图进行估算，该图是根据以往类似项目的资料，描绘出的曲线体现了规模和组成成本的各部分，如材料、人工、施工设备等，成本之间的基本关系。已知项目规模，利用曲线找出成本各个不同组成部分的近似数字。采用这种成本估算，前提是要有类似项目的资料，且这些资料应在同一基础上，才具有可比性。

（3）全面详细估算法。先把施工项目任务进行合理的细分，分到可以确认的程度，如某种材料，某种设备，某一活动单元等，然后估算每个要素的费用。采用这种方法估算成本需要进行大量的计算，工作量较大，也需要花费一定的时间和费用。但这种方法的准确度较高，做出的报表不仅仅是成本估算的表述，还可以用作项目进度控制的依据，对成本和进度控制更为精细准确。

上述三种方法可以单独使用，还可将几种方法结合起来使用。例如，对项目的主要部分进行详细估算，其他部分则按过去的经验或用因素估算法进行估算。

4. 进行成本动态控制，实现成本实施目标

成本控制是指在项目实施过程中，对影响成本的各种因素实施科学严格的管理，实现或超额实现项目目标成本。而施工过程中，影响成本的因素多变化也很多，所以成本的控制肯定是动态的。成本控制的措施一般有：

（1）成本分解与落实。无论采用那一种方法，都要把一个项目的总成本按照分部、分项直至最基本的计算单元的项目成本计算出来，计算的越细，控制起来效果越好。同时，要把这些细化的成本与相应的进度要求用书面形式落实到项目部的有关科室、施工队、施工班组，并明确奖惩办法，这就是成本的责任到人。

（2）成本的跟踪检查。在施工过程中，要对每个单位完成任务的成本进行跟踪检查，及时统计汇总，并与计划成本进行对照，及时汇总到成本管理负责人手里。

（3）项目费用——进度的综合分析。在进行成本统计的同时，也要进行形象进度的统计，而后根据完成的工程量和发生的成本，进行费用——进度的综合分析，确认是属于正常状态还是非正常状态。

（4）偏差的分析与采取的措施。如果成本处于非正常状态，就要分析原因并采取相应的措施，避免发生大的偏差。采取的措施一般包括组织措施、技术措施、经济措施和合同措施。其中按计划严格控制各项开支、优化施工方案、严格控制材料采购和使用的各个环节、严格控制大型施工设备的租赁和使用效率、避免安全事故和质量事故的非正常费用发生、及时索赔、实施奖惩措施等都是项目成本管理过程中经常采取的具体措施。

5. 进行项目成本核算和工程价款结算，及时收回工程款

根据合同约定，按时编制进度报表和工程结算资料，报送监理认可，及时向业主收取进度款：同时编制好项目部内部结算资料，以便办理分包和内部职工的工资奖金结算。

工程竣工后，要及时进行决算，以明确债权债务关系，项目部会同公司落实专人与业主加强联系，紧盯不放，力争尽快回收资金。对一些不能在短期内清偿债务的甲方，通过协商签订还款计划，明确还款时间、制定违约责任，以增强对债务单位的约束力；对一些收回资金可能性较小的应收账款，则可采取让利清收等办法，以减轻成本损失。

6. 积累项目成本资料

对各个已完项目成本资料的积累和分析，是企业管理的一项基础工作，对以后的项目成本预测和成本管理起着非常重要的借鉴作用。积累的资料至少有：

（1）项目成本估算资料；

（2）项目成本实际完成的具体资料；

（3）项目成本分析资料；

（4）项目费用——进度分析资料。

二、××卷烟厂搬迁机电安装工程成本控制案例

1. 工程概况

××建设工程有限公司总承包了××卷烟厂易地技术改造项目的全部机电安装工程，工程包括锅炉房（新装三台5t燃气快装锅炉）机电安装工程，冷冻站机电安装工程、空压站机电安装工程、变电所安装、卷烟主体设备及配套通用设备的拆卸、搬运、安装工程，非标台架的制安工程，通风、除尘风管的制作及设备安装工程等。设备、阀门、电缆由业主供应，其他由总承包单位供应。工期12个月，自2007年12月15日至2008年12月15日，工程造价8525万元。

2. 工程特点

本工程采用机电工程施工总承包方式，施工过程中需要与土建密切配合。由于本工程属于烟草行业机电设备安装，其生产工艺及其流程相当复杂，安装难度大、技术含量高；设备、通风、管道、电气仪表工程同时施工，工程量大、作业面多，交叉作业多；高空作业，危险系数大；多个单位施工，工程施工中的交叉点多，协调工作量大；施工工期相对紧张。

根据工程量大和工期紧的情况，项目部决定，锅炉房、空压站、冷冻站及工艺管道分包给具有相应资质的A机电安装公司，通风、除尘工程分包给B机电安装公司，其他工程由本单位人员施工。各分包队伍（包括内部分包）负责施工辅材的供应。

3. 项目成本控制

（1）签订的施工总承包合同相对合理。经过数轮艰苦的谈判，与业主签订的总承包合同相对合理。例如，合同规定了超出设计范围的作为增项处理，业主指定专人及时签署变更单；因业主原因造成的工期延误和费用损失可以索赔；工程款会按时结算，不会拖延；业主负责外部各方面的协调等。

相对合理的总承包合同给施工和成本控制提供了极大的方便。

（2）对项目成本的精细化测算。根据工程特点，项目部管理人员提前一个半月进入施工现场。先详细计算工程量，并根据工程量、与公司签订的项目计划目标成本，参考公司内部预算定额，计算出每个单位工程、分部、分项工程的目标成本。然后进一步细化到每

台设备、每米管道、每平方米风管等的细小单元。例如，公称尺寸100mm的无缝钢管每米的分包人工费单价为42元（包括辅材和所有管道组成件安装）；单体设备500kg及其以下的每吨平均450元，500kg以上的每吨平均340元（不包括垫铁及灌浆材料）；碳钢台架制作安装每吨1400元等。

根据总进度计划和单位工程进度计划，再计算出每个单位工程每月应完成的形象进度和产值。

将上述内容按照费用——进度综合分析的方法，绘制出单位工程计划成本与进度曲线。这是考核各施工单位进度和成本支出的基准曲线。

这项工作虽然繁杂，但给以后的成本和进度控制打下了良好的基础。

（3）将具体的单位、分部、分项工程进度计划与成本计划都落实到每个施工单位，又把细化的具体工程成本由施工单位落实到班组。这样做使每个施工单位，都清楚自己完成任务的成本是多少，自己这一天、这一周能够挣多少钱，进度计划有没有完成，人人心明眼亮，达到自己对自己的督促作用。

（4）从计划、采购到限额领料，对材料成本进行全方位的控制。本工程主材的采购量约占总造价的46%，控制好主材的费用是项目成本控制的重点。项目部要求材料设备组全过程管理，一是材料计划准确，不能只按材料表，还要依据图纸进行详细的计算，力求准确无误，而且进货要与进度安排相适应；二是要公开招标采购，招标过程请总公司主管部门全程参与，力求保证质量和供应进度，价格合理；三是限额领料并杜绝在使用中的浪费。

（5）采用项目费用——进度的综合分析法，结合施工质量和安全管理进行控制和考核。在签订分包合同时，就明确了成本、进度、质量、安全管理绑在一起考核的原则和具体考核方法，不管哪一项不合格，都要影响分包队伍的收入。这样的成本管理又变成了进度、质量、安全管理的经济措施。

（6）对劳务供方的控制。

① 每项分包的分部工程，都设立相应的主管负责人，对分包工程的进度、质量、安全、辅材消耗进行控制，并负责技术指导与现场协调；

② 合同中规定工期及工期拖延的惩罚办法；

③ 与供方一起制订进度计划，并且每天检查，发现问题及时解决，直至切出部分工程量或与其终止合同；

④ 及时解决供方施工中的问题，保证大型设备的供给，保证其不窝工；

⑤ 供方质量体系纳入项目部管理，按项目部质量体系运行；

⑥ 技术、材料、施工作业指导书等均由项目部控制；

⑦ 设专人全程监督、检验其工程施工质量；

⑧ 完不成目标或造成损失的要给予经济处罚。

（7）由专人跟踪统计相应责任人对成本和形象进度的管理。

① 各专业工程师负责自己专业的变更通知单的签认，同时要把确认后的变更单通知统计员；各施工单位负责人每周向项目部汇报本周任务和成本完成情况。

② 质量工程师每天检查工程质量，如发现问题，必须当天向项目总工程师汇报并拿出解决问题的措施，同时通知统计员。

③ 安全员每天对施工现场进行巡视检查，发现问题及时整改并通知统计员。

④ 设专职成本统计员，每天对每个施工单位的进度、成本的完成情况进行统计、汇总，同时注明该单位的质量、安全管理是否正常，发现不正常情况立即向主管经理汇报。每月要整理出每个施工单位的进度、成本、质量、安全的完成情况，绘制出已完工程的实际成本曲线和已完工程的计划成本曲线，向项目经理汇报。

（8）偏差分析与纠正措施。项目部每天都要对关键线路上的主要工作进行检查分析，每周要对其他重要分部工程进行检查分析，每月要对所有在施工程进行一次全面细致的分析，发现问题及时剖析。

例如，A机电安装公司在压力管道焊口进行X光无损检测时发现某持证焊工焊接的23道口不合格，只得返工处理，增加了成本，影响了进度。项目部要求A公司立即更换压力管道焊工，对不合格焊工进行经济处罚并限制使用，自行承担返工费用并在一周内处理完毕。同时项目部对没有及时发现问题的质量工程师进行了批评教育。

4. 管理成效

项目部进行成本的精细化管理，增加了工作量和管理人员，但细化成本管理，对成本控制、进度控制、质量控制和安全管理都有很大的好处。例如，对分包方的成本管理可以采取按合同价包死，让分包商自己管理的的方式。这种方式对素质好的分包商适用，但对于不成熟的承包商就有风险。一旦分包商的成本控制不住，超支部分总包单位还要承担。而精细化成本管理就会及时发现问题，及时纠正，避免了大的问题发生。经过对成本的精细化管理，工程项目圆满完成，节约项目成本235万元，业主满意，分包商满意。项目部人员虽然工作量增加了很多，但对得到一定的奖励也满意。

第九节　管道工程焊接质量图形化管理远程控制技术

一、建立管道工程焊接质量图形化管理远程控制技术的理由

随着公司日益扩大的生产规模，涉及行业的日益广泛，施工地域的不断扩张，原来的焊接质量管理方式、管理手段已不能完全适应企业的可持续发展的需要，企业质量管理控制的需要，在一定程度上阻碍了企业前进的步伐。具体表现在以下几个方面：

1. 焊接质量监控力度不够，及时性差

由于原来焊接质量管理未实现信息化，对于项目焊接质量的监控主要通过分公司、项目部的口头汇报、书面汇报，通过现场检查等一般手段来监控项目焊接质量。这样的方式对焊接质量监控及时性有所欠缺，不能做到及时发现项目的焊接质量问题、不能及时解决项目发生的焊接质量问题。甚至我们听到的、看到的有可能是一些不符合现场实际情况的一些东西。

2. 远程控制困难

由于公司所承接的工程项目中，除市内工程外，还涉及市外、国外工程，如何来对这样一些项目实施焊接质量监控，一直困惑着公司的管理层，尽管采取了一些措施、方法，

但实际效果不理想。

3. 焊接质量管理统筹性比较差

公司承接的业务涉及到各行各业，且执行的标准规范极其繁多，在焊接质量管理上必须进行统筹安排，抓住焊接质量关键点控制。而原来的一些做法缺乏统筹性，缺乏层次管理。

综上所述，公司必须改变、加强焊接质量管理手段。企业要在日益增强的市场竞争中获得一定的份额，也必须掌握、拥有先进的管理手段、方法，去赢得市场信誉、体现企业实力。

二、建立管道工程焊接质量图形化管理远程控制技术应用系统

因特网作为世界的信息交流平台，已经渗透到全世界的各行各业，为企业建立先进的管理模式提供了可靠的保障。本公司的管道工程焊接质量图形化管理远程控制技术应用系统建立在ERP－NC技术平台上，通过集成将管道工程焊接质量图形化管理系统与建立在ERP－NC技术平台上的管道工程焊接质量管理控制系统进行整合，通过因特网进行数据传输。

1. 管道工程焊接质量图形化管理远程控制技术应用系统建立策划

管道工程焊接质量图形化管理远程控制技术应用系统，应能实现焊接质量适时动态控制，远程控制，检验检测计划控制，项目信息的及时获取。通过对数据表分析，对项目当前阶段焊接质量状况进行评估，为项目决策提供依据。通管道工程焊接质量图形化管理远程控制技术应用系统，实现专业工程师负责制下的项目辐射管理，对分公司、项目部下达及时准确的工作指令，对项目进行有效控制。

管道工程焊接质量图形化管理远程控制技术应用系统具备的主要特点：该技术能实现本地、网络焊接布置图绘制，实现管道工程焊口信息数据自动集成化，实现本地、网络焊接图及数据交换。该技术能实现焊口信息框、绘图界面、管道图属性表互动，人机对话好，操作简便。该技术具备两种数据传输方式：本地绘制图形后保存上传；网页上绘制图形后保存传送。该技术与管道工程焊接实务紧密结合，简化绘图及焊接数据的填报工作，提高焊接管理人员的工作效率。

管道工程焊接质量图形化管理远程控制技术应用系统实现各级管理层与项目展开时时互动、实现焊接质量管理的关键业务在计算机平台上业务流程的再造、实现焊接质量管理体系在计算机平台上的再现。通过管道工程焊接质量图形化管理远程控制技术应用系统使各级管理层更好地服务及监控项目。

2. 管道工程焊接质量图形化管理远程控制技术应用系统的建立

（1）管道工程焊接质量管理控制系统。

①流程设置。流程示意如图3－37所示。

②流程阐述。

A. 检验设定。检验设定是对符合填报条件的焊接检验进行设定。对于有公司委派工程师驻现场的项目，检验设定由委派工程师进行。其余工程由质量检验控制责任人完成检验设定工作。检验设定内容如图3－38所示。

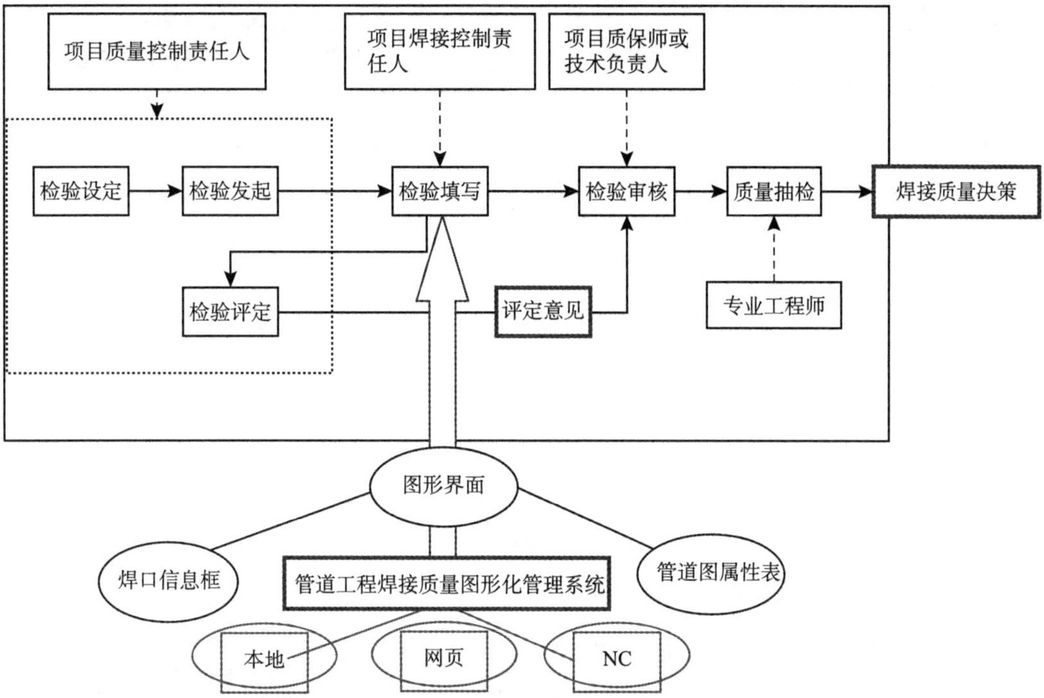

图 3－37　流程示意图

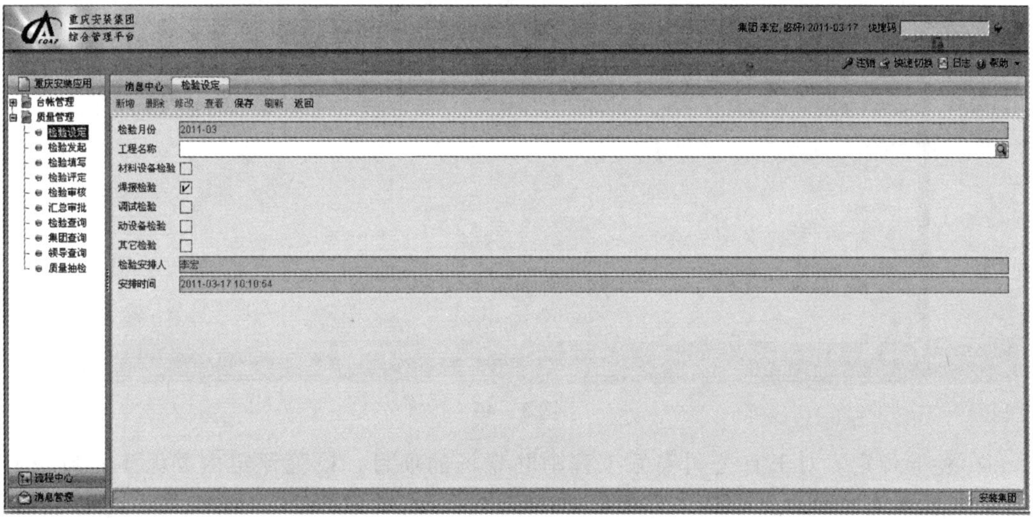

图 3－38

B. 检验发起。检验发起是对符合填报条件的焊接检验进行发起。对于有公司委派工程师驻现场的项目，检验发起由委派工程师进行。其余工程由质量检验控制责任人完成检验发起工作。检验发起内容如图 3－39 所示。

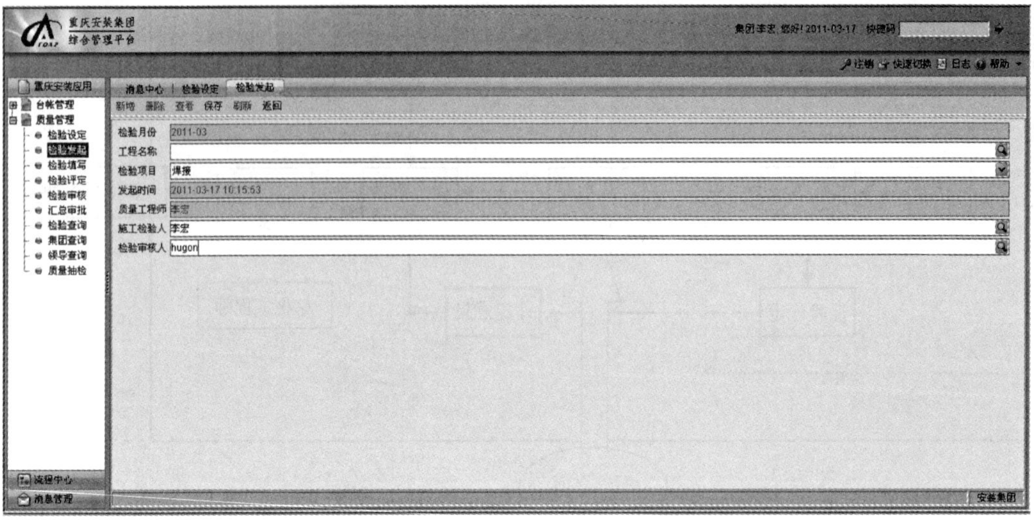

图 3 - 39

C. 检验填写。检验填写由项目焊接责任人填写，检验填写内容如图 3 - 40 所示。

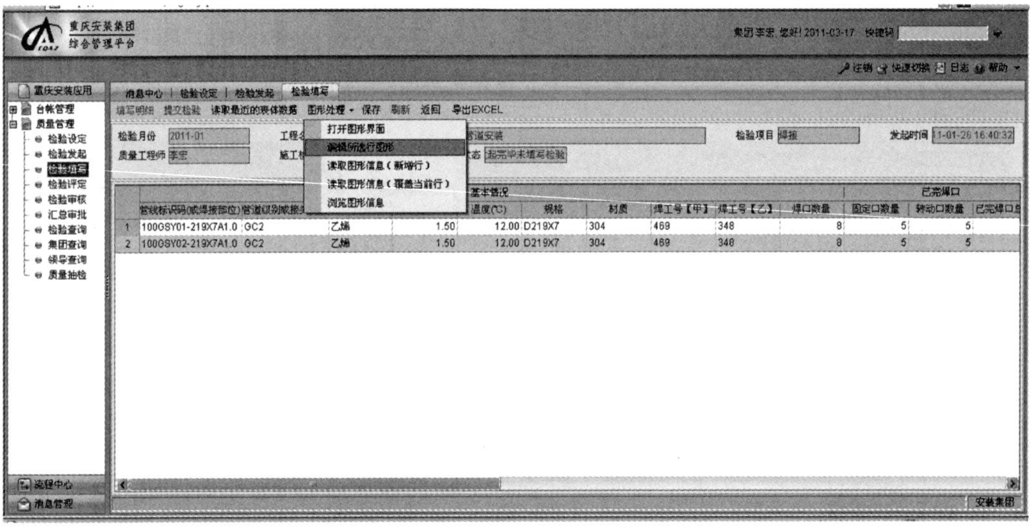

图 3 - 40

D. 检验评定。对于有公司委派工程师驻现场的项目，检验评定由委派工程师进行。其余工程由质量检验控制责任人完成检验评定工作。对填报的质量控制要素、数据、质量状况等进行评定。

E. 检验审核。检验审核由项目质保师或技术负责人进行。对填报的质量控制要素、数据、质量状况等进行审核。

F. 质量抽检。由公司专业工程师负责质量审核抽检。对抽检中发现的问题，立即通知项目部、分公司进行整改、改进。对于质量存在严重问题的项目，立即成立检查小组对项目进行现场核查，督促整改。

(2) 管道工程焊接质量图形化管理系统的开发。

技术路线。开发适合管道焊接布置图绘制的图形软件→由焊接图自动集成焊接数据到管道图属性表→工程所有焊接图数据自动集成到管道工程焊接质量管理控制系统。

管道工程焊接质量图形化管理系统如图 3－41 所示。

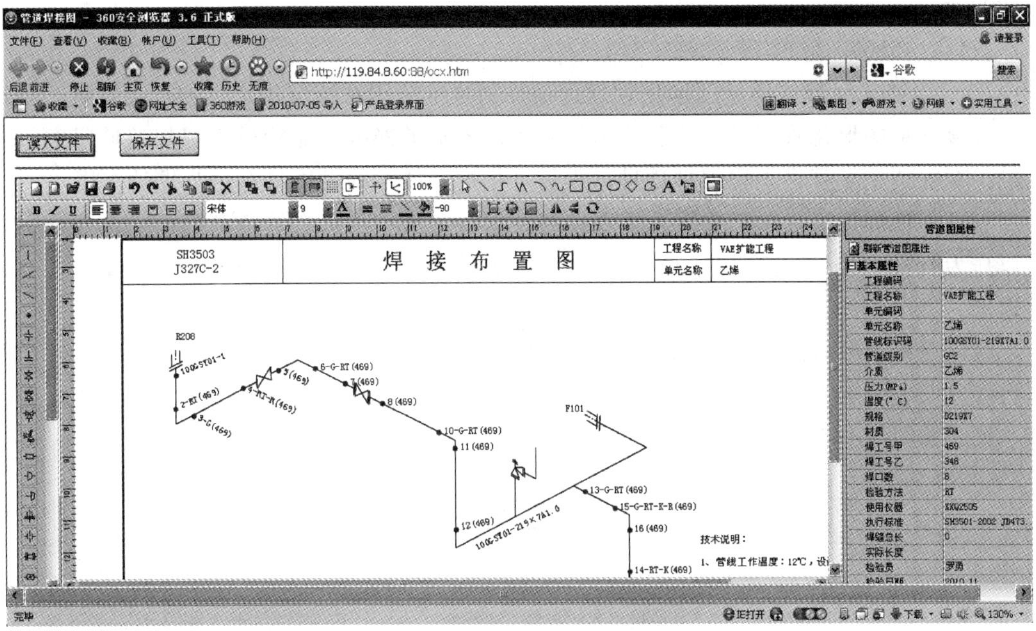

图 3－41

3. 核查

为了保证数据的真实性，必须对平台数据进行核查工作。现场核查，公司组成核查小组不间断、不通知对项目进行核查。依据焊接记录、焊接实物、焊缝检测原始记录、现场抽拍结果等进行工作。检测公司核查，每月月底由检测公司以书面的形式向公司工程技术部提交各项目数据的核查结果，核查方式为抽检。分公司自查，分公司必须作好自查自纠工作，履行分公司质量管理的职责。

4. 管道工程焊接质量图形化管理远程控制技术应用系统应用的效果

（1）实现适时动态控制，焊接质量管理效率提高，质量管理加强。管道工程焊接质量图形化管理远程控制技术应用系统在开发成功后，立即在公司工程项目上进行推广应用，目前已在 17 个项目上得到了使用，极大地推动了公司管道工程焊接质量的管理控制，有效提高了焊接技术管理人员的工作效率。

管道工程焊接质量图形化管理远程控制技术应用系统由分公司改为项目部完成填报工作，实行适时填报制度，因此可以做到焊接质量管理适时动态控制。改善了原来由项目部通过纸质材料层层报送，报送时间跨度大大减小，解决问题的时间也相应大幅度缩短，焊接质量管理效率显著提高，质量管理得到加强。自实施以来，公司总体焊接质量在稳步提高。

（2）管道工程焊接质量图形化管理远程控制技术应用系统应用产生的经济效益。管道工程焊接质量图形化管理远程控制技术应用系统自实施以来本公司每年可节支约 45 万元。

节支总额计算如下：

①各工程项目部焊接管理人员工作效率提高，节约：50 小时/月 ×20 元/小时 ×17 个 ×

10 个月 = 17 万元。

②分公司、公司用于焊接管理的期间费节约：4000 元/次 × 6 次 × 12 个单位 = 288000 元。

合计：458000 元。

（3）管道工程焊接质量图形化管理远程控制技术应用系统应用产生的社会效益。管道工程焊接质量图形化管理远程控制技术的应用，丰富了安装企业管道工程焊接质量的管控手段，对安装企业管道工程焊接质量远程信息化控制技术的发展具有示范推动作用。

管道工程焊接质量图形化管理远程控制技术适合所有承接有管道工程的安装企业，也可以作为行业、地方质量技术监督机构对压力管道焊接质量管控的一种手段，社会效益显著。

在这里列举政府部门管理一例：× × 市质量技术监督局（或特检中心）对辖区内涉及压力管道安装的重大或重要工程焊接质量进行控制，就可以应用该系统完成信息化集成管理。模式如图 3 – 42 所示。

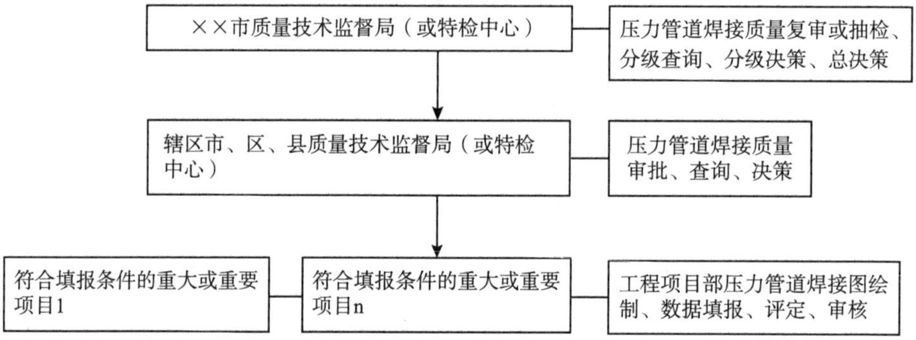

图 3 – 42　× × 市特种设备（压力管道安装）焊接质量控制信息管理系统

第十节　国际工程项目管理及对策

一、国际工程项目管理

1. 国际工程项目管理的原则

（1）所有的项目管理方法是为解决计划（PLAN）和实际（ACTUAL）的偏差（DEVIATION）的问题。发现偏差或将偏差控制在业主/公司容许的范围内是管理的出发点（DON'T MAKE CLIENT ANGRY!）。

（2）在保证计划前提下，项目要有序（IN ORDER），包括机构设置、人员分工、各种施工行为的管理，不发生紊乱。

（3）从行动上要解决说和做的距离的问题（SPEAK AND ACTION）。

（4）控制关键要素要保证项目目标的具体实现，这些目标包括：费用、进度、工作量、资源投入。

(5) 项目管理的基本准则：按计划、保证进度、条理性、预算费用内、保证安全、基本质量要求。

2. 国际工程项目管理阶段的划分

国际工程项目管理阶段的划分如图 3－43 所示。

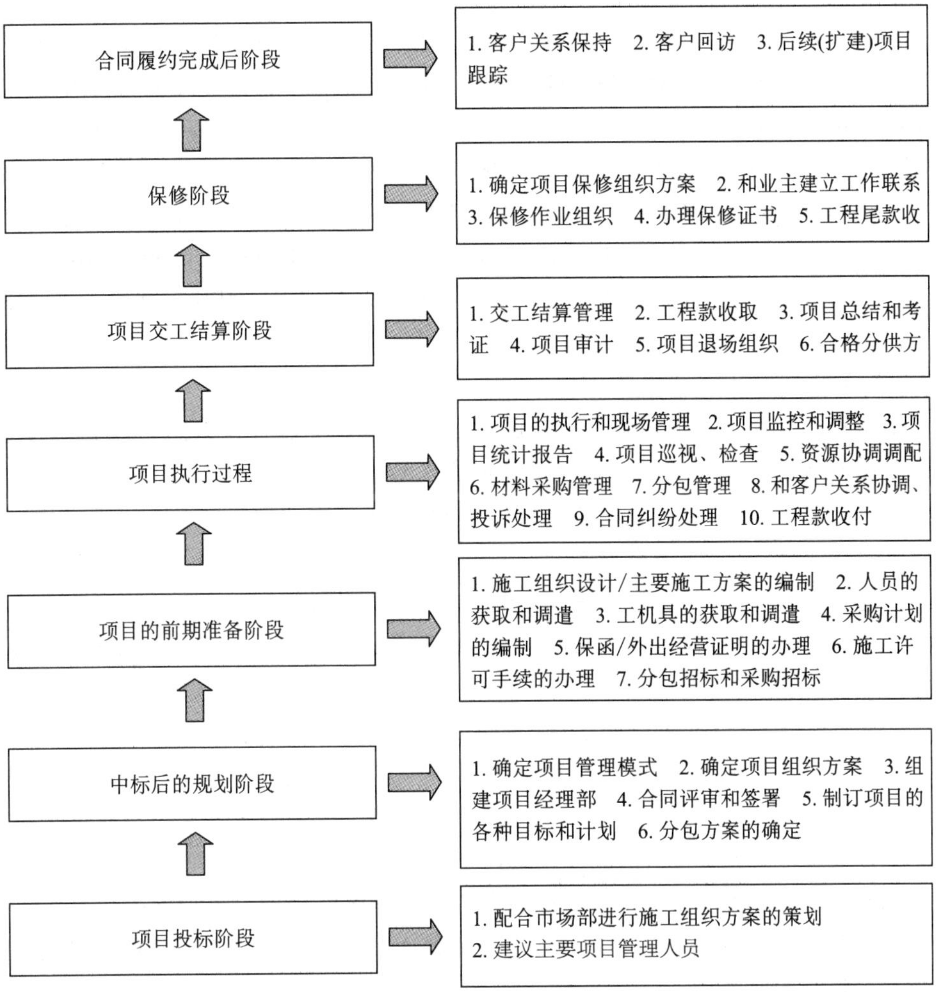

图 3－43　项目管理阶段

3. 国际工程项目管理机构的设置

(1) 总部管理机构的设置。

①总部管理的主要作用。

监督管理作用：通过对在建项目的监督和管理来保证公司的各项规章制度在项目上的执行、及时准确地了解项目状态、纠正违规行为，调整项目策略和目标、机构和资源投入从而保证公司既定利益的实现。

支持作用：目前国际工程管理中非常强调 HOME OFFICE SUPPORT（总部支持）的作用，为项目提供技术、方法、资源方面的支持。

②机构设置的原则。

A. 基本的行政管理和支持能力（行政）。

B. 形成市场拓展能力、获取和储备资源能力、设计和技术支持能力、采购/物流管理能力、质量管理体系能力、HSE管理体系能力、合同管理能力、法律事务管理能力、造价/成本管理能力（业务）。

③机构类别。

行政类机构：人力资源部（H/R DEPT）、财务部（FINANCIAL DEPT）、法律事务部（LEGAL DEPT）、行政部（ADMINISTRATION DEPT）、信息中心（IT CENTER）、审计部门（AUDITTING DEPT）。

业务类机构：设计管理部（ENGINEERING DEPT）、市场部/事业部（MAKETING DEPT）、工程管理部（PROJECT MANAGEMENT DEPT）、技术质量部（QA/QC DEPT）、HSE管理部（HSE DEPT）、采购运输部（PROCUREMENT & FORWARDING DEPT）。

④建立管理流程文件体系。流程文件分为管理类和技术类，其中管理类又分为行政管理和业务管理。

管理类流程文件：

A. 总体管理流程：分析和调整公司的行程流程和业务流程，编制《项目总体管理程序》，这是公司项目管理的基础流程，是其他流程的基础。

B. 组织管理类：《项目实施计划模板》《项目组织管理计划》。

C. 合同管理类：《合同评审程序》《分包标准合同条件》《采购标准合同条件》。

D. 分包管理类：《分包管理程序》《分包招标文件模板》。

E. 进度管理类：《定义和测量程序》《项目进度控制程序》《公司WBS编码手册》《进度测量程序》。

F. 费用管理类：《付款申请程序》《项目成本控制程序》《计量支付程序》。

G. HSE管理类：《项目HSE计划模板》《项目HSE管理程序》。

H. 质量管理类：《公司质量手册》《公司质量体系的程序文件》《项目质量手册样板》《项目质量控制程序样板》《项目检查试验计划样板》《不合格品控制程序》《质量记录控制程序》《项目文件管理程序》《检查试验设备控制程序》《消缺控制程序》。

I. 物资管理类：《物资采购管理程序》《材料库存管理程序》《标识和可追溯性程序》《包装和发运控制程序》。

技术类流程文件：技术类文件应根据所涉及的工程领域需要常用技术要求编制，具有通用性，便于被项目参考和修改为项目专用技术文件。例如，土木专业常用的有《桩基施工程序》《建筑施工程序》《道路施工程序》等。

（2）项目管理机构的设置及人员职责。

①项目管理机构设置的原则。

A. 项目机构设置应灵活，不是一成不变的，因项目而异；

B. 项目机构设置要能涵盖项目的基本管理职能；

C. 项目机构设置应在上述前提下最小化以降低运作成本。

②一般总承包（EPC）项目管理机构设置可参照图3-44。

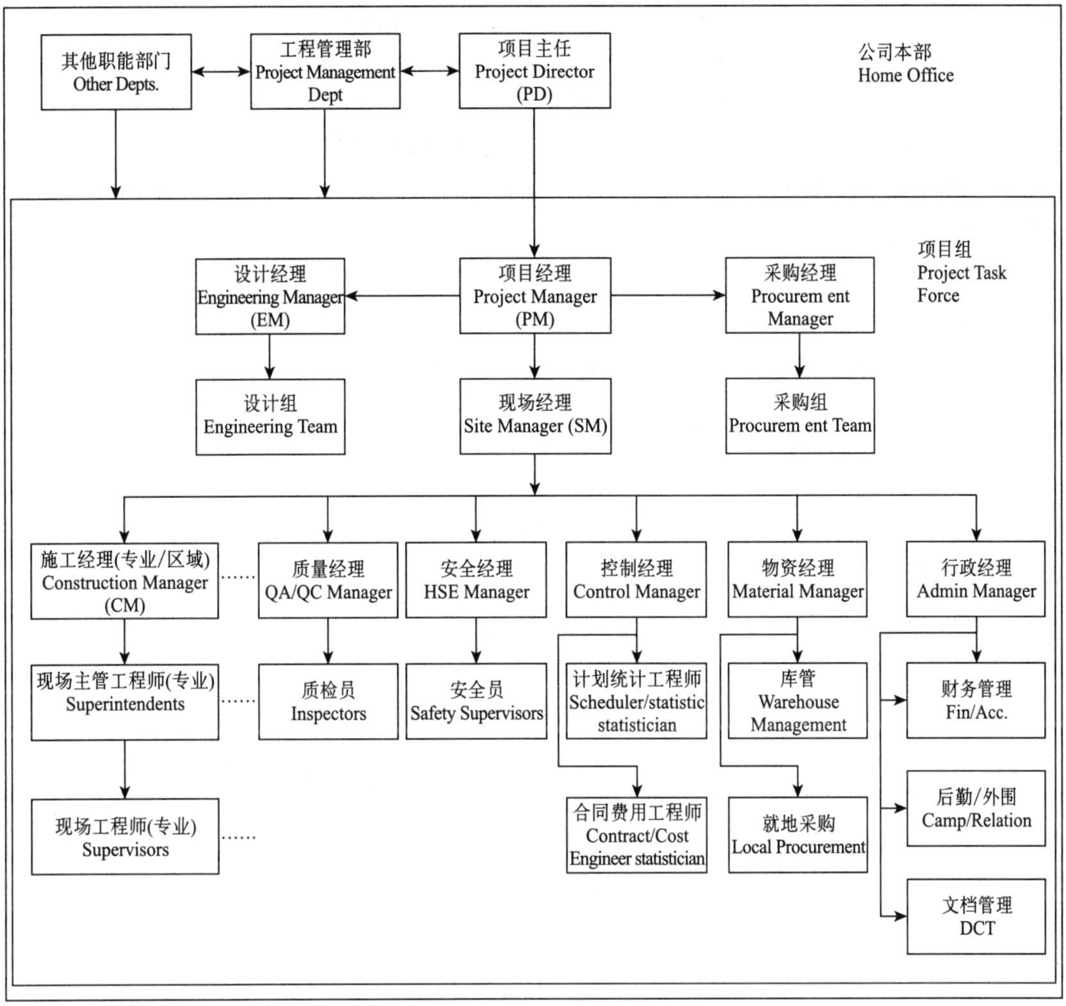

图 3-44　一般总承包（EPC）项目管理机构设置图

③各级人员职责。

项目主任：项目主任（项目主管领导）是公司在一个项目的最高领导，项目的发起人，作为项目经理的主管负责确定项目的基本策略，代表公司管理层指导项目经理工作，和客户的高层建立工作联系，听取客户的意见并付诸实施。

项目经理：项目经理是项目经理部的负责人，负责项目的具体实施，监控项目所有的管理的施工行为，对项目负具体责任，包括项目的安全、质量、工期和费用负责。

现场经理：在项目经理的领导下作为现场负责人负责项目的现场管理，主要是项目的具体施工管理。

施工经理：在现场经理的领导下负责一个区域或一个专业的施工管理。

安全（HSE）经理：在项目经理的领导下负责项目 HSE 体系的具体运作，包括和客户在 HSE 方面的协调。

质量经理：在项目经理的领导下负责建立和运行项目的质量保证体系，编制项目质量计划和质量控制程序，建立项目的质量管理机构，执行质量监督检查和记录，在项目过程的各个阶段控制每一步骤的质量，保证向客户最终移交合格产品。

控制经理：负责项目各项指标的控制和报告，包括计划、进度、费用、工时等，以反应项目的实际状态，为管理层决策提供依据。

计划经理/合同经理：对于EPC项目，其职能和控制经理是分开的，主要负责项目的计划、统计、合同管理和分包招标、进度测量和支付。对于PC型项目，计划经理的职能和控制经理的职能可以合并。

设计经理/技术经理：负责项目的设计和技术管理，包括图纸设计、工作量清单、项目规范和技术参数表的设计。协调设计和采购、施工、试运行的配合。

采购经理：负责按照项目规范、技术参数要求控制项目的采购工作，并能控制到货时间和施工进度的协调。

物资经理：负责自行采购物资、甲供物资、机工具的收货、库管、发放和回收，以及就地零星采购工作。

试车经理：对于包括试运行的项目，试车经理负责试车方案的编制，建立试车机构并具体执行试车工作直至交付。

行政经理：负责项目的财务、人事、办公室、宿舍、车辆、政府关系的管理以及各种施工许可的办理。

主管工程师（Superintendent）：负责管理多名现场工程师，协调和管理一个区域或一个专业的施工。

现场工程师（Supervisor）：在施工经理或主管工程师的管理下，能负责一个专业的技术和生产管理，具有一定的技术素质和现场经验和现场协调能力，组织施工，监督分承包单位，包括计划进度管理、施工工艺、现场组织管理。

质检员（Inspector）：负责某一专业的质量控制和检查，具有对规范、标准和施工工艺的良好理解，以及文件能力，和各方协调达到资料和施工的同步，保证施工质量和工程顺利交接。

安全工程师（HSE Supervisor）：理解HSE体系和规则，具有现场安全常识和经验，能够统筹管理好项目的HSE工作，避免重大事故发生。

合同/造价管理工程师（Contract/Cost Engineer）：熟悉合同管理、造价管理，负责进度申报、进度款收取、主合同及分包合同管理、现场变更管理及结算工作。

行政管理人员（Administration Staff）：包括财务、后勤、对外公共关系管理和协调，为项目提供办公、食宿、交通、外围环境条件，做好财务管理和核算工作。

4. 项目团队建设和内部培训

项目团队的建设是关键。以项目经理为首的项目团队的素质和能力是项目成败有关键，在缺乏体系支持和总部支持的条件下，一个好的项目团队也可以把项目做好。

再好的公司管理体系和总部管理也取代不了项目部自身的管理，所以总部对项目部的管理和约束需适度，尽量发挥项目部的主观能动性并设置适当的约束，没有约束（总部监控）的项目管理是有风险的。

由具有国际项目管理经验的人担任项目经理，在关键岗位上选好人，国际项目管理常识和习惯非常重要，同时要有技术基础和经验，只有有了技术和经验，管理才能做实。

项目经理在项目初期应研发项目的管理流程和体系，在过程中灌输给项目部成员并逐步完善。好的项目管理是用好的流程和制度把能力适中的人分工和协调起来，发挥系统能力。全部能力很高的人聚在一起不一定能管好项目。

项目执行过程的同步培训（打造学习型项目团队）。

每一个项目的执行都有不同的策略，每个项目都有其不同的特点，包括业主的习惯、工作严谨的程度等，因此项目部必须让团队成员都能了解这些信息，选择适用的方法并用于日常管理工作。

项目组成员会有不同的经验和方法，项目部应通过培训来使这些方法能符合项目管理的需要，避免由此产生混乱。

项目组成员有生手和熟手，应通过同步培训使生手熟悉和掌握工作方法，使生手变为熟手，进而成为企业的业务骨干。

项目的整体培训一般由项目经理主持，总体培训着重于项目流程、工作接合面的处理、互相之间的配合，对业主的管理接口。

项目的分职能培训，例如费用管理、质量管理、文件管理等，可以由各职能部门负责人主持，对各管理职能在项目上的具体实施进行培训。

项目的提高培训，就新的项目管理知识，管理工具对项目组成员进行培训。

5. 国际工程管理需要解决的两个问题

（1）为用户的需求提供解决办法（SOLUTION）。用户的需求可能包括：

①为一个商业 IDEA 在技术上找到解决办法，包括专利包和技术成套；从技术上实现产品。

②提供工程服务，包括设计、采购、制造、施工、试运行和商业运行。

③工程公司要成为面向客户的 SOLUTION 公司，能提供全面解决办法（TOTAL SOLUTION），减少工作界面（INTERFACE）的公司是业主希望的。

（2）为企业的收益提供解决办法（PROFIT）。企业获取收益主要通过以下途径：

①直接收益是通过赚取承包价和成本的差价获取毛利，同期的承包价之和（销售额）的大小代表公司的经营规模，经营规模不代表盈利能力，管理的核心目的是提高盈利能力。

②提高收益是通过降低成本达到的，只有减少资源投入、管理费用（不包括总部期间费用）才能获得高的收益，这需要通过提高管理水平和效率达到。

③构成成本的要素是多方面的，项目的管理也应是全方面的，不能偏废，只注重商务的管理或只注重技术的项目管理都会给项目带来风险。

④工程公司通过提供良好的服务，创造业界良好的信誉，包装好其赚取利润的实质，提高在市场中的竞争力，从而使企业得到发展。

6. 国际工程管理需要打造的三个能力

（1）总部支持和管理能力（HOME OFFICE SUPPORT & MANAGEMENT）。

①总部建立的项目管理体系是项目运作的基础，有了体系的管理可以避免随机性，提高项目运作的可靠性和项目执行的质量（做好一个项目和做好所有的项目）。

②总部通过自行运作的项目经验积累、借鉴同行业的经验，来改进和提升项目管理体

系，并将其用于实际业务，保持在同行业的领先或至少是平均水平。

③总部需为项目提供资源支持，这种支持包括资金、人员、机具和物资，目前资金能力和人力资源尤为重要，目前国外项目的融资、现金流支持、保函等关系成为很多项目的瓶颈。

④总部支持的相关部门和资源（HOME OFFICE SUPPORT TEAM），包括设计和技术（ENGINEERING）、咨询（CONSULTANT）、项目监控和协调（SUPERVISION & COORDINATION）、市场部门（MARKETING TEAM）、QA/QC、HSE、采购（PROCUREMENT）、合同（CONTRACT）、法律（LEGAL TEAM）、财务（FINANCIAL TEAM）以及其他所需的行政支持。

⑤管理主要体现在控制上，总部通过监控和信息搜集来了解项目的各种状态，使其符合项目和公司的利益，对于出现的问题进行及时提醒和干预；同时听取业主的意见和建议，乃至投诉并采取积极的措施予以解决。

（2）现场项目管理能力（SITE MANAGEMENT）。

①现场管理是项目管理能力的具体体现，现场是和客户接触的第一界面。

②现场管理要和总部管理有机结合，项目才能取得成功，总部支持，特别是项目的设计和采购支持是现场管理的基础。

③现场管理需建立适当的机构，做好人员配置和职责划分，使关键人员和一般人员的能有机结合，达到管得准也管得到的目的。

④管理的总体策划、现场的协调和控制，特别是分包的管理是现场管理的关键，项目经理（现场经理）需在公司项目管理体系框架下根据项目特点建立项目流程和体系，并在过程中改进，达到有序和不乱的目的。

⑤以项目经理（现场经理）为首的现场管理机构要在全过程坚持管理原则和工作标准，保证项目管理的计划性和主要指标的实现。

⑥业主满意、不发生投诉是项目管理的首要目的，项目部应做好和业主在各个层次上的沟通和协调。

（3）市场营销能力（MARKETING）。

①营销能力是工程业务的基础，没有中标的项目就无从谈起项目管理。

②工程公司根据自身能力对市场有一个定位。例如，是做EPC总包还是施工承包，是做一般工民建项目还是工业项目，其中工业项目的EPC对总承包方的综合能力，如技术研发能力、设计能力、项目集成能力、资金能力要求较高。

③根据市场情况、自身信息资源情况设置总部的营销机构和外部的市场网络。例如，承接国外项目需有可靠的代理，承接集团内部项目需做好内部信息的跟踪。

④营销能力，特别是投标能力也是公司综合能力的体现，对于EPC项目在投标阶段需进行研发（图纸已设计好的项目最多是施工总承包项目），需要技术和设计支持，公司应形成一个技术支撑市场的机制，同时好的项目运作能提高公司的信誉和市场影响力，有助于市场开发（经验越多的承包商越是受到青睐）。

7. 当前我国工程项目管理存在的问题及对策

在建筑施工企业快速发展的同时，一些工程项目在建设中存在着管理理念不成熟、项目管理制度不完善、组织体系不健全、项目管理技术落后、人才机制不健全等问题，严重制约工程项目管理水平的提高。

（1）我国项目管理的发展现状及存在的问题。虽然我国项目管理有了较大的发展，但在发展过程当中依然存在的许多问题，与欧美发达国家相比还有相当差距，其具体表现在以下几方面：

①项目管理理念尚不成熟。规范项目管理是施工企业提升整体管理水平，实现由粗放型经营向集约型转变的关键环节，对培育企业核心竞争力，取得良好经济效益至关重要。然而，一些企业经营者对此认识不深，观念滞后。导致项目管理无序，项目部各自为政，项目经理只管产值，不管成本，短期行为十分严重。有的项目甚至严重亏损，债台高筑。

②项目管理制度尚不完善。在国家法规制度方面，我国目前的项目管理法律制度尚不健全，没有一套较完整的法律制度。在单位内部监控制度方面，以建设项目管理为例，我国普遍存在建设单位不注重自我约束，超标准购置设备、虚报投资完成额等问题。在技术规则方面，我国存在严重的缺陷，加之没有完善工程监理制度，致使项目的质量、进度、成本三坐标管理效率极其低下，“三超”严重。

③项目管理组织体系不健全。据有关方面对我国 22 个行业 236 家企业的问卷调查，从服务功能、组织体系、技术管理体系、人才结构四个方面，按照国际通行的项目管理模式进行运作的只占 15%，有 67% 的单位在项目管理组织体系中没有项目控制部、采购部、施工管理部、试运行部，只是设了一个二级机构项目总承包部；有的单位没有建立包括资源支持体系、程序文件、作业指导标准、工作手册在内的项目管理体系。在更多企业中，并没有一个自始至终贯穿项目建设全过程的企业性经济管理组织，“项目上马建班子，项目完工散摊子”的现象还十分普遍。

④项目管理技术落后。现代化的项目管理是一个大系统，各系统之间具有很强的关联性，有大量的数据，有各种复杂关系的处理，需要使用和存储大量信息，需要专业机构实施专门化的管理。而国内的项目管理更多偏重于业主自行管理，以成立指挥部或类似机构来执行项目，EPC（Engineering Procurement Construction）模式的优势还没有被更多的人了解，仅仅在个别项目中得到应用；而 PMC（Project Management Constractor）模式对国内大多数人来说还是一个新概念，只是在近年国内大型合资项目中有所应用，与国际通行的先进管理技术差距很大。而且项目管理人员的素质普遍较低，还没有掌握先进的管理技术。

⑤项目管理人才机制薄弱。在人才质量方面，项目管理者不应仅仅是项目的执行者，而应能够胜任更为复杂的工作，参与需求确定、项目选择、项目计划直至项目收尾的全过程，在时间、成本、质量、风险、合同、采购、人力资源等方面对项目进行全方位管理。但在我国目前，绝大部分项目管理人员达不到要求。在人才培养方面，我国的项目管理人才培养与资质认定还处于起步阶段，重视程度不够，没有形成规模，培训的层次和水平都较低。在人员待遇方面，我国的外企和一些绩效良好的企业虽然重视项目管理，但项目管理人员的年薪较低，而在国外，项目管理人员年薪在职业排行榜上位居前列。

⑥没有形成一套完善的责权利相结合的成本管理体制。任何管理活动都应建立责权利相结合的管理体制才能取得成效，成本管理也不例。现行的施工项目成本管理体制，没有很好地将责权利三者结起来。在工程管理实践中，一般都是由项目经理承包或实行经济责

任内部考核。不论哪种形式，一个普遍存在的问题是利益与风险不对等，权利与义务不对称。有的项目经理权力很大，风险却很小，项目的盈亏很大程度上依赖于项目经理的个人素质，忽视了财务成本管理的重要性，而最终的结果往往是包盈不包亏。正是由于这种弊端的存在，可能导致项目的经营者对各项成本不重视，管理不精细，甚至可能出现“黑洞”。而项目的职工由于成本与自己的切身利益并无太大关系，也会表现出对成本漠不关心，于是成本管理就成为一句空话，项目利润目标大打折扣。

⑦忽视工程项目“质量成本”的管理和控制。“质量成本”分为内部故障成本、外部故障成本、质量预防费用和质量检验费用等四类。保证质量往往会引起成本的变化，但不能因此把质量与成本对立起来。长期以来，我国施工企业未能充分认识质量和成本之间的辩证统一关系，习惯于强调工程质量，而对工程成本关心不够，造成工程质量虽然有了较大提高，但增加了提高工程质量所付出的质量成本，使经济效益不理想，企业资本积累不足；有的项目经理部存在片面追求经济效益而忽视质量，虽然就单项工程而言，利润指数可能很高，但是因质量上不去，可能会增加因未达到质量标准而付出的额外质量成本，既增加了成本支出，又对企业信誉造成不良影响。

⑧忽视工程项目“工期成本”的管理和控制。“工期成本”是指为实现工期目标或合同工期而采取相应措施所发生的一切费用。工期目标是工程项目管理三大主要目标之一，施工企业能否实现合同工期是取得信誉的重要条件。工程项目都有其特定的工期要求，保证工期往往会引起成本的变化。我国施工企业对工期成本的重视也不够，特别是项目经理部虽然对工期有明确的要求，但对工期与成本的关系很少进行深入研究，有时会盲目赶工期、要进度，造成工程成本的额外增加。

⑨成本管理的基础工作不扎实。总结各建筑施工企业的管理现象，我们可以看出，基本上的通病表现为管理体制不顺，成本的基础工作做得不够，给企业的成本计划、成本决策等管理带来困难。成本计划、成本决策的实施依赖于成本管理的基础工作，如定额管理、成本原始记录、材料物资计量、验收管理制度等，因为这些基础工作若做得不够，则成本计划、成本决策缺乏真实、可靠的基础数据，导致企业作出不当或错误的决策。一般表现在：各项定额管理、原始记录不健全；计量基础工作不到位；水、电、汽等“跑、冒、滴、漏”的现象还很严重；生产用料大手大脚；在原材料、物资采购等方面存在一定的质量及浪费问题；只重视生产过程成本管理，忽视供应、销售过程成本管理。

（2）完善我国工程项目管理的对策建议。我国的工程项目管理公司必须着眼于长远发展，积极面对现实，坚持以创新为主线，认真研讨工程项目管理的发展方向、发展态势和发展措施，抢占市场竞争的制高点，迎接新的挑战。就目前来说，国内的项目管理公司应在以下几个方面做出积极的努力。

①积极与国际惯例接轨。项目管理要走出国门，参与国际竞争，开拓国际市场，就必须全面与国际惯例接轨，主要从合同管理、工程管理、质量管理、安全管理、报价管理等方面向国际惯例靠拢。对于项目管理，国际上有一套完备的法规，普遍对承包商有严格资质管理。对工程开工、竣工和投入使用都有严格的制度，对建筑师等专业技术人员的资格注册实行严格的管理，通过各种详尽的技术法规规范施工方法，保证质量标准；通过监理工程师的监督检查，保证技术法规的实施和工程质量的合格。面对变幻莫测的国际竞争市

场，我们只有真正吃透国际惯例、法规、标准等，才有可能按国际惯例进入国际市场，同时受到国际法律的保护。

②积极实施观念创新。思想是行动的先导，没有创新的思想观念，就没有行动的不竭动力。对于实施项目管理的管理者同样如此，只有当项目经理和项目管理人员，把项目管理看成是一种管理科学，而不是看成依行政指令推行的权宜之计，那么，就会主动的、而不是被动的去参与项目管理的创新。

③建立和健全项目管理的法律、法规。目前我国建筑市场比较混乱，项目管理极不规范，必须贯彻国家有关的方针政策，建立和健全各类建筑市场管理的法律、法规和制度。做到门类齐全，互相配套，避免交义重叠，遗漏空缺和互相抵触。同时政府部门也要充分发挥和运用法律、法规的手段，培养和发展我国的建筑市场体系，确保建设项目从前期策划、勘察设计、工程承发包、施工到竣工等全部活动都纳入法制轨道。

④必须组建项目管理公司。到目前为止，我国仍没有一个自始至终贯穿项目建设全过程的企业性经济管理组织，这是我国项目管理落后的一个重要原因。建设项目需要通过一批掌握管理模式、管理程序、管理方法管理技术的公司去实现。这种公司有资质、有经验能够为业主提供最优秀的项目管理服务，是专营工程承包业务的 EPC 全功能的工程公司和项目管理公司。我国应大力培育专营项目管理和承包的工程公司和项目管理公司，今后应把一批骨干设计院改造成为国际的工程公司，以其自身的专业技术，工程经验和项目管理能力代业主组织和管理整个建设项目，开展“交钥匙”方式的工程建设项目总承包业务。

⑤加快项目管理的信息化、网络化建设。正是由于计算机信息化技术在工程项目管理中发挥了巨大的作用，同时由于我国的项目管理在这一方面与国外差距巨大，因此，今后应努力做好项目管理信息化、网络化方面的工作，建立项目信息平台提供基于互联上的项目管理和信息交流，真正实行网上办一切事。这既是向国际接轨的需要，也是工程建设管理的需要。

⑥提高项目管理人员的素质。发达国家相当重视项目管理专业人才的培养和资质认定，形成了相当规模的行业。美国 PMI 工学会主办的项目管理专业资质 PMP 考试和资质证书，得到社会的公认。获得 PMP 的人有更多的机会被政府部门和大公司聘任和重用。而我国对项目管理的系统研究和行业实践起步较晚，为提高我国项目管理人才的索质，应该经常开展项目管理学科的国内外交流和研讨，加强学会工作，同时规范项目管理培训和资质认定工作。

总之，只有积极面对这些问题，并认清其发展方向，才能缩短与国外项目管理的差距，增强自己的竞争力。

⑦建立和完善项目成本核算体制。建立项目经理责任制和项目成本核算制是实行项目管理的关键，而“两制”建设中，项目成本核算制是基础，它未建立起来，项目经理责任制就留于形式。项目成本核算又是项目成本管理的依据和基础，没有成本核算，其他成本分析考核、成本控制、成本计划等工作就无从谈起。企业经营核算部门作为一个施工成本管理与核算的职能部门，应当充分发挥其应有的职能，挖掘其内在潜力，调动其工作人员的积极性，使项目管理人员真正认识到施工成本管理在项目施工管理中占据着不可替代的重要地位。在抓进度和质量的同时，严抓施工成本核算管理，创造良好的社会、经济效

益。对项目的施工成本管理员进行集中管理和统一调配，成本核算员进行施工项目成本核算时，必须具有独立性。现行的成本核算管理制度下，各项目成本核算员的切身利益依附于项目部，这样成本核算员在行使职能时，得不到充分的发挥，成本管理弱化，工作积极性和能动性受到限制，难以与公司成本核算员进行有效配合工作。因此，改革现行的成本核算管理体制，由公司对各项目成本核算员实行统一委派，集中管理，不定期轮岗，定期或不定期学习、交流、考核、激励竞争上岗，使工程项目成本核算员的切身利益与工程项目分离，才能建立健康有序的施工成本管理与核算工作网络程序。

⑧抓好成本预测、预控，认真履行经济合同。项目成本的管理，首先必须抓好项目成本的预测预控。工程签约后，公司和项目部同时编制施工预算、成本计划，另外编制工程施工任务单和所需机械台班，然后根据上述数据进行对比、校正，再结合现行、当地人工、材料、机械的市场价，测算出工程总实际成本。在项目的各项成本测算出来后，公司与项目部签订承包合同。在承包合同中，对项目成本、成本降低率、质量、工期、安全、文明施工等详实约定。通过合同的签订，确保项目部和公司总部责、权、利分明，双方按合同中的责任，自觉地履行各自的职责，以保证项目施工顺利完成。

⑨选择、使用好劳务分包方，激励、用活企业操作层。随着国企内部机制的改革，企业逐步精简队伍，优化结构。为了满足项目的劳动力需求，必须选择一定量的劳务队伍，选用的劳务队伍要选择一些信誉好的、实力强的队伍进行综合评议，建立相对稳定而又定期考核的动态管理的合格劳务分包方。劳务分包实行招投标制度。公司成立招标领导小组，评委由项目经理、生产、劳资、质安等人员组成，制定招标文件，邀请两家以上的分包方投标，根据投标方的标书、资信等确定中标队伍，劳务分包从招标到签约自始至终要在公平、公开、公正的原则下运行，杜绝暗箱操作。加强劳务资金的集中管理很重要。项目部每月对劳务队伍的当月完成工作量进行核算，汇总后由项目经理进行审核、签字，报公司施工管理部门，施工管理部门根据劳务完成量与项目部报公司的已完成工作量表进行核对，报财务部门。财务部门根据劳务分包合同核定拨付劳务费用的额度，报公司经理审批。工程发生变更的劳务增加费，如无经济签证，公司不予确认。项目部尽量避免分包合同以外的诸如时工、杂工等费用的发生。通过劳务分包的管理运作，逐步将市场机制引入本企业自身队伍操作层的管理，激活企业操作层的活力。

⑩控制好工程项目的质量成本和工期成本。从质量成本管理上要效益，对施工企业而言，产品质量并非越高越好，超过合理水平时，属于质量过剩。无论是质量不足或过剩，都会造成质量成本的增加，都要通过质量成本管理加以调整。质量成本管理的目标是使四类质量成本的综合达到最低值。正确处理质量成本中几个方面的相互关系，即质量损失（内、外部故障损失）、预防费用和检验费用间的相互关系，采用科学合理、先进实用的技术措施，在确保施工质量达到设计要求水平的前提下，尽可能降低工程成本。项目经理部不能为了提高企业信誉和市场竞争力而使工程全面出现质量过剩现象，导致完成工程数量不少，而经济效益却低下的被动局面。

从工期成本控制上要效益如何处理工期与成本的关系，是施工项目成本管理工作中的一个重要课题，即工期成本的管理与控制对施工企业和施工项目经理部来说，并不是越短越好，而是需要通过对工期的合理调整来寻求最佳工期点成本，把工期成本控制在最低点。

总而言之，随着市场经济的不断发展，以建设工程招投标为主要特征的建筑市场已经形成，行业市场的竞争突出体现在造价竞争上。施工企业要提高市场竞争力，最重要的是在项目施工中以尽量少的物化消耗和劳动力消耗来降低企业成本，把影响企业成本的各项耗费控制在计划范围之内。

二、国际工程索赔

1. 索赔的分类、作用、程序与依据

（1）索赔的分类。施工索赔的目的主要是两个方面，即工期索赔和费用索赔。

工期索赔就是承包商向业主要求延长施工的时间，使原定的工期竣工日期顺延一段合理的时间。承包商可以避免承担“误期损害赔偿费”。

费用索赔就是承包商向业主要求补偿不应该由承包商自己承担的经济损失或额外开支。承包商取得费用补偿的前提是：在实际施工过程中所发生的施工费用超过了报价中该项工作所预算的费用。施工超支的原因主要有两种情况：施工受到干扰，导致工作效率降低；业主指令工程变更或额外工程导致工程成本增加。

索赔（Claim）是指作为合法的所有者，对自己应有的资格、财务某种权利的索求。

引起施工索赔的原因：（1）国际工程承包项目的特点是工程量大、投资多、结构复杂、技术和质量要求高、工期长。由此而影响施工工期和成本。（2）承包合同签订是基于对未来的预测，不可能对所有的工程作出准确的说明。（3）正是由于合同的内容是基于设想或设计，难免导致大量的工程变更。（4）大型国际工程项目参加者众多，各方面技术和经济关系错综复杂，管理上的失误是不可避免的。（5）合同双方对合同理解的差异造成工程实施中行为的失调和管理的失误造成合同争执。

常见的索赔有：合同引起的索赔、因意外风险和不可预见因素引起的索赔、设计图纸或工程量表中的错误引起的索赔、业主违约引起的索赔、监理工程师工作的差错引起的索赔。

（2）索赔的作用。索赔是合同有效实施的一项保证措施。合同一经签订，合同双方即产生权利与义务关系，它受法律的保护和制约。索赔是合同法律效力的具体体现。

索赔是落实和调整合同双方经济责权利关系的手段。

索赔是合同和法律赋予受损失者的权利。对承包商来说是一种保护自己权利和利益的手段。

（3）索赔的程序和依据。

索赔的程序：提出索赔要求；报送索赔资料；工程师答复；有好协商解决；提交仲裁和诉讼。

索赔的依据：构成合同的原始文件；工程师的指示；来往函件；会议记录；施工现场记录；工程财务记录；现场水文气象记录；市场信息记录；政策法令文件等。

①提交索赔要求。按照通用合同条件规定，凡是由于业主或工程师方面的原因，出现工程范围或工程量的变化，或由于其他非承包商原因，造成工期拖期或费用增加时，承包

商有权提出索赔。但应在合同规定的期限内，向工程师发出索赔意向通知。

按照 FIDIC 土木工程施工条件的规定：当出现索赔事件时，承包商应在引起索赔的事件第一次发生之后的 28 天内将其索赔意向通知工程师，同时承包商应继续施工。如不在规定的时间内提出索赔，工程师有权拒绝接受承包商提出的索赔。

②报送索赔资料。承包商应在发生索赔时间后，尽快准备索赔资料。一般说对大型复杂工程的索赔报告应分别编写和发送，对小型工程可合二为一。

一个完整的索赔报告应包括：

总论部分：概括地叙述索赔事项。发生的时间、地点、原因、产生持续影响的时间。

索赔权的论证；

索赔值的量化；

证据部分等。

③工程师的答复。工程师在收到承包商送交的索赔报告的有关资料后，于 28 天内给予答复，或要求承包商进一步补充索赔理由和证据。

如果工程师在收到承包商送交的索赔报告的有关资料后 29 天未予答复或未对承包商做进一步要求，视为该项索赔已经认可。

当索赔事件持续进行时，承包商应当阶段性向工程师发出索赔意向，在索赔事件终了后 28 天内，向工程师送交索赔的有关材料和最终索赔报告，工程师应在 28 天内给予答复或要求承包人进一步补充索赔理由和证据。逾期未答复，视为该项索赔成立。

④友好协商解决。这就要求工程师公正处理索赔事宜。争取能通过有好协商来解决。

一是按 FIDIC 条件，由工程师主持，在充分协商的基础上由工程师做出裁决。

二是要求中间人调解。当争议双方在工程师主持下直接谈判无法取得一致意见，为了争取通过友好协商的方式解决索赔争端，根据国际工程施工索赔的经验，可由争议双方协商邀请中间人进行调解，以能够比较满意地解决索赔争端。

⑤索赔争端的解决。对于索赔争端，最终的解决途径是通过国际仲裁或法院诉讼来解决，它虽然不是一个理想的解决办法，但当一切协商和调停都不能奏效时仍不失为一个有效的最终解决途径。

就仲裁和诉讼而言，在国际工程施工的实践中，许多国家和国际组织都提倡通过仲裁解决索赔争端，而不主张通过法院诉讼的途径。在 FIDIC 合同条件中，只列有仲裁条款，没有把诉讼列为合同争端的最终解决办法。

2. 工程索赔成立的条件和理由

索赔条件的成立：

（1）与合同对照，时间已造成了承包人工程项目成本的额外支出，或直接工期损失；

（2）造成费用增加或工期损失的原因，按照合同约定不属于承包商的行为责任或风险责任；

（3）承包人按合同规定的程序提交索赔意向通知和索赔报告。

施工项目索赔应具备下列理由之一：

（1）发包人违反合同给承包人造成时间费用的损失；

（2）因工程变更（含设计变更、发包人和工程师提出的工程变更以及承包人提出的并由工程师批准的变更）造成了时间、费用增加；

（3）由于工程师对合同文件的歧义解释、技术资料不确切、或由于不可抗力导致施工条件改变，造成了时间、费用的增加；

（4）发包人提出提前完成项目或缩短工期而造成承包人的费用增加；

（5）发包人延误支付期限造成承包人的损失；

（6）合同规定以外的项目进行检验，且检验合格，或非承包商的原因导致项目缺陷的修复所发生的损失或费用；

（7）非承包商的原因导致工程暂时停工；

（8）物价上涨、法规变化及其他。

3. 国际工程中常见的索赔事项与引起索赔的问题

（1）常见的索赔事项。

①现场施工条件变化索赔；

②工程范围变更索赔；

③工期拖期索赔；

④加速施工索赔；

⑤业主风险及特殊风险引起的索赔；

⑥暂停施工或终止合同引起的索赔；

⑦业主拖期付款和业主违约引起的索赔；

⑧制定分包商和其他承包商引起的索赔；

⑨政策法令变更引起的索赔。

（2）常见的建设工程索赔问题。

因合同文件引起的索赔：有关合同文件的组成问题引起的索赔；关于合同文件有效性引起的索赔；因图纸或工程量表的错误而索赔。

有关工程施工的索赔：地质条件变化引起的索赔；工程中人为障碍引起的索赔；增减工程量的索赔；各种额外的试验和检查费用偿付；工程质量要求变更引起的索赔；关于工程变更命令有效期引起索赔或拒绝；指定分包商违约或延误造成的索赔；其他有关施工的索赔。

关于价款方面的索赔：关于价格调整方面的索赔；关于货币贬值和严重经济失调导致的索赔；拖延支付工程款的索赔。

特殊风险和人力不可抗拒灾害的索赔。

工程暂停、终止合同的索赔：施工过程中工程师有权下令暂停工程或任何部分工程，只要这种暂停命令并非承包人违约或其他意外风险造成的，承包人不仅可以得到要求工期延展的权利，而其可以就其停工损失获得合理的额外费用补偿；中止合同是由于意外风险造成的，另一种是由于错误造成的。

财务费用补偿的索赔：是指因各种原因使承包人财务开支增大而导致的贷款利息增加等财务费用。

（3）施工现场条件变化的含义。在施工过程中，承包商“遇到了一个有经验的承包商无法预见的不利的自然条件或人为障碍”，因而导致承包商为完成合同要花费超出计划的额外开支。按照国际工程承包惯例，这些额外开支应该得到业主方面的补偿。

施工现场条件变化主要是指：施工现场的地下条件（地质、地基、地下水及土壤条件）的变化，给项目实施带来严重困难。

（4）建设工程索赔的依据。

合同文件：这是索赔的重要依据。包括：本合同协议书；中标通知书；投标书及其附件；本合同通用、专用条款；标准、规范及有关技术文件；图纸；工程量清单；工程报价单或预算书。

订立合同所依赖的法律法规：适用的法律法规；适用标准、规范（双方在专用条款内约定适用国家标准、规范的名称）。

相关证据：证据是指能够证明案件事实的一切材料。可以作为证据适用的材料主要有以下七种：书证（指以其文字或数字记载的内容，起证明作用的书面文书和其他载体，如财务账册、合同文本、往来信函、欠据和收据等）；物证（指以其存在、存放的地点外部特征及物质特征来证明案件事实真相的证词或向司法机关所做的陈述）；视听材料（能够证明案件真实情况的音像资料，如录音、录像带等）被告人供述和有关当事人陈述；鉴定结论；勘探、检验笔录。

在工程索赔中的证据：招标文件、合同文本及附件，其他各种签约（备忘录、修正案等），发包人任课的工程实施计划、各种工程图纸、技术规范等；来往信函；各种会议纪要；施工进度计划和实际施工进度记录；施工现场的工程文件；工程照片；气候报告、工程中的工作检查检验报告和工作技术鉴定报告；工程的交接记录；建筑材料设备的采购、订货、运输、进场、适用方面的记录凭证报表；市场行情资料，包括市场价格、官方的物价指数、工资指数、中央银行的外汇比率等公布材料；工作会计核算资料；国家法令法规正常文件等。

（5）索赔文件的编制方法。索赔文件包括以下几部分内容：

总论部分：概要论述索赔事项发生的日期和过程；承包人的具体索赔要求。

论证部分：这是索赔报告的关键部分，其目的是说明自己有索赔权，是索赔能否成立的关键。

索赔款项（工期）计算部分：如果说合同论证部分的任务是解决索赔权能否成立，则款项计算是为解决能获多少款项。

证据部分：要注意引用的每个证据的效力或可信程度，对重要的证据资料最好附以文字说明，或附以确认件。

4. 工期索赔

（1）工期索赔影响分析。

①确定工期索赔的计算依据。

②工期索赔分析的基本思路；通过对比分析得到工期索赔值。

③工期索赔分析的步骤：确定索赔时间对某道工序或活动的影响；分析由于某工序或活动的持续时间变化，对总工期的影响。

④索赔事件对对应工序或活动的影响分析：工期拖延影响分析、工期变更的影响分析和暂停施工或工程中断影响分析。

⑤索赔事件对整个工期的影响分析。

(2) 工期索赔原因分析。在 FIDIC 合同条款中，工期概念是：原合同所规定的竣工期加上工程延期。其中工期延期是指：按合同有关规定，由于并非承包商自身原因所造成的，经工程师书面批准的合同竣工期限的延长。

导致工期延长的原因有：任何形式的额外或附加工程；合同条款所提到的任何延误理由，如延期交图、工程暂停、延迟提供现场等；异常恶劣的气候条件；由业主造成的任何延误、干扰和阻碍；非承包商的原因或责任的其他不可预见的事件。

其解决的办法：一是批准工期延期，相应延长竣工期，按原定方案和计划实施；二是指令承包商加速施工，以弥补损失的工期，承包商可以提出因采取加速措施而增加了费用的索赔。

工期索赔分析的几个问题：分清工期延误的性质；工期延误指的是总工期的延误；事件重叠影响工期延误的分析。

(3) 工期延误的性质分析。通常将工期延误分成两大类：由承包商的原因造成的核由承包商以外的原因造成的工期延误。

当工期延误是由于承包商的原因所造成的成为不可原谅的工期延误，这种工期延误是不能索赔的，当然也就不能得到工期延误。

当工期延误不是由于承包商的原因和责任的工期延误，成为可原谅的工期延误。允许承包商进行工期索赔，并得到工期延期。这种延期如果同时也造成了承包商的经济损失和费用增加，则还可得到费用补偿。

(4) 工期延误对总工期的影响分析。可以索赔的工期延误指的是总工期的延误，也可以指重要的阶段工期。在实际工作中工期延误总是发生在一项具体的工序或工作上，因此工期索赔分析必须要判断发生在工序或工作上的延误是否会引起总工期或重要阶段工期的延误。一般说，发生在关键线路上关键工序的延误，会影响到总工期，因此是可以索赔的。反之是不能索赔的。

对于这个问题的分析的基本思想是：假设工期延工一直是按原网络计划确定的施工顺序和工期进行的，现发生了一件或一些干扰事件，使网络中的某个或某些活动受到干扰而延长了持续时间。将这些活动受干扰后的持续时间代入网络中，重新进行计算，得到一新的工期，则新工期与原工期之差即为干扰事件对总工期的影响，也即为工期索赔值。

通常如果受干扰的活动在关键线路上，则该活动的持续时间的延长期即为总工期延长值。如果该活动在非关键线路上，则这个干扰事件对工期无影响，故不能提出工期索赔。

事件重叠影响工期延误的分析：

当同时发生几个事件，都引起了工期延误，在具体日期上出现了重叠情况，这时分析原则是：当不可原谅延误与可原谅延误重叠时，以不可原谅的工期延误计；当可原谅延误互相重叠时，工期延长只记一次。

例如：某工程在一段时间中发生了设备损坏以及大雨、图纸供应延误三个事件，都造成了工期延误，分别是 6 天（7 月 1—6 日）、9 天（7 月 4—12 日）和 7 天（7 月 9—15 日）。试分析其应延长工期的天数。

解题思路：第一，分清工期延误属于可原谅的还是不可原谅的。第二，具体分析三个事件的重叠影响期。第三，最后计算出应补充的天数，即延长竣工期的天数。

分析指导：设备损坏是承包商的过失，属于不可原谅的工期延误，后两事件为不可预见的及工程师的差错，属可原谅工期延误，应予以工期赔偿。如图 3－45 所示。

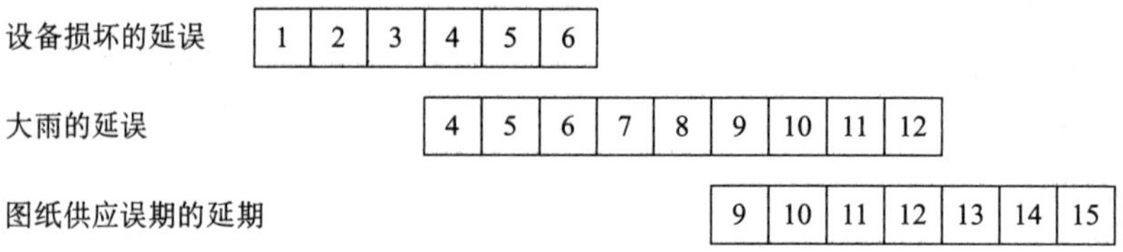

图 3－45

①1～3 日为不可原谅延误，不予补偿。

②4～6 日为不可原谅延误与可原谅延误的重叠期，按不可原谅延误计，不予赔偿。

③7～8 日为可原谅延误，补偿 2 天。

④9～12 日为两个可原谅延误重叠，可予赔偿，但只计一次，故补偿 4 天。

⑤13～15 日为可原谅延误，补偿 3 天。

故总计应赔偿 9 天，即延长竣工期 9 天。

5. 费用索赔

（1）费用索赔概述，如图 3－46 所示。

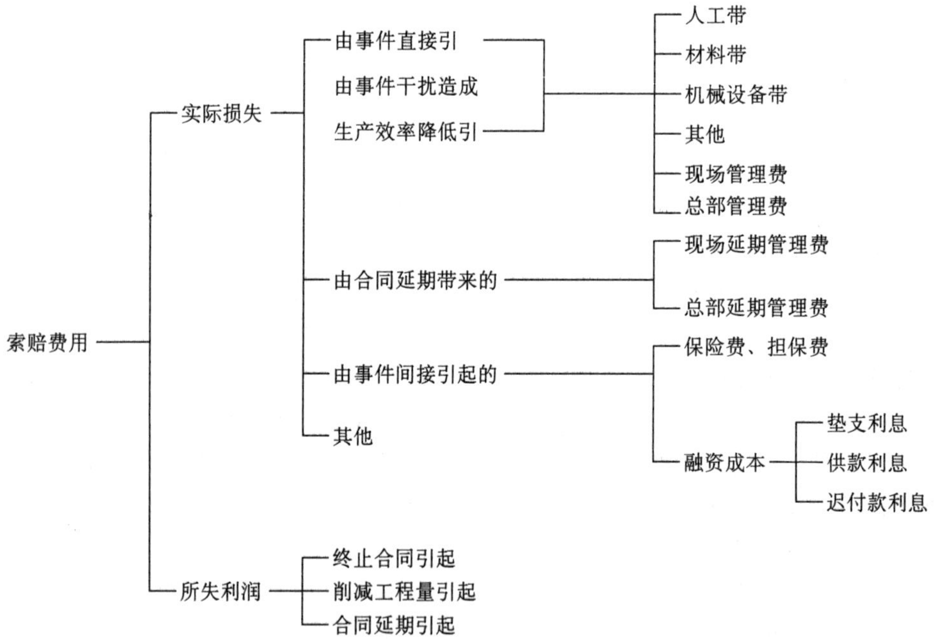

图 3－46

费用索赔的原则：实际损失原则、合同原则、合理性原则。

费用索赔的构成：直接费（人工费、材料费、施工机械使用费）管理费（上级管理费、现场管理费），利润、续开保函与延长保险发生费用的索赔、融资成本的索赔计算。

工期延误引起的费用索赔：包括工期延误时承包商可索赔的费用和非关键线路上活动拖延的费用索赔。

工期变更的费用索赔。包括工程量变更和工程质量变化。

加速施工的费用索赔。

工程中断和合同终止的费用索赔。

（2）索赔费用项目。索赔费用分析的原则和方法：

在确定赔偿金额时应遵循下列两个原则：

所有赔偿金额都应该是承包商为履行合同所必须支出的费用。按此金额赔偿后，应使承包商恢复到未发生事件前的财务状况，即承包商不致因索赔事件而遭受任何损失，但也不得因索赔事件而获得额外利益。

索赔金额的计算方法主要有三种：总费用法、修正总费用法和实际费用法。

索赔费用项目：人工费、材料费、机械设备费、现场管理费、总部管理费、保险费和担保费、融资成本、现场延期管理费、总部延期管理费、其他、所失利润等。如表 3－23 所示。

表 3－23　索赔类型和索赔费用成分关系表

索赔费用成分与索赔类型	延期索赔	工作范围索赔	加速施工索赔	不利现场条件索赔
增加直接工时	N	Y	N	N
生产率损失增加的直接工时	Y	P	Y	P
增加的劳动费率	Y	P	Y	P
增加的材料数量	N	Y	P	P
增加的材料单价	Y	Y	P	P
增加的分包商工作	N	Y	N	P
增加的分包商的费用	Y	P	P	Y
设备出租的费用	P	Y	Y	Y
自有设备的使用费率的费用	Y	Y	P	Y
增加自有设备费率的费用	P	N	P	P
现场工作管理费（可变）	P	Y	P	Y
现场工作管理费（固定）	Y	N	N	P
总部管理费（可变）	P	P	P	P
总部管理费（固定）	Y	P	N	P
资金成本利息	Y	P	P	P
利润	P	Y	P	Y
机会利润损失	P	P	P	P

（3）常见不可索赔的费用。部分与索赔事件有关的费用，按照国际惯例是不可索赔的，它们包括：

承包商为进行索赔所花的费用；

因事件影响而使承包商调整施工计划，或修改分包合同等而花的费用；

因承包商的不适当行为或未能尽最大的努力而扩大的部分损失；

索赔金额在索赔处理期间的利息，除非确有证据证明工程师有意拖延处理时间。

例如：某施工单位（乙方）与某建设单位（甲方）签订了某汽车制造厂的土方工程与基础工程合同，承包商在合同标明有松软石的地方没有遇到松软石，因而工期提前1个月。但在合同中另一未标明有坚硬岩石的地方遇到了一些工程地质勘探没有标明的孤石。由于排出孤石拖延了一定的时间，使得部分施工任务不得不赶在雨季进行。施工过程中遇到数天季节性大雨后又转为特大暴雨引起山洪暴发，造成现场临时道路、管网和施工用房等设施以及已施工的部分基础被冲坏，施工设备受损，运进现场的部分材料被冲走，乙方数名工作人员受伤，雨后乙方用了很多工时清理现场和恢复施工条件。为此乙方按照索赔程序提出了延长工期和费用补偿要求。

问题：你认为乙方提出的索赔要求能否成立？为什么？

分析：

对于处理孤石引起的索赔，这是预先无法估计的地理条件变化，属于甲方应承担的风险，应给予乙方工期顺延和费用补偿。

对于天气条件变化引起的索赔应分两种情况处理：

对于前期的季节性大雨，这是一个有经验的承包商预先能够合理估计的因素，应在合同工期内考虑，由此造成的时间和费用损失不能给予补偿。

对于后期特大暴雨引发的山洪暴发，不能视为一个有经验的承包商预先可以合理估计的因素，应按不可抗力处理因此引起的索赔问题。被冲坏的临时现场道路、管网和施工用房等设施以及已施工的部分基础，被冲走的材料，清理现场和恢复施工条件等经济损失应由甲方负担；受伤的施工人员以及由此造成的人员窝工和设备闲置等经济损失应由乙方承担，工期顺延。

（4）反索赔。反索赔是对提出索赔一方的反驳。发包人可以针对承包人的索赔进行反索赔。承包人也可以针对发包人的索赔进行反索赔。通常的反索赔主要是指发包人向承包人的反索赔。

建设工程反索赔的特点：①索赔与反索赔的同时性；②技巧性强，处理不当将会引发诉讼；③在反索赔时，发包人处于主动有利地位，发包人在经工程师证明承包人违约后，可以直接从应付工程款中扣回款项，或从银行保函中得以补偿。

发包人相对承包商反索赔的内容：①工程质量缺陷反索赔；②拖延工期反索赔；③保留金的反索赔；④发包人其他损失反索赔。

三、实战及对策

1. 案例一：某公司实施伊朗大坝项目的成功案例

我国某公司在承包伊朗某大坝项目时，风险管理比较到位，成功地完成了项目并取得较好的经济和社会效益。下面对该项目从几个主要方面进行简单分析：

合同管理：该公司深知合同的签订、管理的重要性，专门成立了合同管理部，负责合同的签订和管理。在合同签订前，该公司认真研究并吃透了合同，针对原合同中的不合理条款据理力争，获得了有利的修改。在履行合同过程中，则坚决按照合同办事，因此，项目进行得非常顺利，这也为后来的成功索赔提供了条件。

项目管理融资方案：为了避免利率波动带来的风险，该公司委托国内的专业银行做保值处理，避免由于利率波动带来风险。因为是出口信贷工程承包项目，该公司要求业主出资部分和还款均以美元支付，这既为我国创造了外汇收入，又有效地避免了汇率风险。

工程保险：在工程实施过程中，对一些不可预见的风险，该公司通过在保险公司投保工程一切险，有效避免了工程实施过程中的不可预见风险，并且在投标报价中考虑了合同额的6%作为不可预见费。

进度管理：在项目实施的过程中，影响工程进度的主要是人、财、物三方面因素。对于物的管理，首先是选择最合理的配置，从而提高设备的效率；其次是对设备采用强制性的保养、维修，从而使得整个项目的设备完好率超过了90%，保证了工程进度。由于项目承包单位是成建制的单位，不存在内耗，因此对于人的管理难度相对小；同时项目部建立了完善的管理制度，对员工特别是当地员工都进行了严格的培训，这也大大保证了工程的进度。

设备投入：项目部为了保证项目的进度，向项目投入了近两亿元人民币的各类大型施工机械设备，其中包括挖掘机14台、推土机12台、45t自卸汽车35台、25t自卸汽车10台、装卸机7台、钻机5台和振动碾6台等。现场进驻各类技术干部、工长和熟练工人约200人，雇佣伊朗当地劳务550人。

成本管理：对于成本管理，项目部也是牢牢抓住人、财、物这三个方面。在人的管理方面，中方牢牢控制施工主线和关键项目，充分利用当地资源和施工力量，尽量减少中国人员。通过与当地分包商合作，减少中方投入约1200万~1500万美元。在资金管理方面，项目部每天清算一次收入支出，以便对成本以及现金流进行有效掌控。在物的管理方面，如前所述，选择最合理的设备配置，加强有效保养、维修和培训，提高设备的利用效率，从而降低了设备成本。项目部还特别重视物流工作，并聘用专门的物流人员，做到设备材料一到港就可以得到清关，并能很快应用在工程中，从而降低了设备材料仓储费用。

项目管理者联盟质量管理：该项目合同采用FIDIC的EPC范本合同，项目的质量管理和控制主要依照该合同，并严格按照合同框架下的施工程序操作和施工。项目部从一开始就建立了完整的质量管理体制，将施工质量与效益直接挂钩，奖罚分明，有效地保证了施工质量。

HSE管理：安全和文明施工代表着中国公司的形象，因此该项目部格外重视，并自始至终加强安全教育，定期清理施工现场。同时为了保证中方人员的安全，项目部还为中方人员购买了人身保险。

沟通管理：为了加强对项目的统一领导和监管，协调好合作单位之间的利益关系，该公司成立了项目领导小组，由总公司、海外部、分包商和设计单位的领导组成，这也大大增强了该公司内部的沟通与交流。而对于当地雇员，则是先对其进行培训，使其能很快融入到项目中，同时也尊重对方，尊重对方的风俗习惯，以促进中伊双方人员之间的和谐。

人员管理：项目上中方人员主要为中、高层管理人员，以及各作业队主要工长和特殊技工。项目经理部实行聘任制，按项目的施工需要随进随出，实行动态管理。进入项目的国内人员必须经项目主要领导签字认可，实行一人多岗，一专多能，充分发挥每一个人的潜力，实行低基本工资加效益工资的分配制度。项目上，机械设备操作手、电工、焊工、修理工、杂工等普通工种则在当地聘用，由当地代理成批提供劳务，或项目部直接聘用管理。项目经理部对旗下的四个生产单位即施工队实行目标考核、独立核算，各队分配和各队产值、安全、质量、进度和效益挂钩，奖勤罚懒，拉开差距，鼓励职工多劳多得，总部及后勤人员的效益工资和工作目标及各队的完成情况挂钩。

分包商管理：该项目由该公司下属全资公司某工程局为主进行施工，该工程局从投标阶段开始，即随同并配合总公司的编标，考察现场，参与同业主的合同谈判和施工控制网布置，编制详细的施工组织设计等工作，对于项目了解比较深入。该工程局从事国际工程承包业务的技术和管理实力比较雄厚，完全有能力并认真负责地完成了受委托的主体工程施工任务。同时该公司还从系统内抽调土石坝施工方面具有丰富经验的专家现场督导，并从总部派出从事海外工程多年的人员负责项目的商务工作。其合作设计院是国家甲级勘测设计研究单位，具有很强的设计技术能力和丰富的设计经验。分包商也是通过该项目领导小组进行协调管理。

2. 案例二：某联合体承建非洲公路项目的失败案例

我国某工程联合体（某央企＋某省公司）在承建非洲某公路项目时，由于风险管理不当，造成工程严重拖期，亏损严重，同时也影响了中国承包商的声誉。该项目业主是该非洲国政府工程和能源部，出资方为非洲开发银行和该国政府，项目监理是英国监理公司。

在项目实施的4年多时间里，中方遇到了极大的困难，尽管投入了大量的人力、物力，但由于种种原因，合同于2005年7月到期后，实物工程量只完成了35%。2005年8月，项目业主和监理工程师不顾中方的反对，单方面启动了延期罚款，金额每天高达5000美元。为了防止国有资产的进一步流失，维护国家和企业的利益，中方承包商在我国驻该国大使馆和经商处的指导和支持下，积极开展外交活动。2006年2月，业主致函我方承包商同意延长3年工期，不再进行工期罚款，条件是中方必须出具由当地银行开具的约1145万美元的无条件履约保函。由于保函金额过大，又无任何合同依据，且业主未对涉及工程实施的重大问题做出回复，为了保证公司资金安全，维护我方利益，中方不同意出具该保函，而用中国银行出具的400万美元的保函来代替。但是，由于政府对该项目的干预往往得不到项目业主的认可，2006年3月，业主在监理工程师和律师的怂恿下，不顾政府高层的调解，无视中方对继续实施本合同所做出的种种努力，以中方不能提供所要求的1145万美元履约保函的名义，致函终止了与中方公司的合同。针对这种情况，中方公司积极采取措施并委托律师，争取安全、妥善、有秩序地处理好善后事宜，力争把损失降至最低，但最终结果目前尚难预料。

该项目的风险主要有：

外部风险：项目所在地土地全部为私有，土地征用程序及纠纷问题极其复杂，地主阻工的事件经常发生，当地工会组织活动活跃；当地天气条件恶劣，可施工日很少，一年只有三分之一的可施工日；该国政府对环保有特殊规定，任何取土采沙场和采石场的使用都必须事先进行相关环保评估并最终获得批准方可使用，而政府机构办事效率极低，这些都给项目的实施带来了不小的困难。

承包商自身风险：在陌生的环境特别是当地恶劣的天气条件下，中方的施工、管理、人员和工程技术等不能适应于该项目的实施。

在项目实施之前，尽管中方公司从投标到中标的过程还算顺利，但是其间蕴藏了很大的风险。业主委托一家对当地情况十分熟悉的英国监理公司起草该合同。该监理公司根据非常熟悉当地情况，将合同中几乎所有可能存在的对业主的风险全部转嫁给了承包商，包括雨季计算公式、料场情况、征地情况。中方公司在招投标前期做的工作不够充分，对招标文件的熟悉和研究不够深入，现场考察也未能做好，对项目风险的认识不足，低估了项目的难度和复杂性，对可能造成工期严重延误的风险并未做出有效的预测和预防，造成了投标失误，给项目的最终失败埋下了隐患。

随着项目的实施，该承包商也采取了一系列的措施，在一定程度上推动了项目的进展，但由于前期的风险识别和分析不足以及一些客观原因，这一系列措施并没有收到预期的效果。特别是由于合同条款先天就对中方承包商极其不利，造成了中方索赔工作成效甚微。

另外，在项目执行过程中，由于中方内部管理不善，野蛮使用设备，没有建立质量管理、保证体系，现场人员素质不能满足项目的需要，现场的组织管理沿用国内模式，不适合该国的实际情况，对项目质量也产生了一定的影响。这一切都造成项目进度仍然严重滞后，成本大大超支，工程质量也不如意。

该项目由某央企工程公司和省工程公司双方五五出资参与合作，项目组主要由该省公司人员组成。项目初期，设备、人员配置不到位，部分设备选型错误，中方人员低估了项目的复杂性和难度，当项目出现问题时又过于强调客观理由。现场人员素质不能满足项目的需要，现场的组织管理沿用国内模式。在一个以道路施工为主的工程项目中，道路工程师却严重不足甚至缺位，所造成的影响是可想而知的。在项目实施的四年间，中方竟三次调换办事处总经理和现场项目经理。在项目的后期，由于项目举步维艰，加上业主启动了惩罚程序，这对原本亏损巨大的该项目雪上加霜，项目组织也未采取积极措施稳定军心。由于看不到希望，现场中外职工情绪不稳，人心涣散，许多职工纷纷要求回国，当地劳工纷纷辞职，这对项目也产生了不小的负面影响。

由上可见，尽管该项目有许多不利的客观因素，但是项目失败的主要原因还是在于承包商的失误，而这些失误主要还是源于前期工作不够充分，特别是风险识别、分析管理过程不够科学。尽管在国际工程承包中价格因素极为重要而且由市场决定，但可以说，承包商风险管理（及随之的合同管理）的好坏直接关系到企业的盈亏。

第四章　机电工程法律法规与标准规范

第一节　机电工程项目施工相关法律法规

一、《中华人民共和国特种设备安全法》

《中华人民共和国特种设备安全法》（以下简称《特种设备安全法》）是为加强特种设备安全工作，预防特种设备事故，保障人身和财产安全，促进经济社会发展制定。由中华人民共和国第十二届全国人民代表大会常务委员会第三次会议2013年6月29日通过，中华人民共和国主席习近平发布，自2014年1月1日起施行。

《特种设备安全法》共7章，101条，包括第一章：总则，第二章：生产、经营、使用，第三章：检验、检测，第四章：监督管理，第五章：事故应急救援与调查处理，第六章：法律责任，第七章：附则。

本法适用房屋建筑工地、市政工程工地用起重机械和场（厂）内专用机动车辆的安装、使用的监督管理，由有关部门依照本法和其他有关法律的规定实施。

1. 特种设备的规定

《特种设备安全法》第一章总则关于特种设备的规定共十二条，从立法的目的，特种设备的定义，特种设备安全管理的原则各部门的管理职责等对特种设备做出了规定，以及行业协会和特种设备安全监督检查部门的责任。

（1）立法的目的。《特种设备安全法》第一条规定："为了加强特种设备安全工作，预防特种设备事故，保障人身和财产安全，促进经济社会发展，制定本法。"

（2）特种设备的定义。《特种设备安全法》第二条规定："所称特种设备，是指对人身和财产安全有较大危险性的锅炉、压力容器（含气瓶）、压力管道、电梯、起重机械、客运索道、大型游乐设施、场（厂）内专用机动车辆，以及法律、行政法规规定适用本法的其他特种设备。

国家对特种设备实行目录管理，特种设备目录由国务院负责特种设备安全监督管理的部门制定，报国务院批准后执行。"

（3）特种设备安全管理的原则。《特种设备安全法》第三条规定："特种设备安全工作应当坚持安全第一、预防为主、节能环保、综合治理的原则。"

（4）各部门的管理职责。

《特种设备安全法》规定了国务院和地方各级人民政府的管理职责。

《特种设备安全法》第四条规定："国家对特种设备的生产、经营、使用，实施分类的、全过程的安全监督管理。”

《特种设备安全法》第五条规定：“国务院负责特种设备安全监督管理的部门对全国特种设备安全实施监督管理。县级以上地方各级人民政府负责特种设备安全监督管理的部门对本行政区域内特种设备安全实施监督管理。”

《特种设备安全法》第六条规定：“国务院和地方各级人民政府应当加强对特种设备安全工作的领导，督促各有关部门依法履行监督管理职责。县级以上地方各级人民政府应当建立协调机制，及时协调、解决特种设备安全监督管理中存在的问题。”

《特种设备安全法》第八条规定：“特种设备生产、经营、使用、检验、检测应当遵守有关特种设备安全技术规范及相关标准。特种设备安全技术规范由国务院负责特种设备安全监督管理的部门制定。”

（5）行业协会、安全监督管理的部门的责任。

《特种设备安全法》第九条规定：“特种设备行业协会应当加强行业自律，推进行业诚信体系建设，提高特种设备安全管理水平。”

《特种设备安全法》第十一条规定：“负责特种设备安全监督管理的部门应当加强特种设备安全宣传教育，普及特种设备安全知识，增强社会公众的特种设备安全意识。”

《特种设备安全法》第十二条规定：“任何单位和个人有权向负责特种设备安全监督管理的部门和有关部门举报涉及特种设备安全的违法行为，接到举报的部门应当及时处理。”

2. 特种设备制造安装改造维修许可制度

《特种设备安全法》第二章关于特种设备的生产、经营、使用规定共37条，规定了特种设备使用单位的义务，包括特种设备的登记、建档、制定救援预案、日常维护保养、定期检验，以及对管理人员和操作人员的要求。

（1）登记、建档、制定救援预案。

《特种设备安全法》第二十四条规定：“特种设备安装、改造、修理竣工后，安装、改造、修理的施工单位应当在验收后三十日内将相关技术资料和文件移交特种设备使用单位。特种设备使用单位应当将其存入该特种设备的安全技术档案。”

《特种设备安全法》第三十三条规定：“特种设备使用单位应当在特种设备投入使用前或者投入使用后三十日内，向负责特种设备安全监督管理的部门办理使用登记，取得使用登记证书。登记标志应当置于该特种设备的显著位置。”

《特种设备安全法》第三十五条规定：“特种设备使用单位应当建立特种设备安全技术档案。”安全技术档案应当包括以下内容：

①特种设备的设计文件、产品质量合格证明、安装及使用维护保养说明、监督检验证明等相关技术资料和文件。

②特种设备的定期检验和定期自行检查记录。

③特种设备的日常使用状况记录。

④特种设备及其附属仪器仪表的维护保养记录。

⑤特种设备的运行故障和事故记录。

（2）特种设备的制造。

《特种设备安全法》第十八条规定："国家按照分类监督管理的原则对特种设备生产实行许可制度。特种设备生产单位应当具备下列条件，并经负责特种设备安全监督管理的部门许可，方可从事生产活动：

①有与生产相适应的专业技术人员；

②有与生产相适应的设备、设施和工作场所；

③有健全的质量保证、安全管理和岗位责任等制度。"

《特种设备安全法》第十九条规定："特种设备生产单位应当保证特种设备生产符合安全技术规范及相关标准的要求，对其生产的特种设备的安全性能负责。不得生产不符合安全性能要求和能效指标以及国家明令淘汰的特种设备。"

《特种设备安全法》第二十条规定："锅炉、气瓶、氧舱、客运索道、大型游乐设施的设计文件，应当经负责特种设备安全监督管理的部门核准的检验机构鉴定，方可用于制造。

特种设备产品、部件或者试制的特种设备新产品、新部件以及特种设备采用的新材料，按照安全技术规范的要求需要通过型式试验进行安全性验证的，应当经负责特种设备安全监督管理的部门核准的检验机构进行型式试验。"

（3）特种设备的安装、改造。

《特种设备安全法》第二十二条规定："电梯的安装、改造、修理，必须由电梯制造单位或者其委托的依照本法取得相应许可的单位进行。电梯制造单位委托其他单位进行电梯安装、改造、修理的，应当对其安装、改造、修理进行安全指导和监控，并按照安全技术规范的要求进行校验和调试。电梯制造单位对电梯安全性能负责。"

《特种设备安全法》第二十三条规定："特种设备安装、改造、修理的施工单位应当在施工前将拟进行的特种设备安装、改造、修理情况书面告知直辖市或者设区的市级人民政府负责特种设备安全监督管理的部门。"

《特种设备安全法》第二十五条规定："锅炉、压力容器、压力管道元件等特种设备的制造过程和锅炉、压力容器、压力管道、电梯、起重机械、客运索道、大型游乐设施的安装、改造、重大修理过程，应当经特种设备检验机构按照安全技术规范的要求进行监督检验；未经监督检验或者监督检验不合格的，不得出厂或者交付使用。"

（4）特种设备的日常维护。

《特种设备安全法》第十五条规定："特种设备生产、经营、使用单位对其生产、经营、使用的特种设备应当进行自行检测和维护保养，对国家规定实行检验的特种设备应当及时申报并接受检验。"

《特种设备安全法》第二十九条规定："特种设备在出租期间的使用管理和维护保养义务由特种设备出租单位承担，法律另有规定或者当事人另有约定的除外。"

《特种设备安全法》第三十九条规定："特种设备使用单位应当对其使用的特种设备进行经常性维护保养和定期自行检查，并作出记录。特种设备使用单位应当对其使用的特种设备的安全附件、安全保护装置进行定期校验、检修，并作出记录。"

《特种设备安全法》第四十五条规定："电梯的维护保养应当由电梯制造单位或者依照本法取得许可的安装、改造、修理单位进行。电梯的维护保养单位应当在维护保养中严格执行安全技术规范的要求，保证其维护保养的电梯的安全性能，并负责落实现场安全防护措施，保证施工安全。电梯的维护保养单位应当对其维护保养的电梯的安全性能负责；接到故障通知后，应当立即赶赴现场，并采取必要的应急救援措施。”

（5）特种设备的定期检验。

《特种设备安全法》第四十条规定：“特种设备使用单位应当按照安全技术规范的要求，在检验合格有效期届满前一个月向特种设备检验机构提出定期检验要求。特种设备检验机构接到定期检验要求后，应当按照安全技术规范的要求及时进行安全性能检验。特种设备使用单位应当将定期检验标志置于该特种设备的显著位置。未经定期检验或者检验不合格的特种设备，不得继续使用。”

《特种设备安全法》第四十一条规定：“特种设备安全管理人员应当对特种设备使用状况进行经常性检查，发现问题应当立即处理；情况紧急时，可以决定停止使用特种设备并及时报告本单位有关负责人。特种设备作业人员在作业过程中发现事故隐患或者其他不安全因素，应当立即向特种设备安全管理人员和单位有关负责人报告；特种设备运行不正常时，特种设备作业人员应当按照操作规程采取有效措施保证安全。”

《特种设备安全法》第四十二条规定：“特种设备出现故障或者发生异常情况，特种设备使用单位应当对其进行全面检查，消除事故隐患，方可继续使用。”

《特种设备安全法》第四十三条规定：“客运索道、大型游乐设施在每日投入使用前，其运营使用单位应当进行试运行和例行安全检查，并对安全附件和安全保护装置进行检查确认。”

《特种设备安全法》第四十四条规定：“锅炉使用单位应当按照安全技术规范的要求进行锅炉水（介）质处理，并接受特种设备检验机构的定期检验。从事锅炉清洗，应当按照安全技术规范的要求进行，并接受特种设备检验机构的监督检验。”

3. 特种设备的监督检验

《特种设备安全法》第三章关于特种设备的检验、检测共 7 条，第四章关于监督管理共 12 条。

（1）特种设备的检验。

《特种设备安全法》第五十条规定：“从事本法规定的监督检验、定期检验的特种设备检验机构，以及为特种设备生产、经营、使用提供检测服务的特种设备检测机构，应当具备下列条件，并经负责特种设备安全监督管理的部门核准，方可从事检验、检测工作：

①有与检验、检测工作相适应的检验、检测人员；

②有与检验、检测工作相适应的检验、检测仪器和设备；

③有健全的检验、检测管理制度和责任制度。”

《特种设备安全法》第五十三条规定：“特种设备检验、检测机构及其检验、检测人员应当客观、公正、及时地出具检验、检测报告，并对检验、检测结果和鉴定结论负责。特种设备检验、检测机构及其检验、检测人员在检验、检测中发现特种设备存在严重事故隐患时，应当及时告知相关单位，并立即向负责特种设备安全监督管理的部门报告。

负责特种设备安全监督管理的部门应当组织对特种设备检验、检测机构的检验、检测结果和鉴定结论进行监督抽查，但应当防止重复抽查。监督抽查结果应当向社会公布。”

《特种设备安全法》第五十四条规定："特种设备生产、经营、使用单位应当按照安全技术规范的要求向特种设备检验、检测机构及其检验、检测人员提供特种设备相关资料和必要的检验、检测条件，并对资料的真实性负责。"

（2）特种设备的监督管理。

《特种设备安全法》第五十七条规定："负责特种设备安全监督管理的部门依照本法规定，对特种设备生产、经营、使用单位和检验、检测机构实施监督检查。负责特种设备安全监督管理的部门应当对学校、幼儿园以及医院、车站、客运码头、商场、体育场馆、展览馆、公园等公众聚集场所的特种设备，实施重点安全监督检查。"

《特种设备安全法》第五十八条规定："负责特种设备安全监督管理的部门实施本法规定的许可工作，应当依照本法和其他有关法律、行政法规规定的条件和程序以及安全技术规范的要求进行审查；不符合规定的，不得许可。"

《特种设备安全法》第五十九条规定："负责特种设备安全监督管理的部门在办理本法规定的许可时，其受理、审查、许可的程序必须公开，并应当自受理申请之日起三十日内，作出许可或者不予许可的决定；不予许可的，应当书面向申请人说明理由。"

《特种设备安全法》第六十一条规定："负责特种设备安全监督管理的部门在依法履行监督检查职责时，可以行使下列职权：

①进入现场进行检查，向特种设备生产、经营、使用单位和检验、检测机构的主要负责人和其他有关人员调查、了解有关情况；

②根据举报或者取得的涉嫌违法证据，查阅、复制特种设备生产、经营、使用单位和检验、检测机构的有关合同、发票、账簿以及其他有关资料；

③对有证据表明不符合安全技术规范要求或者存在严重事故隐患的特种设备实施查封、扣押；

④对流入市场的达到报废条件或者已经报废的特种设备实施查封、扣押；

⑤对违反本法规定的行为作出行政处罚决定。"

《特种设备安全法》第六十二条规定："负责特种设备安全监督管理的部门在依法履行职责过程中，发现违反本法规定和安全技术规范要求的行为或者特种设备存在事故隐患时，应当以书面形式发出特种设备安全监察指令，责令有关单位及时采取措施予以改正或者消除事故隐患。紧急情况下要求有关单位采取紧急处置措施的，应当随后补发特种设备安全监察指令。"

《特种设备安全法》第六十三条规定："负责特种设备安全监督管理的部门在依法履行职责过程中，发现重大违法行为或者特种设备存在严重事故隐患时，应当责令有关单位立即停止违法行为、采取措施消除事故隐患，并及时向上级负责特种设备安全监督管理的部门报告。接到报告的负责特种设备安全监督管理的部门应当采取必要措施，及时予以处理。

对违法行为、严重事故隐患的处理需要当地人民政府和有关部门的支持、配合时，负责特种设备安全监督管理的部门应当报告当地人民政府，并通知其他有关部门。当地人民政府和其他有关部门应当采取必要措施，及时予以处理。"

《特种设备安全法》第六十六条规定："负责特种设备安全监督管理的部门对特种设

备生产、经营、使用单位和检验、检测机构实施监督检查，应当对每次监督检查的内容、发现的问题及处理情况作出记录，并由参加监督检查的特种设备安全监察人员和被检查单位的有关负责人签字后归档。被检查单位的有关负责人拒绝签字的，特种设备安全监察人员应当将情况记录在案。”

二、《建设工程消防监督管理规定》（公安部令第 119 号）

1. 消防施工的质量责任

根据《建设工程消防监督管理规定》（公安部令第 119 号）第十条规定，施工单位应当承担下列消防施工的质量和安全责任：

（1）按照国家工程建设消防技术标准和经消防设计审核合格或者备案的消防设计文件组织施工，不得擅自改变消防设计进行施工，降低消防施工质量；

（2）查验消防产品和具有防火性能要求的建筑构件、建筑材料及装修材料的质量，使用合格产品，保证消防施工质量；

（3）建立施工现场消防安全责任制度，确定消防安全负责人。加强对施工人员的消防教育培训，落实动火、用电、易燃可燃材料等消防管理制度和操作规程。保证在建工程竣工验收前消防通道、消防水源、消防设施和器材、消防安全标志等完好有效。

2. 消防竣工验收

消防竣工验收由建设单位主持，相关单位参加。

（1）根据《建设工程消防监督管理规定》（公安部令第 119 号）第十三条规定，对具有下列情形之一的人员密集场所，建设单位应当向公安机关消防机构申请消防设计审核，并在建设工程竣工后向出具消防设计审核意见的公安机关消防机构申请消防验收：

①建筑总面积大于 2 万 m^2 的体育场馆、会堂，公共展览馆、博物馆的展示厅；

②建筑总面积大于 1.5 万 m^2 的民用机场航站楼、客运车站候车室、客运码头候船厅；

③建筑总面积大于 1 万 m^2 的宾馆、饭店、商场、市场；

④建筑总面积大于 2500m^2 的影剧院，公共图书馆的阅览室，营业性室内健身、休闲场馆，医院的门诊楼，大学的教学楼、图书馆、食堂，劳动密集型企业的生产加工车间，寺庙、教堂；

⑤建筑总面积大于 1000m^2 的托儿所、幼儿园的儿童用房，儿童游乐厅等室内儿童活动场所，养老院、福利院，医院、疗养院的病房楼，中小学校的教学楼、图书馆、食堂，学校的集体宿舍，劳动密集型企业的员工集体宿舍；

⑥建筑总面积大于 500m^2 的歌舞厅、录像厅、放映厅、卡拉 OK 厅、夜总会、游艺厅、桑拿浴室、网吧、酒吧，具有娱乐功能的餐馆、茶馆、咖啡厅。

（2）根据《建设工程消防监督管理规定》（公安部令第 119 号）第十四条规定，对具有下列情形之一的特殊建设工程，建设单位应当向公安机关消防机构申请消防设计审核，并在建设工程竣工后向出具消防设计审核意见的公安机关消防机构申请消防验收：

①设有本规定第十三条所列的人员密集场所的建设工程；

②国家机关办公楼、电力调度楼、电信楼、邮政楼、防灾指挥调度楼、广播电视楼、

档案楼；

③本条第一项、第二项规定以外的单体建筑面积大于4万m^2或者建筑高度超过50m的公共建筑；

④国家标准规定的一类高层住宅建筑；

⑤城市轨道交通、隧道工程，大型发电、变配电工程；

⑥生产、储存、装卸易燃易爆危险物品的工厂、仓库和专用车站、码头，易燃易爆气体和液体的充装站、供应站、调压站。

(3) 根据《建设工程消防监督管理规定》（公安部令第119号）第二十一条规定，建设单位申请消防验收应当提供下列材料：

①建设工程消防验收申报表；

②工程竣工验收报告和有关消防设施的工程竣工图纸；

③消防产品质量合格证明文件；

④具有防火性能要求的建筑构件、建筑材料、装修材料符合国家标准或者行业标准的证明文件、出厂合格证；

⑤消防设施检测合格证明文件；

⑥施工、工程监理、检测单位的合法身份证明和资质等级证明文件；

⑦建设单位的工商营业执照等合法身份证明文件；

⑧法律、行政法规规定的其他材料。

(4) 根据《建设工程消防监督管理规定》（公安部令第119号）第二十二条规定，公安机关消防机构应当自受理消防验收申请之日起二十日内组织消防验收，并出具消防验收意见。

(5) 根据《建设工程消防监督管理规定》（公安部令第119号）第二十三条规定，公安机关消防机构对申报消防验收的建设工程，应当依照建设工程消防验收评定标准对已经消防设计审核合格的内容组织消防验收。

对综合评定结论为合格的建设工程，公安机关消防机构应当出具消防验收合格意见；对综合评定结论为不合格的，应当出具消防验收不合格意见，并说明理由。

3. 消防验收备案

(1) 根据《建设工程消防监督管理规定》（公安部令第119号）第二十四条规定，对本规定第十三条、第十四条规定以外的建设工程，建设单位应当在取得施工许可、工程竣工验收合格之日起七日内，通过省级公安机关消防机构网站进行消防设计、竣工验收消防备案，或者到公安机关消防机构业务受理场所进行消防设计、竣工验收消防备案。

建设单位在进行建设工程消防设计或者竣工验收消防备案时，应当分别向公安机关消防机构提供备案申报表、本规定第十五条规定的相关材料及施工许可文件复印件或者本规定第二十一条规定的相关材料。按照住房和城乡建设行政主管部门的有关规定进行施工图审查的，还应当提供施工图审查机构出具的审查合格文件复印件。

依法不需要取得施工许可的建设工程，可以不进行消防设计、竣工验收消防备案。

(2) 根据《建设工程消防监督管理规定》（公安部令第119号）第二十五条规定，公安机关消防机构收到消防设计、竣工验收消防备案申报后，对备案材料齐全的，应当出具备案凭证；备案材料不齐全或者不符合法定形式的，应当当场或者在五日内一次告知需要补正的全部内容。

公安机关消防机构应当在已经备案的消防设计、竣工验收工程中，随机确定检查对象并向社会公告。对确定为检查对象的，公安机关消防机构应当在二十日内按照消防法规和国家工程建设消防技术标准完成图纸检查，或者按照建设工程消防验收评定标准完成工程检查，制作检查记录。检查结果应当向社会公告，检查不合格的，还应当书面通知建设单位。

建设单位收到通知后，应当停止施工或者停止使用，组织整改后向公安机关消防机构申请复查。公安机关消防机构应当在收到书面申请之日起二十日内进行复查并出具书面复查意见。

建设、设计、施工单位不得擅自修改已经依法备案的建设工程消防设计。确需修改的，建设单位应当重新申报消防设计备案。

(3) 根据《建设工程消防监督管理规定》（公安部令第119号）第二十六条规定："建设工程的消防设计、竣工验收未依法报公安机关消防机构备案的，公安机关消防机构应当依法处罚，责令建设单位在五日内备案，并确定为检查对象；对逾期不备案的，公安机关消防机构应当在备案期限届满之日起五日内通知建设单位停止施工或者停止使用。"

三、《生产安全事故报告和处理条例》(国务院令第493号)

1. 事故的划分等级

第三条　根据生产安全事故（以下简称事故）造成的人员伤亡或者直接经济损失，事故一般分为以下等级：

(1) 特别重大事故，是指造成30人以上死亡，或者100人以上重伤（包括急性工业中毒，下同），或者1亿元以上直接经济损失的事故；

(2) 重大事故，是指造成10人以上30人以下死亡，或者50人以上100人以下重伤，或者5000万元以上1亿元以下直接经济损失的事故；

(3) 较大事故，是指造成3人以上10人以下死亡，或者10人以上50人以下重伤，或者1000万元以上5000万元以下直接经济损失的事故；

(4) 一般事故，是指造成3人以下死亡，或者10人以下重伤，或者1000万元以下直接经济损失的事故。

国务院安全生产监督管理部门可以会同国务院有关部门，制定事故等级划分的补充性规定。

本条第一款所称的"以上"包括本数，所称的"以下"不包括本数。

2. 事故报告相关规定

第九条　事故发生后，事故现场有关人员应当立即向本单位负责人报告；单位负责人接到报告后，应当于1小时内向事故发生地县级以上人民政府安全生产监督管理部门和负有安全生产监督管理职责的有关部门报告。

情况紧急时，事故现场有关人员可以直接向事故发生地县级以上人民政府安全生产监督管理部门和负有安全生产监督管理职责的有关部门报告。

第十三条 事故报告后出现新情况的，应当及时补报。

自事故发生之日起30日内，事故造成的伤亡人数发生变化的，应当及时补报。道路交通事故、火灾事故自发生之日起7日内，事故造成的伤亡人数发生变化的，应当及时补报。

第十四条 事故发生单位负责人接到事故报告后，应当立即启动事故相应应急预案，或者采取有效措施，组织抢救，防止事故扩大，减少人员伤亡和财产损失。

第十六条 事故发生后，有关单位和人员应当妥善保护事故现场以及相关证据，任何单位和个人不得破坏事故现场、毁灭相关证据。

因抢救人员、防止事故扩大以及疏通交通等原因，需要移动事故现场物件的，应当做出标志，绘制现场简图并做出书面记录，妥善保存现场重要痕迹、物证。

3. 事故处理相关规定

第三十二条 事故发生单位应当按照负责事故调查的人民政府的批复，对本单位负有事故责任的人员进行处理。

负有事故责任的人员涉嫌犯罪的，依法追究刑事责任。

第三十三条 事故发生单位应当认真吸取事故教训，落实防范和整改措施，防止事故再次发生。防范和整改措施的落实情况应当接受工会和职工的监督。

4. 相应的法律责任

第三十五条 事故发生单位主要负责人有下列行为之一的，处上一年年收入40%至80%的罚款；属于国家工作人员的，并依法给予处分；构成犯罪的，依法追究刑事责任：

（1）不立即组织事故抢救的；

（2）迟报或者漏报事故的；

（3）在事故调查处理期间擅离职守的。

第三十六条 事故发生单位及其有关人员有下列行为之一的，对事故发生单位处100万元以上500万元以下的罚款；对主要负责人、直接负责的主管人员和其他直接责任人员处上一年年收入60%至100%的罚款；属于国家工作人员的，并依法给予处分；构成违反治安管理行为的，由公安机关依法给予治安管理处罚；构成犯罪的，依法追究刑事责任：

（1）谎报或者瞒报事故的；

（2）伪造或者故意破坏事故现场的；

（3）转移、隐匿资金、财产，或者销毁有关证据、资料的；

（4）拒绝接受调查或者拒绝提供有关情况和资料的；

（5）在事故调查中作伪证或者指使他人作伪证的；

（6）事故发生后逃匿的。

第三十七条 事故发生单位对事故发生负有责任的，依照下列规定处以罚款：

（1）发生一般事故的，处10万元以上20万元以下的罚款；

（2）发生较大事故的，处20万元以上50万元以下的罚款；

（3）发生重大事故的，处50万元以上200万元以下的罚款；

（4）发生特别重大事故的，处200万元以上500万元以下的罚款。

第三十八条　事故发生单位主要负责人未依法履行安全生产管理职责，导致事故发生的，依照下列规定处以罚款；属于国家工作人员的，并依法给予处分；构成犯罪的，依法追究刑事责任：

（1）发生一般事故的，处上一年年收入30%的罚款；

（2）发生较大事故的，处上一年年收入40%的罚款；

（3）发生重大事故的，处上一年年收入60%的罚款；

（4）发生特别重大事故的，处上一年年收入80%的罚款。

第四十条　事故发生单位对事故发生负有责任的，由有关部门依法暂扣或者吊销其有关证照；对事故发生单位负有事故责任的有关人员，依法暂停或者撤销其与安全生产有关的执业资格、岗位证书；事故发生单位主要负责人受到刑事处罚或者撤职处分的，自刑罚执行完毕或者受处分之日起，5年内不得担任任何生产经营单位的主要负责人。

四、《建设工程施工合同（示范文本）》（GF－2017－0201）

住房城乡建设部、国家工商行政管理总局于2017年对《建设工程施工合同（示范文本）》（GF－2013－0201）进行了修订，制定了《建设工程施工合同（示范文本）》（GF－2017－0201）（以下简称《示范文本》）。《示范文本》为非强制性使用文本，适用于房屋建筑工程、土木工程、线路管道和设备安装工程、装修工程等建设工程的施工承发包活动，合同当事人可结合建设工程具体情况，根据《示范文本》订立合同，并按照法律法规规定和合同约定承担相应的法律责任及合同权利义务。该《示范文本》由合同协议书、通用合同条款和专用合同条款三部分组成。

1. 合同协议书

（1）工程概况。工程名称；工程地点；工程立项批准文号；资金来源；工程内容：群体工程应附《承包人承揽工程项目一览表》；工程承包范围。

（2）合同工期。计划开工日期；计划竣工日期；工期总日历天数，工期总日历天数与根据前述计划开竣工日期计算的工期天数不一致的，以工期总日历天数为准。

（3）质量标准。工程质量符合双方约定的并达到国家标准规定的优良标准，工程质量必须达到国家标准规定的合格标准。

（4）签约合同价和合同价格形式。签约合同价含安全文明施工费、材料和工程设备暂估价金额、专业工程暂估价金额、暂列金额；合同价格形式为双方确定的价格形式。

（5）项目经理。承包人项目经理。

（6）合同文件构成。中标通知书（如果有）；投标函及其附录（如果有）；专用合同条款及其附件；通用合同条款；技术标准和要求；图纸；已标价工程量清单或预算书；其他合同文件。

在合同订立及履行过程中形成的与合同有关的文件均构成合同文件组成部分。

上述各项合同文件包括合同当事人就该项合同文件所作出的补充和修改，属于同一类内容的文件，应以最新签署的为准。专用合同条款及其附件须经合同当事人签字或盖章。

（7）承诺。发包人承诺按照法律规定履行项目审批手续、筹集工程建设资金并按照合同约定的期限和方式支付合同价款。

承包人承诺按照法律规定及合同约定组织完成工程施工，确保工程质量和安全，不进行转包及违法分包，并在缺陷责任期及保修期内承担相应的工程维修责任。

发包人和承包人通过招投标形式签订合同的，双方理解并承诺不再就同一工程另行签订与合同实质性内容相背离的协议。

（8）词语含义。本协议书中词语含义与第二部分通用合同条款中赋予的含义相同。

（9）签订时间。

（10）签订地点。本合同签订地点。

（11）补充协议。合同未尽事宜，合同当事人另行签订补充协议，补充协议是合同的组成部分。

（12）合同生效。

（13）合同份数。

2. 通用合同条款

（1）一般约定。

①词语定义与解释。合同协议书；通用合同条款；专用合同条款。

②合同当事人及其他相关方。发包人；承包人；监理人；设计人；分包人；发包人代表；项目经理；总监理工程师。

总监理工程师是指由监理人任命并派驻施工现场进行工程监理的总负责人。

③工程和设备。工程；永久工程；临时工程；单位工程；工程设备；施工设备；施工现场；临时设施；永久占地；临时占地。

④日期和期限。开工日期；竣工日期；工期；缺陷责任期；保修期；基准日期；天均指日历天。

⑤合同价格和费用。签约合同价；合同价格；费用；暂估价；暂列金额；计日工；质量保证金；总价项目。

⑥其他。书面形式：是指合同文件、信函、电报、传真等可以有形地表现所载内容的形式。

（2）语言文字。

（3）法律。

（4）标准与规范。

（5）合同文件的优先顺序。组成合同的各项文件应互相解释，互为说明。除专用合同条款另有约定外，解释合同文件的优先顺序如下：合同协议书；中标通知书（如果有）；投标函及其附录（如果有）；专用合同条款及其附件；通用合同条款；技术标准和要求；图纸；已标价工程量清单或预算书；其他合同文件。

上述各项合同文件包括合同当事人就该项合同文件所作出的补充和修改，属于同一类内容的文件，应以最新签署的为准。

在合同订立及履行过程中形成的与合同有关的文件均构成合同文件组成部分，并根据其性质确定优先解释顺序。

（6）图纸和承包人文件。图纸的提供和交底；图纸的错误；图纸的修改和补充；承包人文件；图纸和承包人文件的保管。

（7）联络。

（8）严禁贿赂。

（9）化石、文物。

（10）交通运输。出入现场的权利；场外交通；场内交通；超大件和超重件的运输；道路和桥梁的损坏责任；水路和航空运输。

（11）知识产权。

（12）保密。

（13）工程量清单错误的修正。

（14）发包人。

（15）许可或批准。

（16）发包人代表。

（17）发包人人员。

（18）施工现场、施工条件和基础资料的提供。提供施工现场；提供施工条件；提供基础资料；逾期提供的责任。

（19）资金来源证明及支付担保。

（20）支付合同价款。

（21）组织竣工验收。

（22）现场统一管理协议。

（23）承包人。承包人的一般义务；项目经理；承包人人员；承包人现场查勘；分包；工程照管与成品、半成品保护；履约担保；联合体。

（24）监理人。监理人的一般规定；监理人员；监理人的指示；商定或确定。

（25）工程质量。质量要求；质量保证措施；隐蔽工程检查；不合格工程的处理；质量争议检测。

（26）安全文明施工与环境保护。安全文明施工；职业健康；环境保护。

（27）工期和进度。

（28）材料与设备。

（29）试验与检验。

（30）变更。

（31）价格调整。

（32）合同价格、计量与支付。

（33）验收和工程试车。

（34）竣工结算。

（35）缺陷责任与保修。

（36）违约。

（37）不可抗力。

（38）保险。

（39）索赔。

（40）争议解决。

3. 专用合同条款

专用合同条款是对通用合同条款原则性约定的细化、完善、补充、修改或另行约定的条款。合同当事人可以根据不同建设工程的特点及具体情况，通过双方的谈判、协商对相应的专用合同条款进行修改补充。在使用专用合同条款时，应注意以下事项：

（1）专用合同条款的编号应与相应的通用合同条款的编号一致。

（2）合同当事人可以通过对专用合同条款的修改，满足具体建设工程的特殊要求，避免直接修改通用合同条款。

（3）在专用合同条款中有横道线的地方，合同当事人可针对相应的通用合同条款进行细化、完善、补充、修改或另行约定；如无细化、完善、补充、修改或另行约定，则填写“无”或划“/”。

第二节 机电工程标准与规范

一、《机械设备安装工程施工及验收通用规范》（GB50231－2009）要点解读

1. 修订情况

（1）修订概况。中华人民共和国住房和城乡建设部第255号公告批准发布国家标准《机械设备安装工程施工及验收通用规范》（GB50231－2009）（以下简称《新规范》），于2009年10月1日实施。《新规范》为国家强制性标准，是一本专门适用于机械、冶金、化工、纺织、轻工等各部门机械设备安装工程施工的通用性技术规定和技术要求的国家标准。其颁布实施为国内机械设备安装施工提供了科学依据，同时对全面规范国内机械设备安装建设工程施工行为，保证工程质量，总体提升工程施工水平具有十分重要的作用。

《机械设备安装工程施工及验收通用规范》的修订工作是遵照建设部建标〔2003〕102号“关于印发《2002—2003年度工程建设国家标准制订、修订计划》的通知”的要求，由国家机械工业安装工程标准定额站组织，中国机械工业建设总公司为主编单位会同有关设计院、安装单位共同修订完成的。

《机械设备安装工程施工及验收通用规范》（GB50231－1998）（以下简称《原规范》）从1998年颁布执行到现在已有10多年，随着机械行业的发展，机械设备种类的增加，设备制造技术水平的提高，产品标准化的不断完善，以及新技术、新材料、新工艺、新设备的推广应用和大量工程实践经验，《原规范》中存在许多不适用和需要增加和补充完善的地方。这就需要对《原规范》进行全面的修订才能使其发挥应有的指导性作用，体现技术发展的与时俱进。

（2）主要修订过程。按照国家标准修订工作程序，首先以中国机械工业建设总公司为主编单位，牵头成立了有设计院、院校、安装施工单位参加的规范编制工作组，制定了相应的工作计划，编制了规范修订大纲。编制组从收集资料、广泛调研入手，经过大量细致的工作，形成了初稿。在此基础上，召开专题会议进行研讨，修订完成了征求意见稿。编制组在

完成征求意见稿后，前后发往各有关设计院、制造厂商、监理单位、安装施工企业、技术质量监督部门等，并在相关网站上刊登，广泛征求意见和建议。随后进行了修改完善完成了送审稿，并召开了来自全国各地的20多位专家参加的规范审查会。最后在专家审查会的指导意见下，编制组进行了最终的修改，完成了报批稿并上报住房和城乡建设部，完成了《新规范》的修订工作。

(3)《新规范》修订主要内容。《原规范》共计八章175条20个附录，一个附加说明和条文说明。修订后的《新规范》共分为：总则；施工条件；放线、就位、找正和调平；地脚螺栓、垫铁和灌浆；装配；液压、气动和润滑管道的安装；试运转和工程验收八章204条、9个附录和条文说明，对《原规范》修改了130条，新增内容40条。

《新规范》根据《工程建设标准编写规定》：直接涉及人民生命财产安全、人身健康、环境保护、节能资源节约和其他公共利益等的条款设为强制性条款，《新规范》中第1.0.5、1.0.6、2.0.4（3）、6.2.4（6）条（款）为强制性条文，必须严格执行。

(4)《新规范》实施注意事项。

①总则。修改了《原规范》中关于“安装的机械设备、主要的或用于重要部位的材料，必须符合设计和产品标准的规定，并应有合格证”，《原规范》条文中“主要的或用于重要部位的材料……”如何界定、划分没有标准尺度，且工程质量的保证应是所有设备、零部件、主材均应是符合工程设计和其产品标准规定的合格产品，才能切实保障工程质量。

修改了《原规范》中关于“设备安装中，应进行自检、互检和专业检查，并应对每道工序进行检验和记录”，过去的工程质量管理推行“三级检验”制度，现在工程质量管理大都推行ISO质量保证管理体系和全面质量管理制度，其实质为全过程质量控制与管理，使工程质量全过程处于监控且具有可追溯性。

②施工条件。将《原规范》章名“施工准备”改为“施工条件”，并不分节叙述，因该章内容都是规定机械设备安装工程必须具备的施工条件，克服盲目无条件施工现象，使设备安装工程质量有良好的环境及基础。

③放线、就位、找正和调平。取消了测量直线度、平行度和同轴度采用重锤水平拉钢丝测量的条文，因为钢丝在自重作用下垂度的近似计算公式为：$f\mu = 40 \times L_1 \times L_2$，在利用这个公式做试验中发现只有在大约10m以内的范围内，钢丝下垂度的实测值与其计算值基本相同。但随着跨距的增加，超出10m越大，其实测值和计算值相差越大，跨距超过20m时，两者数值相差近一倍，不足以覆盖应用范围。并且现在随着施工测量技术和仪器的发展，有激光准直仪、对中仪等测量方法能精确的测出直线度和同轴度。

④地脚螺栓、垫铁和灌浆。取消了《原规范》附录三“YG型胀锚螺栓的规格、适用范围和钻孔直径和深度的规定”；取消了《原规范》环氧树脂砂浆地脚螺栓；垫铁中取消了钩头成对斜垫铁。《新规范》完善、修改了垫铁组面积的计算公式。

⑤装配。在设备安装的清洗中，根据环保的要求，取消了《原规范》中的四氯化碳脱脂液，目的是保护臭氧层；并在《新规范》中增加了“二合一”“三合一”“四合一”清洗液，以便施工中选用。

《新规范》中增加了大六角头、扭剪型高强螺栓、夹壳联轴器和膜片联轴器、超越离合器和磁粉离合器施工的具体技术要求，提高规范条文的准确性、可操作性和实用性。

《原规范》中“密封件装配”存在分类不合理、内容不全的问题。本次修订分为密封胶、填料密封、成形密封和机械密封四类去规定相关的技术要求，使本节分类合理、内容充实、扩大使用范围。

⑥液压、气动和润滑管道的安装。法兰连接在设备各类管路中应用很广，规定了“除特殊要求外，法兰螺栓孔中心线不得与管子的铅垂、水平中心线相重合。”因为法兰螺栓孔中心线与管子铅垂、水平中心线相重合，将会降低法兰在铅垂、水平方向上截面的强度。

⑦试运转。《原规范》为9条，其内容笼统、不具体明确；本次《新规范》修改为8节，根据各类机械设备的通用技术条件，增加和充实了许多具体内容，使各系统单独调试、机电联合动作调试和空负荷试运转更具体、明确。

任何标准都应密切结合工程实际，与科学技术的发展相适应。标准的编制者应不断的深入实际，调查了解和收集技术发展变化的各类信息，不断总结经验分析研究可以列入标准条文的技术内容，提高标准的统一协调性、科学合理性、先进适用性，使现行标准条文规定更好地指导施工，以保证工程质量。

2.《通用规范》的适用范围

对各类机械设备安装工程的施工范围、考核安装质量的检验项目、检验方法和检验标准等，作了明确规定的《机械设备安装工程施工及验收规范》一套共十册，它使建设单位、安装单位和产品设计及制造厂在各类机械设备安装工程，从设备到货、开箱检查，直至办理工程验收手续为止的全过程中，有统一的安装施工技术指导性法规和检验安装质量好坏的标准，从而使安装工程质量能够得到切实的保障。《机械设备安装工程施工及验收通用规范》（以下简称《通用规范》）是这套规范中的第一册。

《通用规范》的适用范围是以金属切削机床、锻压设备、铸造设备、破碎粉磨设备、起重设备、连续运输设备、风机、压缩机、泵、气体分离设备、制冷设备和工业锅炉安装工程为基础，同时考虑到冶金设备、化工设备、纺织和轻工设备安装工程，无论机械、冶金、化工、纺织、轻工等各专用机械设备安装，主要是对这些机械设备安装工程施工，提出通用性技术规定或技术要求。对上述各专业部门的各类机械设备的专业技术要求及特殊要求，由有关部门按专业机械设备的类别另行规定。《机械设备安装工程施工及验收规范》涉及各有关专业技术安装工程规范很多，如混凝土、钢结构、制造及安装、焊接、配管、隔热、防腐等，都应遵循其相应的现行国家标准。

《通用规范》确定的机械设备安装工程起止范围是：从设备开箱点件起，至空负荷试运转合格为止，对必须带负荷才能试运转的设备，可至负荷试运转。

3. 对机械设备安装工程施工条件的要求

（1）执行设计变更的要求。《通用规范》第1.0.3条规定：“设备安装工程应按设计施工。当施工时发现设计有不合理之处，应及时提出修改建议，并经设计变更批准后，方可按变更后的设计施工。”

在工程建设中，施工单位必须遵守按图施工的原则。为了保证工程质量，便于分清责任，《通用规范》强调施工单位或个人无权修改变更原设计图样。发现设计不合理和不符合实际之处，应及时提出修改建议，并经有关部门研究决定后，作出设计变更。故条文中规定，应经设计变更批准后，才能按变更后的设计施工。以防止安装施工人员不按图施工和随意自行修改设计而给安装工程带来严重的不良后果。

（2）对安装的机械设备和材料的使用要求。《通用规范》第 1.0.4 条规定："安装的机械设备、主要的或用于重要部位的材料，必须符合设计和产品标准的规定，并应有合格证明。"

①《通用规范》是建立在所要进行安装的机械设备，均为出厂时经检验合格的新设备，在现场施工条件正常的基础上。对于拆迁设备、旧设备、出厂不合格的机械产品及因精度达不到使用要求的机械设备，其施工及验收要求，则由建设单位和施工单位另行商定。

②本条规定强调了交给安装施工人员进行安装的机械设备必须符合设计规定和产品标准的要求，并应有合格证明（合格证）。应当指出的是，有的设备虽有出厂合格证，但实际是不合格产品，应视为不符合产品，亦不得进行安装。

③工程中用量很大的主要材料，或者用量虽不大，但用于重要部位的材料，不允许有差错，一旦出现问题，将给工程造成重大损失。例如，钢结构的高强螺栓质量问题、风机叶片的材质问题、高压润滑油管因材质引起的爆裂等。

（3）对各种计量和检测器具的使用要求。《通用规范》第 1.0.5 条规定："设备安装中采用的各种计量和检测器具、仪器、仪表和设备，应符合国家现行计量法规的规定，其精度等级，不应低于被检对象的精度等级。"

①使用的计量器具必须是符合《计量法》规定的器具。在机械设备安装工程施工及验收质量检验中所应用的计量、检测器具种类很多，各种检测工具及仪表的准确性是很重要的。《通用规范》中明确指出所用的计量和检测器具必须是符合《计量法》规定的器具，同时按规定经鉴定合格，并在其有效期内方可使用。

②检测器具的精度等级和最小允许偏差值。机械设备安装工程施工中，设备的精度检测与调整是关键的一环，而直接影响其精度检测与调整质量的是所使用的检测器具。机械设备安装工程所使用的计量、检测器具种类很多，被测的对象也很复杂，在各类机械设备安装规范中，针对具体的检测项目，对使用的检测设备的精度要求和检测方法都作了明确的规定。在《通用规范》中按常规测量方法，对有刻度或数字显示的检测器具，规定其精度等级和最小分度值应不低于被检对象的最小允许偏差值。对无刻度或数字显示的比较性检测器具，其精度等级可等于被检对象的精度等级。但在实际检测中允许使用测量精度高于它的其他检具和方法代替；如果对使用这种代替方法所得到的测量结果有争议时，则必须用规范中规定的检测器具和测量方法来测量、仲裁是否超差或质量是否合格。

4. 机械设备试运转的通用规定

机械设备安装工程试运转包括设备单机空负荷试运转、成套设备空负荷试运转和负荷试运转。由于负荷试运转涉及生产工艺、材料、动力、机具、工模具和合格的操作人员等方面，安装单位无力负责负荷试运转工作。因此，机械设备的负荷试运转和生产调试则是由建设（生产）单位负责进行。条文中规定必须带负荷试运转，主要是指像风机、泵、压缩机等这类的设备，当机器一开动设备就会带上负荷。至于国家规定必须进行负荷试运转的设备，如锅炉、起重设备等的试运转，由相应各类机械设备安装工程施工及验收规范具体规定。

《通用规范》对机械设备试运转的条件、范围、内容，对电气系统及操作控制系统、润滑油系统、液压系统、气动系统、冷却系统、加热系统的调试要求，对机械设备与各系统的联合调试、设备空负荷试运转，以及负荷试运转结束后的工作，作了明确的规定。

（1）设备试运转前应具备的条件。《通用规范》第7.0.1条规定："设备试运转前应具备下列条件：

①设备及其附属装置、管路等均应全部施工完毕，施工记录及资料应齐全。其中，设备的精平和几何精度经检验合格；润滑、液压、冷却、水、气（汽）、电气（仪器）控制等附属装置均应按系统检验完毕，并应符合试运转的要求。

②需要的能源、介质、材料、工机具、检测仪器、安全防护设施及用具等，均应符合试运转的要求。

③对大型、复杂和精密设备，应编制试运转方案或试运转操作规程。

④参加试运转的人员，应熟悉设备的构造、性能、设备技术文件，并应掌握操作规程及试运转操作。

⑤设备及周围环境应清扫干净，设备附近不得进行有粉尘的或噪声较大的作业。"

为了消除在试运转可能早出的各种隐患，防止出现不应有现象及发生人身伤亡或设备损坏事故，影响试运转的顺利进行。再者，有的机械设备试运转周期很长，而整机（全自动线）的空负荷试运转，有关部门均应参加，如条件没有具备，试试停停将造成人力物力浪费。根据过去在设备试运转中常发生的弊病，《通用规范》明确了设备试运转前应具备的通用条件：

①设备及其附属装置、管路等施工未彻底完成而进行试运转，则会拖长工期，浪费人财物力；其中，设备安装水平度是设备几何精度检验的基础条件，安装水平度为调整到允许范围内，则设备几何精度测试值为无效值。几何精度是试运转的必要条件，未经检验合格，试运转就可能发生问题。对于润滑、液压、冷却、水、气（汽）、电气（仪器）控制等附属装置不但安装完毕，而且均应按系统检验完毕，满足试运转的各项技术要求。

②试运转所需要的能源、介质、材料、工机具、检测仪器、安全防护设施及用具等资源准备充分，才能使试运转连续试下去，不致造成人力物力的浪费。

③大型、复杂和精密设备若未制订试运转方案或操作规程，则无法知道操作者进行试运行。在试运转方案或操作规程中，还应突出必须采取的安全设施、安全防护装置。

④对参加试运转的人员必须进行培训和技术交底，如果他们不熟悉设备的构造、性能、设备技术文件，并且不掌握操作规程及试运转操作，盲目进行试运转，则后患无穷。

⑤现场环境条件不良，也是会影响试运转的进行。

（2）对设备空负荷试运转的通用规定。

①《通用规范》第7.0.8条规定："设备空负荷试运转应符合下列要求：

A. 应按本规范第7.0.7条规定机械与各系统联合调试合格后，方可进行空负荷试运转。

B. 应按说明书规定的空负荷试验的工作规范和操作程序，试验各运动机构的启动，其中对大功率机组，不得频繁启动，启动时间间隔应按有关规定执行；变速、换向、停机、制动和安全联锁等动作，均应正确、灵敏、可靠。其中连续运转时间和断续运转时间无规定时，应按各类设备安装验收规范的规定执行。

C. 空负荷试运转中，应进行下列各项检查，并应作实测记录：

a. 技术文件要求测量的轴承振动和轴的窜动不应超过规定。

b. 齿轮副、链条与链轮啮合应平稳，无不正常的噪声和磨损。

c. 传动皮带不应打滑，平皮带跑偏量不应超过规定。

d. 一般滑动轴承温升不应超过35℃，最高温度不应超过70℃；滚动轴承温升不应超过40℃；最高温度不应超过80℃；导轨温升不应超过15℃；最高温度不应超过100℃。

e. 油箱油温最高不得超过60℃。

f. 润滑、液压、气（汽）动等各辅助系统的工件应正常，无渗漏现象。

g. 各种仪表应工作正常。

h. 有必要和有条件时，可进行噪声测量，并应符合规定。”

②《通用规范》对整机或自动线的空负荷试运转的要求：

A. 整机或自动线的空负荷试运转前，机械与各系统的联合调试，包括：机械及其润滑、液压、冷却、水、气（汽）、加热、电气（仪器）控制等系统，均应单独调试检查并符合要求。联合调试应按要求进行，不宜用模拟方法代替。联合调试应由部件开始，至组件、单机、整机，按说明书和操作程序的要求进行。

B. 强调设备的动作试验，必须按各类设备安装验收规范的规定执行。

C. 空负荷试运转中应进行的各项检查，并应作实测记录。由于滚动轴承和滑动轴承的温升和最高温度，在有关机械设备的规定中各不相同，本条采用滑动轴承温度70℃，温升35℃；滚动轴承温度80℃，温升40℃的规定，使适用范围更宽一些。执行中如各类机械设备与本条规定不同时，均应按该类设备安装规范的规定执行。噪声测量是近些年环保的要求，其决定因素在设备的设计和制造厂的质量，且安装现场测试不一定正确。因此，如必须测量且有条件时，可进行此项测量。

D. 空负荷试运转结束后，应立即进行下列工作：

a. 切断电源和其他动力来源。

b. 进行必要的放气、排水或排污及必要的防锈涂油。

c. 对蓄能器和设备内有余压的部分进行卸压。

d. 按各类设备安装规范的规定，对设备几何精度进行必要的复查；各紧固部分进行复紧。

e. 设备空负荷（或负荷）试运转后，应对润滑剂的清洁度进行检查，清洗过滤器；需要时可更换新油（剂）。

f. 拆除调试中临时的装置；装好试运转中临时拆卸的部件或附属装置。

g. 清理现场及整理试运转的各项记录。

二、《锅炉安装工程施工及验收规范》（GB50273－2009）要点解读

1. 前言

中华人民共和国住房和城乡建设部第264号公告批准发布国家标准《锅炉安装工程施工及验收规范》（GB50273－2009）（以下简称《新规范》），于2009年10月1日实施，原《工业锅炉安装工程施工及验收规范》（GB50273－98，以下简称《原规范》）同时废止，该规范颁布实施为国内锅炉设备安装施工提供了科学依据，同时对全面规范工程施工行为，保证工程质量，总体提升工程施工水平具有十分重要作用。

2.《新规范》修订的主要内容

《原规范》十章，共133条，一个附录、一个附加说明和条文说明，本次修订后仍为十章，共156条，改动条款96条，删除9条，新增条款23条。

《新规范》根据《工程建设标准编写规定》：直接涉及人民生命财产安全、人身健康、环保保护、节能资源节约和其他公共利益等的条款设为强制性条款，《新规范》第1.0.3、5.0.3（4）、6.3.2（2、3、7）、6.3.3（2、4）、6.3.4（2、4）、10.0.2条（款）为强制性条款，必须严格执行。

（1）修订了规范名称。由于近年来工业的发展，技术的进步，锅炉的种类不断增多，有机热载体炉因其载体在较低的压力下能获得较高的温度而广泛用于生产。有机热载体炉、电加热锅炉和蒸汽锅炉的安装工艺无多大区别，《新规范》在对98版进行修订时，在其适用于蒸汽锅炉、热水锅炉的基础上增加了有机热载体炉和电加热锅炉，去掉了《原规范》的“以水为介质”。

在工业锅炉产品型号编制方法中没有有机热载体炉，它是作为新产品单列。

此次对《原规范》进行修订，条文内容涵盖了生产、生活用锅炉，故本规范修订后定名为《锅炉安装工程施工及验收规范》，去掉原规范的“工业”二字其适用范围更为广泛。

（2）修订了适用范围。《原规范》适用范围为额定工作压力不大于2.5MPa，国家现行标准《工业锅炉产品型号编制方法》（JB/T1626－2002）对标准的适用范围进行了调整，此次对锅炉的额定工作压力参数修订为小于或等于3.82MPa，热水锅炉额定出水压力大于0.1MPa的界线。

（3）取消了《原规范》中对施工资质和人员资格的要求，国家在法规、规程、规则里已有相关规定。在《新规范》里就不在作规定。

（4）超胀的最大胀管率的修订：依据国家现行标准《工业锅炉　胀接技术条件》（JB/T9619－1999）第5.7条有关规定，在额定工作压力不大于2.5MPa，采用内径控制法时，补胀后超胀的最大胀管率修订为2.8%（《原规范》是2.6%）。对于大于2.5～3.82MPa的锅炉则补胀后的超胀管率应执行随机技术文件规定。

（5）对锅炉规范的内容进行了补充和增加。

①对“表3.0.1钢架主要构件安装前的尺寸允许偏差”、“表3.0.3钢架安装的允许偏差、检测位置及方法”的内容进行了补充，增加了施工中必须进行检查的项目。

②规定了受热面管公称外径不大于60mm时，其对接接头和弯管要进行通球以及通球直径的规定，提高了规范条文的实用性。

③明确了胀接管端硬度低于管孔壁的硬度时可不进行退火的规定，《原规范》为未经退火的管子胀接端应进行退火。

④增加了胀接管端的最小外径控制数据，对管子的质量进行控制，保证安装后的质量。

⑤关于焊接管口的端面倾斜度规定，取消了《原规范》对管子公称外径不大于Φ60mm、Φ60～Φ108mm这两级管子的管口端面倾斜度的要求，《新规范》是根据焊接形式的不同（手工焊接和机械焊接），合并给出了管子公称外径不大于Φ108mm的管子管口端面倾斜度的要求。焊接会引起管子变形，对其直线度的控制，《原规范》为测量在距焊

缝中心200mm处的间隙不应大于1mm，这个规定不明确，在实际施工中不易操作。《新规范》修订为在距焊缝中心50mm处测量，并且规定焊缝在1000mm范围内和全长上的直线度允许偏差值。提高了规范条文的可操作性。

⑥对管子对接接头的探伤比例按压力、管径、锅炉种类分别作出了规定，与相关检验规程统一起来，增加了对有机热载体炉这一类型的相关要求。

⑦第5章为“水压试验”，这次修订为“压力试验”，涵盖的范围更为广泛，试验用介质可以是水、气、油等。将锅炉本体的试验压力、试压时间与《蒸汽锅炉安全技术监察规程》相关规定统一起来。增加了热水锅炉和有机热载体炉的压力试验规定。

⑧第6章增加了“取源部件”的安装技术要求，设为第一节；增加了测温取源部件、压力取源部件流量取源部件、分析取源部件、物位取源部件的安装及具体要求，使规范涵盖内容更为广泛，适用性更强。增加了有机热载体炉辅助装置热膨胀器、膨胀管、储存罐及管路系统采用法兰连接时安装的具体要求。

⑨根据炉排型式的发展，第7章增加了“鳞片式炉排、链带式炉排和横梁式炉排”等技术内容。

⑩第8章对锅炉本体砌筑和绝热层施工分设为两节，增加了对在现场浇注的耐火浇注料应作试块进行试验的要求，这对保证耐火混凝土的质量很有必要。增加了对埋设在耐火浇注料内的钢结构的表面处理的要求，以保证耐火浇注料在使用过程中不被钢结构的正常膨胀所破坏。对有特殊要求的作出了具体规定。

⑪第9章增加了“锅炉漏风试验”的相关内容，设为第一节。增加了全耐火陶瓷纤维保温的轻型炉墙，可不进行烘炉的规定。根据经验对整体安装的锅炉的烘炉时间《原规范》为“2～4天”，这次修订改为“4～6天”。

3.《新规范》强条应用中注意事项

(1)【条文】在锅炉安装前和安装过程中，当发现受压部件存在影响安全使用的质量问题时，必须停止安装，并报告建设单位。

【注意事项】为了确保锅炉安装工程质量，防止造成重大损失，在锅炉安装前和安装过程中，当发现受压部件存在影响安全使用的质量问题时，应停止安装，将问题向建设单位报告，并研究解决的办法，目的是使隐患得到及时的处理，防止继续施工造成更大的损失。

(2)【条文】试压系统的压力表不应少于2只。额定工作压力大于或等于2.5MPa的锅炉，压力表的精度等级不应低于1.6级。额定工作压力小于2.5MPa的锅炉，压力表的精度等级不应低于2.5级。压力表应经过校验并合格，其表盘量程应为试验压力的1.5～3倍。

【注意事项】对压力试验用压力表给出了表盘量程应为试验压力的1.5～3倍范围，操作时最好选用2倍。排水管道应装设在系统的最低处才能将系统内水排尽，放空阀应装设在系统的最高处才能将气体放尽。

(3)【条文】气相炉最少应安装两只不带手柄的全启式弹簧安全阀，安全阀与筒体连接的短管上应装设一只爆破片，爆破片与锅筒或集箱连接的短管上应加装一只截止阀。气相炉在运行时，截止阀必须处于全开位置。

【注意事项】气相炉的有机热载体主要是联苯，易燃且有毒，防止联苯外泄很重要，因此气相炉的安全阀必须是全封闭式安全阀，在运行过程中不准定期作手动排气试验。不带手柄的目的是为了防止手动排气。为了防止安全阀泄漏，在气相炉安全阀与筒体的连接短管上加装一只爆破片，爆破片应在小于规定的爆破压力的5%以内爆破，为了防止安全阀在规定压力下不能回座，在爆破片与筒体之间加装一只截止阀，在运行过程中应处于全开位置，一旦爆破片爆破泄压后，应立即关闭截止阀，待安全阀回座，压力恢复正常后，再打开截止阀。

泄放管通入用水冷却的面式冷凝器，再接入单独的有机热载体储罐，以便进行脱水净化。

有机热载体气相炉安装好后用水进行压力试验时，其安全阀可在炉体上用水压的方法进行调试，否则，应在安装前单独进行校验，合格后才能安装到炉体上。

三、《起重设备安装工程施工及验收规范》（GB50278－2010）要点解读

1. 前言

中华人民共和国住房和城乡建设部第621号公告批准发布国家标准《起重设备安装工程施工及验收规范》（GB50278－2010，以下简称《新规范》），于2010年12月1日实施，原《起重设备安装工程施工及验收规范》（GB50278－98，以下简称《原规范》）同时废止。该规范颁布实施为国内起重设备安装施工提供了科学依据，同时对全面规范工程施工行为，保证工程质量，总体提升工程施工水平具有十分重要作用。

2.《新规范》修订的主要内容

《原规范》共计12章74条4个附录，一个附加说明和条文说明。修订后的《新规范》共分为：总则、基本规定、起重机轨道和车挡、电动葫芦、梁式起重机、桥式起重机、门式起重机、悬臂起重机、起重机的试运转和工程验收10章57条，2个附录和条文说明。对《原规范》的74个条文全部进行了修改，其中修订了34条，删除了28条，有9条合并为4条，有3条分解为12条，并新增了7条新内容。

《新规范》根据《工程建设标准编写规定》：直接涉及人民生命财产安全、人身健康、环境保护、能源资源节约和其他公共利益等的条款应设为强制性条款。《新规范》中的第1.0.3条、第2.0.3条和第4.0.2条应直接涉及起重设备安装和使用的安全性，修订时定为强制性条文，必须严格执行。

（1）总则。对《原规范》中关于“对大型、特殊、复杂的起重设备的吊装，应制订完善的吊装方案”的规定，补充了“在特殊、复杂环境下的起重设备的吊装”也必须制定吊装方案的规定，并作为强制性条文执行。特殊、复杂的环境对起重设备吊装的难易程度和安全性的影响极大，甚至是能否实施吊装的关键因素。对大型、特殊、复杂的起重设备和特殊、复杂的环境判定，视被吊设备的构件尺寸、重量、结构形式、易损程度、施工环境和施工单位的施工经历、装备能力、贯用工艺、技术水平、人员素质等因素而定。

（2）基本规定。

①新增了挠性提升构件的安装规定。钢丝绳和链条是起重机的重要承载构件，也是起重机上的易损件，其安装的质量直接影响起重机的使用安全，影响钢丝绳和链条的使用寿

命，必须严格要求，强制执行，防止断绳、断链及脱落事故的发生。

②取消了制动器调整的定量规定。在起重机上制动器的定量调整难以做到，也无必要。制动器调整的是否满足使用要求，主要是调整者或操作者凭借自身的经验去判定，通常做法是将起升机构的制动器调的偏紧一些，将运行机构的制动器调的偏松一些。但无论是起升机构的制动器，还是运行机构的制动器，都应"开闭灵活、制动应平稳，不得打滑"。

（3）起重机轨道和车挡。修改了关于起重机轨道的安装规定，使之与相关标准更协调。在《桥式和门式起重机制造及轨道安装公差》（GB/T10183－2005）中规定起重机轨道的理论高度可以是水平形态的，也可以是理论的上拱曲线；在《钢结构工程施工质量验收规范》（GB50205－2001）规定起重机梁的上拱度不大于10mm；在《钢结构设计手册》中规定当跨度≥24m的大跨度吊车梁或吊车桁架，宜要求制作时按跨度的1/1000起拱，可以看出GB/T10183－2005是覆盖GB50205－2001和《钢结构设计手册》的，而《原规范》则不能。因此在执行《新规范》时，对于混凝土起重机梁应按水平形态的轨道处理，对于钢制起重机梁应按上拱曲线形态的轨道处理。

关于起重机轨道底面与钢制起重机梁顶面的间隙处理应具体分析。如果是因起重机梁上拱引起的，消除时不能采取加垫的方法，只能迫使轨道底面与钢梁顶面接触；如果是因钢梁制造缺陷引起的，则可以采取加垫的方法消除。

（4）电动葫芦。

①删除了《原规范》有关电动葫芦试运转的内容。现行起重设备的试验及检验程序早已统一，《原规范》的相关内容已不适用，有关电动葫芦试运转的内容应按《新规范》第9章的规定去执行。

②新增了电动葫芦运行小车的安装规定。电动葫芦运行小车为上开口的悬挂结构，螺柱上的调整垫和套管即是墙板的定位零件，也是电动葫芦的承载零件，压紧后与螺柱共同承载着电动葫芦和载荷的总重，螺母未拧紧，螺母的锁件装配不正确或遗漏均可能引发葫芦脱落事故，必须严格要求执行，防止小车发生脱落事故。

（5）梁式、桥式和门式起重机。

①修订了起重机械的分类。《新规范》按《起重机械分类》（GB/T20776－2006）的规定，对三部分的内容重新进行了编辑，使得《新规范》的编写结构更合理，条文表述更准确，内容与相关标准更协调。

②不再硬性的规定起重机主梁上拱度的允许偏差值。最新的研究结果表明起重机主梁的结构失效与其上拱度并没有十分紧密的联系，因此在新版的《起重机设计规范》（GB/T3811－2008）及起重机产品标准中已不再硬性的规定起重机主梁的上拱度，而是由起重机的制造厂根据经验自行掌握，仅规定在静载试验后主梁的上拱度不小于某一值（但不得下挠）即可。由于没有统一的允许偏差，《新规范》在检验表中取消了这个项目，使用《新规范》时应根据制造厂提供的数据进行复检。

③删除了有关车轮装配质量的检验项目。车轮是制造装配的项目，在起重机运输、储藏和安装的过程中其装配质量变化可能性极小，而且有些车轮的装配结构是不能调整的，在安装的实践中发现这类检验意义不大，现行的安装工艺及现场条件也不支持这类检验。

④取消了检测起重机小车轮距的硬性规定。按起重机产品标准的规定，小车应在主梁上试车合格后才能出厂交货，且在小车的运输、储藏和安装的过程中轮距变化可能性极小，因此规范中不再作硬性规定。

⑤《新规范》删除和淘汰落后的冶金起重机。由于钢铁生产工艺的变革，《原规范》所涉及的主要机种已经淘汰，现行的冶金起重机的一个发展趋势就是通用化，《新规范》根据这一趋势仅对冶金起重机共性的内容作了规定，其个性的内容应按随机技术文件的规定执行。

⑥新增了电动葫芦门式起重机的内容。电动葫芦门式起重机以其结构简单、成本低廉、用途广泛、安装快捷、性能稳定、维护方便、部件标准化程度高、起重量越来越大等优点而得到了迅速发展，成为取代起重量较小的通用门式起重机的理想机型，是门式起重机的一个发展趋势。

（6）起重机的试运转。

①重新编辑了这一章的结构。按照起重机试运转的种类及顺序分节规定，以明示试运的内容，方便本规范的使用。

②修正了起重机主梁静刚度的取值方法。主梁静刚度的定义为：由起重量和小车自重在主梁跨中引起的垂直静挠度，即在主梁的跨中取值，反映出的是主梁的弹性。《原规范》定义的主梁静刚度为：静载试验结果与额定载荷试验结果之差，二者的取值均是在主梁跨中1/10的跨度范围内，且意义不明。

③删除了有关起重机整体稳定性的试验内容。本规范涉及的起重机械均无整体稳定性问题，且起重机的整体稳定性仅与产品定型有关，产品一旦定型，其整体稳定性也就确定了。

3.《新规范》强制性条文应用中注意事项

（1）【条文】对大型、特殊、复杂的起重设备的吊装或在特殊、复杂环境下的起重设备的吊装，必须制订完善的吊装方案。当利用建筑结构作为吊装的重要承力点时，必须进行结构的承载核算，并经原设计单位书面同意。

【注意事项】本条为强制性条文，属于安全性要求。起重设备的吊装过程是发生问题和事故较多的工序。大型、特殊、复杂的起重设备和特殊、复杂的环境对起重设备吊装的难易程度和安全性的影响极大，故强调必须制订完善的吊装方案，目的是防止事故的发生。而对大型、特殊、复杂的起重设备和特殊、复杂的环境判定，视被吊设备的尺寸、重量、结构形式、易损程度、施工环境和施工单位的施工经历、装备能力、贯用工艺、技术水平、人员素质等因素而定。同样的设备吊装，同样的施工环境，对头一次干的或不经常干的与经常干的判定结果肯定是不一样的。当利用建筑结构作为吊装的重要承力点时，必须进行结构的承载核算，并经原设计单位书面同意目的也是为了防止事故的发生。

（2）【条文】安装挠性提升构件时，必须符合下列要求：

①压板固定钢丝绳时，压板应无错位、无松动；

②楔块固定钢丝绳时，钢丝绳紧贴楔块的圆弧段应楔紧、无松动；

③钢丝绳在出、入导绳装置时，应无卡阻；放出的钢丝绳应无打旋、无碰触；

④吊钩在下限位置时，除固定绳尾的圈数外，卷筒上的钢丝绳不应少于2圈；

⑤起升用钢丝绳应无编接接长的接头；当采用其他方法接长时，接头的连接强度不应小于钢丝绳破断拉力的 90%；

⑥起重链条经过链轮或导链架时应自由、无卡链和爬链。

【注意事项】钢丝绳和链条是起重机的重要承载构件，也是起重机上的易损件，其安装的质量直接影响起重机的使用安全，影响钢丝绳和链条的使用寿命，故必须严格要求，目的是防止断绳、断链及脱落事故的发生。

钢丝绳开盘时，应沿着绳盘圆周的切线方向进行，以防止在钢丝绳中产生扭劲。

（3）【条文】连接运行小车两墙板的螺柱上的螺母必须拧紧，螺母的锁件必须装配正确。

【注意事项】电动葫芦运行小车为上开口的悬挂结构，螺柱上的调整垫和螺柱套即是墙板的定位零件，也是电动葫芦的承载零件，压紧后与螺柱共同承载着电动葫芦和载荷的总重，螺母未拧紧，螺母的锁件装配不正确或遗漏均可能引发葫芦脱落事故，故必须严格要求，目的是防止小车脱落事故的发生。

四、《建筑电气工程施工质量验收规范》（GB50303－2015）强制性条文解读

强制性条文 1

【条文】3.1.5　高压的电气设备和布线系统及继电保护系统必须交接试验合格。

【条文说明】本条与规范修订前一致，是原规范的强制性条文。高压的电气设备和布线系统及继电保护系统，在建筑电气工程中，是电力供应的高压终端，投入运行前必须作交接试验。值得注意的是由于设备制造技术的进步和标准的更新，加上进口设备的引进，交接试验标准也会随着修订完善，应密切注意试验标准的更新。并应符合现行国家标准《电气装置安装工程电气设备交接试验标准》（GB50150）的规定。

【技术要点】在建筑电气工程中高压的电气设备主要是变压器和高压成套开关柜，高压布线系统主要是高压母线和电缆，而继电保护系统虽然其工作电压属低压范畴，但控制和保护着高压电气设备和布线系统的运行，以实现电气系统的安全、可靠、稳定运行。电力是商品，与其他商品一样有着生产（各类发电厂）、流通（输配电网）和消费（各用电用户）三个环节，但电力消费过程的安全与其他商品有明显差异，即电力消费过程中的安全事故会危及流通和生产环节。建筑电气工程属于用电工程，是消费环节，也是高压电网电力供应的高压终端。

【实施与检查】依据施工设计文件和设备型号规格及制造厂规定，按交接试验标准编制试验方案或作业指导书，其中与供电电网接口的继电保护整定参数值和计量部分，要取得工程所在地供电部门的书面确认。方案或作业指导书经批准后执行，试验结果合格，试验单位出具书面报告，变配电室的高压部分才具备受电条件。

交接试验时旁站或查阅交接试验报告，以试验合格作为判定依据。

强制性条文 2

【条文】3.1.7　电气设备的外露可导电部分应单独与保护导体相连接，不得串联连接，连接导体的材质、截面积应符合设计要求。

【条文说明】本条是在原规范强制性条文的基础上进行了文字修改，其要求与原规范是一致的。电气设备的外露可导电部分应与保护导体单独连接，也就是要求与保护导体直接连接，本规范所涉电气设备的外露可导电部分与保护导体的连接均应符合本条规定。要求电气设备的外露可导电部分单独与保护导体相连接是确保电气设备安全运行的条件，需要强调的是直接连接也就是要求不得串联连接，是要求与保护导体干线连接。施工时应首先确认与电气设备连接的保护导体应为保护导体干线，在建筑物电气设备集中的场所，有可能选用断面为矩形的钢或铜母线做保护导体干线，可在其上钻孔后，将每个电气设备的外露可导电部分用连接导体与钢或铜母线保护导体干线直接连接，电气设备移位或维修拆卸都不会使钢或铜母线保护导体中断电气连通。同样情况在建筑物中每一插座（灯具）回路的保护接地导体（PE 线）在插座盒内也不应剪断与插座连接，当然末端插座（灯具）的保护接地导体是要剪断的。其连接导体的材质、截面是设计根据电气设备的技术参数、所处的不同环境和条件进行计算和选择的，施工时应严格按设计要求执行。

【技术要点】电气设备的外露可导电部分应单独与保护导体连接，不得串联连接，是防止一旦电气设备基本绝缘损坏后发生电击损害事故，不得串联连接也就要求与保护导体干线连接。由于施工设计时，干线是依据整个单位工程使用寿命和功能来布置选择的，他的连接通常具有不可拆卸性，例如采用熔焊连接，只有在整个供电系统进行技术改造，干线包括（分支）干线才有可能更动敷设位置或相互连接处的位置。而电气设备（如电动机、单相三孔插座等）、器具以及其他单独个体与保护导体的连接通常用可拆卸的螺栓连接，在使用中往往由于维修、更换等种种原因需临时或永久的拆除，若他们的连接导体彼此间相互串联连接，只要拆除中间一件，则与保护导体干线相连方向相反的另一侧所有电气设备及其他需与保护导体连接的单独个体将全部失去电击保护，是不允许发生的，所以强调不能串联连接。连接导体的材质、截面选用错误，一旦电气设备基本绝缘损坏时将起不到电击保护作用，本条文涉及设备的运行安全和人身安全问题，如不严格执行，便会引发安全事故或隐藏着严重的安全隐患，这种隐患有较高的概率爆发而酿成事故，故将本条作为建设工程强制性条文。

【实施与检查】根据以上解释，应根据设计区分保护导体干线与支线。无论明敷或暗敷的保护导体干线，尽可能采用焊接连接，若局部采用螺栓连接，除紧固件齐全拧紧外，可采用机械手段点铆使其不易拆卸或用色点标示引起注意不能拆卸。连接导体坚持从干线引出，分别与电气设备、器具以及其他单独个体连接。至于连接导体截面积材质和规格在施工设计文件上应该明确的，施工时按设计要求施工便是。

核对施工设计文件，区分接地干线与支线，目视检查设备、器具以及其他单独个体的接地端子是否有 2 根（含 2 根）以上的连接导体，如有的话，则有可能存在串联现象，拆除后用仪表测量邻近的设备、器具以及其他单独个体的外露可导电部分与保护导体的导通状态加以验证，并确认设备、器具以及其他单独个体的外露可导电部分的连接导体是直接从接地干线接出，以验证合格为判定依据。

强制性条文 3

【条文】6.1.1　电动机、电加热器及电动执行机构的外露可导电部分必须与保护导体可靠连接。

【条文说明】本条与本规范修订前一致，是原规范的强制性条文。建筑电气设备采用何种供电系统，是由设计决定的，但外露可导电部分必须与保护导体可靠连接，可靠连接是指与保护导体干线单独连接且应采用锁紧装置紧固，以确保使用安全；使用安全电压（36V 及以下）或建筑智能化工程的相关类似用电设备，其外露可导电部分是否需与保护导体连接，是由相关施工设计文件加以说明。连接导体的截面积按本规范 3.1.7 条执行，是由设计根据电气设备故障发生时能满足自动切断设备电源的条件来确定的。

【技术要点】建筑电气工程的电动机、电加热器及电动执行机构等用电设备和器具是动力工程中分布面广，应用量大，且为维护操作人员日常接触的设备和器具，若发生漏电事故，存在着较大的电击伤害人身的潜在危险性，正因为如此，施工设计文件必然规定其外露可导电部分要与保护导体可靠连接，以迅速切断故障电路，降低接触电压，防止人身伤害事故发生。本条涉及设备的运行安全和人身安全问题，如不严格执行，便会引发安全事故或隐藏着严重的安全隐患，这种隐患有较高的概率爆发而酿成事故，故将本条作为建设工程强制性条文。

【实施与检查】合格的电动机、电加热器及电动执行机构等用电设备和器具，其外露可导电部分（外壳）都有带标识的专用接地螺栓，施工中要将保护导体干线或分支干线敷设至其附近，按施工设计文件要求选用连接导体连通，施工要确保连接的可靠，螺栓拧紧，防松零件齐全。

目视检查电动机、电加热器及电动执行机构的专用接地螺栓处连接状况。必要时可用专用工具进行紧固检查或用万用表等仪表做连接导通状况的测试，以检查或测试合格为判定依据。

强制性条文 4

【条文】10.1.1　母线槽的金属外壳等外露可导电部分应与保护导体可靠连接，并应符合下列规定：

（1）每段母线槽的金属外壳间应连接可靠，且母线槽全长与保护导体可靠连接不应少于 2 处；

（2）分支母线槽的金属外壳末端应与保护导体可靠连接；

（3）连接导体的材质、截面积应符合设计要求。

【条文说明】母线槽是供配电线路主干线，外露可导电部分均应与保护导体可靠连接，可靠连接是指与保护导体干线直接连接且应采用螺栓锁紧紧固，是为了一旦母线槽发生漏电可直接导入接地装置，防止可能出现的人身和设备危害。需要说明的是：要求母线槽全长不应少于 2 处与保护导体可靠连接，是在每段金属母线槽之间已有可靠连接的基础上提出的，但并非局限于 2 处，对通过金属母线分支干线供电的场所，其金属母线分支干线的外壳也应与保护导体可靠连接，因此从母线全长的概念上讲是不少于 2 处。对连接导体的材质和截面要求是由设计根据母线槽金属外壳的不同用途来考虑的，当母线槽的金属外壳作为保护接地导体时，其与外部保护导体连接的导体截面还应考虑其承受预期故障电流的大小，因此，施工时只要符合设计要求即可。

【技术要点】在建筑电气工程中，大型公用建筑的变配电室和配电系统采用母线槽已是普遍现象，由于其母线槽的结构特征且安装部位往往是一些维修人员出入较频繁的场所，母线槽一旦发生漏电会发生安全事故，所以强调母线槽的金属外壳与保护导体连接的可靠性要求，及全长不应少于2处与保护导体可靠连接的要求，由于本条涉及安全问题且极易发生安全事故，如不严格执行，便会引发安全事故或隐藏着严重的安全隐患，这种隐患有较高的概率爆发而酿成事故，故将本条作为建设工程强制性条文。

【实施与检查】依据施工设计文件，将符合设计要求的保护导体干线引至母线槽附近，在母线槽组对安装过程中，先将母线槽金属外壳间用锁紧螺栓相互连接牢固，母线槽整段完成后再将母线槽与保护导体用锁紧螺栓做紧固连接。

核对施工设计文件，以符合本条文要求为判定依据，接地导体的连接紧固度可用专用工具进行拧紧测试。

强制性条文5

【条文】11.1.1 金属梯架、托盘或槽盒本体之间的连接应牢固可靠，与保护导体的连接应符合下列规定：

（1）梯架、托盘和槽盒全长不大于30m时，不应少于2处与保护导体可靠连接，全长大于30m时，每隔20～30m应增加一个连接点，起始端和终点端均应可靠接地。

（2）非镀锌梯架、托盘和槽盒本体之间连接板的两端应跨接保护联结导体，保护联结导体的截面积应符合设计要求。

（3）镀锌梯架、托盘和槽盒本体之间不跨接保护联结导体时，连接板每端不应少于2个有防松螺帽或防松垫圈的连接固定螺栓。

【条文说明】本条是在原规范强制性条文的基础上进行了局部的修改。建筑电气工程中的电缆梯架、托盘或槽盒大量采用钢制产品，所以与保护导体的连接至为重要，增加与保护导体的连接点，目的也是为了保证供电干线电路的使用安全。有的施工设计在金属梯架、托盘或槽盒内底部，全线敷设一支铜或钢制成的保护导体，且与梯架、托盘或槽盒每段有数个电气连通点，则金属梯架、托盘或槽盒与保护导体的连接已十分可靠，因而验收时可不作本条第2、3款的检查。非镀锌电缆梯架、托盘或槽盒是指钢板制成涂以油漆或其他涂层防腐的电缆梯架、托盘或槽盒，镀锌电缆梯架、托盘或槽盒也是钢板制成的，但是是经镀锌防腐处理的。本条文修改了原规范中要求固定金属梯架、托盘或槽盒的金属支架也应与保护导体连接的要求，主要是考虑到：金属梯架、托盘或槽盒已与保护导体进行了可靠连接，一旦电缆或导线发生绝缘损坏，泄漏电流将直接通过金属梯架、托盘、槽盒和保护导体导入接地装置，不可能引起金属支架的带电，故金属支架没有必要单独再与保护导体连接。

本条文要求与保护导体可靠连接包括非镀锌钢材的焊接连接与螺栓锁紧连接两种连接方法。

【技术要点】金属电缆梯架、托盘或槽盒是以敷设电缆为主的线路保护壳，和金属导管一样是电气线路的外露可导电部分，需与保护导体连接可靠。通常施工设计文件会指定其与保护导体干线的连接点。本规范规定全长的连接点不少于2处，是考虑当梯架、托盘或槽盒为树枝状分布时，为保证其与保护导体有可靠的连接，则每个树枝末端均应与保护导体有可靠的连接。保护导体及保护联结导体的截面是由设计通过计算来确定的，施工时应按设计要求进行选用是施工常识，如不严格执行，便会引发安全事故或隐藏着严重的安全隐患，这种隐患有较高的概率爆发而酿成事故，故将本条作为建设工程强制性条文。

【实施与检查】依据施工设计文件要求，将保护导体干线引至施工设计文件标明的与梯架、托盘、槽盒连接处附近，待梯架、托盘、槽盒安装完成且电缆敷设前做接地连接。镀锌和非镀锌的梯架、托盘、槽盒连接板两端的连接要求应按本条文要求区别对待，但均需保持良好的电气导通状态。

检查时，查阅安装记录，依据施工设计文件核对电缆梯架、托盘、槽盒与保护导体干线连接点的位置及目视检查连接状态，用仪表抽查非镀锌金属电缆梯架、托盘、槽盒连接处的导通状况，目视检查镀锌电缆梯架、托盘、槽盒连接板两端螺栓紧固状态。如施工设计文件标明在电缆梯架、托盘、槽盒底部内侧，沿全线敷设一支铜或钢制成的保护导体，且与每段桥架有数个电气连通点，则梯架、托盘、槽盒的连接板两端就没有必要再用保护联结导体进行连接。

核对施工设计文件，以符合设计要求、目视检查合格、用专用工具检查保护联结导体的连接紧固度为判定依据。

强制性条文 6

【条文】12.1.2　钢导管不得采用对口熔焊连接；镀锌钢导管或壁厚小于等于 2mm 的钢导管，不得采用套管熔焊连接。

【条文说明】本条与本规范修订前一致，是原规范的强制性条文。考虑到技术经济原因，钢导管不得采用熔焊对口连接，技术上熔焊会产生烧穿，内部结瘤，使穿线缆时损坏绝缘层，埋入砼中会渗入浆水导致导管堵塞，这种现象显然是不容许发生的；若使用高素质焊工，采用气体保护焊方法，进行焊口破坏性抽检，对建筑电气配管来说没有这个必要，不仅施工工序烦琐，使施工效率低下，在经济上也是不合算的。现在已有不少薄壁钢导管的连接工艺标准问世，如螺纹连接、紧定连接、卡套连接等，既技术上可行，经济上又价廉，只要依据具体情况选用不同连接方法，薄壁钢导管的连接工艺问题是可以解决的，这条规定仅是不允许安全风险太大的熔焊连接工艺的应用。文中的薄壁钢导管是指壁厚小于等于 2mm 的钢导管；壁厚大于 2mm 的称厚壁钢导管。

设计选用镀锌钢导管，理由是抗锈蚀性好，使用寿命长，施工中不应破坏锌保护层，这保护层不仅是外表面，还包括内壁表面，如果导管连接采用焊接熔焊法，则必然引起破坏内外表面的锌保护层，外表面尚可用刷油漆补救，而内表面则无法刷漆，这显然违背了施工设计采用镀锌材料的初衷，若施工设计既选用镀锌材料，说明中又允许熔焊处理，其推理上必然相悖。

【技术要点】钢导管对口熔焊会导致管内壁产生焊瘤，使导线或电缆在穿管过程中损伤绝缘外皮，引发安全事故。镀锌钢导管或壁厚小于等于 2mm 的钢导管在建筑电气工程中应用较为广泛，除直埋在土壤中或消防电气配管有特殊要求外，电线电缆的钢导管选用薄壁的较多，薄壁钢导管的连接工艺已被推广泛应用，如螺纹连接、紧定连接、卡套连接等，施工时只要依据具体情况选用不同连接方法，薄壁钢导管的连接工艺问题是可以解决的，同时薄壁钢导管熔焊连接焊接成本大且易管壁烧穿，极易发生潜在的安全风险，所以没必要选用风险太大的焊接连接工艺。镀锌钢导管采用熔焊连接与设计选用镀锌钢导管的初衷是相悖的。本条在施工中涉及面广且易经常发生质量问题，其发生的事故影响面大，危害严重，故将本条确定为建设工程强制性条文。

【实施与检查】根据不同类型的钢导管制定工艺规程，杜绝钢导管对口熔焊和镀锌钢导管熔焊现象。对不同的钢导管采用已被认可的相关工艺。

以目视检查符合本条文规定为判定依据。

强制性条文7

【条文】13.1.1 金属电缆支架必须与保护导体可靠连接。

【条文说明】本条与本规范修订前一致，是原规范的强制性条文。根据电气装置的外露可导电部分均应与保护导体可靠连接这一原则提出的，目的是保护人身安全和供电安全。金属电缆支架通常与保护导体做熔焊连接，熔焊焊缝应饱满、焊缝无咬肉。

【技术要点】如果建筑电气工程中供电干线电缆是在电缆沟内和电缆竖井内敷设的，采用金属电缆支架敷设是与采用电缆梯架、托盘、槽盒敷设不同的另外一种敷设方式。金属支架与电缆直接接触，为外露可导电部分，所以必须与保护导体可靠连接，如不严格执行，便会引发安全事故或存在着严重的安全隐患，这种隐患有较高的概率爆发而酿成事故，故将本条确定为建设工程强制性条文。

【实施与检查】电缆沟内金属支架通常与保护导体干线做熔焊连接，施工时应先将金属支架安装完，然后沿金属支架敷设保护导体并将金属支架与保护导体进行熔焊连接。

核对施工设计文件，确认保护导体干线，目视检查金属电缆支架应与保护导体干线直接连接、熔焊焊缝应饱满、焊缝无咬肉，以符合设计要求、目视检查合格为判定依据。

强制性条文8

【条文】13.1.5 交流单芯电缆或分相后的每相电缆不得单根独穿于钢导管内，固定用的夹具和支架不应形成闭合磁路。

【条文说明】本条是在原规范强制性条文的基础上进行了局部的修改，本条是电缆敷设在钢导管内或电缆固定的基本要求，也是为了安全供电应该做到的。尤其在采用预制电缆头作分支连接或单芯矿物绝缘电缆在进出配电箱柜时，要防止分支处电缆芯线单相固定时，采用的夹具和支架形成闭合铁磁回路。说得严谨一点，钢导管或钢夹具和支架是指可导磁的钢导管或钢夹具和支架。

【技术要点】选用单芯电缆做捆绑式交流供电干线，其芯线截面积及通过的计算电流必然很大，在目前已很难选择合适的多芯电缆替代。若施工中每根单芯电缆单独用钢导管保护或用钢夹具和支架固定，无论全部或局部，单芯电缆外部套上了一个铁磁闭合回路，当电缆通电运行时，引起钢导管或固定支架处发生强烈的涡流效应，不仅使电能损失严重，三相电压不平衡程度增大，钢导管和固定支架产生的高温迅速使电缆绝缘保护层老化破坏，更为严重的是会引发火灾事故，造成严重的后果。单芯电缆的固定也是同理，且由于固定点多，采用钢夹具和支架固定单芯电缆，等于单芯电缆外部套上了多个铁磁闭合回路。所以施工过程中应引起高度重视，如不严格执行本条文，便会引发安全事故或隐藏着严重的安全隐患，这种隐患有较高的概率爆发而酿成事故，故将本条确定为建设工程强制性条文。

【实施与检查】施工前认真阅读施工设计文件，交流单芯电缆穿管时可选用非导磁保护管，电缆固定可采用铝或铝合金或塑料材料制成的卡箍，防止交流单芯电缆敷设过程中在其外表面沿圆周形成铁磁闭合回路现象的发生。

以目视检查符合本条规定为判定依据。

强制性条文 9

【条文】14.1.1 同一交流回路的绝缘导线不应敷设于不同的金属槽盒内或穿于不同金属导管内。

【条文说明】金属导管、金属槽盒为铁磁性材料，为防止管内或槽盒内存在不平衡交流电流产生的涡流效应使导管或槽盒温度升高，导致管内或槽盒内绝缘导线的绝缘迅速老化，甚至龟裂脱落，发生漏电、短路、着火等事故所作的规定。

【技术要点】同一交流回路的绝缘导线不应敷设于不同的金属槽盒内或穿于不同的金属导管内是设计常识，一般建筑工程设计中是明确的。但往往由于施工现场增加用电回路或建筑装修设计滞后原因造成管路敷设困难时，施工中时常会发生此类现象。同一交流回路的绝缘导线敷设在不同的金属槽盒内，则金属槽盒内便有不同回路的单芯交流绝缘导线，当金属槽盒内的三相交流用电量不一致时，则产生的不平衡交流电流所引发的涡流效应将使导管等温度升高，导致绝缘导线绝缘老化而发生安全事故。对同一交流回路的绝缘导线不穿于同一金属导管内，相当于交流单芯电线单独穿于金属导管内，其危害程度与13.1.5相同。如不严格执行本条文，便会引发安全事故或隐藏着严重的安全隐患，这种隐患有较高的概率爆发而酿成事故，故将本条确定为建设工程强制性条文。

【实施与检查】施工过程应严格设计文件变更手续审批制度，加强装修设计图纸的管理，施工时应按回路敷线或穿线，对金属槽盒内敷设的导线施工完成后要按回路进行分段绑扎，以确保同一交流回路的绝缘导线敷设于同一金属槽盒内或穿于同一金属导管内。

施工时按交流回路进行检查，核对施工设计文件，以符合设计要求、目视检查合格为判定依据。钢导管内穿线或金属槽盒配线应按回路进行敷线，金属线槽内配线的绝缘导线应按回路进行分段绑扎。

强制性条文 10

【条文】15.1.1 塑料护套线严禁直接敷设在建筑物顶棚内、墙体内、抹灰层内、保温层内或装饰面内。

【条文说明】本条与国家工程建设标准《1kV及以下配线工程施工与验收规范》（GB 50575－2010）中第5.5.1条强制性条文等效。塑料护套线直接敷设在建筑物顶棚内，不便观察和监视，易被老鼠等小动物啃咬，且检修时易造成线路的机械损伤，敷设在墙体内、抹灰层内、保温层内、装饰面内等隐蔽场所，导线无法检修和更换；会因墙面钉入铁件而损坏线路，造成事故；导线受水泥、石灰等碱性介质的腐蚀而加速老化，或施工操作不当损坏导线，造成严重漏电，从而危及人身安全。

【技术要点】塑料护套线一般是沿建筑物墙体表面或在槽盒内敷设，以沿建筑物墙体表面敷设居多，因此施工时要合理安排施工顺序，在建筑物墙体表面敷设时应等墙体粉刷完成后才能敷线，在槽盒内敷设时应在槽盒安装完成且盒盖未盖前完成。但在实际工程中往往会出现因建筑物顶棚、墙体已施工结束，电气配管遗漏或堵塞而无法弥补的现象，试图用塑料护套线替代导管配线，将其直接敷设在墙体内、抹灰层内、保温层内或装饰面内等隐蔽处，这显然是不允许的，其理由条文说明中已叙述清楚，施工中或使用中均易发生安全事故，是要杜绝的。如不严格执行本条文，便会引发安全事故或隐藏着严重的安全隐患，这种隐患有较高的概率爆发而酿成事故，故将本条确定为建设工程强制性条文。

【实施与检查】施工时要按设计图进行配管，并及时检查管路的畅通状况，对发现堵塞的管路要及时进行修复或补配。配线工程应与装修工程同步进行，对建筑物顶棚内或墙体内等隐蔽部位的配线工程，施工完成后应及时进行管路畅通检查或及时进行敷线，合格后才能交与装修单位进行工程隐蔽收尾。

施工时目视检查，以符合本规范要求为判定依据。

强制性条文 11

【条文】18.1.1 灯具固定应符合下列规定：

（1）灯具固定应牢固可靠，在砌体和混凝土结构上严禁使用木楔、尼龙塞或塑料塞固定；

（2）质量大于 10kg 的灯具，固定装置及悬吊装置应按灯具重量的 5 倍恒定均布载荷做强度试验，且持续时间不得少于 15min。

【条文说明】本条与国家工程建设标准《建筑电气照明装置施工与验收规范》GB 50617－2010 中第 3.0.6 条和 4.1.15 条强制性条文等效。由于木楔、尼龙塞或塑料塞不具有像膨胀螺栓的挈形斜度，无法促使膨胀产生摩擦握裹力而达到锚定效果，所以在砌体和混凝土结构上不应用其固定灯具，以免发生由于安装不可靠或意外因素，发生灯具坠落现象而造成人身伤亡事故。

通过抗拉拔力试验而知，灯具的固定装置（采用金属型钢现场加工，用 Φ8 的圆钢作马鞍形灯具吊钩）若用 2 枚 M8 的金属膨胀螺栓可靠地后锚固在混凝土楼板中，抗拉拔力可达 10kN 以上且抗拉拔力取决于金属膨胀螺栓的规格大小和安装可靠程度；灯具的固定装置若焊接到混凝土楼板的预埋铁板上，抗拉拔力可达到 22kN 以上且抗拉拔力取决于装置材料自身的强度。因此对于质量小于 10kg 的灯具，其固定装置由于材料自身的强度，无论采用后锚固或在预埋铁板上焊接固定，都是可以承受 5 倍灯具重量的载荷的。质量大于 10kg 的灯具，其固定及悬吊装置应该采用在预埋铁板上焊接或后锚固（金属螺栓或金属膨胀螺栓）等方式安装，不宜采用塑料膨胀螺栓等方式安装，但无论采用哪种安装方式，均应符合建筑物的结构特点，且按照本条文要求全数做强度试验，以确保安全。有些灯具体积和质量都较大，其固定和悬吊装置与建筑物（构筑物）之间可能采用多点固定的方式，施工单位可按固定点数的一定比例进行抽查，但应编制灯具载荷强度试验的专项方案，报监理单位审核。

灯具所提供的吊环、连接件等附件强度已由灯具制造商在工厂进行过载试验，根据灯具制造标准《灯具　第 1 部分：一般要求与试验》（GB7000.1－2007）中 4.14.1 条的规定，对所有的悬挂灯具应将 4 倍灯具重量的恒定均布载荷以灯具正常的受载方向加在灯具上，历时 1h，试验终了时，悬挂装置（灯具附件）的部件应无明显变形。因此标准规定在灯具上加载 4 倍灯具重量的载荷，则灯具的固定及悬吊装置（施工单位现场安装的）就须承受 5 倍灯具重量的载荷。灯具的固定及悬吊装置是由施工单位在现场安装的，其形式应符合建筑物的结构特点。固定及悬吊装置安装完成、灯具安装前要求在现场做恒定均布载荷强度试验，试验的目的是检验固定及悬吊装置安装的可靠性，考虑到灯具安装完成后固定及悬吊装置承受的是静载荷，故试验时间为15min，试验结束后，固定装置及悬吊装置应无明显变形或松动。

【技术要点】灯具安装在高处且大量采用玻璃制品，安装不牢固或不可靠发生灯具坠落，将造成人身伤亡事故。质量大于10kg的灯具一般属花灯，有的达上百kg以上，还有的因造型结构复杂特殊，需操作人员在灯具上进行布置安装，因此，这样的灯具固定及悬吊装置施工中要预埋有关部件。另一方面由于该类灯具一般安装在人们公共活动场所的正上方，如各类厅堂的中央位置，就是民用住宅一般也是安装在客厅、餐厅的正中间，如固定不可靠牢固，坠落伤人的概率较高，况且擦拭修理时操作人员会使灯具受到附加力，轻度地震、大风吹拂摆动均会使悬吊装置受到动载荷。考虑到灯具安装一般采用多点均匀固定，规定做过载均布试验是必要的。若不执行本条规定，一旦发生事故，其影响面大、危害严重，故将本条确定为建设工程强制性条文。

【实施与检查】对施工设计文件或灯具随带说明文件中指定安装用吊钩的，可用手拉弹簧称检测，吊钩不应变形。对施工设计文件有预埋部件图样的灯具固定及悬吊装置，灯具安装前应将灯具全重5倍的重物吊于悬吊装置上，做恒定均布载荷强度试验，时间15min，目视检查固定装置的固定点应无松动、悬吊装置变形等异常情况。请注意试验时过载悬吊用重物高度不要太高，一般离地20cm为宜。

核对施工设计文件，抽查已安装灯具的固定件，参与固定装置及悬吊装置的恒定均布载荷强度试验的旁站检查，以符合本规范要求为判定依据。

强制性条文12

【条文】18.1.5 普通灯具的Ⅰ类灯具外露可导电部分必须采用铜芯软导线与保护导体可靠连接，连接处应设置接地标识，铜芯软导线的截面积应与进入灯具的电源线截面积相同。

【条文说明】本条与国家工程建设标准《建筑电气照明装置施工与验收规范》（GB 50617－2010）中第4.1.12条强制性条文基本等效，在该条文的基础上增加了铜芯软导线的截面要求。按防触电保护型式，灯具可分为Ⅰ类、Ⅱ类和Ⅲ类。

Ⅰ类灯具的防触电保护不仅依靠基本绝缘，而且还包括基本的附加措施，即把外露可导电部分连接到固定的保护导体上，使外露可导电部分在基本绝缘失效时，防触电保护器将在规定时间内切断电源，不致发生安全事故。因此这类灯具必须与保护导体可靠连接，以防触电事故的发生，导线间的连接应采用导线连接器或缠绕搪锡连接。Ⅱ类灯具的防触电保护不仅依靠基本绝缘，而且具有附加安全措施，例如双重绝缘或加强绝缘，但没有保护接地措施或依赖安装条件。Ⅲ类灯具的防触电保护依靠电源电压为安全特低电压，且不会产生高于安全特低电压的、正常条件下不接地的灯具。因此特别强调Ⅰ类灯具的外露可导电部分的接地要求。接地导线的截面积要求是与《建筑物电气装置 第5—54部分：电气设备的选择和安装接地配置、保护导体和保护联结导体》（GB16895.3）之543.1.1条款相一致的。

而作为电工电子产品，按防触电保护要求可分为0类、Ⅰ类、Ⅱ类和Ⅲ类：

0类产品采用基本绝缘作为基本防护措施，而没有故障防护措施［电源线里只有相线（在专业术语中称为“相导体”）和中性线（在专业术语中称为“中性导体”）没有接地线（在专业术语中称为“保护导体”、“保护接地导体”），电源插头没有接地插脚的产品就属于这类产品。因此这种产品只能用于非导电场所或采取特殊措施的场所，不能用于一般场所］。

Ⅰ类产品采用基本绝缘作为基本防护措施，采用保护联结作为故障防护措施。这些产品的金属外壳应接到保护联结端子上（我们经常使用的有金属外壳的电工电子产品如电冰箱、洗衣机的电源线有将金属外壳连接到保护联结系统的接地线，电源插头有接地的插脚的产品就属于这一类产品）。

Ⅱ类产品采用基本绝缘作为基本防护措施，采用附加绝缘或加强绝缘（能提供基本防护和故障防护功能）作为故障防护措施（我们使用的电视机属于这类产品。这类产品用外壳作为附加绝缘，因此对产品外壳的绝缘性能要求高）。

Ⅲ类产品是将工作电压限制到特低电压值作为基本防护措施，而它不具有故障防护的措施［这类产品的工作电压限制到特低电压值（在干燥环境是交流电压50V以下；在潮湿环境是交流电压25V以下），因此大大限制了他的使用范围，家用产品中很少使用］。

【技术要点】建筑电气工程中大量使用的是Ⅰ类灯具，分布面广与人们日常生活关系密切，也是经常接触的、触电危险概率较大的用电器具，有着较大的潜在伤害人身的可能性。如不严格执行本条规定，便会引发安全事故或隐藏着严重的安全隐患，这种隐患有较高的概率爆发而酿成事故，故将本条确定为建设工程强制性条文。

【实施与检查】认真阅读施工设计文件，检查灯具外露可导电部分专用接地螺栓的符合性，根据灯具电源线的导线截面积等同选择接地铜芯软导线的截面积，接地铜芯软导线与保护导体干（支）线的连接应采用导线连接器或缠绕搪锡连接，且连接紧固。

核对施工设计文件，以符合设计要求、目视检查合格、用专用工具检查接地铜芯软导线连接可靠紧固或必要时对灯具外露可导电部分的接地做电气导通抽测合格为判定依据。

强制性条文13

【条文】19.1.1 专用灯具的Ⅰ类灯具外露可导电部分必须用铜芯软导线与保护导体可靠连接，连接处应设置接地标识，铜芯软导线的截面积应与进入灯具的电源线截面积相同。

【条文说明】本条文与本规范第18.1.5条的条文说明一致。

【技术要点】建筑电气工程中采用的专用灯具分布面广，用途不同，有用于消防的消防应急照明灯具、游泳池及类似场所的水下灯、橱窗内的霓虹灯、屋顶上用的航空障碍标志灯、手术用手术台无影灯及建筑物景观照明灯等，安装部位复杂，有水下、屋顶、室外及装饰用安装的灯具，安装部位较复杂，涉及不同的人群，且与建筑物的使用功能有密切的关系，也是经常接触的潜在触电危险概率较大的用电器具，有着较大的潜在伤害人身的可能性。如不严格执行本条规定，便会引发安全事故或隐藏着严重的安全隐患，这种隐患有较高的概率爆发而酿成事故，故将本条确定为建设工程强制性条文。

【实施与检查】认真阅读施工设计文件，检查灯具外露可导电部分专用接地螺栓的符合性，根据灯具电源线的导线截面积等同选择接地铜芯软导线的截面积，接地铜芯软导线与保护导体干（支）线的连接应采用导线连接器或缠绕搪锡连接，且连接紧固。

核对施工设计文件，以符合设计要求、目视检查合格、用专用工具检查接地铜芯软导线连接可靠紧固或必要时对灯具外露可导电部分的接地做电气导通抽测合格为判定依据。

强制性条文 14

【条文】19.1.6　景观照明灯具安装应符合下列规定：

(1) 在人行道等人员来往密集场所安装的落地式灯具，当无围拦防护时，灯具距地面高度应大于2.5m；

(2) 金属构架及金属保护管应分别与保护导体采用焊接或螺栓连接，连接处应设置接地标识。

【条文说明】本条是在原规范强制性条文的基础上进行了局部的修改。随着城市美化，建筑物立面反射灯应用众多，有的由于位置关系，灯架安装在人员来往密集的场所或易被人接触的位置，因而要有严格的防灼伤和防触电的措施。

【技术要点】景观照明灯具安装高度有高有低，其中一部分易与人们相接触，如安装在可上人的屋顶女儿墙上、人行道上、庭院地面上，还有通过钢索或构架安装的，如建筑物立面轮廓用钢索固定安装的灯具和各类落地支架上的反射灯具等。这些景观照明灯具大多装于室外易受潮湿，且较多的易于人们无意间触摸，有的灯具表面温度较高容易灼伤人体，有的灯具安装在金属构架上，其金属构架及金属保护管为外露可导电部分，为此规定了防护措施和防电击措施。如不严格执行，便会引发安全事故或隐藏着严重的安全隐患，这种隐患有较高的概率爆发而酿成事故，故将本条确定为建设工程强制性条文。

【实施与检查】区别灯具性质是否属于景观照明灯具，注意安装场所及其防护措施。

核对设计图纸，以符合设计要求、目视检查合格、用工具拧紧检查连接处已紧固或必要时进行接地导通抽测合格为判定依据。

强制性条文 15

【条文】20.1.3　插座接线应符合下列规定：

(1) 对于单相两孔插座，面对插座的右孔或上孔应与相线连接，左孔或下孔应与中性导体(N)连接；对于单相三孔插座，面对插座的右孔应与相线连接，左孔应与中性导体(N)连接。

(2) 单相三孔、三相四孔及三相五孔插座的保护接地导体(PE)应接在上孔。插座的保护接地导体端子不得与中性导体端子连接。同一场所的三相插座，其接线的相序应一致。

(3) 保护接地导体(PE)在插座之间不得串联连接。

(4) 相线与中性导体(N)不应利用插座本体的接线端子转接供电。

【条文说明】本条是在原规范强制性条文的基础上补充了第4款。本条第3款规定“保护接地导体(PE线)在插座间不应串联连接”，是为防止因PE线在插座端子处断线后连接，导致PE线虚接或中断，而使故障点之后的插座失去PE线。建议使用符合国家标准《家用和类似用途低压电路用的连接器件》GB 13140标准要求的连接装置，从回路总PE线上引出的导线，单独连接在插座PE端子上。这样即使该端子处出现虚接故障，也不会引起其他插座失去PE保护。“串联”与“不串联”做法如图4-1所示。

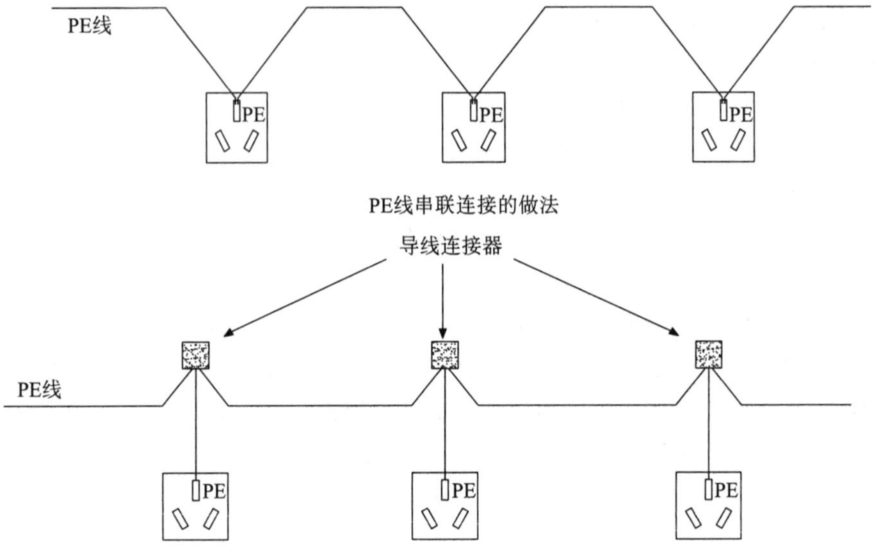

PE线不串联连接的做法

图 4－1 PE 线在插座端子处“串联”与“不串联”连接的做法

本条第 4 款规定“相线与中性导体（N 线）不应利用插座本体的接线端子转接供电”即要求不应通过插座本体的接线端子并接线路，以防止插座使用过程中，由于插头的频繁操作造成接线端子松动，而引发安全事故。

【技术要点】是对插座和导线接线位置按每根导线功能做出的规定，符合国际上的统一规定。接至插座的保护接地导体（PE 线）必须单独敷设，不与零线混同。由于插座有并列多个安装的情况，为防止 PE 线串联连接，进一步明确在插座间 PE 线的连接必须遵守本规范 3.1.7 的规定。

建筑电气工程中存在着面广量大使用多的插座，插座是连接可移动用电设备使之受电运行或工作，而可移动用电设备的外露可导电部分均需通过插座获得接地保护，可移动用电设备所带的电源插头接线位置是否合格，或者说是否符合制造标准，是以插头插入插座后用电设备运行功能是否正常来判定的，如 PE 线得到正确的连通，相线接入用电设备所附控制开关的电源侧，零线接至规定位置，则用电设备运行就正常。若插座不按本规范接线，必然会失去保护控制功能，还会造成触电事故。同一场所三相插座相序一致，使有相序要求的可移动用电设备能正常使用，保持功能不致损坏。本条规定涉及可移动用电设备运行功能和使用安全问题，若不严格执行，发生事故后的影响面大，危害严重，故本条确定为建设工程强制性条文。

【实施与检查】插座接线前应判定接入导线的性质，PE 线、相线、中性线区分清楚，三相的导线相序应鉴别清楚，并按本规定进行导线连接。

以专用检验器或仪表抽测接线正确性为判定依据。

（报批稿）强制性条文 16

【条文】23.1.1 接地干线应与接地装置可靠连接。

【条文说明】变配电室及电气竖井内接地干线是沿墙或沿竖井内明敷的接地导体，用于变配电室设备维修和做预防性试验时的接地预留，以及电气竖井内设备的接地。为保证接地系统可靠和电气设备的安全运行，其连接应可靠，连接应采用熔焊连接或螺栓搭接连接，熔焊焊缝应饱满、焊缝无咬肉，螺栓连接应紧固，锁紧装置齐全。

【技术要点】建筑电气工程中的接地干线，设计上除作为今后检修用的保护导体外，大部分是作为保护导体的接续导体，用于电气设备外露可导电部分的接地连接和设备的等电位接地连接，接地线干线与接地装置的连接应采用熔焊连接或螺栓搭接连接，连接可靠与否涉及建筑电气装置的运行安全及使用功能、建筑设备的运行安全、建筑智能化工程及其他弱电工程的功能和使用安全问题，若不严格执行，便会引发安全事故或隐藏着严重的安全隐患，这种隐患有较高的概率爆发而酿成事故，也会严重影响建筑物的使用功能。故本条确定为建设工程强制性条文。

【实施与检查】接地干线与接地装置连接应采用熔焊连接和螺栓搭接连接，接地装置施工隐蔽前应按设计要求将接地装置引出线引至接地干线附近，并预留足够的搭接长度，同时应检测接地装置的接地电阻，检测方法按所使用的仪器仪表说明执行，检测合格后方可对接地装置进行隐蔽。接地干线与接地装置采用熔焊连接的应三面施焊，采用螺栓搭接连接的应不少于 2 个防松螺帽，并用力矩板手拧紧。

核对设计图纸，以符合设计要求且连接可靠为判定依据，目视检查熔焊连接焊缝应饱满、外表光滑；螺栓连接用力矩板手检查，应已紧固。

强制性条文 17

【条文】24. 1. 3　接闪器与防雷引下线必须采用焊接或卡接器连接，防雷引下线与接地装置必须采用焊接或螺栓连接。

【条文说明】接闪器与防雷引下线、防雷引下线与接地装置的连接点（处）数量由设计确定。本条规定主要是强调接闪器与防雷引下线及防雷引下线与接地装置连接点（处）的连接要求，以确保相互连接的可靠性。

【技术要点】接闪器属防直接雷击的外部防雷装置，众所周知，经接闪器的雷电流是通过防雷引下线和接地装置入地的，由于雷击时产生的雷击电流从几百 KA 到几千 KA 不等，如果接闪器与防雷引下线或防雷引下线与接地装置没有可靠的连接，如此大的雷电流所产生的冲击足以使建筑物或设备受到严重的摧毁，这是不允许发生的。为保证其连接可靠，不因接触电阻过大而提高闪电压降，导致建筑物及其内部设备的损坏。如不严格执行本条文，便会引发安全事故或隐藏着严重的安全隐患，这种隐患有较高的概率爆发而酿成事故，故本条确定为建设工程强制性条文。

【实施与检查】施工时应先将接地装置和引下线施工完成，最后安装接闪器，并与引下线连接，这是一个重要工序的排列，不准逆反，否则要酿成大祸，若先装接闪器引雷，而接地装置尚未施工，引下线也没有连接，建筑物遭受雷击后引发的事故损失将更严重。对利用屋顶钢筋网等符合条件的钢筋作为接闪器时，在板内钢筋绑扎后，按设计要求与引下线可靠连接，经检查确认后，才能支模。

核对设计图纸，以符合设计要求且连接可靠为判定依据。目视检查熔焊连接焊缝应饱满、外表光滑；螺栓连接用力矩板手检查，应已紧固。

五、《通风与空调工程施工质量验收规范》（GB/T50243－2016）

1. 基本规定

（1）工程修改应有设计单位的设计变更通知书或技术核定签证。当施工企业承担通风与空调工程施工图深化设计时，应得到工程设计单位的核定签证。

（2）通风与空调工程所使用的主要原材料、成品、半成品和设备的材质、规格及性能应符合设计文件和国家现行标准的规定，不得采用国家明令禁止使用或淘汰的材料与设备。主要原材料、成品、半成品和设备的进场验收应符合下列规定：

①进场质量验收，应经监理工程师或建设单位相关责任人确认，并应形成相应的书面记录。

②进口材料与设备，应提供有效的商检合格证明、中文质量证明等文件。

（3）通风与空调工程采用的新技术、新工艺、新材料与新设备，均应有通过专项技术鉴定验收合格的证明文件。

（4）通风与空调工程的施工应按规定的程序进行，并应与土建及其他专业工种相互配合；与通风与空调系统有关的土建工程施工完毕后，应由建设（或总承包）、监理、设计及施工单位共同会检。会检的组织宜由建设、监理或总承包单位负责。

（5）通风与空调工程中的隐蔽工程，在隐蔽前应经监理或建设单位验收及认可签证，必要时应留下影像资料。

（6）通风与空调分部工程包含20个子分部工程，子分部工程及所包含的分项工程划分见表4－1。

表4－1 通风与空调分部工程的子分部工程与分项工程划分

序号	子分部工程	分项工程
1	送风系统	风管与配件制作，部件制作，风管系统安装，风机与空气处理设备安装，风管与设备防腐，旋流风口、岗位送风口、织物（布）风管安装，系统调试
2	排风系统	风管与配件制作，部件制作，风管系统安装，风机与空气处理设备安装，风管与设备防腐，吸风罩及其他空气处理设备安装，厨房、卫生间排风系统安装，系统调试
3	防、排烟系统	风管与配件制作，部件制作，风管系统安装，风机与空气处理设备安装，风管与设备防腐，排烟风阀（口）、常闭正压风口、防火风管安装，系统调试
4	除尘系统	风管与配件制作，部件制作，风管系统安装，风机与空气处理设备安装，风管与设备防腐，除尘器与排污设备安装，吸尘罩安装，高温风管绝热，系统调试
5	舒适性空调风系统	风管与配件制作，部件制作，风管系统安装，风机与组合式空调机组安装，消声器、静电除尘器、换热器、紫外线灭菌器等设备安装，风机盘管、变风量与定风量送风装置、射流喷口等末端设备安装，风管与设备绝热，系统调试
6	恒温恒湿空调风系统	风管与配件制作，部件制作，风管系统安装，风机与组合式空调机组安装，电加热器、加湿器等设备安装，精密空调机组安装，风管与设备绝热，系统调试

续表

序号	子分部工程	分项工程
7	净化空调风系统	风管与配件制作，部件制作，风管系统安装，风机与净化空调机组安装，消声器、换热器等设备安装，中、高效过滤器及风机过滤器机组等末端设备安装，风管与设备绝热，洁净度测试，系统调试
8	地下人防通风系统	风管与配件制作，部件制作，风管系统安装，风机与空气处理设备安装，过滤吸收器、防爆波活门、防爆超压排气活门等专用设备安装，风管与设备防腐，系统调试
9	真空吸尘系统	风管与配件制作，部件制作，风管系统安装，管道快速接口安装，风机与滤尘设备安装，风管与设备防腐，系统压力试验及调试
10	空调（冷、热）水系统	管道系统及部件安装，水泵及附属设备安装，管道冲洗与管内防腐，板式热交换器，辐射板及辐射供热、供冷地埋管安装，热泵机组安装，管道、设备防腐与绝热，系统压力试验及调试
11	冷却水系统	管道系统及部件安装，水泵及附属设备安装，管道冲洗与管内防腐，冷却塔与水处理设备安装，防冻伴热设备安装，管道、设备防腐与绝热，系统压力试验及调试
12	冷凝水系统	管道系统及部件安装，水泵及附属设备安装，管道、设备防腐与绝热，管道冲洗，系统灌水渗漏及排放试验
13	土壤源热泵换热系统	管道系统及部件安装，水泵及附属设备安装，管道冲洗，埋地换热系统与管网安装，管道、设备防腐与绝热，系统压力试验及调试
14	水源热泵换热系统	管道系统及部件安装，水泵及附属设备安装，管道冲洗，地表水源换热管及管网安装，除垢设备安装，管道、设备防腐与绝热，系统压力试验及调试
15	蓄能（水、冰）系统	管道系统及部件安装，水泵及附属设备安装，管道冲洗与管内防腐，蓄水罐与蓄冰槽、罐安装，管道、设备防腐与绝热，系统压力试验及调试
16	压缩式制冷（热）设备系统	制冷机组及附属设备安装，制冷剂管道及部件安装，制冷剂灌注，管道、设备防腐与绝热，系统压力试验及调试
17	吸收式制冷设备系统	制冷机组及附属设备安装，系统真空试验，溴化锂溶液加灌，蒸汽管道系统安装，燃气或燃油设备安装，管道、设备防腐与绝热，系统压力试验及调试
18	多联机（热泵）空调系统	室外机组安装，室内机组安装，制冷剂管路连接及控制开关安装，风管安装，冷凝水管道安装，制冷剂灌注，系统压力试验及调试
19	太阳能供暖空调系统	太阳能集热器安装，其他辅助能源、换热设备安装，蓄能水箱、管道及配件安装，低温热水地板辐射采暖系统安装，管道及设备防腐与绝热，系统压力试验及调试
20	设备自控系统	温度、压力与流量传感器安装，执行机构安装调试，防排烟系统功能测试，自动控制及系统智能控制软件调试

（7）通风与空调分部工程施工质量的验收，应根据工程的实际情况按表4－1所列的子分部工程及所包含的分项工程分别进行。分部工程合格验收的前提条件为工程所属子分部工程的验收应全数合格。子分部工程合格验收应在所属分项工程的验收全数合格后进行。

（8）检验批质量验收采纳《计数抽样检验程序　第11部分：小总体声称质量水平的评定程序》（GB/T 2828.11）来规范工程的质量验收，使之符合科学、先进的数理统计原理，保证验收的质量水平。

验收抽样应符合下列规定：

①产品合格率大于等于95%的抽样评定方案，应定为第Ⅰ抽样方案（以下简称Ⅰ方案），主要适用于主控项目；产品合格率大于等于85%的抽样评定方案，应定为第Ⅱ抽样方案（以下简称Ⅱ方案），主要适用于一般项目。

②当检索出抽样检验评价方案所需的产品样本量n超过检验批的产品数量N时，应对该检验批总体中所有的产品进行检验。

③强制性条款的检验，应采用全数检验方案。

（9）分项工程检验批验收合格质量应符合下列规定：

①当受检方通过自检，检验批的质量已达到合同和本规范的要求，并具有相应的质量合格的施工验收记录时，可进行工程施工质量检验批质量的验收。

②采用全数检验方案检验时，主控项目的质量检验结果应全数合格；一般项目的质量检验结果，计数合格率不应小于85%，且不得有严重缺陷。

③采用抽样方案检验时，且检验批检验结果合格时，批质量验收应予以通过；当抽样检验批检验结果不符合合格要求时，受检方可申请复验或复检。

④质量验收中被检出的不合格品，均应进行修复或更换为合格品。

（10）通风与空调工程施工质量的保修期限，应自竣工验收合格日起计算二个采暖期、供冷期。在保修期内发生施工质量问题的，施工企业应履行保修职责。

2. 风系统安装

（1）风管系统支、吊架的安装应符合下列规定：

①预埋件位置应正确、牢固可靠，埋入部分应去除油污，且不得涂漆。

②风管直径大于2000mm或边长大于2500mm风管的支、吊架的安装要求，应按设计要求执行。

③悬吊的水平主、干风管直线长度大于20m时，应设置防晃支架或防止摆动的固定点。

④不锈钢板、铝板风管与碳素钢支架的接触处，应采取隔绝或防腐绝缘措施。

⑤边长（直径）大于1250mm的弯头、三通等部位应设置单独的支、吊架。

（2）当风管穿过需要封闭的防火、防爆的墙体或楼板时，必须设置厚度不小于1.6mm的钢制防护套管；风管与防护套管之间，应采用不燃柔性材料封堵严密。

（3）风管安装必须符合下列规定：

①风管内严禁其他管线穿越。

②输送含有易燃、易爆气体或安装在易燃、易爆环境的风管系统必须设置可靠的防静

电接地装置。

③输送含有易燃、易爆气体的风管系统通过生活区或其他辅助生产房间时不得设置接口。

④室外风管系统的拉索等金属固定件严禁与避雷针或避雷网连接。

⑤风管接口的连接应严密牢固。风管法兰的垫片材质应符合系统功能的要求，厚度不应小于 3mm。垫片不应凸入管内，且不宜突出法兰外；垫片接口交叉长度不应小于 30mm。

⑥风管与砖、混凝土风道的连接接口，应顺着气流方向插入，并应采取密封措施。风管穿出屋面处应设置防雨装置，且不得渗漏。

⑦外保温风管必需穿越封闭的墙体时，应加设套管。

⑧矩形薄钢板法兰风管可采用弹性插条、弹簧夹或 U 形紧固螺栓连接。连接固定的间隔不应大于 150mm，净化空调系统风管的间隔不应大于 100mm，且分布应均匀。当采用弹簧夹连接时，宜采用正反交叉固定方式，且不应松动。

（4）柔性短管的安装，应松紧适度，目测平顺、不应有强制性的扭曲。可伸缩金属或非金属柔性风管的长度不宜大于 2m。柔性风管支、吊架的间距不应大于 1500mm，承托的座或箍的宽度不应小于 25mm，两支架间风道的最大允许下垂应为 100mm，且不应有死弯或塌凹。

（5）非金属风管的安装应符合下列规定：

①风管连接应严密，法兰螺栓两侧应加镀锌垫圈。

②风管垂直安装时，支架间距不应大于 3m。

（6）复合材料风管的安装除应符合下列规定：

①复合材料风管的连接处，接缝应牢固，不应有孔洞和开裂。当采用插接连接时，接口应匹配，不应松动，端口缝隙不应大于 5mm。

②复合材料风管采用金属法兰连接时，应采取防冷桥的措施。

（7）玻璃纤维增强氯氧镁水泥复合材料风管，应采用粘结连接。直管长度大于 30m 时，应设置伸缩节。

（8）织物布风管的安装应符合下列规定：

① 水平安装钢绳垂吊点的间距不得大于 3m。长度大于 15m 的钢绳应增设吊架或可调节的花蓝螺栓。风管采用双钢绳垂吊时，两绳应平行，间距应与风管的吊点相一致。

②滑轨的安装应平整牢固，目测不应有扭曲；风管安装后应设置定位固定。

③织物布风管与金属风管的连接处应采取防止锐口划伤的保护措施。

④织物布风管垂吊吊带的间距不应大于 1.5m，风管不应呈现波浪形。

（9）外表温度高于 60℃，且位于人员易接触部位的风管，应采取防烫伤的措施。

（10）净化空调系统风管的安装应符合下列规定：

①在安装前风管、静压箱及其他部件的内表面应擦拭干净，且应无油污和浮尘。当施工停顿或完毕时，端口应封堵。

②法兰垫料应采用不产尘、不易老化，且具有强度和弹性的材料，厚度应为 5～8mm，不得采用乳胶海绵。法兰垫片宜减少拼接，且不得采用直缝对接连接，不得在垫料表面涂

刷涂料。

③风管穿过洁净室（区）吊顶、隔墙等围护结构时，应采取可靠的密封措施。

（11）风阀的安装应符合下列规定：

①风阀应安装在便于操作及检修的部位。安装后，手动或电动操作装置应灵活可靠，阀板关闭应严密。

②直径或长边尺寸大于等于630mm的防火阀，应设独立支、吊架。

③排烟阀（排烟口）及手控装置（包括钢索预埋套管）的位置应符合设计要求。钢索预埋套管弯管不应大于2个，且不得有死弯及瘪陷；安装完毕后应操控自如，无阻涩等现象。

（12）消声器及静压箱的安装应符合下列规定：

①消声器及静压箱安装时，应设置独立支、吊架，固定应牢固。

②当采用回风箱作为静压箱时，回风口处应设置过滤网。

（13）风口的安装位置应符合设计要求，风口或结构风口与风管的连接应严密牢固，不应存在可察觉的漏风点或部位，风口与装饰面贴合应紧密。X射线发射房间的送、排风口应采取防止射线外泄的措施。

风口表面应平整、不变形，调节应灵活、可靠。同一厅室、房间内的相同风口的安装高度应一致，排列应整齐。

（14）住宅厨房、卫生间排风道的结构、尺寸应符合设计要求，内表面应平整；各层支管与风道的连接应严密，并应设置防倒灌的装置。

（15）风管系统安装完毕后，应按系统类别要求进行施工质量外观检验。合格后，应进行风管系统的严密性检验，合格后方能交付下道工序。风管系统严密性检验应以主、干管为主。除微压系统外，其他均需做漏风量检测。

3. 水系统安装

镀锌钢管及带有防腐涂层的钢管不得采用焊接连接，应采用螺纹连接。当管径大于DN100时，可采用卡箍或法兰连接。

（1）金属管道的支、吊架的型式、位置、间距应符合下列规定：

①支、吊架的安装应平整牢固，与管道接触应紧密，管道与设备连接处应设置独立支、吊架。当设备安装在减振基座上时，独立支架的固定点应为减震基座。

②冷（热）媒水、冷却水系统管道机房内总、干管的支、吊架，应采用承重防晃管架，与设备连接的管道管架宜采取减振措施。当水平支管的管架采用单杆吊架时，应在系统管道的起始点、阀门、三通、弯头处及长度每隔15 m处设置承重防晃支、吊架。

③热位移的管道吊架的吊杆应垂直安装；有热位移的管道吊架的吊杆应向热膨胀（或冷收缩）的反方向偏移安装。偏移量应按计算位移量确定。

④滑动支架的滑动面应清洁平整，安装位置应满足管道要求，支承面中心应向反方向偏移1/2位移量或符合设计文件要求。

⑤竖井内的立管应每二层或三层设置滑动支架。建筑结构负重允许时，水平安装管道支、吊架的最大间距应满足规范规定，弯管或近处应设置支、吊架。

（2）管道的安装应符合下列规定：

①并联水泵的出口管道进入总管应采用顺水流斜向插接的连接型式，夹角不应大于60°。

②系统管道与设备的连接，应在设备安装完毕后进行。管道与水泵、制冷机组的接口应为柔性接管，且不得强行对口连接。与其连接的管道应设置独立支架。

③判定空调水系统管路冲洗、排污合格的条件是目测排出口的水色和透明度与入口的水对比应相近，且无可见杂物。当系统继续运行2h以上，水质保持稳定后，方可与设备相贯通。

④固定在建筑结构上的管道支、吊架，不得影响结构体的安全。管道穿越墙体或楼板处应设钢制套管，管道接口不得置于套管内，钢制套管应与墙体饰面或楼板底部平齐，上部应高出楼层地面20～50mm，且不得将套管作为管道支撑。当穿越防火分区时，应采用不燃材料进行防火封堵；保温管道与套管四周的缝隙，应使用不燃绝热材料填塞紧密。

⑤冷（热）水管道与支、吊架之间，应设置衬垫。衬垫的承压强度应满足管道全重，且应采用不燃与难燃硬质绝热材料或经防腐处理的木衬垫。衬垫的厚度不应小于绝热层厚度，宽度应大于等于支、吊架支承面的宽度。衬垫的表面应平整、上下两衬垫接合面的空隙应填实。

（3）采用建筑塑料管道的空调水系统，管道材质及连接方法应符合设计和产品技术的要求。管道安装尚应符合下列规定：

①采用法兰连接时，两法兰面应平行，误差不得大于2mm。密封垫为与法兰密封面相配套的平垫圈，不得突入管内或突出法兰之外。法兰连接螺栓应采用两次紧固，紧固后的螺母应与螺栓齐平或略低于螺栓。

②电熔连接或热熔连接的工作环境温度不应低于5℃环境。插口外表面与承口内表面应作小于0.2mm的刮削，连接后同心度的允许误差应为2%；热熔熔接接口圆周翻边应饱满、匀称，不应有缺口状缺陷、海绵状的浮渣与目测气孔。接口处的错边应小于10%的管壁厚。承插接口的插入深度应符合设计要求，熔融的胞浆在承、插件间形成均匀的凸缘，不得有裂纹凹陷等缺陷。

③采用密封圈承插连接的胶圈应位于密封槽内，不应有皱折扭曲。插入深度应符合产品要求，插管与承口周边的偏差不得大于2mm。

（4）法兰连接管道的法兰面应与管道中心线垂直，且应同心。法兰对接应平行，偏差不应大于管道外径的1.5‰，且不得大于2mm。连接螺栓长度应一致，螺母应在同一侧，并应均匀拧紧。紧固后的螺母应与螺栓端部平齐或略低于螺栓。

（5）风机盘管机组及其他空调设备与管道的连接，应采用耐压值大于等于1.5倍工作压力的金属或非金属柔性接管，连接应牢固，不应有强扭和瘪管。冷凝水排水管的坡度应符合设计要求。当设计无要求时，管道坡度宜大于或等于8‰，且应坡向出水口。设备与排水管的连接应采用软接，并应保持畅通。

（6）阀门的安装应符合下列规定：

①工作压力大于1.0MPa及在主干管上起到切断作用和系统冷、热水运行转换调节功能的阀门和止回阀，应进行壳体强度和阀瓣密封性能的试验，且应试验合格。其他阀门可不单独进行试验。

②安装在保温管道上的手动阀门的手柄不得朝向下。

③动态与静态平衡阀的工作压力应符合系统设计要求，安装方向应正确。阀门在系统运行时，应按参数设计要求进行校核、调整。

（7）补偿器的安装应符合下列规定：

①补偿器的补偿量和安装位置应符合设计文件的要求，并应根据设计计算的补偿量进行预拉伸或预压缩。

②波纹管膨胀节或补偿器内套有焊缝的一端，水平管路上应安装在水流的流入端，垂直管路上应安装在上端。

③填料式补偿器应与管道保持同心，不得歪斜。

④补偿器一端的管道应设置固定支架，结构形式和固定位置应符合设计要求，并应在补偿器的预拉伸（或预压缩）前固定。

⑤滑动导向支架设置的位置应符合设计与产品技术文件的要求，管道滑动轴心应与补偿器轴心相一致。

（8）除污器、自动排气装置等管道部件的安装应符合下列规定：

①阀门安装的位置及进、出口方向应正确，且应便于操作。连接应牢固紧密，启闭应灵活。成排阀门的排列应整齐美观，在同一平面上的允许偏差不应大于3mm。

②电动、气动等自控阀门安装前应进行单体调试，启闭试验应合格。

③冷（热）水和冷却水系统的水过滤器应安装在进入机组、水泵等设备前端的管道上，安装方向应正确，安装位置应便于滤网的拆装和清洗，与管道连接应牢固严密。

④闭式管路系统应在系统最高处及所有可能积聚空气的管段高点设置排气阀，在管路最低点应设有排水管及排水阀。

（9）水泵、冷却塔的技术参数和产品性能应符合设计要求，管道与水泵的连接应采用柔性接管，且应为无应力状态，不得有强行扭曲、强制拉伸等现象。

（10）冷却塔安装应符合下列规定：

①基础的位置、标高应符合设计要求，允许误差应为±20mm，进风侧距建筑物应大于1m。冷却塔部件与基座的连接应采用镀锌或不锈钢螺栓，固定应牢固。

②冷却塔安装应水平，单台冷却塔的水平度和垂直度允许偏差应为2‰。多台冷却塔安装时，排列应整齐，各台开式冷却塔的水面高度应一致，高度偏差值不应大于30mm。当采用共用集管并联运行时，冷却塔集水盘（槽）之间的连通管应符合设计要求。

③冷却塔的集水盘应严密、无渗漏，进、出水口的方向和位置应正确。静止分水器的布水应均匀；转动布水器喷水出口方向应一致，转动应灵活、水量应符合设计或产品技术文件的要求。

④冷却塔风机叶片端部与塔身周边的径向间隙应均匀。可调整角度的叶片，角度应一致，并应符合产品技术文件要求。

⑤有水冻结危险的地区，冬季使用的冷却塔及管道应采取防冻与保温措施。

（11）水泵及附属设备的安装应符合下列规定：

①水泵的平面位置和标高允许偏差应为±10mm，安装的地脚螺栓应垂直，且与设备底座应紧密固定。

②垫铁组放置位置应正确、平稳，接触应紧密，每组不应大于 3 块。

③减震器与水泵及水泵基础的连接，应牢固平稳、接触紧密。

（12）蓄能系统设备的安装应符合下列规定：

①储槽、储罐与底座应进行绝热处理，并应连续均匀地放置在水平平台上，不得采用局部垫铁方法校正装置的水平度。

②当多台蓄能设备支管与总管相接时，应顺向插入，两支管接入点的间距不宜小于 5 倍总管管径长度。

③输送乙烯乙二醇溶液的管路不得采用内壁镀锌的管材和配件。

④封闭容器或管路系统中的安全阀应按设计要求设置，并应在设定压力情况下开启灵活，系统中的膨胀罐应工作正常。

（13）地源热泵系统热交换器的施工应符合下列规定：

①单 U 管钻孔孔径不应小于 110mm，双 U 管钻孔孔径不应小于 140mm。

②垂直地埋管应符合下列规定：埋管的弯管应为定型的管接头，并应采用热熔或电熔连接方式与管道相连接；直管段应采用整管。水平环路集管埋设的深度距地面不应小于 1.5m，或埋设于冻土层以下 0.6m；供、回环路集管的间距应大于 0.6m。

③水平埋管热交换器的长度、回路数量和埋设深度应符合设计要求。

4. 系统调试

（1）通风与空调工程安装完毕后，应进行系统调试。系统调试应包括下列内容：

①设备单机试运转及调试。

②系统非设计满负荷条件下的联合试运转及调试。

（2）通风与空调工程竣工验收的系统调试，应由施工单位负责，监理单位监督，设计单位与建设单位参与和配合。系统调试可由施工企业或委托具有调试能力的其他单位进行。

（3）系统调试前应编制调试方案，并应报送专业监理工程师审核批准。系统调试应由专业施工和技术人员实施，调试结束后，应提供完整的调试资料和报告。

（4）设备单机试运转及调试应符合下列规定：

①通风机、空气处理机组中的风机，叶轮旋转方向应正确、运转应平稳、应无异常振动与声响，电机运行功率应符合设备技术文件要求。在额定转速下连续运转 2h 后，滑动轴承外壳最高温度不得大于 70℃，滚动轴承不得大于 80℃。

②水泵叶轮旋转方向应正确，应无异常振动和声响，紧固连接部位应无松动，电机运行功率应符合设备技术文件要求。水泵连续运转 2h 滑动轴承外壳最高温度不得超过 70℃，滚动轴承不得超过 75℃。

③冷却塔风机与冷却水系统循环试运行不应小于 2h，运行应无异常。冷却塔本体应稳固、无异常振动。

④制冷机组的试运转除应符合设备技术文件和现行国家标准《制冷设备、空气分离设备安装工程施工及验收规范》（GB50274）的有关规定。正常运转不应少于 8h。

⑤多联式空调（热泵）机组系统应在充灌定量制冷剂后，进行系统的试运转。系统应能正常输出冷风或热风，在常温条件下可进行冷热的切换与调控；室内机的试运转不应有

异常振动与声响，百叶板动作应正常，不应有渗漏水现象，运行噪声应符合设备技术文件要求。

⑥电动调节阀、电动防火阀、防排烟风阀（口）的手动、电动操作应灵活可靠，信号输出应正确。

（5）系统非设计满负荷条件下的联合试运转及调试应符合下列规定：

①系统总风量调试结果与设计风量的允许偏差应为 -5% ~ +10%，建筑内各区域的压差应符合设计要求。

②空调冷（热）水系统、冷却水系统的总流量与设计流量的偏差不应大于 10%。水系统平衡调整后，定流量系统的各空气处理机组的水流量应符合设计要求，允许偏差应为 15%；变流量系统的各空气处理机组的水流量应符合设计要求，允许偏差应为 10%。

③制冷（热泵）机组进出口处的水温应符合设计要求。

④舒适空调与恒温、恒湿空调室内的空气温度、相对湿度及波动范围应符合或优于设计要求。

（6）防排烟系统联合试运行与调试后的结果，应符合设计要求及国家现行标准的有关规定。

（7）净化空调系统应符合下列规定：

①单向流洁净室系统的系统总风量允许偏差应为 0 ~ +10%，室内各风口风量的允许偏差应为 0 ~ +15%。

②单向流洁净室系统的室内截面平均风速的允许偏差应为 0 ~ +10%，且截面风速不均匀度不应大于 0.25。

③相邻不同级别洁净室之间和洁净室与非洁净室之间的静压差不应小于 5Pa，洁净室与室外的静压差不应小于 10Pa。

④室内空气洁净度等级应符合设计要求或为商定验收状态下的等级要求。

⑤各类通风、化学实验柜、生物安全柜在符合或优于设计要求的负压下运行应正常。

（8）蓄能空调系统的联合试运转及调试应符合下列规定：

①系统中载冷剂的种类及浓度应符合设计要求。

②在各种运行模式下系统运行应正常平稳；运行模式转换时，动作应灵敏正确。

③系统各项保护措施反应应灵敏，动作应可靠。

④蓄能系统在设计最大负荷工况下运行应正常。

⑤系统正常运转不应少于一个完整的蓄冷—释冷周期。

（9）空调制冷系统、空调水系统与空调风系统的非设计满负荷条件下的联合试运转及调试，正常运转不应少于 8h，除尘系统不应少于 2h。

六、《光伏发电站施工规范》（GB50794 -2012）

1. 基本规定

（1）开工前建设单位应取得相关的施工许可文件；施工现场应具备水通、电通、路通、电信通及场地平整的条件；施工单位的资质、特殊作业人员资格、施工机械、施工材料、计量器具等应报监理单位或建设单位审查完毕开工所必需的施工图应通过会审；设计交底应完成；施工组织设计及重大施工方案应已审批；项目划分及质量评定标准应确定；施工单位根据施工总平面布置图要求布置施工临建设施应完毕；工程定位测量基准应确立。

（2）设备和材料的规格应符合设计要求，不得在工程中使用不合格的设备材料。

（3）进场设备和材料的合格证、说明书、测试记录、附件、备件等均应齐全。

（4）设备和器材的运输、保管，应符合本规范要求；当产品有特殊要求时，应满足产品要求的专门规定。

（5）隐蔽工程应符合下列要求：隐蔽工程隐蔽前，施工单位应根据工程质量评定验收标准进行自检，自检合格后向监理方提出验收申请；应经监理工程师验收合格后方可进行隐蔽，隐蔽工程验收签证单应按照现行行业标准《电力建设施工质量验收及评定规程》（DL/T5210）相关要求的格式进行填写。

（6）施工过程记录及相关试验记录应齐全。

2. 光伏发电设备安装

（1）一般规定。

①设备在吊、运过程中应做好防倾覆、防震和防护面受损等安全措施。必要时可将装置性设备和易损元件拆下单独包装运输。当产品有特殊要求时，尚应符合产品技术文件的规定。

设备到场后应检查包装及密封应良好。开箱检查，型号、规格应符合设计要求，附件、备件应齐全。产品的技术文件应齐全。外观检查应完好无损。设备宜存放在室内或能避雨、雪的干燥场所，并应做好防护措施。保管期间应定期检查，做好防护工作。

②安装人员应经过相关安装知识培训。

③光伏发电站的施工中间交接验收项目可包含：升压站基础、高低压盘柜基础、逆变器基础、配电间、支架基础、电缆沟道、设备基础二次灌浆等；土建交付安装项目时，应由土建专业填写“中间交接验收签证书”，并提供相关技术资料，交安装专业查验。中间交接验收签证书可按本规范附录A的格式填写；中间交接项目应通过质量验收，对不符合移交条件的项目，移交单位负责整改合格。

④安装工程的隐蔽工程可包括：接地装置、直埋电缆、高低压盘柜母线、变压器吊罩等。

（2）支架安装。

①支架安装前应采用现浇混凝土支架基础时，应在混凝土强度达到设计强度的70%后进行支架安装。

②支架到场后应做检查外观及防腐涂镀层应完好无损。型号、规格及材质应符合设计图纸要求，附件、备件应齐全。对存放在滩涂、盐碱等腐蚀性强的场所的支架应做好防腐蚀工作。支架安装前安装单位应按照“中间交接验收签证书”的相关要求对基础及预埋件（预埋螺栓）的水平偏差和定位轴线偏差进行查验。

③固定式支架及手动可调支架应采用型钢结构的支架，其紧固度应符合设计图纸要求及现行国家标准《钢结构工程施工质量验收规范》（GB50205）的相关规定。支架安装过

程中不应强行敲打，不应气割扩孔。对热镀锌材质的支架，现场不宜打孔。支架安装过程中不应破坏支架防腐层。手动可调式支架调整动作应灵活，高度角调节范围应满足设计要求。

支架倾斜角度偏差度不应大于 ±1°，固定及手动可调支架安装的允许偏差应符合表4－2的规定。

表 4－2 支架安装允许偏差要求

项目名称	允许偏差（mm）
中心线偏差	≤2
梁标高偏差（同组）	≤3
立柱面偏差（同组）	≤3

④跟踪式支架与基础之间应固定牢固、可靠。跟踪式支架安装的允许偏差应符合设计文件的规定。跟踪式支架电机的安装应牢固、可靠。传动部分应动作灵活。聚光式跟踪系统的聚光部件安装完成后，应采取相应防护措施。

⑤支架的现场焊接工艺除应满足设计要求外，支架的组装、焊接与防腐处理应符合现行国家标准《冷弯薄壁型钢结构技术规范》（GB50018）及《钢结构设计规范》（GB50017）的相关规定；焊接工作完毕后，应对焊缝进行检查；支架安装完成后，应对其焊接表面按照设计要求进行防腐处理。

（3）光伏组件安装。

①光伏组件安装前应验收合格，宜按照光伏组件的电压、电流参数进行分类和组串，光伏组件的外观及各部件应完好无损。

②光伏组件的安应按照设计图纸的型号、规格进行安装，光伏组件固定螺栓的力矩值应符合产品或设计文件的规定，光伏组件安装允许偏差应符合表 4－3 的规定。

表 4－3 光伏组件安装允许偏差

项目	允许偏差	
倾斜角度偏差	±1 度	
光伏组件边缘高差	相邻光伏组件间	≤2mm
	同组光伏组件间	≤5mm

③光伏组件连接数量和路径应符合设计要求，光伏组件间接插件应连接牢固，外接电缆同插接件连接处应搪锡，光伏组件进行组串连接后应对光伏组件串的开路电压和短路电流进行测试，光伏组件间连接线可利用支架进行固定，并应整齐、美观，同一光伏组件或光伏组件串的正负极不应短接。

④严禁触摸光伏组件串的金属带电部位。

⑤严禁在雨中进行光伏组件的连线工作。

（4）汇流箱安装。

①汇流箱内元器件应完好，连接线应无松动；汇流箱的所有开关和熔断器应处于断开

状态；汇流箱进线端及出线端与汇流箱接地端绝缘电阻不应小于20MΩ。

②汇流箱安装位置应符合设计要求。支架和固定螺栓应为防锈件，汇流箱安装的垂直偏差应小于1.5mm。

③汇流箱内光伏组件串的电缆接引前，必须确认光伏组件侧和逆变器侧均有明显断开点。

（5）逆变器安装。

①室内逆变器安装前，屋顶、楼板应施工完毕，不得渗漏。室内地面基层应施工完毕，并应在墙上标出抹面标高；室内沟道无积水、杂物；门、窗安装完毕，进行装饰时有可能损坏已安装的设备或设备安装后不能再进行装饰的工作应全部结束。对安装有妨碍的模板、脚手架等应拆除，场地应清扫干净。混凝土基础及构件应达到允许安装的强度，焊接构件的质量应符合要求。预埋件及预留孔的位置和尺寸，应符合设计要求，预埋件应牢固。检查安装逆变器的型号、规格应正确无误；逆变器外观检查完好无损。运输及就位的机具应准备就绪，且满足荷载要求。大型逆变器就位时应检查道路畅通，且有足够的场地。

②逆变器采用基础型钢固定的逆变器，逆变器基础型钢安装的允许偏差应符合表4－4的规定。

表4－4　逆变器基础型钢安装的允许偏差

项目	允许偏差	
	mm/m	mm/全长
不直度	<1	<3
水平度	<1	<3
位置偏差及不平行度	—	<3

基础型钢安装后，其顶部宜高出抹平地面10mm。基础型钢应有明显的可靠接地。逆变器的安装方向应符合设计规定。逆变器与基础型钢之间固定应牢固可靠。逆变器交流侧和直流侧电缆接线前应检查电缆绝缘，校对电缆相序和极性。逆变器直流侧电缆接线前必须确认汇流箱侧有明显断开点。电缆接引完毕后，逆变器本体的预留孔洞及电缆管口应进行防火封堵。

（6）电气二次系统。

①二次设备、盘柜安装及接线除应符合现行国家标准《电气装置安装工程盘、柜及二次回路接线施工及验收规范》（GB50171）的相关规定与设计要求。

②通信、远动、综合自动化、计量等装置的安装应符合产品的技术要求。

③安防监控设备的安装应符合现行国家标准《安全防范工程技术规范》（GB50348）的相关规定。

④直流系统的安装应符合现行国家标准《电气装置安装工程——蓄电池施工及验收规范》（GB50172）的相关规定。

（7）其他电气设备安装。

①高压电器设备的安装应符合现行国家标准《电气装置安装工程高压电器施工及验收

规范》（GB50147）的相关规定。

②电力变压器和互感器的安装应符合现行国家标准《电气装置安装工程电力变压器、油浸电抗器、互感器施工及验收规范》（GB50148）的相关规定。

③母线装置的施工应符合现行国家标准《电气装置安装工程母线装置施工及验收规范》（GB50149）的相关规定。

④低压电器的安装应符合现行国家标准《电气装置安装工程低压电器施工及验收规范》（GB50254）的相关规定。

⑤环境监测仪等其他电气设备的安装应符合设计文件及产品的技术要求。

（8）防雷与接地。

①光伏发电站防雷系统的施工应按照设计文件的要求进行。

②光伏发电站接地系统的施工工艺及要求除应符合现行国家标准《电气装置安装工程接地装置施工及验收规范》（GB50169）的相关规定外，还应符合设计文件的要求。

③地面光伏系统的金属支架应与主接地网可靠连接；屋顶光伏系统的金属支架应与建筑物接地系统可靠连接或单独设置接地。

④带边框的光伏组件应将边框可靠接地；不带边框的光伏组件，其接地做法应符合设计要求。

⑤盘柜、汇流箱及逆变器等电气设备的接地应牢固可靠、导通良好，金属盘门应用裸铜软导线与金属构架或接地排可靠接地。

⑥光伏发电站的接地电阻阻值应满足设计要求。

（9）架空线路及电缆。

①架空线路的施工应符合现行国家标准《电气装置安装工程 35kV 及以下架空电力线路施工及验收规范》（GB50173）和《110kV－500kV 架空送电线路施工及验收规范》（GB50233）的有关规定。

②电缆线路的施工应符合现行国家标准《电气装置安装工程电缆线路施工及验收规范》（GB50168）的相关规定。

③架空线路及电缆的施工还应符合设计文件中的相关要求。

3. 设备和系统调试

（1）调试前的准备工作。调试方案应报审完毕。设备和系统调试前，安装工作应完成并验收合格。所有装饰工作应完毕并清扫干净，装有空调或通风装置等特殊设施的，应安装完毕，投入运行；受电后无法进行或影响运行安全的工作，应施工完毕。

（2）光伏组件串测试。

①光伏组件串测试前应按照设计文件数量和型号组串并接引完毕，汇流箱内各回路电缆应接引完毕，且标示应清晰、准确，汇流箱内的熔断器或开关应在断开位置，汇流箱及内部防雷模块接地应牢固、可靠，且导通良好，辐照度宜在高于或等于 $700W/m^2$ 的条件下测试。

②光伏组件串应检测。汇流箱内测试光伏组件串的极性应正确；相同测试条件下的相同光伏组件串之间的开路电压偏差不应大于2%，但最大偏差不应超过5V，在发电情况下应使用钳形万用表对汇流箱内光伏组件串的电流进行检测。相同测试条件下且辐照度不应

低于 700W/m^2 时，相同光伏组件串之间的电流偏差不应大于 5%；光伏组件串电缆温度应无超常温等异常情况，光伏组件串测试完成后，应按照本规范附录 B 的格式填写记录。

逆变器投入运行前，宜将接入此逆变单元内的所有汇流箱测试完成，逆变器在投入运行后，汇流箱内组串的总开关具备灭弧功能时，先投入光伏组件串小开关或熔断器，后投入汇流箱总开关，先退出汇流箱总开关，后退出光伏组件串小开关或熔断器；汇流箱总输出采用熔断器，分支回路光伏组件串的开关具备灭弧功能时，先投入汇流箱总输出熔断器，后投入光伏组件串小开关。先退出箱内所有光伏组件串小开关，后退出汇流箱总输出熔断器。汇流箱总输出和分支回路的光伏组件串均采用熔断器时，则投、退熔断器前，均应将逆变器解列。

（3）跟踪系统调试。

①跟踪系统调试前，应与基础固定牢固、可靠，并接地良好。与转动部位连接的电缆应固定牢固并有适当预留长度。转动范围内不应有障碍物。

②在手动模式下通过人机界面等方式对跟踪系统发出指令，跟踪系统动作方向应正确；传动装置、转动机构应灵活可靠，无卡滞现象，跟踪系统跟踪转动的最大角度和跟踪精度应满足设计要求，极限位置保护应动作可靠。

在自动模式调试前，跟踪系统应手动模式下的调试应已完成，对采用主动控制方式的跟踪系统，还应确认初始条件的准确性；跟踪系统在自动模式下，跟踪精度应符合产品的技术要求，设有避风功能的跟踪系统，在风速超出正常工作范围时，跟踪系统应启动避风功能；风速减弱至正常工作允许范围时，跟踪系统应在设定时间内恢复到正确跟踪位置，设有避雪功能的跟踪系统，在雪压超出正常工作范围时，跟踪系统应启动避雪功能；雪压减弱至正常工作允许范围时，跟踪系统应在设定时间内恢复到正确跟踪位置，设有自动复位功能的跟踪系统在跟踪结束后应能够自动返回到跟踪初始设定位置；采用间歇式跟踪的跟踪系统，电机运行方式应符合技术文件的要求。

（4）逆变器调试。

①逆变器调试前，应具备投入条件；逆变器直流侧、交流侧电缆应接引完毕，且极性（相序）正确、绝缘良好；方阵接线应正确，具备给逆变器提供直流电源的条件。

②逆变器调试前，应检查逆变器接地应牢固可靠、导通良好；逆变器内部元器件应完好，无受潮、放电痕迹；逆变器内部所有电缆连接螺栓、插件、端子应连接牢固，无松动。

当逆变器本体配有手动分合闸装置时，其操作应灵活可靠、接触良好，开关位置指示正确。逆变器本体及各回路标识应清晰准确；逆变器内部应无杂物，并经过清灰处理。

③逆变器调试回路带电时，应检查工作状态指示灯、人机界面屏幕显示应正常，人机界面上各参数设置应正确，散热装置工作应正常；逆变器直流侧带电而交流侧不带电时，应测量直流侧电压值和人机界面显示值之间偏差应在允许范围内，检查人机界面显示直流侧对地阻抗值应符合要求。

逆变器直流侧带电、交流侧带电，具备并网条件时，应测量交流侧电压值和人机界面显示值之间偏差应在允许范围内；交流侧电压及频率应在逆变器额定范围内，且相序正确。具有门限位闭锁功能的逆变器，逆变器盘门在开启状态下，不应作出并网动作。

逆变器并网后，具有门限位闭锁功能的逆变器，开启逆变器盘门；逆变器交流侧掉电；逆变器直流侧对地阻抗低于保护设定值；逆变器直流输入电压高于或低于逆变器的整定值；逆变器直流输入过电流；逆变器交流侧电压超出额定电压允许范围；逆变器交流侧频率超出额定频率允许范围；逆变器交流侧电流不平衡超出设定范围；逆变器应跳闸解列。

逆变器停运后，需打开盘门进行检测时，必须切断直流、交流和控制电源，并确认无电压残留后，在有人监护的情况下进行；逆变器在运行状态下，严禁断开无灭弧能力的汇流箱总开关或熔断器；施工人员测试完成后，应按照本规范附录 C 的格式填写施工记录。

（5）二次系统调试。

①二次系统的调试内容主要可包括：计算机监控系统、继电保护系统、远动通信系统、电能量信息管理系统、不间断电源系统、二次安防系统等。

②计算机监控系统调试统设备的数量、型号、额定参数应符合设计要求，接地应可靠。遥信、遥测、遥控、遥调功能应准确、可靠。计算机监控系统防误操作功能应完备可靠。计算机监控系统定值调阅、修改和定值组切换功能应正确。计算机监控系统主备切换功能应满足技术要求。站内所有智能设备的运行状态和参数等信息均应准确反映到监控画面上，对可远方调节和操作的设备，远方操作功能应准确、可靠。

③继电保护系统调试时可按照现行行业标准《继电保护和电网安全自动装置检验规程》（DL/T995）的相关规定执行。继电保护装置单体调试时，应检查开入、开出、采样等元件功能正确；开关在合闸状态下模拟保护动作，开关应跳闸，且保护动作应准确、可靠，动作时间应符合要求。保护定值应由具备计算资质的单位出具，且应在正式送电前仔细复核。继电保护整组调试时，应检查实际继电保护动作逻辑与预设继电保护逻辑策略一致。

站控层继电保护信息管理系统的站内通信、交互等功能实现应正确；站控层继电保护信息管理系统与远方主站通信、交互等功能实现应正确。调试记录应齐全、准确。

④远动通信系统调试应远动通信装置电源应稳定、可靠。站内远动装置至调度方远动装置的信号通道应调试完毕，且稳定、可靠。调度方遥信、遥测、遥控、遥调功能应准确、可靠。远动系统主备切换功能应满足技术要求。

⑤电能量信息采集系统应调试光伏发电站关口计量的主、副表，其规格、型号及准确度应符合设计要求，且应通过当地电力计量检测部门的校验，并出具报告。光伏发电站关口表的电流互感器、电压互感器应通过当地电力计量检测部门的校验，并出具报告。光伏发电站投入运行前，电能表应由当地电力计量部门施加封条、封印。光伏发电站的电量信息应能实时、准确地反应到后台监控画面。

⑥不间断电源系统应调试不间断电源的主电源、旁路电源及直流电源间的切换功能应准确、可靠，几异常告警功能应正确。计算机监控系统应实时、准确地反映不间断电源的运行数据和状况。

⑦二次系统安全防护应调试二次系统安全防护应主要由站控层物理隔离装置和防火墙构成，应能够实现自动化系统网络安全防护功能；二次系统安全防护相关设备运行功能与参数应符合要求；二次系统安全防护运行情况应与预设安防策略一致。

⑧其他电气设备调试。其他电气设备的试验标准应符合现行国家标准《电气装置安装工程电气设备交接试验标准》（GB50150）的相关规定。无功补偿装置的补偿功能应能满足设计文件的技术要求。

七、《石油化工大型设备吊装工程规范》（GB50798－2012）

本规范适用于石油化工新建、改建、扩建工程项目大型设备吊装工程。石油化工检维修工程的大型设备吊装可参照执行。

1. 基本规定

（1）大型设备吊装作业。是指设备重量大于100t或垂直高度大于60m的吊装作业。对具体的大型设备吊装工程，施工单位可根据技术装备、技术素质、现场环境等方面的条件，从标准中选择适用工艺，在有计算依据并采取有效安全措施的情况下，也可采取其他吊装工艺。

（2）起重机械要求。起重机械的生产厂家必须是国家主管部门指定并核发合格证（进口许可证）的专业制造厂，其安全防护装置必须齐全、完备，有产品合格证和安全使用、维护、保养说明书。

起重机械的安装、使用和维修保养应执行国家质量技术监督局《特种设备质量监督与安全监察规定》和《特种设备注册登记与使用管理规则》的规定。

吊索具必须具有出厂质量证明文件，不得使用无质量证明文件或试验不合格的吊索具。

（3）起重作业人员。起重指挥人员、起重工和起重机械操作人员，必须经过专业学习并接受安全技术培训，取得政府主管部门签发的特种作业人员操作证，方可从事指挥和操作。

（4）大型设备吊装方案。

①大型设备吊装必须编制吊装方案，并按规定进行审批，方案变更必须按原审批程序进行审批。

②吊装方案应由专业吊装技术人员负责编制，并按管理程序审核和批准，并报送监理和建设单位确认。监理或建设单位可邀请有关专家对吊装方案进行审查。

③大型设备吊装方案编制和审批人员的资格和职责见表4－5。

表4－5　吊装方案编制和审批人员的资格和职责

岗位	职责	资格
编制	现场勘察，起重机具调查；编制吊装方案；编制吊装计算书；提出方案修改意见	工程师
校核	校核吊装工艺；校核吊装计算书	工程师
审核	审查吊装工艺；审查起重机具选择及布置合理性；审查吊装安全技术措施；审查进度计划、交叉作业计划；审查劳动力组织	高级工程师
批准	吊装方案的最终确认、批准	企业技术负责人

（5）吊装方案交底。

①吊装作业前必须由吊装方案编制人向全体作业人员进行交底并记录，作业人员应熟知吊装方案、指挥信号、安全技术要求及应急措施。

②吊装方案交底内容：多台设备吊装顺序；单台设备吊装方案和吊装工艺；机具安装工艺及机具试验方法和要求；吊装作业工序及要点；安全技术措施。

（6）吊装方案实施准备。

①吊装方案编制人应负责方案的实施包括：指导作业人员正确执行方案；提出正确的施工作业方法；处理吊装施工过程中出现的技术问题；对方案中不完善之处提出修改方案和编制补充方案。

②吊装工程施工应建立完善的吊装安全质量保证体系。吊装施工准备和实施过程中，吊装施工安全质量保证体系应正常运转，以确保吊装施工安全。

③吊装前应进行吊装作业危害识别，风险评价并制定控制措施。吊装前应掌握当地气象情况，当雷雨、大雪天气或风速大于 10.8m/s 时不得进行吊装作业。

④起重机械站位及行走的地面应按地基处理方案进行处理，吊装作业前应确认合格，满足起重机械对地耐力的要求。

⑤所有起重机械、绳索、滑轮、卸扣、绳卡等机具必须具有合格证及吊装前质量合格确认表。

⑥起重机械、机具及设备与输电线路间的最小安全距离应符合表 4－6 的规定。

表 4－6　输电线路与设备和起重机具间的最小安全距离

项目	输电导线电压（kV）				
	<1	10	35	110	220
最小安全距离（m）	1.5	3.0	4.0	5.0	6.0

（7）吊装前检查。

①班组自检：吊钩、吊具、钢丝绳的选用和设置符合吊装方案的要求，其质量符合安全技术要求；电气装置、液压装置、离合器、制动器、限位器、防碰撞装置、警报器等操纵装置和安全装置符合使用安全技术条件，并进行无负荷试验；地面附着物情况、起重机械与地面的固定（包括地锚、缆风绳等）设置情况；确认起重机具作业空间范围内的障碍物及其预防措施。

②项目复检：班组自检记录及自检整改结果；吊装设备基础及回填土夯实情况；随设备一起吊装的管线、钢结构及设备内件的安装情况；复查起重机具、索具及起重机械。

③联合检查：吊装方案及吊装前的准备工作；吊装安全质量保证体系、管理人员及施工作业人员资格；安全质量保证措施的落实情况；设备准备情况；施工用电；其他方面的准备工作。

④检查中发现的问题，应由各级责任人员组织整改和落实。安全质量部门应对整改结果进行确认。

⑤联合检查确认设备吊装准备工作符合吊装方案后，由吊装总指挥签署“吊装命令书”并下达吊装命令，方可进行试吊和吊装作业。

（8）设备正式吊装。

①大型设备正式吊装前必须进行试吊。

②试吊和正式吊装的规定：对设备吊点处和变径、变厚处等设备及塔架的危险截面，宜实测其应力，细长设备应观察其挠度；对卷扬机应实测传动机构温升和电动机的电流、电压及温升；吊车吊装时应观测吊装安全距离及吊车支腿处地基变化情况；机索具的受力情况观测。

③吊装过程中设备易摆动及旋转的情况下，应采用设溜绳等安全措施，防止设备在吊装过程中摆动、旋转。设备不宜在空中长时间停留，若须停留应采取可靠的安全措施。

④拖拉绳跨越道路时，离路面高度不得低于6m，并应悬挂明显标志或警示牌。动力电缆、信号缆和钢丝绳的布置应作出明显清晰的标志，动力电缆、信号缆不得对交通和相邻的施工作业有影响。

⑤吊装过程中，作业人员应坚守岗位，听从指挥，发现问题应立即向指挥者报告，无指挥者的命令不得擅自操作。

⑥立式设备吊装就位后，应立即进行初找正，地脚螺栓拧紧后方可松绳摘钩。

（9）吊装工程全过程实施安全、环境与健康因素（危险源）控制。节约能源和资源，最大限度避免事故和危险发生，控制和预防环境的污染与破坏，保障吊装工程安全、可靠。

（10）吊装方案、吊装计算书及修改或补充方案、方案交底记录和方案实施的实测记录均应存档。

2. 施工准备

（1）技术准备。

①吊装规划编制要求。在工程项目的投标阶段提出大型设备的吊装规划；工程项目中标后，大型设备吊装规划的具体内容应列入施工组织设计中；吊装工程开工前，完成大型设备吊装方案的编制及审批工作。

吊装规划是对整个施工区域内设备吊装的顺序、计划、吊装平面布置、吊装方法以及劳动组织等的总体设计。吊装规划应在收到施工图后、开工之前完成。吊装方案是更具体、更详细的技术文件，必须具备可操作性，她将直接指导吊装作业。

②吊装规划编制依据。工程项目的招标文件；大型设备结构图和平面、立面布置图；施工现场地质资料、气象资料及吊装环境；施工机具装备条件及吊装技术性能；设备到货计划；工期要求与经济指标；建设单位对大型设备吊装的有关要求。

③吊装规划编制内容。设备吊装工艺的经济分析（包括可行性研究和可靠性分析）；大型设备吊装参数汇总表；吊装工艺；吊装主要机具选用计划；吊装顺序；吊装进度（包括交叉作业进度）；吊点位置及其结构；设备的供货条件；吊装平面的布置；劳动力组织；主要安全技术措施。

④吊装方案的编制依据。现行国家、行业标准、规范；施工组织设计；施工技术资料：设备制造图；设备基础施工图；设备及工艺管道平、立面布置图；地下工程图；架空电缆图；梯子平台等相关专业施工图；设计审查会文件。设备吊装计算书；现场施工条件；作业计划。

⑤吊装方案内容。编制说明及依据；工程概况；工程特点；吊装参数表。吊装工艺设计；设备吊装工艺要求；吊装计算结果；起重机具安装拆除工艺要求；设备支、吊点位置及结构图和局部加固图；吊装平立面布置图；地锚施工图；设备地面组装深度规定；地下工程和架空电缆施工规定；起重机具汇总表；吊装进度计划；相关专业交叉作业计划。

⑥吊装工艺对设备的特殊要求。设备吊耳或吊盖的结构型式，焊接或连接的位置及其使用条件；塔架底部扳转铰链的结构形式，所在的基础位置及高度；设备装卸车要求；设备运入吊装现场的次序及卸车位置；设备裙座处的支撑加固措施。吊装平面图中应注明大型设备运抵吊装现场的运输道路及卸车场地。大型设备运输应一次到位，卸车后应符合吊装的方位要求。

⑦安全、质量保证体系。吊装施工安全措施，吊装工作危险性分析（JHA）表或HSE危害分析，吊装应急预案。

⑧吊装作业说明。起重机具安装程序与工艺要点及作业质量标准；设备装卸运输施工程序与工艺要点及作业质量标准；试吊前准备、检查的项目与要求；正式吊装的施工程序与工艺要点及作业质量标准。

⑨吊装平面布置图内容。吊装环境；地下工程；设备运输路线；设备组装、吊装位置；吊装过程中机具与设备的相对位置；桅杆站立位置及其拖拉绳、主后背绳的平面分布；主吊车和抬尾吊车的站车位置及移动路线；滑移尾排及牵引和后溜滑车组的设置位置；吊装工程所用的各台卷扬机现场摆放位置及其主走绳的走向；吊装工程所用的各个地锚的平面坐标位置；需要做特殊处理的吊装场地范围；吊装指挥的位置；监测人员的位置；电源及吊装工程的最大负荷用电量；吊装警戒区。

⑩详细作业图纸要求。对钢丝绳穿绕有特殊要求；对索具系统布置有特殊要求；对被吊设备的主吊点及尾部连接形式必须绘制大样图；对吊装场地承压地面及现场设备运输道路的处理有特殊要求；对设备吊装配套使用的平衡梁、抬架等专用吊具。

⑪对吊装方案实施前或实施过程中所发现的具体问题，应及时采取相应的改进措施，并填写吊装方案修改意见单。当吊装方案实施过程中有较大变更时，应编制出补充方案，并按原程序审批后实施。

（2）吊装机具准备。

①对进入吊装现场的起重机具、索具及材料，应指定存放位置并由专人验收和保管。对每件机具、索具及材料应及时作出标识，注明其规格、型号及使用部位。

②机械责任人员应该核查机具员提交的机具维修使用检验记录，确认其技术性能符合安全质量要求。

③大型起重机具的运输路线、卸车位置应符合吊装平面布置图的要求。

（3）施工现场准备。

①吊装现场的场地、道路、施工用电应满足吊装方案要求。桅杆安装位置、吊车工作位置及行车路线的地耐力应满足使用要求。机具设备存放场地应有排水措施。吊装指挥应根据吊装方案的要求，进行起重机具的设置。起重机具安装时，应认真填写吊装工艺卡。

②卷扬机的设置规定：同一工艺岗位的卷扬机宜集中设置，且有防雨棚、垫木等防护设施；卷扬机设置地点应便于观察吊装情况及指挥联络，且有足够的安全距离；桅杆的走

绳宜直接进入卷扬机，尽量减少走绳的变向次数；卷扬机出绳的俯仰角度不得大于5°；卷扬机卷筒到最近一个导向滑车的距离，不得小于卷筒长度的20倍，且导向滑车的位置应在卷筒的垂直平分线上；卷筒上的走绳应均匀缠紧，防止吊装时走绳嵌入绳层。

③卷扬机的设置应避免走绳与设备进向交叉；走绳与地面索具交叉；妨碍设备尾排运行至规定位置。

（4）地锚选择。施工单位应根据现场的土质情况和吊装工艺要求，选用适当的地锚结构形式。拖拉绳地锚位置应符合下列要求：地锚与桅杆距离应使拖拉绳仰角不大于30°，特殊情况时，允许最大仰角为45°；地锚的埋设应满足受力方向的要求。

（5）在有充分计算依据的条件下，对设备的吊耳选用，可根据吊装工程的实际情况，选择其他种类的吊耳形式。

3. 液压提升装置吊装

（1）一般规定。

①使用液压提升装置吊装，应详细阅读并熟悉各液压设备及系统的安装、操作说明书及其维护手册，严格按说明书操作。

②液压设备的安装设施及其作业的支撑结构应有足够的稳定性和强度，且可承受施加于其上的吊装载荷。

③液压设备与动力装置应配套使用。液压设备的安装应附合设备要求运动的方向。被锚固件夹持的承载构件表面不得有油漆、油污、锈皮及赃物。

④液压设备的保管和维护要求。液压设备部件应保存在干燥清洁的库房内；液压设备在每次使用后都要将其锚固件（夹片或楔块）取下检查清洗，再组装时需在锚固件外端涂以润滑剂；每次使用后应检查所有的部件，任何有缺陷的部件均应用新部件代替；

液压设备部件的清洗应使用石蜡或类似的溶剂，不得使用柴油、稀释剂或衍生物，清洗后的油缸及锚固件等运动表面应涂以规定的油脂保护。

液压设备应在充满液压油的状态下存放，应每12个月进行一次校验和载荷试验。

⑤液压设备使用前检查。在油路和控制线路连接完毕并调试合格后检查，所有杆、销、释放板等转动灵活；锚固件的夹片或楔块清洁并润滑；主油缸及微型千斤顶无漏油；油管及快速接头无漏油。

⑥利用工程结构支撑、使用液压设备吊装时，应对承载的结构在受力条件下的强度和稳定性进行核算并经建设和监理单位同意。

（2）液压设备的分类和使用。

①中孔千斤顶。

A. 中孔千斤顶可用作设备的垂直提升，顶升及水平移动作业，每台千斤顶穿入钢绞线的数量应据载荷确定。钢绞线穿入后应逐根调整，使锚固件间每根钢绞线的长度一致。

B. 中孔千斤顶用作提升作业时，从千斤顶上抽出的钢绞线应设置导向支撑，使钢绞线垂直通过千斤顶，抽出钢绞线的重量不得作用在千斤顶的拄塞杆上。

C. 使用中孔千斤顶提升设备，抽出钢绞线束的滑出路径宜采用滚动摩擦形式的轨道，运动中不得发生堵塞现象。

D. 提升设备的中孔千斤顶应垂直安装，承载钢绞线与铅垂线的夹角不得大于2°。

E. 中孔千斤顶用作设备的顶升或水平移动作业时，应与运动方向同向固定于设备上。承载钢绞线应与锚固件同心、两端锚固且调整每根钢绞线的预张力，使其保持一致。

②夹紧千斤顶。

A. 夹紧千斤顶通过夹持其规定尺寸的方钢实现设备的运动。夹紧千斤顶安装要符合设备运动的方向。

B. 千斤顶的夹持方钢截面尺寸误差以中心线为准不超过 ±0.5mm；每条方钢的直线度误差不超过其长度的 1/1000，且不大于 5mm；方钢接头错口偏差不大于 1mm。

C. 夹紧千斤顶使用前应检查钢夹楔块的夹齿是否锐利，齿间是否有杂物且清理干净。若尖齿表面成型或硬化层损坏应及时更换。

③推拉千斤顶。推拉千斤顶根据在设备上安装位置的不同可进行推或拉的动作，实施设备的水平移动。推拉千斤顶应在与其配套的滑移轨道上使用。

④动力包。

A. 动力包的选型应与使用的液压设备的能力和数量相匹配。

B. 动力包操作前，液压设备上所有控制线路应与动力泵站开关板上的相关端子连接。

C. 启动动力装置前，锚固件支配安全开关已经完全调向逆时针位置，且钥匙已取下。

D. 应根据不同的载荷来设定动力包的最大工作压力，设定完成后锁住调压阀，锁定手轮以免在操作中发生移动。

E. 动力包每次启动时间不要超过 20s，若发动机未启动，在重新启动前，两次启动间隔时间要多于 1min，两次启动仍未完成，应检查原因。

F. 动力包使用前检查：燃油液位适当；油液无泄漏；干净并配有机油、空气及柴油滤芯；控制阀操作正确；压力表读数正确。

G. 动力包在工作数小时后应仔细检查油、过滤器和油箱的状态。若有必要，更换系统中的油。需要时，应彻底清洗过滤器芯以及油箱。

H. 动力包至少每 2 个月启动一次，对其电瓶充电，运转时间不少于 2h。

⑤控制系统。控制系统使用前，应按产品技术文件的规定和控制的对象及控制的精度设定参数。对于所控制的每一台千斤顶所有的设定值都应始终一致，且只允许输入一次。控制系统使用的电源应稳定，且应配置不间断电源设施。

（3）钢绞线。

①钢绞线是使用中孔千斤顶提升的承载部件。钢绞线应按所采用的中孔千斤顶所要求的规格及吊装施工要求的拉力选用。

②成盘供货的钢绞线展开时，应将钢绞线盘放在特制的刚性框（分配器）中进行。钢绞线的展开应在清洁、干燥、无污染物的环境进行。钢绞线的定长切割应使用便携式角向磨光机，不得使用火焰切割。切割后的两端应磨成倒角。

③钢绞线在保管和使用中不得有折弯和油污，并在使用中防止焊接作业造成的损坏。

④钢绞线在穿入夹持器前，应清理干净其表面的浮锈及沾染的污物。

⑤每台中孔千斤顶穿入钢绞线的数量应据吊装载荷确定。钢绞线全部穿入后应逐根调整，使上、下锚固件间每根钢绞线的长度一致。

⑥已切割或使用过的钢绞线应成单根盘圈存放，盘圈直径不应小于 1.8m。钢绞线应

存放于干净、干燥的环境下。钢绞线有折弯及明显锈坑时应报废。

（4）吊装方法。

①中孔千斤顶与门式桅杆配合使用吊装石油化工立式设备的吊装工艺与桅杆吊装相同，但设备底部宜采用吊车抬送。当采用尾排移送时，应采取措施保证吊装中承重钢绞线的使用状态符合规范的规定。

②中孔千斤顶集群组合使用提升设备时，每两台中孔千斤顶及每组中孔千斤顶之间应设置平衡装置并对每台千斤顶设定超载保护措施。

③使用中孔千斤顶倒装法安装储罐类设备时，其计算载荷不应超过其额定能力的75%，其布置及其吊点数量应根据起升的最大载荷及被吊圈板的稳定性综合考虑确定。

④夹紧千斤顶可采取固定或移动两种设置通过对其承载构件——方钢的夹持作用实现设备的顶升运动。当夹紧千斤顶固定设置时，方钢应装于被顶升的设备上；当夹紧千斤顶随设备移动时，方钢应装于支持构架上，但千斤顶的安装方向相反。

（5）吊装安全和技术规定。

①液压设备支持构架应有足够承载能力的基础，应根据构架底座的对地载荷及地质条件视现场的具体情况制定设计和实施方案。

②当支持构架为门式桅杆时，其缆风绳的设置应根据门架的高度、吊装系统的迎风面积、吊装现场基本风压值及30年一遇的最大风压值等因素进行核算后确定。门式塔架至少应设置六根缆风绳。

③设备底部的溜尾吊车或尾排的运送速度要与主吊的液压顶升装置爬升速度相匹配，使主吊索具随时保持在垂直平面内。

④门架两桅杆的中心连线应与设备基础的中心线重合。

⑤在吊装的过程中，要用仪器密切监测门架的垂直度及桅杆弯曲度变化情况，垂直度和弯曲度的偏差不能超过结构设计的允许值。一般情况下，垂直度和弯曲度的偏差应小于H/1000（H为桅杆的高度）并小于100mm。

⑥中孔千斤顶集群组合使用提升超长设备（如吊车主梁）时，要密切监测设备在上升过程中的水平度，当设备的水平度超过L/200时（L为设备的长度），需要停止顶升，待调整好设备的水平度后再进行顶升。

⑦中孔千斤顶在使用过程中如发现钢绞线有局部松弛现象，应停止提升，分析原因，采取调整措施后方能继续提升。

⑧垂直状态下穿入钢绞线或将穿好钢绞线的千斤顶安装到垂直状态时，应在千斤顶的出缆端用绳卡将每两根钢绞线卡在一起。

⑨已穿好钢绞线的中孔千斤顶不宜进行空载下降动作，当必须进行此种操作时，应充分考虑到绳卡的位置应满足下降动作行程的需要。

⑩用作提升时，钢绞线每移动100m或拉动设备时每移动300m应做以下检查：清理锚块上的夹片并检查损伤情况，发现夹片上有20%的有效齿损失则应更换该夹片。

⑪千斤顶在每次使用后应检查。

⑫锚块（包括移动锚和固定锚）完全拆开，除去锥形孔和卸载管口的锈物并清理干净；清洗卸载板和卸载管；检查夹片；重新安装时，应在夹片外表面涂以润滑剂。对小油

缸做渗漏测压试验，若有较严重的渗漏则应更换。

4. 液压顶升装置吊装

（1）一般规定。

①液压顶升装置吊装适合于重量重，或高度高，或体积大，或位置特殊的设备吊装。吊装方法应根据设备、机具、人力以及现场条件等不同情况，选择最合理方案。应根据设备的最大吊装重量来合理配置千斤顶的大小和数量。

②使用钢绞线千斤顶作顶升吊装时，钢绞线千斤顶及其构件夹持器必须有牢固及可靠的支撑；同样在使用爬升式千斤顶作顶升吊装时，千斤顶的爬行方钢必须有牢固及可靠的连接和固定。

③利用门式塔架作液压千斤顶顶升吊装的支撑时，吊装的最大负荷不得超过门式塔架设计的许用负荷；利用框架作液压千斤顶顶升吊装的支撑时，应对其强度、刚度进行核算，不得超过设计的承载能力。

（2）分类。

液压顶升装置吊装是指通过千斤顶向上（爬升）运动的方式来吊装设备，目前吊装工程中，主要有以下两种液压顶升的方式：

①利用爬升式千斤顶沿方钢向上爬行，通过千斤顶向上顶升吊装梁来吊装设备。

②利用钢绞线千斤顶倒置沿钢绞线向上爬行，通过千斤顶向上顶升来吊装设备。

（3）吊装方法。

液压顶升装置吊装是用液压千斤顶向上爬升，来顶升石油化工设备的顶部（指立式圆筒形的反应器及塔类设备），设备底部采用尾排或吊车运送，最后将设备安放到预定位置上。

①采用液压顶升装置吊装石油化工设备，通常需要使用门式塔架。

②采用液压顶升装置吊装石油化工设备的吊装。

（4）吊装安全和技术规定。

①塔架基础的作法应根据塔架底座的受力大小、地质条件及现场的具体情况而定。

②塔架缆风绳的设置应根据塔架的高度、设备和吊装系统的迎风面积、吊装现场的基本风压值及 30 年一遇的最大风压值等因素进行核算后确定。一般情况下，门式塔架需要设置六根缆风绳。

③设备底部的溜尾吊车或尾排的运送速度要与主吊的液压顶升装置爬升速度相匹配，使主吊索具随时保持在垂直平面内。

④两个塔架的中心连线应与设备基础的中心线重合。

⑤在吊装的过程中，要用仪器密切监测塔架的垂直度及弯曲度变化情况，垂直度和弯曲度的偏差不能超过塔架设计的允许值。一般情况下，垂直度和弯曲度的偏差应小于 H/1000（H 为塔架的高度）和小于 100mm。

⑥尽量使液压千斤顶在吊装过程中负载均衡、同步爬升，因此要密切监测吊装梁在上升过程中的水平度，当吊装梁的水平度超过 L/200 时（L 为吊装梁的跨度），需要停止顶升，待调整好吊装梁的水平度后再进行顶升。

⑦设备超越基础时，设备底部与基础（或地脚螺栓顶部）应保持 200mm 以上的安全

距离。塔架与设备外部附件的间隙应大于等于200mm。

⑧在安装液压顶升装置之前，应检查爬升式液压千斤顶爬升方钢的外形尺寸、表面清洁度等情况；对外形尺寸偏差超过许用范围的方钢，应矫正合格后再使用；对表面有锈蚀或油污等情况的方钢，应进行除锈和清理干净后才能使用。

⑨使用钢绞线千斤顶作顶升吊装时，在加载后其构件夹持的压板螺栓要作二次上紧。

⑩液压千斤顶在使用之前要作全面检查，并在做了维护保养和试运行后才能使用；必要时要作对顶负荷试验，液压千斤顶应在其设计的负荷下保持稳压3分钟以上。

5. 设备平移

特殊吊装指对立式工件（包括构架）采用平移技术使其就位。一般用于旧设备的搬迁移位、装置改造设备的更换。

（1）立式工件平移。平移系统一般包括支撑系统、加固系统、牵引系统、检测系统。

①支撑系统可分为上滚道、下滚道、滚杠、临时基础。

A. 上滚道宜与工件底板联合设计，一般利用设备的支座、构架的底板。

B. 下滚道宜用钢板、H型钢铺设，并满足要求刚度、强度要求。

C. 滚杠的选用满足刚度要求；滚杠铺设前，必须进行校直。

②临时基础宜按正式基础要求进行浇筑。临时基础与正式基础临近时，可将两者作为联合基础进行浇筑。正式基础地脚螺栓的设置应考虑平移要求，宜采用预留孔形式。

③加固系统是为了保证设备支座、构架支腿在预制和平移过程中不变形、整体几何尺寸稳定的需要，根据实际情况进行设置。

④牵引系统：平移的牵引力宜采用液压牵引设备，还可采用卷扬机、拖车等作为牵引力。采用多点牵引时，各牵引点应动作同步、牵引力均匀。

（2）平移过程中检测部位：牵引系统的受力，采用多点牵引时，检测各牵引点的受力。每根滚杠的方位、间距。平移工件的垂直度。风向检测和预警。

（3）立式工件平移安全和技术规定。

①平移的速度满足工件的整体强度要求。为防止工件在停止移动过程中产生过大的惯性力，宜在较低速度下进行平移。

②保持上滚道板和下滚道板上下表面的清洁，不允许有异物存在。平移前，应进行仔细检查、清理。必要时使用滚杠限位的保护措施。

③平移过程出现偏移时，可通过调整各牵引点的牵引力或使用千斤顶进行纠偏调整。调整完毕，应使用仪器进行复测，达到要求后再继续平移。

（4）待移动的立式设备的运行道路应坚实平整，并符合承载力的要求，且与待安装的正式基础连为一体。

①立式设备移动过程中应根据设备外形尺寸及气象条件采取抗风载措施。立式设备应根据移动系统重心高度和倾翻角计算系统的稳定性和确定移动中的防倾翻措施。立式设备移动的上下走道板之间应采取摩擦系数小、平稳的摩擦形式。立式设备移动宜采用液压设备作牵引动力，并采取前拉、后推的方式。

②设备的正式基础地脚螺栓应采用螺栓预留孔形式，待设备平移到位并找正后再安装地脚螺栓及灌浆。

八、工业安装工程施工质量验收统一要求

1. 施工质量验收的组织和程序

（1）验收组织。

①分项工程验收组织：在施工单位自检的基础上由建设单位专业技术负责人（或监理工程师）组织施工单位专业技术质量负责人进行验收。

②分部（子分部）工程验收组织：在各分项工程验收合格的基础上，由施工单位向建设单位提出报验申请，由建设单位项目负责人（总监理工程师）组织施工、监理、设计等有关单位项目负责人及技术负责人进行验收。

③单位（子单位）工程验收组织：单位（子单位）工程完工后，由施工单位向建设单位提出报验申请，由建设单位负责人组织施工单位、监理单位、设计单位项目负责人进行验收。

（2）验收程序。验收程序应按分项工程、分部工程、单位工程依次进行。

2. 工业安装工程的划分

（1）设备安装工程的划分。

①分项工程应按设备的台（套）、机组划分。同一个单位工程中的设备安装工程，可划分为一个分部工程或若干个子分部工程。大型设备安装工程，可单独构成单位工程或划分为若干个分部工程；其分项工程可按工序划分。

②按设备的台（套）或机组划分中，“台”是指独立的一台机器，“套”是指成组的机器。“机组”是指由性能不同的机器组成的，能够共同完成一项工作，如汽轮机组、制氧机组、制冷机组等。这样规定体现了设备的完整性和独立性。

（2）管道安装工程的划分。分项工程应按管道类别或工作介质进行划分；同一个单位工程中的管道工程，可划分为一个分部工程或若干个子分部工程。

（3）电气安装工程的划分。分项工程应按电气设备、电气线路进行划分；同一个单位工程中的电气装置安装工程，可划分为一个分部工程或若干个子分部工程。

（4）自动化仪表安装工程的划分。

①分项工程应按仪表类别和安装试验工序进行划分；同一个单位工程中的自动化仪表安装工程可划分为一个分部工程或若干个子分部工程。

②仪表工程按仪表类别和安装工作内容可划分为取源部件安装、仪表盘柜箱安装、仪表设备安装、仪表单台试验、仪表线路安装、仪表管道安装、脱脂、接地、防护等分项工程。

③主控制室的仪表分部工程可划分为盘柜安装、电源设备安装、仪表线路安装、接地、系统硬件和软件试验等分项工程。

（5）设备及管道防腐工程的划分。

①分项工程应按设备台（套）或主要防腐蚀材料的种类进行划分，金属基层处理可单独构成分项工程；同一个单位工程中的设备及管道防腐工程可划分为一个分部工程或若干个子分部工程。

②分项工程主要是按照设备、管道所采用的防腐蚀材料的种类进行划分的。由于防腐蚀材料的种类繁多，各种防腐蚀材料施工技术要求各不相同，故按不同的防腐蚀材料，如砖板衬里、橡胶衬里、玻璃钢衬里、软聚氯乙烯衬里、防腐蚀涂层等的防腐蚀工程，分别划分为不同的分项工程。

③对于采用同一种防腐蚀材料，工程量较大的设备衬里，可按设备台（套）细分为几个分项工程。

④分部工程的划分通常是指在一个厂房、车间或区域内的全部设备或管道的防腐蚀工程，即为一个分部工程或若干个子分部工程。

（6）设备及管道绝热工程的划分。

①分项工程中设备绝热应以相同工作介质按台（套）进行划分，管道绝热应按相同的工作介质进行划分；同一个单位工程中的设备及管道绝热工程可划分为一个分部工程或若干个子分部工程。

②各行业分项工程的划分是有差异的。石化行业设备或管道的分项工程是按施工工序来划分；化工、电力行业是按工作介质温度或类别来划分。从现场实际情况看，如按工序划分，则填表太多，程序繁琐；如按介质或类别划分，则一个分项工程中的全部检验项目均可填在一张表格上，不仅可减少表格数量，也便于管理。如化工系统罐区的绝热、电力系统电厂主蒸汽管道保温等，均可分别划分为一个或若干个分项工程。

③分部工程通常是在同一单位工程中的设备及管道绝热工程。例如在一个厂房、车间或区域内的全部设备或管道的绝热工程，即为一个分部工程或若干个子分部工程。

④对于具有独立施工条件或使用功能的一个或若干个绝热分部工程，可构成一个单位工程。例如供热管道的保温工程长达几十公里，可构成一个单位工程。又如火力发电厂全厂电力设备及管道的保温，是包含若干个分部工程在内的绝热单位工程。

（7）工业炉窑砌筑工程的划分。

①分项工程应按工业炉的结构组成或区段进行划分。当工业炉砌筑工程量小于$100m^3$时，可将一座（台）炉作为一个分项工程，也可将两个或两个以上的部位或区段合并为一个分项工程。

例如，一般工业炉砌筑工程可分为炉底、炉墙、拱顶等分项工程。高炉可按炉底、炉缸、炉腹、炉腰、炉身、炉喉等划分分项工程。一段转化炉按辐射段、过渡段和对流段、输气总管等划分分项工程。但考虑到有些工业炉砌筑工程量较小，划分不宜过细，以避免繁琐。

例如，砌筑工程量小于$100m^3$的工业炉，可以一座（台）炉的砌筑工程作为一个分项工程。如一台混铁炉、一座热处理炉、一台铝电解槽等。也可将两个或两个以上的部位或区段合并为一个分项工程。如加热炉的炉底、炉墙等，回转窑的预热段、加热段、冷却段等。

②分部工程应按工业炉的座（台）进行划分。较大的分部工程可划分为若干个子分部工程，每一座（台）工业炉砌筑工程应为一个分部工程。

如一座加热炉、一台回转窑、一台裂解炉等，但对于砌筑工程量较大的炉种，宜将整个砌筑工程划分为一个分部工程。例如，高炉炉体和每座热风炉炉体（通常配3～4座）

按座划分为若干个子分部工程。

③单位工程应按一个独立生产系统的工业炉砌筑工程（或一个工业建筑物内的工业炉砌筑工程）划分。较大的单位工程可划分为若干个子单位工程。按一个独立生产系统的工业炉砌筑工程划分单位工程，或一个工业建筑物内的工业炉砌筑工程为单位工程。

例如，高炉及其附属设备的砌筑工程，铝电解车间所有铝电解槽（几十台至一两百台）的砌筑工程，轧钢车间内所有工业炉的砌筑工程等。轧钢车间内所有工业炉的砌筑工程包括以下情况：如轧钢车间内有若干台均热炉；热轧车间内有若干座加热炉；某薄板车间内有 2 座加热炉、4 座热处理炉等，它们的砌筑工程均作为一个单位工程。

④在一个独立生产系统中，当工业炉砌筑工程量小于 $500m^3$ 时，工业炉砌筑工程可作为一个分部工程，与其他工业安装工程一并作为一个单位工程。鉴于某些工业炉是关键的热工设备，且其砌筑工程的质量要求非常严格，不便与其他工业安装工程合并为一个单位工程。近几年在筑炉工程中新建的特大型高炉、特大型焦炉逐渐增多。一座炉需用耐火材料总量达 2 万 t ~ 3 万 t，筑炉工程的划分也与通常的方法不同。例如，某公司炉容 $4063m^3$ 的高炉，筑炉工程划分为 12 个单位工程。

3. 工程质量验收的划分

（1）划分的程序。

①工业安装工程质量验收项目划分的程序：检验批→分项工程→分部工程→单位工程。

②检验项目应根据项目的特点确定检验抽样方案，可设置检验批。

（2）分项工程的划分。

①划分的一般原则。

A. 按台（套）、机组、类别、材质、用途、介质、系统、工序等进行划分，并应符合各专业分项工程的划分规定。

B. 建立在不同班组进行施工的基础上，综合各专业分项工程划分的常规做法，有利于分清班组施工人员的责任，更有利于检验评定工作的实施。

②分项工程与分部工程的关系。

A. 分项工程的划分应符合有关专业施工质量验收规范的有关规定。

B. 若干个分项工程组成一个分部工程，其中对工程质量影响大的分项工程定为主要分项工程。

例如，工业管道工程中，按管道工作介质划分时，氧气管道、煤气管道是易燃、易爆危险介质的管道，如果这类管道安装质量低劣，如管道内清洗不干净、焊口缺陷、垫片泄漏、焊后热处理消除应力不当，试压不符合标准，管道焊缝射线探伤数量不符合规定等，投入使用将成为事故的隐患，否则，会发生爆裂、气体泄漏、火灾或爆炸等重大事故。因此，这类管道安装视为主要分项工程。

（3）分部（子分部）工程的划分。

①划分的一般原则。

A. 按专业进行划分，较大的分部工程可划分为若干个子分部工程。该原则便于在相同专业内部对施工质量进行比较，提高质量验收的专业性和可操作性，质量检验评定的准确性和可比性，有利于保证各专业的安装水平。

B. 根据工业安装工程的特点，按专业划分为设备、管道、电气装置、自动化仪表、防腐蚀、绝热、工业炉砌筑七个分部工程。

②分部工程与单位工程的关系。

A. 若干个分部工程组成一个单位工程。

B. 根据单位工程的类别和生产性质，其中有些分部工程在其所在单位工程内部占有较大的投资比例，具有较大的工程量，是生产工艺的主要设备或流程，对于投产后的安全和使用功能均具有举足轻重的影响的分部，工程应视为主分部工程。

例如，在化工厂房（车间）的设备安装分部工程，在汽轮发电机组主厂房的设备安装分部工程，在轧钢车间内的设备安装分部工程，变电站（所）内的电气安装分部工程，主控室内的自动化仪表安装分部工程等都应视为主分部工程。

（4）单位工程的划分。

①划分的一般原则。按工业厂房、车间（工号）或区域进行划分，较大的单位工程可划分为若干个子单位工程。该原则便于施工质量管理，易于对某一生产装置的总体质量做出客观的综合评价。

②单位工程由各专业安装工程构成。某些专业安装工程若具有独立施工条件或使用功能时，允许单独划分为一个或若干个子单位工程。如汽轮发电机组主厂房安装工程即可作为一个单位工程，包括主厂房内各专业：机械设备安装有汽轮机、发电机、除氧装置安装等；电气装置安装有变压器、配电盘、柜安装及缆线敷设等；管道安装有蒸汽管道、疏水管道、给水管道安装等；仪表安装有主控室盘、柜、操作台、DCS 系统安装调试等；绝热有蒸汽管道、汽轮机本体外部保温、绝热施工等。

③当一个单位工程中仅有某一专业分部工程时，该分部工程应为单位工程。工程量大、施工周期长的工程如大型管网工程、高炉砌筑工程等，可酌情划分为单位工程。

（5）工业安装工程分项、分部、单位工程划分与各专业验收规范之间的关系。对于各专业安装工程检验项目的类别划分及施工质量验收的具体内容，还要遵照国家现行的各专业安装工程施工质量验收的规定。每一专业安装工程的质量验收都应与该专业的施工规范配套使用。

4. 工业安装工程的质量验收

（1）工业安装工程质量验收的程序：检验批→分项工程→分部工程→单位工程。

（2）承包单位项目部相关部门在验收过程中的质量责任。

①项目部的质量部门参与对检验批、分项工程、分部（子分部）、单位（子单位）工程验收工作，收集相关的工程验收记录并建立工程质量动态台账。

②项目部的工程技术部门参与对检验批、分项工程、分部（子分部）、单位（子单位）工程验收工作，保存好验收记录，并负责整理全套验收资料上交相关单位和部门。

③项目部的物资管理部门负责提供、整理所供材料的合格证及试验报告等质量技术资料，使之在验收时具有可追溯性。

④项目部的试验部门负责接受试验委托，出示真实可靠的试验数据，提供规范的试验报告，对试验结论负责，并存档备查。

（3）总包单位、分包单位及建设单位的相互关系。

①总包单位应按承包合同的权利义务对建设单位负责。

②分包单位对总承包单位和建设单位负责。分包单位对承包的项目进行验收时，总包单位应参加。

③验收合格后，分包单位应将工程的有关资料移交给总包单位，待建设单位组织单位工程质量验收时，分包单位负责人应参加验收。

（4）相关记录表。

施工现场质量管理检查记录；分项工程质量验收记录；分部工程质量验收记录；单位工程质量验收记录；单位工程质量控制资料检查记录。

（5）分项工程质量验收。

①分项工程应在施工单位自检的基础上，由建设单位专业技术负责人（监理工程师）组织施工单位专业技术质量负责人进行验收。

②分项工程质量验收内容：主控项目、一般项目及观感质量。

A. 主控项目是指对安全、卫生、环境保护和公众利益，以及对工程质量起决定性作用的检验项目。对于主控项目是要求必须达到的。

主控项目包括的检验内容主要有：重要材料、构件及配件、成品及半成品、设备性能及附件的材质、技术性能等；结构的强度、刚度和稳定性等检验数据、工程性能检测。如管道的焊接材质、压力试验；风管系统的测定；电梯的安全保护及试运行等。

B. 一般项目是指除主控项目以外的检验项目。其规定的要求也是应该达到的，只不过对影响安全和使用功能的少数条文可以适当放宽一些要求。这些项目在验收时，绝大多数抽查的处（件）其质量指标都必须达到要求。

C. 观感质量验收，采用观察、触摸或简单的方式进行。尽管检查结果并不要求给出“合格”或“不合格”的结论，但其综合给出的质量评价应是“好”或“差”。对于“差”的检查点应通过返修处理等补救。

③分项工程质量验收等级划分。分为“合格”或“不合格”两个等级。

④分项工程质量验收合格的规定。分项工程所含的检验项目均应符合合格质量的规定；分项工程的质量控制资料应齐全。

⑤分项工程质量验收记录。应由施工单位质量检验员填写，验收结论由建设（监理）单位填写。填写的主要内容：检验项目；施工单位检验结果；建设（监理）单位验收结论。结论为“合格”或“不合格”。记录表签字人为施工单位专业技术质量负责人；建设单位专业技术负责人；监理工程师。

（6）分部（子分部）工程质量验收。

①分部（子分部）工程质量验收的程序。

A. 分部工程是组成单位工程的基本单元，分部工程质量检验评定的结果直接影响单位工程的整体质量。

B. 分部（子分部）工程质量验收应在各分项工程验收合格的基础上，由施工单位向建设单位提出报验申请，由建设单位项目负责人（总监理工程师）组织施工单位和监理、设计等有关单位项目负责人及技术负责人进行验收。

②分部（子分部）工程质量验收合格的规定。

A. 分部（子分部）工程质量验收等级分为“合格”或“不合格”两个等级。

B. 分部（子分部）工程所含分项工程的质量应全部为合格。

C. 分部（子分部）工程的质量控制资料应齐全。

③分部（子分部）工程质量验收记录。

A. 分部（子分部）工程质量验收记录的检查评定结论由施工单位填写。

B. 验收结论由建设（监理）单位填写。记录表签字人：建设单位项目负责人、建设单位项目技术负责人；总监理工程师；施工单位项目负责人、施工单位项目技术负责人、设计单位项目负责人；年、月、日等。

C. 填写的主要内容：分项工程名称、检验项目数、施工单位检查评定结论、建设（监理）单位验收结论。结论为“合格”或“不合格”。

5. 工业安装工程单位工程质量验收要求

（1）单位（子单位）工程质量验收的程序。

①工程完工后，由施工单位向建设单位提出报验申请。

②由建设单位项目负责人组织施工单位、监理单位、设计单位等项目负责人进行验收。

（2）单位（子单位）工程质量验收合格的规定。

①单位（子单位）工程质量验收分为“合格”或“不合格”两个等级。

②单位（子单位）工程质量验收合格应符合的规定：单位（子单位）工程所含分部工程的质量应全部为合格。单位（子单位）工程的质量控制资料应齐全。

（3）单位（子单位）工程质量验收记录。

①单位（子单位）工程质量验收记录表中的分部工程和质量控制资料的检查记录应由施工单位填写。

②验收结论应由建设（监理）单位填写。记录表盖公章及签字人：建设单位、建设单位项目负责人；监理单位、总监理工程师；施工单位、施工单位项目负责人；设计单位、设计单位项目负责人。

③填写的主要内容：分部工程验收记录、质量控制资料验收记录。结论为“合格”或“不合格”。

（4）单位（子单位）工程控制资料检查记录。

①单位（子单位）工程质量控制资料检查记录表中的资料名称和份数应由施工单位填写。检查意见和检查人由建设（监理）单位填写。结论应由参加双方共同商定，建设单位填写。记录表签字人：施工单位项目负责人；建设单位项目负责人（总监理工程师）。

②填写的主要内容：图纸会审、设计变更、协商记录、材料合格证及检验试验报告、施工记录、施工试验记录、观测记录、检测报告、隐蔽工程验收记录、试运转记录、质量事故处理记录、中间交接记录、竣工图、分部、分项工程质量验收记录。检查意见为“合格”或“不合格”。

（5）工业安装工程质量验收评定为“不合格”时，工程处理的办法。当工业安装工程项目质量不符合相应专业工程质量验收规范的规定时，应按下列规定处理：

①一般情况下，不合格的检验项目应通过对工序质量的过程控制，及时发现和返工处理达到合格要求。

②对于难以返工又难以确定的质量部位，由有资质的检测单位检测鉴定，其结论可以作为质量验收的依据。

③经有资质的检测单位检测鉴定达到设计要求，应判定为验收通过。经有资质的检测单位检测鉴定达不到设计要求、但经原设计单位核算认可能够满足结构安全和使用功能的检验项目，可判定为验收通过。

④经返修或加固处理的分项、分部工程，虽然改变外形尺寸但仍能满足安全使用要求，可按技术方案和协商文件进行以验收。

⑤通过返修或加固处理仍不能满足安全使用要求的分部工程、单位（子单位）工程，严禁判定为验收通过。

九、建筑安装工程施工质量验收统一要求

1. 建筑安装工程施工质量验收的项目划分

（1）质量验收的组织和要求。

①验收组织。

A. 工程质量验收主要由施工单位、建设单位、监理单位、质量监督部门、勘察、设计单位等单位组成。在进行此项工作的全过程中，应做到彼此互相沟通、协同工作，从而达到确保工程质量的共同目标，以保障工程质量验收评定工作顺利开展。

B. 质量验收工作的基础工作在施工单位。施工单位由质量部门、工程技术部门负责此项工作。施工项目由项目经理部工程技术部门（质量部门）、物资管理部门、试验部门及工长、班组长负责此项工作。

②建筑安装工程质量验收要求。

A. 建筑安装工程施工质量应符合《建筑工程施工质量验收统一标准》（GB50300—2013）和相关专业验收规范的规定。

B. 建筑安装工程应符合勘察、设计文件的要求。

C. 参加工程施工质量验收的各方人员应具备规定的资格。

D. 工程质量的验收均应在施工单位自行检查评定合格的基础上进行。

E. 隐蔽工程在隐蔽前施工单位应通知监理（建设）单位进行验收，并应形成验收文件，验收合格方可继续施工。

F. 对涉及结构安全、节能、环境保护和主要使用功能的试块、试件及材料，应按规定进行见证取样检测。

G. 检验批的质量应按主控项目和一般项目验收。

H. 对涉及结构安全、节能、环境保护和使用功能的重要分部工程应在验收前按规定进行抽样检验。

I. 承担见证取样检测及有关结构安全检测的单位应具有相应资质。

J. 工程的观感质量应由验收人员通过现场检查，并应共同确认。

（2）建筑安装工程质量验收依据。建筑安装工程质量验收评定依据主要由以下质量验收标准组成：

A.《建筑给水排水及采暖工程施工质量验收规范》（GB50242）；

B.《通风与空调工程施工质量验收规范》（GB50243）；

C.《建筑电气工程施工质量验收规范》（GB50303）；

D.《智能建筑工程质量验收规范》（GB50339）；

E.《安全防范工程技术规范》（GB50348）；

F.《电梯工程施工质量验收规范》（GB50310）；

G.《自动喷水灭火系统施工及验收规范》（GB50261）；

H.《火灾自动报警系统施工及验收规范》（GB50166）。

以上规范中，对各分项工程的主控项目和一般项目、分部（子分部）工程的验收作了详细的规定。建筑安装工程的分部工程在进行质量验收评定时，依据各专业工程质量验收规范进行评定。

（3）建筑工程质量验收的划分原则。

①建筑工程质量验收划分。建筑工程质量验收应划分为单位（子单位）工程、分部（子分部）工程、分项工程和检验批。在施工前施工单位应会同监理单位（建设单位）根据《建筑工程施工质量验收统一标准》的要求自行商议确定分部工程、分项工程和检验批，并据此收集整理施工技术资料和验收。

②单位工程划分的原则。具备独立施工条件并能形成独立使用功能的建筑物或构筑物为一个单位工程；对于规模较大的单位工程，可将其能形成独立使用功能的部分划分为一个子单位工程。

③分部工程划分的原则。可按专业性质、工程部位确定；当分部工程较大或较复杂时，可按材料种类、施工特点、施工程序、专业系统及类别等划分为若干个子分部工程。如建筑给水、排水及供暖分部工程中，按专业系统分为室内给水系统、室内排水系统、室内热水供应系统等十五个子分部工程。

④分项工程划分的原则。可按主要工种、材料、施工工艺、设备类别等进行划分。如建筑给水、排水及供暖分部工程中室内供暖系统子分部的分项工程是按施工工艺来划分的。

⑤检验批划分的原则。

A. 检验批可根据施工、质量控制和专业验收的需要，按工程量、楼层、施工段、变形缝等进行划分。

B. 分项工程划分检验批进行验收有助于及时纠正施工中出现的质量问题，确保工程质量，也符合施工实际需要。安装工程一般按一个设计系统或设备组别划分为一个检验批。

（4）建筑安装工程质量验收的划分。建筑安装工程按专业性质划分为建筑给水、排水及供暖工程，建筑电气工程，通风与空调工程，电梯工程，智能建筑工程、建筑节能工程六个分部工程。

①建筑给水、排水及供暖工程子分部、分项工程的划分。建筑给水、排水及供暖工程

按专业系统划分为室内给水系统、室内排水系统、室内热水系统、卫生器具、室内供暖系统、室外给水管网、室外排水管网、室外供热管网、建筑中水系统及雨水利用系统等子分部，每个子分部又由若干个分项工程组成。如卫生器具子分部划分为卫生器具安装、卫生器具给水配件安装、卫生器具排水管道安装、试验与调试四个分项工程。

②建筑电气工程子分部、分项工程的划分。建筑电气工程分为室外电气、变配电室、供电干线、电气动力、电气照明、备用和不间断电源和防雷及接地子分部工程，每个子分部工程又由若干个分项工程组成。如防雷及接地子分部工程又划分为接地装置安装，避雷引下线及接闪器安装，建筑物等电位连接等分项工程。

③通风与空调工程子分部、分项工程的划分。通风与空调工程分为送风系统、排风系统、防排烟系统、舒适性空调系统、恒温恒湿空调系统、冷凝水系统、空调（冷、热）水系统、冷却水系统、多联机（热泵）空调系统等子分部工程，每个子分部工程分成若干个分项工程，如送风系统子分部划分为风管与配件制作，部位制作，风管系统安装，风机与空气处理设备安装，风管与设备防腐，系统调试，旋流风口、岗位送风口、织物（布）风管安装等分项工程。

④电梯工程子分部、分项工程的划分。电梯工程分为电力驱动的曳引式或强制式电梯、液压电梯、自动扶梯及自动人行道等子分部工程，每个子分部工程又划分成若干个分项工程。如电力驱动的曳引式或强制式电梯子分部工程又划分为设备进场验收、土建交接检验、驱动主机、导轨、门系统、轿厢、对重、安全部件、悬挂装置、随行电缆、补偿装置、电气装置、整机安装等分项工程。

⑤智能建筑工程子分部、分项工程的划分。智能建筑分部工程分为用户电话交换系统、信息网络系统、综合布线系统、有线电视及卫星电视接收系统、公共广播系统、建筑设备监控系统、火灾自动报警系统、安全技术防范系统、机房等子分部工程，每个子分部工程又划分若干个分项工程。如建筑设备监控系统子分部工程划分为梯架、托盘、槽盒和导管安装，线缆敷设，传感器安装，执行器安装，控制器、箱安装，中央管理工作站和操作分站设备安装，软件安装，系统调试，试运行等分项工程。

⑥建筑节能工程子分部、分项工程的划分。建筑节能分部工程（安装部分）分为供暖空调设备及管网节能、电气动力节能、监控系统节能、可再生能源等子分部工程，每个子分部工程又划分若干个分项工程。如供暖空调设备及管网节能子分部工程划分为供暖节能、通风与空调设备节能、空调与供暖系统冷热源节能、空调与供暖系统管网节能等分项工程。

2. 建筑安装工程分部分项工程质量验收要求

（1）建筑安装工程质量验收的程序。

①按检验批、分项工程、分部工程、单位工程依次进行。

②检验批质量验收是建筑安装工程质量验收中最基本、最基础的项目。检验批工程质量验收，直接关系到分项工程的质量。

（2）承包单位项目部相关部门在验收过程中的质量责任。

①项目部的质量部门参与对检验批、分项工程、分部（子分部）、单位（子单位）工程验收工作，收集相关的工程验收记录并建立工程质量动态台账。

②项目部的工程技术部门参与对检验批、分项工程、分部（子分部）、单位（子单位）工程验收工作，保存好验收记录，并负责整理全套验收资料上交相关单位和部门。

③项目部的物资管理部门负责提供、整理所供材料的合格证及试验报告等质量技术资料，使之在验收时具有可追溯性。

④项目部的试验部门负责接受试验委托，出示真实可靠的试验数据，提供规范的试验报告，对试验结论负责，并存档备查。

（3）相关记录表。

①施工现场质量管理检查记录。

②检验批质量验收记录表；分项工程质量验收记录；分部工程质量验收记录；单位工程质量验收记录。

③单位工程质量控制资料核查记录。

④单位工程安全和功能检验资料核查及主要功能抽查记录。

⑤单位工程观感质量检查记录。

3. 检验批、分项工程验收要求

（1）检验批、分项工程验收的工作程序。

①检验批验评的工作程序。

A. 检验批是工程验收的最小单位，是分项工程乃至整个建筑工程质量验收的基础。

B. 组成一个检验批的内容施工完毕，施工单位自检、互检、交接检合格后，经项目专业质检员负责检查评定合格，填写“检验批质量验收记录”，报监理工程师（建设单位项目专业技术负责人）组织验评签认。

C. 检验批是建筑安装工程质量验收的最小单元，所有检验批均应由监理工程师或建设单位项目技术负责人组织验收。

D. 监理工程师或建设单位项目技术负责人对检验批的质量进行验收时，应根据检验项目的特点，可采取抽样方法、宏观检查的方法，必要时进行抽样检测，来确定是否验收通过。

②分项工程验评的工作程序。

A. 组成分项工程的所有检验批施工完毕后，在施工单位自检的基础上，经项目专业技术负责人组织内部验评合格后，填写“分项工程质量验收记录”，报监理工程师（建设单位项目技术负责人）组织验评签认。

B. 分项工程应由监理工程师或建设单位专业技术负责人组织验收。

（2）检验批质量验收合格标准。

①主控项目的质量经抽样检验均应合格。

A. 主控项目的要求是必须达到的，是保证安装工程安全和使用功能的重要检验项目，是对安全、节能、环境保护和主要使用功能起决定性作用的检验项目，是确定该检验批主要性能的项目。如果达不到主控项目规定的质量指标，降低要求就相当于降低该工程项目的性能指标，导致严重影响工程的安全和使用性能。

B. 主控项目包括的检验内容主要有：重要材料、构件及配件、成品及半成品、设备性能及附件的材质、技术性能等。

结构的强度、刚度和稳定性等检验数据、工程性能检测。如管道的压力试验；风管系统的测定；电梯的安全保护及试运行等。检查测试记录，其数据及项目要符合设计要求和施工验收规范规定。

②一般项目的质量经抽样检验合格。

A. 一般项目指主控项目以外的检验项目，属检验批的检验内容。其规定的要求也是应该达到的，只不过对影响安全和使用功能的少数条文可以适当放宽一些要求。这些条文虽然不像主控项目那么重要，但对工程安全、使用功能、产品的美观都是有较大影响的。这些项目在验收时，绝大多数抽查的处（件）其质量指标都必须达到要求。

B. 一般项目包括的主要内容有：允许有一定偏差的项目，最多不超过20%的检查点可以超过允许偏差值，但不能超过允许值的150%。对不能确定偏差而又允许出现一定缺陷的项目。

C. 一些无法定量而采取定性的项目。如管道接口项目，无外露油麻等；卫生器具给水配件安装项目，接口严密、启闭部分灵活等。

（3）具有完整的施工操作依据、质量验收记录。

①质量控制资料反映了检验批从原材料到最终验收的各施工工序的操作依据，检查情况以及保证质量所必需的管理制度等。

②质量控制资料资料是反映工程质量的客观见证，是评价工程质量的主要依据，是安装工程的“合格证”和技术说明书。对其完整性的检查，实际是对过程控制的确认，是检验批合格的前提。

（4）分项工程质量验收评定合格的标准。分项工程质量验收评定在检验批验收的基础上进行。一般情况下，两者具有相同或相近的性质，只是批量的大小不同而已。

①分项工程质量评定合格的标准。

A. 分项工程所含检验批的质量均应验收合格；

B. 分项工程所含检验批的质量验收记录应完整。

②分项工程质量验收记录应由施工单位质量检验员填写，验收结论由建设（监理）单位填写。填写的主要内容：检验项目；施工单位检验结果；建设（监理）单位验收结论。结论为“合格”或“不合格”。记录表签字人为施工单位专业技术质量负责人、建设单位专业技术负责人、监理工程师。

4. 分部（子分部）工程质量验收要求

（1）分部（子分部）工程质量验收评定合格的标准。分部（子分部）工程质量验收评定是在其所含各分项工程验收的基础上进行，其质量验收评定为合格的标准是：

①分部（子分部）工程所含分项工程的质量均应验收合格。

②质量控制资料应完整。

③建筑安装分部工程中有关安全、节能、环境保护和主要使用功能的抽样检验结果应符合相应规定。如建筑电气工程的线路、插座、开关接地检查，在验收时要进行抽样检验。

④观感质量验收应符合要求。

观感质量评价是对工程质量的一项重要评价工作，是全面评价工程的外观及使用功能。观感质量验收采用观察、触摸或简单的方式进行。尽管检查结果并不要求给出“合格”或“不合格”的结论，而是给出好、一般、差的评价。如果评价为差时，能进行修理的应进行修理，不能修理的要协商解决。

（2）分部（子分部）工程验评的工作程序。

①组成分部（子分部）工程的各分项工程施工完毕后，经项目经理或项目技术负责人组织内部验评合格后，填写“分部（子分部）工程验收记录”，项目经理签字后报总监理工程师（建设单位项目负责人）组织验评签认。

②分部工程（子分部工程）应由总监理工程师（建设单位项目负责人）组织施工单位的项目负责人和项目技术、质量负责人及有关人员进行验收。

（3）分部（子分部）工程质量验收记录。

①分部（子分部）工程质量验收记录的检查评定结论由施工单位填写。验收意见由建设（监理）单位填写。记录表签字人：建设单位项目负责人；建设单位项目技术负责人；总监理工程师；施工单位项目负责人、施工单位项目技术负责人；设计单位项目负责人；年、月、日等。

②填写的主要内容：分项工程名称、检验批数、施工单位检验评定结论、建设（监理）单位验收意见。结论为“合格”或“不合格”，意见为“同意”或“不同意”验收。

5. 建筑安装工程单位工程质量验收要求

（1）建筑安装工程质量验收评定的工作程序。

①建筑安装工程质量验收是在施工企业自检合格后，再由监理或建设单位进行验收。

②验收评定工作的基础工作在施工单位，即主要由施工单位来实施，并经第三方的工程质量监督部门或竣工验收组织来确认。监理（建设）单位在施工过程中负责监督检查，使质量评定准确、真实。

③建筑安装工程进行质量验收评定的工作程序是：检验批验评→分项工程验评→分部（子分部）工程验评→单位（子单位）工程验评。

（2）单位（子单位）工程验评的工作程序。

①组成单位（子单位）工程的分部（子分部）工程施工完毕后，由施工单位组织有关部门进行内部验评。内部验收合格后，向建设单位提交工程验收报告和完整的质量资料，请建设单位组织相关单位验评。

②单位工程质量验收应由建设单位（项目）负责人组织施工（含分包单位）、设计、监理等单位（项目）负责人进行单位（子单位）工程验收。

③在一个单位工程中，施工单位已自检合格，监理单位已预验通过的子单位工程，建设单位可组织进行验收。在整个单位工程进行全部验收时，已验收的子单位工程验收资料应作为单位工程验收的附件。

④单位工程质量验收合格后，建设单位应在规定时间内将工程竣工验收报告和有关文件，报建设行政管理部门备案。

（3）单位（子单位）工程质量验收评定合格的标准。

单位（子单位）工程质量验收，是建筑工程投入使用前的最后一次验收，也是最重要的一次验收。其验收评定合格的标准有5个方面：

①构成单位工程的各分部工程质量均应验收合格。

②质量控制资料应完整。如给水排水及供暖工程的质量控制资料主要有图纸会审记录、设计变更通知单、工程洽商记录，原材料出厂合格证及进场检（试）验报告，管道、设备强度试验、严密性试验记录，隐蔽工程验收记录，系统清洗、灌水、通水、通球试验记录，施工记录，分项、分部工程质量验收记录，新技术论证、备案及施工记录等。

③单位（子单位）工程所含分部工程有关安全、节能、环境保护和主要使用功能的检验资料应完整。如电气工程的安全和功能检测资料有照明全负荷试验记录，大型灯具牢固性试验记录，避雷接地电阻测试记录，线路、插座、开关接地检验记录，在建筑工程验收时，这些检测资料应齐全。

④主要功能项目的抽查结果应符合相关专业质量验收规范的规定。主要使用功能的抽查目的是综合检验工程质量能否保证工程的功能，满足使用要求。这项抽查检测多数还是复查性的和验收性的。

⑤观感质量验收应符合要求。由参加验收的各方人员共同进行，最后共同确定是否通过验收。

（4）单位（子单位）工程质量验收记录。

①单位（子单位）工程质量验收记录表中的分部工程和质量控制资料的检查记录应由施工单位填写。验收结论应由建设（监理）单位填写。记录表盖公章及签字人：建设单位、建设单位项目负责人；监理单位、总监理工程师；施工单位、施工单位项目负责人；设计单位、设计单位项目负责人。

②填写的主要内容：分部工程验收记录、质量控制资料验收记录。结论为“合格”或“不合格”。

（5）单位（子单位）工程控制资料检查记录。

①单位（子单位）工程质量控制资料检查记录表中的资料名称和份数应由施工单位填写。检查意见和检查人由建设（监理）单位填写。结论应由参加双方共同商定，建设单位填写。记录表签字人：施工单位项目负责人、建设单位项目负责人（总监理工程师）。

②填写的主要内容：图纸会审、设计变更、协商记录，材料合格证及检验试验报告，施工记录，施工试验记录，观测记录，检测报告，隐蔽工程验收记录，试运转记录，质量事故处理记录，中间交接记录，竣工图，分部分项工程质量验收记录。检查意见为“合格”或“不合格”。

（6）施工单位相关主体的质量责任。

①项目部的责任。

A. 项目经理部的质量部门参与对检验批、分项工程、分部（子分部）、单位（子单位）工程质量验收评定工作，同时，收集相关的工程验评记录并建立工程质量动态台账。

B. 项目经理部的工程技术部门参与对检验批、分项工程、分部（子分部）、单位（子单位）工程质量验收评定工作，保存好验评记录，并负责整理全套验评资料上交相关单位和部门。

C. 项目经理部的物资管理部门负责提供、整理所供材料的合格证及试验报告等质量技术资料，使之在验评时具有可追溯性。

D. 项目经理部的试验部门负责接受试验委托，出示真实可靠的试验数据，提供规范的试验报告，对试验结论负责，并存档备查。

②总承包单位、分包单位的责任。

A. 总包单位应按承包合同的权利义务对建设单位负责。

B. 分包单位对所承担的工程项目质量负责，并应按规定的程序进行自我检查评定，总承包单位应派人参加。

C. 验评合格后，分包单位应将工程的有关资料移交给总承包单位，待建设单位组织单位工程质量验收时，总承包、分包单位的有关人员应参加验收。

（7）当建筑安装工程质量验收评定为“不合格”时，应按下列规定进行处理：

①经返工重做或更换器具、设备的检验批，应重新进行验收。在检验批验收时，其主控项目不能满足验收规范规定或一般项目超过偏差限值的子项不符合验收规定的要求时，应及时进行处理该检验批。其中，严重的缺陷应推倒重来；一般的缺陷通过翻修或更换器具、设备予以解决，对该检验批，施工单位处理合格后，监理单位要重新进行验收，验收如能符合相应的专业工程质量验收规范，则应认为该检验批合格。

②经有资质的检测单位检测鉴定能够达到设计要求的检验批，应予以验收。

③经有资质的检测单位检测鉴定达不到设计要求，但经原设计单位核算认可能够满足安全和使用功能的检验批，可予以验收。

④经返修或加固处理的分项、分部工程，虽然改变外形尺寸但仍能满足安全及使用功能要求，可按技术处理方案和协商文件的要求予以验收。

⑤通过返修或加固处理仍不能满足安全或重要使用功能要求的分部工程、单位（子单位）工程，严禁验收。

第五章 建造师执业道德与执业行为管理

第一节 建造师职业道德

一、建造师职业道德的主要内容

1. 爱岗敬业

爱岗就是热爱自己的工作岗位，热爱本职工作。爱岗是对人们工作态度的一种普遍要求。热爱本职，就是职业工作者以正确的态度对待各种职业劳动，努力培养热爱自己所从事的工作的幸福感、荣誉感。敬业就是用一种严肃的态度对待自己的工作，勤勤恳恳，兢兢业业，忠于职守，尽职尽责。

爱岗与敬业精神是相通的，是相互联系在一起的。爱岗是敬业的基础，敬业是爱岗的具体表现。不爱岗就很难做到敬业，不敬业也很难说是真正的爱岗。爱岗敬业是为人民服务和集体主义精神的具体体现，是社会主义职业道德一切基本规范的基础。

2. 诚实守信

诚实，就是忠诚老实，不讲假话。诚实的人能忠实于事物的本来面目，不歪曲、不篡改事实，同时也不隐瞒自己的真实思想，光明磊落，言语真切，处事实在。诚实的人反对投机取巧、趋炎附势、吹拍奉迎、见风使舵、争功诿过、弄虚作假、口是心非。守信、就是信守诺言、说话算数、讲信誉、重信用、履行自己应承担的义务。

诚实和守信两者意思是相通的，是互相联系在一起的。诚实是守信的基础，守信是诚实的具体表现，不诚实很难做到守信，不守信也很难说是真正的诚实。“诚实”是真实不欺，“守信”也是真实不欺。诚实侧重于对客观事实的反映是真实的，对自己内心的思想、情感的表达是真实的。守信侧重于对自己应承担、履行的责任和义务的忠实，毫无保留地实践自己的诺言。诚实守信是忠诚老实，信守诺言，是为人处事的一种美德。

3. 办事公道

办事公道是指从业人员在办理事情处理问题时，要站在公正的立场上，按照同一标准和同一原则办事的职业道德规范。

人们生活在世界上，就要与人打交道，就要处理各种关系，这就存在办事是否公道的问题，每个从业人员都有一个办事公道问题。如接待顾客不以貌取人，对不同国籍、不同肤色、不同民族的顾客能一视同仁，同样热情服务，这就是办事公道。

4. 服务群众

服务群众是对各级领导的一种要求。领导干部、一定要真心诚意服务于群众，绝不能践踏人民的利益，不能利用人民赋予的权力随心所欲，谋取私利。服务群众是党的群众路线在社会主义职业道德的具体表现，这也是社会主义职业道德与以往私有制社会职业道德的根本分水岭。

服务群众是对所有从业人员的要求。每个从业人员都是群众中的一员，既是为别人服务的主体，又是别人服务的对象。每个人都有权享受他人职业服务，同时又承担着为他人做出职业服务的义务。因此，服务群众作为职业道德，不仅仅是对领导及公务员的要求，而且是对所有从业者的要求。

5. 奉献社会

奉献社会，就是全心全意为社会做贡献。奉献就是不计较个人得失，兢兢业业，任劳任怨。一个人不论从事什么行业的工作，不论在什么岗位，都可以做到奉献社会。奉献社会是一种人生境界，是一种融在一生事业中的高尚人格。

奉献社会与爱岗敬业、诚实守信、办事公道、服务群众这四项规范相比较，是职业道德中的最高境界，同时也是做人的最高境界。爱岗敬业、诚实守信是对从业人员的职业行为的基础要求，是首先应当做到的。做不到这两项要求，就很难做好工作。办事公道、服务群众比前两项要求高了一些，需要有一定的道德修养做基础。奉献社会，则是这五项要求中最高的境界。一个人只要达到一心为社会做奉献的境界，他的工作就必然能做得很好，这就是全心全意为人民服务了。

二、建造师职业道德要求

建造师的职业道德是与其职业活动紧密联系的、符合行业特点所要求的道德准则、规范的总和。建造师职业道德不仅是建造师在职业活动中的行为标准和要求，更体现了注册建造师的社会责任与职业追求，是建设行业对社会所承担的道德责任和义务。

2007 年，原建设部（住房和城乡建设部）为进一步规范建筑市场秩序，健全建筑市场诚信体系，加强对建筑市场各方主体的监管，营造诚实守信的市场环境，根据《建筑法》《招标投标法》《建设工程勘察设计管理条例》《建设工程质量管理条例》《建设工程安全生产管理条例》等有关法律法规，组织制订了《建筑市场诚信行为信息管理办法》。

根据《建造师执业资格制度暂行规定》，建造师在工作中，必须严格遵守法律、法规和行业管理的各项规定，恪守职业道德。《建造师执业资格制度暂行规定》中指出，一级建造师的执业技术能力包括：具有一定的工程技术、工程管理理论和相关经济理论水平，并具有丰富的施工管理专业知识；能够熟练掌握和运用与施工管理业务相关的法律、法规、工程建设强制性标准和行业管理的各项规定；具有丰富的施工管理实践经验和资历，有较强的施工组织能力，能保证工程质量和安全生产；有一定的外语水平。

我国建造师一般担任项目负责人或其他工作，工作性质、职业责任、遴选途径、职业风险等均有较大的不同。我国目前仅有造价工程师、监理工程师、设备监理师等咨询工程师类的职业道德准则。我国目前正在抓紧制订《注册建造师职业道德行为准则》。

三、提升建造师职业道德修养

1. 明确奋斗目标，树立职业理想

理想人们是前进的方向，是奋斗的目标。理想是指路的明灯，没有理想就没有坚定的方向，就没有生活。因此，单位应该帮助从业人员树立崇高的职业理想，明确奋斗目标，制订职业发展规划。无论是在顺境或者是在逆境中，有了职业理想的支撑，员工就不会心灰意冷、丧失斗志；即使工作遇到困难、阻力和压力，员工为实现奋斗目标，就会坚持不懈，奋发进取，为事业、为社会、为人民、为国家做出贡献。

2. 增强职业责任感，搞好本职工作

责任感是一种自觉地把份内的事情做好并愿意承担相应责任的情感，职业责任感是职业道德的核心。任何单位的存在与发展，都离不开一批具有高度责任感的可以共同思想、共同行动、互相支持的员工，勇于承担责任、具有团队精神的这种员工的比例越大，单位的竞争力就越强，发展前景就越好。单位可以通过制订具体的规章制度、岗位职责、条例、公约和守则，让员工认识到自己肩负着什么责任，哪些是该做的事情，哪些是不该做的事情，增强他们的是非感和责任感。使员工认识到，作为社会一员，就要对自己，对他人，对社会负责任。一个人只有明确自己的职业责任，才会具有一丝不苟、兢兢业业、踏踏实实的敬业精神，才能爱岗敬业、忠于职守、尽心尽力、保质保量、按时完成党和国家、行业、单位交给自己的各项任务；才会把国家、集体的利益置于个人的利益之上，积极承担社会责任，重奉献轻索取；才会在社会生活中努力将自己的知识水平和职业能力发挥到极致，做到勤业、精业、敬业、乐业；才会用科学的态度，积极关注工作中的新事物，不断进取，不断创新。

3. 培养职业义务感，端正职业态度

职业义务感是员工在认识和了解了自己所从事的职业作用、目的和意义后，自觉建立起来的职业使命感、职业信念和责任感的综合心态。有了这种自觉意识的综合心态，就能把职业义务的客观需求变成员工的内在需求，履行了职业义务就感到心情舒畅、精神愉快，因此培养员工的职业义务感有利于员工提高履行职业义务的自觉性，树立主人翁的劳动态度。职业态度是一个综合的概念，包括一个人的求职动机、自我的职业定位、职业忠诚度，以及认真自觉工作进而达成工作目标的过程和责任心，简而言之，职业态度就是劳动态度，它是员工对社会、对其他职业和广大社会成员履行职业义务的基础。态度决定一切，持什么样的态度，将决定着员工的职业发展，决定着员工的未来，决定着单位的发展，单位要克服员工的职业倦怠，就必须培养员工的职业义务感，使员工具有负责的、积极的、自信的、创新的、欣赏的、乐于助人的劳动态度。

4. 树立职业荣耻感，正确对待工作评价

员工在现实生活中的一言一行都要受到他人和社会的评价，员工自己也常常要去评价他人的言行，或对自己的言行作出自我评价。社会主义社会评价职业荣誉是以对社会贡献的多少和大小为标准，而不是以金钱的多少和地位的高低为标准的。单位要帮助员工树立职业荣耻感，正确的对待工作评价，要求员工在争取职业荣誉时，应该通过自己的辛勤劳动，认真履行职业义务，自觉遵守职业纪律，尽职尽责完成本职工作，多为他人、为单位、为社会做贡献。这样，争取荣誉、避免耻辱的愿望就会成为激励员工奋发向上的精神力量，员工能把对荣誉的追求变成强烈的内心信念，进而产生巨大的物质力量。

第二节　注册建造师执业行为管理

一、注册建造师执业管理体系

1. 注册建造师工作特点

执业资格制度是市场经济国家对专业技术人员管理的通用准则。我国对建设工程项目总承包和施工管理关键岗位的专业技术人员实行执业资格制度纳入全国专业技术人员执业资格制度统一规划。

2002 年 12 月 5 日，我国颁布了《建造师执业资格制度暂行规定》，这标志着建造师执业资格制度的在我国正式建立，开始在建筑业领域推行与国际接轨的建造师执业资格制度，并设立了 5 年的过渡期。2008 年 2 月 27 日，5 年过渡期结束，注册建造师执业资格制度正式取代已运行了十多年的建筑业企业项目经理资质行政审批制度，我国大、中型施工项目的项目经理必须由注册建造师担任。

建造师是以专业技术为依托、以工程项目管理为主业的执业注册人员，是懂管理、懂技术、懂经济、懂法规，综合素质较高的复合型人员。按照国际通行的做法，许多注册执业资格与岗位职务是实行“一师多岗”或“多师一岗”，注册建造师拟先开始实行“一师多岗”，即取得注册建造师执业资格的人员，所以建造师的名义既可以受聘担任建设工程总承包或施工的项目经理，也可以受聘从事其他的施工管理工作（如质量监督、工程管理咨询、以及法律、行政法规或国务院建设行政主管部门规定的其他业务）。

在行使项目经理职责时，一级注册建造师可以担任《建筑业企业资质等级标准》中规定的特级、一级建筑业企业资质的建设工程项目施工的项目经理；二级注册建造师可以担任二级建筑业企业资质的建设工程项目施工的项目经理。大、中型工程项目的项目经理必须逐步由取得建造师执业资格的人员担任；但取得建造师执业资格的人员能否担任大中型工程项目的项目经理，应由建筑业企业自主决定。

不同类型、不同性质的工程项目，有着各自的专业性和技术性，因而导致其对项目经理的专业学历要求有很大不同。在我国，对注册建造师实行的分专业管理，不仅能适应不同类型和性质的工程项目对建造师的专业技术要求，也有利于与现行建设工程管理体制相衔接，充分发挥各有关专业部门的作用。同时，也鼓励建造师在取得本专业建造师执业资格后，跨专业执业，这对企业和建造师个人参与市场竞争、扩展业务范围都是有利的。目前，我国一级注册建造师（Constructor）划分为 10 个专业，分别是：建筑工程、公路工程、铁路工程、民航机场工程、港口与航道工程、水利水电工程、机电工程、矿业工程、市政公用工程、通信与广电工程；二级注册建造师（Associate Constructor）划分为 6 个专业，分别是：建筑工程、公路工程、水利水电工程、机电工程、矿业工程、市政公用工程。

建造师职业是职责、权力和利益的统一体。建造师职业的职责是必须承担一定的社会任务，为社会做出应有的贡献；建造师职业的职业权力是从事建造师工作的人拥有的特定权力；建造师职业的职业利益是建造师从工程管理工作中取得工资、奖金、荣誉等利益。

2. 注册建造师的执业要求

（1）基本要求。根据《注册建造师管理规定》（建设部令第153号），取得资格证书的人员应当受聘于一个具有建设工程勘察、设计、施工、监理、招标代理、造价咨询等一项或者多项资质的单位，经注册后方可从事相应的执业活动。担任施工单位项目负责人的，应当受聘并注册于一个具有施工资质的企业。

建设工程施工活动中形成的有关工程施工管理文件，应当按《关于印发〈注册建造师施工管理签章文件目录〉（试行）的通知》（建市〔2008〕42号）和配套表格要求，由注册建造师签字并加盖执业印章，签章文件作为工程竣工备案的依据。施工单位签署质量合格的文件上，必须有注册建造师的签字盖章。

担任施工项目负责人的注册建造师应当按照国家法律法规、工程建设强制性标准组织施工，保证工程施工符合国家有关质量、安全、环保、节能等有关规定；应当按照国家劳动用工有关规定，规范项目劳动用工管理，切实保障劳务人员合法权益。

（2）执业范围要求。注册建造师可以从事建设工程项目总承包管理或施工管理，建设工程项目管理服务，建设工程技术经济咨询，以及法律、行政法规和国务院建设主管部门规定的其他业务。注册建造师的具体执业范围按照《注册建造师执业工程规模标准》执行。大中型工程施工项目负责人必须由本专业注册建造师担任。一级注册建造师可担任大、中、小型工程施工项目负责人，二级注册建造师可以承担中、小型工程施工项目负责人。各专业大、中、小型工程分类标准按《关于印发〈注册建造师执业工程规模标准〉（试行）的通知》（建市〔2007〕171号）执行。

一级注册建造师可在全国范围内以一级注册建造师名义执业。通过二级建造师资格考核认定，或参加全国统考取得二级建造师资格证书并经注册人员，可在全国范围内以二级注册建造师名义执业。

注册建造师不得同时在两个及两个以上的建设工程项目上担任施工单位项目负责人。

发生下列情形之一的除外：①同一工程相邻分段发包或分期施工的；②合同约定的工程验收合格的；③因非承包方原因致使工程项目停工超过120天（含），经建设单位同意的。

（3）继续教育要求。注册建造师在每一个注册有效期（3年）内应当达到国务院建设主管部门规定的继续教育要求。继续教育分为必修课和选修课，在每一注册有效期内各为60学时。经继续教育达到合格标准的，颁发继续教育合格证书。

（4）注册建造师的权利和义务。

注册建造师享有下列权利：

①使用注册建造师名称；

②在规定范围内从事执业活动；

③在本人执业活动中形成的文件上签字并加盖执业印章；

④保管和使用本人注册证书、执业印章；

⑤对本人执业活动进行解释和辩护；

⑥接受继续教育；

⑦获得相应的劳动报酬；

⑧对侵犯本人权利的行为进行申述。

注册建造师应当履行下列义务：

①遵守法律、法规和有关管理规定，恪守职业道德；

②执行技术标准、规范和规程；

③保证执业成果的质量，并承担相应责任；

④接受继续教育，努力提高执业水准；

⑤保守在执业中知悉的国家秘密和他人的商业、技术等秘密；

⑥与当事人有利害关系的，应当主动回避；

⑦协助注册管理机关完成相关工作。

注册建造师不得有下列行为：

①不履行注册建造师义务；

②在执业过程中，索贿、受贿或者谋取合同约定费用外的其他利益；

③在执业过程中实施商业贿赂；

④签署有虚假记载等不合格的文件；

⑤允许他人以自己的名义从事执业活动；

⑥同时在两个或者两个以上单位受聘或者执业；

⑦涂改、倒卖、出租、出借或以其他形式非法转让资格证书、注册证书和执业印章；

⑧超出执业范围和聘用单位业务范围内从事执业活动；

⑨法律、法规、规章禁止的其他行为。

3. 注册建造师的执业行为标准认定依据

为了完善建筑市场注册执业人员诚信体系建设，规范执业行为和市场秩序，依据相关法律、法规和部门规章，根据各行业特点，建设部制订了全国建筑市场注册执业人员不良行为记录认定标准。该标准所涉及的执业人员包括注册建筑师、勘察设计注册工程师、注册建造师、注册监理工程师。标准所列不良行为，指违反相关法律、法规、部门规章，被实施行政处罚的不良行为。行为代码的编制参照全国建筑市场各方主体不良行为标准（建市〔2007〕9号文件），注册建造师代码依次为（P1）。

该标准依据的法律、法规、规章主要有：

（1）《中华人民共和国行政许可法》；

（2）《中华人民共和国建筑法》；

（3）《中华人民共和国注册建筑师条例》；

（4）《中华人民共和国注册建筑师条例实施细则》；

（5）《建设工程勘察设计管理条例》；

（6）《建设工程安全生产管理条例》；

（7）《建设工程质量管理条例》；

(8)《勘察设计注册工程师管理规定》;

(9)《注册建造师管理规定》;

(10)《注册监理工程师管理规定》。

二、注册建造师不良行为及处罚

1. 注册建造师不良行为的内容和特点

注册建造师的不良行为分为资质(J—1)、执业(J—2)和其他(J—3)三种类别。具体的不良行为认定为16种。

(1)(行为代码J—1—01)未取得相应的资质,擅自承担《注册建造师执业工程规模标准》规定的执业范围的。注册建造师的具体执业范围按照《注册建造师执业工程规模标准》执行。未取得注册证书和执业印章,担任大中型建设工程项目施工单位项目负责人,或者以注册建造师的名义从事相关活动的,其所签署的工程文件无效,由县级以上地方人民政府建设主管部门或者其他有关部门给予警告,责令停止违法活动,并可处以1万元以上3万元以下的罚款。

(法律依据:《建筑法》第十四条、《注册建造师管理规定》第二十一条;处罚依据:《注册建造师管理规定》第三十五条)

(2)(行为代码J—1—02)超出执业范围和聘用单位业务范围内从事执业活动。注册建造师在执业活动中有此不良行为的,由县级以上地方人民政府建设主管部门或者其他有关部门给予警告,责令改正,没有违法所得的,处以1万元以下的罚款;有违法所得的,处以违法所得3倍以下且不超过3万元的罚款。

(法律依据:《注册建造师管理规定》第二十一条;处罚依据:《注册建造师管理规定》第三十七条)

(3)(行为代码J—1—03)隐瞒有关情况或者提供虚假材料申请注册的。隐瞒有关情况或者提供虚假材料申请注册的,建设主管部门不予受理或者不予注册,并给予警告,申请人1年内不得再次申请注册。

(处罚依据:《注册建造师管理规定》第三十三条)

(4)(行为代码J—1—04)以欺骗、贿赂等不正当手段取得注册证书的。以欺骗、贿赂等不正当手段取得注册证书的,由注册机关撤销其注册,3年内不得再次申请注册,并由县级以上地方人民政府建设主管部门处以罚款。其中没有违法所得的,处以1万元以下的罚款;有违法所得的,处以违法所得3倍以下且不超过3万元的罚款。

(处罚依据:《注册建造师管理规定》第三十四条)

(5)(行为代码J—1—05)拒绝接受继续教育的。注册建造师在每一个注册有效期内应当达到国务院建设主管部门规定的继续教育要求。注册建造师有义务接受继续教育,努力提高执业水准。未达到注册建造师继续教育要求的;不予续期注册。

(法律依据:《注册建造师管理规定》第二十三条、二十五条;处罚依据:《注册建造师管理规定》第十五条)

(6)(行为代码J—1—06)涂改、倒卖、出租、出借或以其他形式非法转让资格证书、注册证书和执业印章的。注册建造师在执业活动中有此不良行为的，由县级以上地方人民政府建设主管部门或者其他有关部门给予警告，责令改正，没有违法所得的，处以1万元以下的罚款；有违法所得的，处以违法所得3倍以下且不超过3万元的罚款。

（法律依据：《注册建造师管理规定》第二十六条；处罚依据：《注册建造师管理规定》第三十七条）

（7）（行为代码J—1—07）聘用单位破产、聘用单位被吊销营业执照、聘用单位被吊销或者撤回资质证书、已与聘用单位解除聘用合同关系、注册有效期满且未延续注册、年龄超过65周岁、死亡或不具有完全民事行为能力、以及其他导致注册失效的情形下，未办理变更注册而继续执业的。

违反规定，未办理变更注册而继续执业的，由县级以上地方人民政府建设主管部门或者其他有关部门责令限期改正；逾期不改正的，可处以5000元以下的罚款。

（法律依据：《注册建造师管理规定》第十六条；处罚依据：《注册建造师管理规定》第三十六条）

（8）（行为代码J—2—01）泄露在执业中知悉的国家秘密和他人的商业、技术等秘密的。

（法律依据：《注册建造师管理规定》第二十五条）

（9）（行为代码J—2—02）执业与当事人有利害关系的项目的。

（法律依据：《注册建造师管理规定》第二十五条）

（10）（行为代码J—2—03）索贿、受贿或者谋取合同约定费用外的其他利益的。

（法律依据：《注册建造师管理规定》第二十六条）

（11）（行为代码J—2—04）实施商业贿赂的。

（法律依据：《注册建造师管理规定》第二十六条）

（12）（行为代码J—2—05）签署有虚假记载等不合格的文件的。

（法律依据：《注册建造师管理规定》第二十六条）

（13）（行为代码J—2—06）允许他人以自己的名义从事执业活动的。

（法律依据：《注册建造师管理规定》第二十六条）

（14）（行为代码J—2—07）同时在两个或者两个以上单位受聘或者执业的。

注册建造师在执业活动中有上述第8种至第14种不良行为的，由县级以上地方人民政府建设主管部门或者其他有关部门给予警告，责令改正，没有违法所得的，处以1万元以下的罚款；有违法所得的，处以违法所得3倍以下且不超过3万元的罚款。

（法律依据：《注册建造师管理规定》第二十一条；处罚依据：《注册建造师管理规定》第三十六条）

（15）（行为代码J—2—08）未向注册机关提供、准确、完整的注册建造师信用档案信息的。注册建造师或者其聘用单位未按照要求提供注册建造师信用档案信息的，由县级以上地方人民政府建设主管部门或者其他有关部门责令限期改正；逾期未改正的，可处以1000元以上1万元以下的罚款。

（法律依据：《注册建造师管理规定》；处罚依据：《注册建造师管理规定》第三十八条）

（16）（行为代码 J—3—01）在注册、执业和继续教育活动中，法律法规及国务院建设主管部门相关规定中禁止的行为。对于违反法律、法规规定的不良行为按照相关法律、法规及国务院建设主管部门相关规定处理。

（法律依据：法律、法规及国务院建设主管部门相关规定；处罚依据：法律、法规及国务院建设主管部门相关规定）

2. 执业过程中如何避免不良行为

为尽量避免注册建造师执业过程中的不良行为，应一步完善建筑市场诚信体系，及时向社会公布企业和注册执业人员不良行为信息，逐步建立守信激励、失信惩戒制度，不断完善信用信息公开共享、互联互通机制。

（1）加强注册建造师的诚信教育，提高个人素质和诚信意识。注册建造师信用教育和培养机制是集伦理道德建设、信用文化塑造、信用专业管理人才培养于一体的自律机制。将法治和德治教育和管理紧密结合起来，提高整个注册建造师整体的思想道德水准，增强其信用意识。加强道德建设，确立竞争与合作的市场双赢意识，努力形成与及建设行业发展相适应的健康、和谐、文明的思想道德氛围，提高公德意识。加强传统优秀思想文化的教育，将诚实守信作为道德规范的重要内容灌输到注册建造师的头脑中，为注册建造师信用市场的形成奠定良好的思想基础。加强注册建造师信用意识和职业道德教育，树立权利与义务相统一的思想以及信用是宝贵的无形资产的观念，注重职业操守，形成“守信光荣”、“失信可耻”的信用环境。

推进注册建造师信用管理学科建设和信用管理专业人才培养，在高等学校开设相关专业或相关课程，加强执业信用理论的研究，培养高素质的信用管理人才。

（2）注册建造师失信惩戒机制。失信惩戒机制是注册建造师信用体系正常发挥作用的保障，是打击失信行为的社会机制。其主要功能是快速搜集有关人员不讲信用的信息或举报信息根据所取得的证据，对每一个注册建造师的原始不良记录进行保存形成完整的惩罚尺度，以对不同程度的失信人员进行相应的处罚，对违信的人员按法律做出处罚决定，并向社会公布接受被处罚人员的申诉对诬告者诉诸法律。同时要切实维护诚实守信执业者的利益，在有条件的情况下给予多方的便利，获得更多的市场机会。只有失信惩戒机制运转正常了，才能说具有了完整的注册建造师信用体系。注册建造师失信惩戒机制归纳起来可以分为以下几种：一是由各级建设行政主管部门对注册建造师做出的行政性惩戒。如对失信注册建造师采取记录、警告、暂停执业、处罚、取消执业资格、依法追究责任等行政管理手段，惩罚或制止违法违规或失信行为。二是通过对注册建造师信用信息的公开、共享以及广泛传播，形成对注册建造师的社会性惩戒。如由金融机构等社会其他部门对信用记录好的执业人员，在个人贷款、税务、招投标等方面给予优惠和便利，对信用记录不好的人员给予严格限制。这就会使得注册建造师执业过程中对业主和建设单位的失信转化为对全社会的失信，让失信者一处失信，处处受制约。三是由司法部门做出的司法性惩戒。主要是对注册建造师中的严重失信者依法追究其民事或刑事责任。

（3）注册建造师信用监督与制约机制。注册建造师信用监督与制约机制也即失信惩戒和守信奖励机制是一套识别注册建造师中的守信者和失信者，并确保守信者得到利益、失信者付出代价的机制，是信用运行机制的核心内容，其功能是在注册建造师中综合运用经济手段、法律手段和行政手段，惩治失信行为，将失信者从建设行业中清除出局，同时对守信者给予政策倾斜，降低他们获取培训、技术、服务的门槛，提高他们各种交易便利，在不知不觉中给予其高信用等级等无形资产。按照作用不同，注册建造师信用监督与制约机制可分为两类：一是依靠经济手段和法律手段，在建筑市场交易中自发地实现激励和退出，一旦注册建造师发生不良信用行为，这一信息将快速地反映到其信用报告中并保留相当长一段时间，在这段时间内，该注册建造师潜在交易对象可以查询这一信息，并因此而放弃与之进行交易。反之，若保持良好的信用记录，注册建造师得到了社会的信任，则会享受到由此而带来的便利。二是由建设行政主管部门以行政手段进行制约，使政策向诚实守信的注册建造师倾斜，信用等级较高的注册建造师间接地降低其获得学习、培训、提高技术的门槛。但必须以完善的执业资格注册人员执业信用评价机制为前提，必须依托于各类真实全面的注册建造师执业征信数据库。因为只有经过客观公正和标准化的对注册建造师的信用评价，尽可能的减少信息不对称的阻碍，才能进一步对注册建造师的信用交易进行监督和制约。

（4）建立注册建造师信用披露和快速传递机制。在注册建造师执业信用信息网络技术平台和相关立法的基础上，将分布在相关部门和组织有关信息资料整合起来，实现互联互通，信息共享并依法向建筑市场公开披露。以此为基础，建立对失信行为的快速反应和传递机制，一旦某个注册建造师失信，要能够被相关部门及时发现，并迅速采取果断措施，将失信的负面效应减少到最低限度。同时，要让失信注册建造师的不良信息有足够多的和适当的传递渠道得传播，使注册建造师失信行为在社会公众和行业市场中快速通晓。

第三节 注册建造师（机电工程）执业要求和执业规定

为了加强对注册建造师的管理，规范注册建造师的执业行为，提高工程项目管理水平，保证工程质量和安全，建设部于 2006 年 12 月 28 日颁布《注册建造师管理规定》（建设部令第 153 号），自 2007 年 3 月 1 日起施行。按照《注册建造师管理规定》又颁发了相关的规定。本节重点介绍了一级建造师（机电工程）注册执业工程规模标准、一级建造师（机电工程）注册执业的工程范围、一级建造师（机电工程）施工管理签章文件目录。

一、注册建造师（机电工程）执业工程范围解读

原建设部于 2008 年 2 月 26 日发布了《注册建造师执业管理办法（试行）》（建市〔2008〕48 号），明确了建筑工程、公路工程、铁路工程、民航机场工程、港口与航道工程、水利水电工程、矿业工程、市政工程、通信与广电工程以及机电工程等专业注册建造师执业工程范围。

1. 机电工程专业建造师执业工程范围

文件规定，机电工程专业建造师执业工程范围包括：机电、石油化工、电力、冶炼、

钢结构、电梯安装、消防设施、防腐保温、起重设备安装、机电设备安装、建筑智能化、环保、电子、仪表安装、火电设备安装、送变电、核工业、炉窑、冶炼机电设备安装、化工石油设备、管道安装、管道、无损检测、海洋石油、体育场地设施、净化、旅游设施、特种专业。

鉴于当前建筑业施工企业资质等级管理的规定，机电工程建造师可以在机电安装工程、石油化工工程、电力工程、冶炼工程等所包含的工程范围内执业。

2. 机电安装工程包含的工程范围

包括：一般工业、民用、公用机电安装工程、净化工程、动力站安装工程、起重设备安装工程、消防工程、轻纺工业建设工程、工业炉窑安装工程、电子工程、环保工程、体育场馆工程、机械汽车制造工程、森林工业建设工程等。

3. 石油化工工程包含的工程范围

包括：石油天然气建设（油田、气田地面建设工程）、海洋石油工程、石油天然气建设（原油、成品油储库工程，天然气储库、地下储气库工程）、石油天然气原油、成品油储库工程，天然气储库、地下储气库工程、石油炼制工程、石油深加工、有机化工、无机化工、化工医药工程、化纤工程。

4. 冶炼工程包含的工程范围

包括：烧结球团工程、焦化工程、冶金工程、制氧工程、煤气工程、建材工程。

5. 电力工程包含的工程范围

包括：火电工程（含燃气发电机组）、送变电工程、核电工程、风电工程。

二、注册建造师（机电工程）执业工程规模标准解读

建设部发布的“关于印发《注册建造师执业工程规模标准（试行）》的通知（建市〔2007〕171号）”中，对各专业注册建造师执业工程规模标准设定了工程类别、工程项目、以及大、中、小型工程规模标准的界定项目、单位和数量等量化标准。

1. 机电工程大、中、小型工程类别与工程项目的划分

机电工程大、中、小型工程规模标准分别按机电安装、石油化工、冶炼、电力四个专业系列设置，其工程类别与工程项目的划分如下：

（1）机电安装工程。机电安装工程涉及的工程类别和工程项目非常多。《注册建造师执业工程规模标准》将机电安装工程分为12种不同的类别，包括：一般工业、民用、公用建设工程的机电安装工程，净化工程、动力站安装工程、起重设备安装工程、轻纺工业建设工程、工业炉窑安装工程、电子工程、环保工程、体育场馆工程、机械汽车制造工程、森林工业建设工程及其他相关专业机电安装工程等。

这12种类别的工程又分别包括不同的工程项目，例如：

一般工业、民用、公用建设工程的机电安装工程又分机电安装、管道、通风空调、智能化、消防、自动控制、防腐保温、动力照明、变配电、非标设备制作安装等工程项目。

净化工程又分为电子、医院、制药、生物、食品光电、精密机械工程项目。

动力安装工程又分为锅炉房、热水交换站、氧气站、煤气站、制冷站等工程项目。

起重设备安装工程又分为起重机安装与拆卸、电梯及索道大型游乐设施的安装与维修等工程项目。

电子工程又分为电子自动化、电子机房、电子设备工程项目。

环保工程又分为噪声、有害气体、粉尘、工业污水、废料综合处理、禽、畜粪便沼气、厌氧生化处理池、烟气脱硫、医疗污水处理等工程项目。

机械、汽车制造工业工程又分为机械设备安装、矿冶设备制造厂安装、工程机械部制造厂安装、通用设备制造厂安装、汽车、拖拉机、柴油机生产线等安装工程项目。

轻纺工业建设工程又分为烟草制造、酿造、医药、饮料、手表、缝纫机、医疗器械、塑料制品工业、化纤、棉、毛纺织设备安装，印染、造纸、制糖、啤酒等设备安装工程项目。

（2）石油化工工程。石油化工工程分为石油天然气建设（油田、气田地面建设工程）、海洋石油工程、石油天然气建设（原油、成品油储库工程，天然气储库、地下储气库工程）、石油天然气原油、成品油储库工程，天然气储库、地下储气库工程、石油炼制工程、石油深加工、有机化工、无机化工、化工医药工程、化纤工程等13种类别的工程。

这13种类别的工程又分别包括不同的工程项目，例如：

石油天然气建设工程又分为：油田地面建设、气田地面建设、管道输油工程、管道输气工程、城镇燃气、原油、成品油储库工程、天然气储库工程、液化石油气及轻烃储库（常温）、液化石油气及轻烃储库（低温）、地下储气库工程、天然气处理加工工程、石油机械制造与修理工程、海洋石油工程、海洋石油导管制造与安装、海洋石油模块制造与安装、海底管线工程等工程项目。

（3）冶炼工程。冶炼工程分为烧结球团工程、焦化工程、冶金工程、制氧工程、煤气工程、建材工程6种类别专业工程。

这6种类别的工程又分别包括不同的工程项目，例如：

冶金工程又分为：高炉工程、铁水预处理、转炉工程、电炉工程、冷轧工程，铜、铝、锌、镍工程、氧化铝工程、板带工程、无缝钢管工程、棒线材工程等工程项目。

（4）电力工程。电力工程分为火电工程（含燃气发电机组）、送变电工程、核电工程、风电工程4种类别工程。

这4种类别的工程又分别包括不同的工程项目，例如：

火电工程包括主厂房建筑、烟囱、冷却塔、机组安装、锅炉安装、汽轮发电机安装、升压站、环保工程、附属工程等工程项目。

2. 机电工程大、中、小型工程规模标准的界定指标

机电工程大、中、小型工程规模标准的指标，针对不同的工程项目特点，具体设置有建筑面积、工程造价、工程量、投资额、年产量等不同的界定指标。例如，机电安装工程中一般工业、民用、公用建设工程规模标准见表5－1；石油化工专业工程中石油天然气建设项目的规模标准见表5－2所示；冶炼工程中冶金工程的规模标准见表5－3和表5－4。

表 5－1 注册建造师执业的机电安装工程规模标准

序号	工程类别	项目名称	单位	规模			备注
				大型	中型	小型	
1	一般工业、民用、公用建设工程	机电安装工程	万元	>1500	200～1500	<200	单项工程造价
		通风空调工程	万 m^2	>2	1～2	<1	建筑面积
			万元	>1000	200～1000	<200	单位工程造价
			冷 t	>800	300～800	<300	空调制冷量
		建筑智能化工程	万元	>500	200～500	<200	单项工程造价
		消防工程	万 m^2	>2	1～2	<1	含火灾报警及联动控制系统
		自动控制系统工程（有计算机集散系统）	台（套）	>30	10～30	<10	计算机或可编程控制器
		防腐保温工程	万元	>300	100～300	<100	单项工程造价
		非标设备制安工程	t	>300	100～300	<100	工程量
		管道安装工程	万元	>1000	300～1000	<300	单项工程造价
				直径≥150mm，且长度≥2000m	直径<150mm，且长度<2000m		工程量
				直径≥1.0m，且长度≥5000m 供水管道	直径<1.0m，且长度<5000m 供水管道		工程量
			米	≥10000	<10000		工程量
		变配电站工程		电压 10～35kv，且容量>5000 kvA	电压 10～35kv，且容量 5000～1600kvA	电压 10kv，且容量<1600kvA	工程规模
		电气动力照明工程	万元	≥1000	200～1000	<200	单项工程造价
2	净化工程	电子、医院、制药、生物、食品光电、精密机械工程	万元	≥1000	<1000		单项工程造价
			级	≥4	<4		洁净等级
3	工业炉窑安装工程		t	≥500	100～500	<100	单位工程砌筑或浇注各种耐火材料实物量
4	动力安装工程	锅炉房		压力>2.5MPa，且蒸发量≥75t/h	压力 1.6～2.5 Mpa，且蒸发量 20～75t/h		锅炉额定容量
		热水交换站工程	万元	≥500	200～500		单项工程造价
		氧气站	m^3/h	≥6000	3000～6000	<3000	制氧量
		煤气站、制冷站等	万元	≥500	200～500	<200	单项工程造价

续表

序号	工程类别	项目名称	单位	规模			备　注
				大型	中型	小型	
5	起重设备安装工程	一般起重设备安装	kN/m	≥1000	<1000		额定起重量
		起重机（或龙门起重机）安装或拆卸	t	>100	50~100	<50	额定起重量
		电梯安装及维修工程		速度>2.5m/s，且台数≥4	速度>2.5m/s，且台数<4；或速度1~2.5m/s	速度≤1m/s	电梯运行速度及电梯数量
		索道、游乐设施安装工程	万元	>500	200~500	<200	单项工程造价
6	电子工程	电子自动化、电子机房、电子设备工程	万元	>800	200~800	<200	单项工程造价
7	环保工程	噪声、有害气体、粉尘、工业污水、废料综合处理	万元	>1000	500~1000	<500	单项工程造价
		禽、畜粪便沼气工程	m^3	>400	200~400	<200	单池容积
		厌氧生化处理池工程	m^3	>500	300~500	<300	单池容积
		烟气脱硫工程	燃煤锅炉蒸发量 t/h	>35	20~35	<20	压力3.9MP
		医疗污水处理工程		高于二级乙等	二级乙等~一级甲等	低于一级甲等	医院等级
8	体育场馆工程	体育场地机电安装工程	万元	>1000	200~1000	<200	单项工程造价
		高尔夫球场设施安装工程	hm^2	≥55	<55		单项工程占地面积
			万元	≥3200	<3200		投资额
		体育场田径场地设施安装工程	万人	≥5	<5		容纳人数
			万元	≥1000	<1000		投资额
		体育馆设施安装工程	人	≥5000	<5000		容纳人数
		网球、篮球、排球场地设施安装工程	m^2	≥7000	<7000		场地合成面层
9	机械、汽车制造工业工程	机械设备安装工程	m^2	≥3000	<3000		单项工程投资
			万元	≥1000	<1000		主体工程单项造价
		矿冶设备制造厂安装工程	万t	≥0.5	<0.5		年产量
		石油化工设备制造厂安装工程	万t	≥0.5	<0.5		年产量
		工程机械部制造厂安装工程	万t	≥0.5	<0.5		年产量
		通用设备制造厂安装工程	万元	≥3000	<3000		投资额
		汽车生产线安装工程	万辆	≥5	<5		汽车年产量
			千辆	≥1	<1		重型汽车年产量

续表

序号	工程类别	项目名称	单位	规模			备注
				大型	中型	小型	
10	轻纺工业建设工程	烟草制造、酿造、医药、饮料、手表、缝纫机、医疗器械、塑料制品工业等安装工程	万元	≥1000	500~1000	<500	单项工程造价
		化纤纺织设备安装工程	万元	≥1000	500~1000	<500	单项工程造价
		棉纺织设备安装工程	棉纺锭万枚	≥5	<5		生产规模
		…	…	…	…	…	…
11	森林工业工程	机电安装工程	万元	>2000	1000~2000	<1000	投资额
			万 m^3	>15	10~15	<10	年产量
12	其他相关专业工程	机电安装工程	万元	3000	3000		投资额
			万元	>1000	500~1000		主体工程单项造价额

表5-2　注册建造师执业石油化工专业工程规模标准

序号	工程类别	项目名称	单位	规模			备注
				大型	中型	小型	
1	石油天然气建设项目	油田地面建设	万t/年	≥30	20~30	≤20	产能、技改、单项工程合同额
			万元	≥1000	100~1000		
		气田地面建设	亿 m^3/年	≥1.5	0.5~1.5	≤0.5	产能、技改、单项工程合同额
			万元	≥1500	200~1500		
		管道输油工程	万t/年	≥600	300~600	≤300	输油能力
			km	≥120	<120		管线长度
		管道输气工程	亿 m^3/年	≥10	5~10	≤5	输气能力
			km	≥120	<120		管线长度
		城镇燃气	亿 m^3/年	≥3	1~3	≤1	生产能力
		原油、成品油储库工程	万 m^3	≥8	3~8	≤3	总库容
			万 m^3	≥2	0.5~2	≤0.5	单罐容积
		天然气储库工程	万 m^3	≥1.5	1~1.5	≤1	总库容
			万 m^3	≥0.5	0.2~0.5	≤0.2	单罐容积
		液化石油气及轻烃储库（常温）	m^3	≥2000	1000~2000	≤1000	总库容
			m^3	≥400	200~400	≤200	单罐容积
		液化石油气及轻烃储库（低温）	m^3	≥20000	10000~20000	≤10000	总库容
			m^3	≥10000	<10000		单罐容积
		地下储气库工程	亿 m^3/年	≥3	1~3	≤1	有效库容
		天然气处理加工工程	万 m^3/日	≥100	25~100	≤25	加工能力
		石油机械制造与修理工程	万元	≥5000	2000~5000	≤2000	投资

续表

序号	工程类别	项目名称	单位	规模			备　注
				大型	中型	小型	
1	石油天然气建设项目	海洋石油工程	亿元	≥8	4～8	≤4	投资
		海洋石油导管制造与安装	t	≥2500	800～2500	≤800	安装能力
		海洋石油模块制造与安装	t	≥2500	800～2500	≤800	安装能力
		海底管线工程	km	≥15	＜15		安装能力
2	石油炼制工程	常减压蒸馏	万 t/年	≥250	＜250		生产能力
		焦化	万 t/年	≥140	＜140		生产能力
		气体分镏	万 t/年	≥30	10～30	≤10	生产能力
3	石油产品深加工	催化反应加工	万吨/年	≥200	＜200		生产能力
		加氢裂化	万 t/年	≥140	＜140		生产能力
		加氢精制	万 t/年	≥200	＜200		生产能力
		…	…	…	…	…	…
4	有机化工、石油化工	乙烯	万 t/年	≥30	14～30	≤14	生产能力
		对二甲苯	万 t/年	≥15	＜15		生产能力
		丁二烯	万 t/年	≥5	＜5		生产能力
		…	…	…	…	…	…
5	无机化工	合成氨	万 t/年	＞18	8～18	≤8	生产能力
		尿素	万 t/年	＞30	13～30	≤13	生产能力
		硫酸、硝酸	万 t/年	＞16	8～16	≤8	生产能力
		…	…	…	…	…	…
6	化工医药	电石	万 t/年	≥5	2～5	≤2	生产能力
		炼焦	万 t/年	≥60	20～60	≤20	生产能力
		农药	万 t/年	≥3	0.3～3	≤0.3	生产能力
		…	…	…	…	…	…
7	合成材料及加工	树脂成型加工	万 t/年	≥3	1～3	≤1	生产能力
		橡胶轮胎工程	万套/年	≥30	10～30	≤10	生产能力
		其他橡胶制品	万元	≥5000	＜5000		单项工程合同额
		…	…	…	…	…	…
8	精细化工	精细化工工程	万元	≥5000	3000～5000	≤3000	单项工程合同额
9	化工矿山工程	磷矿	万 t/年	≥100	30～100	≤30	生产能力
		硫铁矿	万 t/年	≥100	30～100	≤30	生产能力
		其他石化工程	亿元	≥3	1～3	≤1	单项工程合同额
10	化纤工程	涤纶长丝工程	万 t/年	≥5	1～5	≤1	生产能力
		丙纶长丝工程	万 t/年	≥1.5	0.75～1.5	≤0.75	生产能力
		锦纶长丝工程	万 t/年	≥1.5	0.5～1.5	≤0.5	生产能力
		…	…	…	…	…	…

表 5 - 3　　注册建造师执业冶炼工程规模标准

序号	工程类别	项目名称	单位	规模		
				大型	中型	小型
1	烧结球团	烧结球团		≥360m² 或投资≥1 亿元	<360m² 或投资<1 亿元	
2	焦化	焦炉工程		碳化室高度≥5m 或投资≥1 亿元	碳化室高度<5m 或投资<1 亿元	
3	冶金	高炉工程		≥2000m³ 或投资≥2 亿元	<2000m³ 或投资<2 亿元	
		铁水预处理		投资≥1 亿元	投资<1 亿元	
		转炉工程		≥120t 或投资≥2 亿元	<120t 或投资<2 亿元	
		电炉工程		≥70t 或投资≥2 亿元	<70t 或投资<2 亿元	
		冷轧工程		≥80 万 t 或投资≥8 亿元	<80t 或投资<8 亿元	
		铜、铝、锌、镍工程	万 t	≥10	5～10	<5
		氧化铝工程	万 t	≥30	10～30	<10
		板带工程		≥80 万 t 或投资≥5 亿元	<80 万 t 或投资<5 亿元	
		无缝钢管工程		≥50 万 t 或投资≥5 亿元	<50 万 t 或投资<5 亿元	
		棒线材工程		≥50 万 t 或投资≥3 亿元	<50 万 t 或投资<3 亿元	
4	制氧	制氧机工程		≥10000m³ 或投资≥1 亿元	<10000m³ 或投资<1 亿元	
5	煤气	煤气柜工程		≥15 万 m³ 或投资≥0.5 亿元	<15 万 m³ 或投资<0.5 亿元	
6	建材	熟料新型干法水泥生产线	t/日	≥4000	2000～4000	<2000
		上浮法玻璃生产线	t/日	≥400	100～400	<100
		石灰生产线	t/日	≥300	100～300	<100

表 5 - 4　　注册建造师执业电力工程规模标准

序号	工程类别	项目名称	单位	规模		
				大型	中型	小型
1	火电机组（含燃气发电机组）	主厂房建筑	kW	30 万 kW 及以上机组建筑工程	10 万～30 万 kW 机组建筑工程	10 万 kW 以下机组建筑工程
		烟囱	kW	30 万 kW 及以上机组烟囱工程	10 万～30 万 kW 机组烟囱工程	10 万 kW 以下机组烟囱工程
		冷却塔	kW	30 万 kW 及以上机组冷却塔工程	10 万～30 万 kW 机组冷却塔工程	10 万 kW 以下机组冷却塔工程
		机组安装	kW	30 万 kW 及以上机组安装工程	10 万～30 万 kW 及以上机组安装工程	10 万 kW 以下机组安装工程
		锅炉安装	kW	30 万 kW 及以上机组锅炉安装工程	10 万～30 万 kW 机组锅炉安装工程	10 万 kW 以下机组锅炉安装工程
		汽轮发电机安装	kW	30 万 kW 及以上机组汽轮机安装工程	10 万～30 万 kW 机组汽轮机安装工程	10 万 kW 以下机组汽轮机安装工程

续表

序号	工程类别	项目名称	单位	规模		
				大型	中型	小型
1	火电机组（含燃气发电机组）	升压站	kW	30 万 kW 及以上机组升压站工程	20 万 kW 及以上机组升压站工程	20 万 kW 以下机组升压站工程
		环保工程	kW	30 万 kW 及以上机组环保工程	20 万 kW 及以上机组环保工程	20 万 kW 以下机组环保工程
		附属工程	kW	30 万 kW 及以上机组附属工程	20 万 kW 及以上机组附属工程	20 万 kW 以下机组附属工程
		消防	kW	30 万 kW 及以上机组消防工程	10 万 ~ 30 万 kW 机组消防工程	10 万 kW 以下机组消防工程
		单项工程合同额	万元	1000 万元及以上的发电工程	500 万 ~ 1000 万元的发电工程	500 万元以下的发电工程
2	送变电	送电线路	kV	330kV 及以上或 220kV 30 公里及以上送电线路工程	220kV 30 公里以下送电线路工程	110 万 kV 及以下送电线路工程
		变电站	kV	330kV 及以上变电站	220kV 变电站	110kV 以下变电站
		电力电缆	kV	220kV 及以上电缆工程	110kV 电缆工程	110kV 以下电缆工程
		单项工程合同额	万元	800 万元及以上送变电工程	400 万 ~ 800 万元的送变电工程	400 万元以下的送变电工程
3	核电	升压站安装	kW	30 万 kW 及以上机组升压站工程	10 万 ~ 30 万 kW 机组升压站工程	10 万 kW 以下机组升压站工程
		常规岛工程	kW	30 万 kW 及以上机组常规岛安装工程	30 万 kW 以下机组常规岛安装工程	
		附属工程	kW	30 万 kW 及以上机组附属安装工程	10 万 ~ 30 万 kW 机组附属安装工程	10 万 kW 以下机组附属安装工程
		单项工程合同额	万元	1000 万元及以上核电工程	500 万 ~ 1000 万元核电工程	500 万元以下核电工程
4	风电	单项工程合同额	万元	600 万元及以上风电工程	400 万 ~ 600 万元风电工程	400 万元以下风电工程

3. 机电工程规模标准的应用

（1）工程规模标准应用的依据。注册建造师担任施工项目负责人时，依照规定，一级注册建造师可承担大、中、小型工程施工项目，二级注册建造师可以承担中、小型工程施工项目。机电工程专业二级注册建造师执业时，应按照所承担的机电工程不同专业的工程项目，对照《注册建造师执业工程规模标准（试行）》（建市〔2007〕171 号）中的机电安装工程、石油化工专业、冶炼工程、电力工程等四个专业界定的各类中、小型工程规模标准去执行。详见表 5－1，表 5－2，表 5－3，表 5－4 所示。

（2）机电工程规模标准的应用实例。

①机电安装工程应用实例。在机电安装的通风空调工程中，单位工程造价≥1000万元，建筑面积≥2万m^2，空调制冷量≥800冷t的为大型通风空调工程；单位工程造价200万~1000万元，建筑面积1万~2万m^2，空调制冷量300~800冷t的为中型通风空调工程；单位工程造价<200万元，建筑面积<1万m^2，空调制冷量<300冷t的为小型通风空调工程。

一般工业、民用、公用建设工程的机电安装工程工程规模按照单项工程造价进行划分：单项工程造价200万~1500万元的为中型项目；单项工程造价在200万元以下的为小型项目。

②石油化工工程应用实例。在石油天然气管道输油工程项目中，年产量≥600万t，管线长度≥120km的为大型工程；年产量300万~600万t，管线长度<120km的为中型工程；年产量≤300万t。

城镇燃气工程的工程规模按生产能力划分：生产能力为1亿~3亿m^3/年的为中型项目；生产能力在1亿m^3/年以下的为小型项目。

③冶炼工程应用实例。在冶金工程中，产量≥120t/日或投资≥2亿元的转炉工程为大型转炉工程；产量<120t/日或投资<2亿元的为中型转炉工程；10万kW以下机组汽轮机安装工程为小型转炉工程。

石灰生产线工程按照项目日生产能力划分工程规模：生产能力为100t/日~300t/日的为中型项目；生产能力小于100t/日的为小型项目。

④电力工程应用实例。在火电机组工程中，30万kW及以上汽轮机安装界定为大型汽轮发电机安装项目；10万~30万kW汽轮机安装工程界定为中型汽轮发电机安装项目。

送变电工程工程规模按照单项合同额划分：400万~800万元的送变电工程为中型项目；400万元以下的送变电工程为小型项目。

三、注册建造师（机电工程）执业施工管理签章文件目录解读

1. 建造师执业签章的法律责任

第十七条（签章文件）注册建造师应当在建设工程施工管理相关文件上签字并加盖执业印章，签章具体要求按《注册建造师施工管理签章文件目录》执行。

第十八条（签字要求）注册建造师在执业过程中，应当及时、独立完成建设工程施工管理文件签章，无正当理由不得拒绝在文件上签字并加盖执业印章。

第十九条（签字责任）注册建造师对其签署的工程管理文件承担责任，没有注册建造师签字并加盖执业印章的工程施工管理文件、或只有注册建造师签字或只加盖执业印章的工程施工管理文件无效。

注册建造师有权拒绝在不合格或者有弄虚作假内容的工程施工管理文件上签字并加盖执业印章。

第二十条（专业签字）建设工程包含多个专业项目工程的，担任施工单位项目负责人的注册建造师，应当在其专业范围内签字并加盖执业印章，其他专业项目应当由具备相应专业的注册建造师签字并加盖执业印章。

分包工程施工管理相关文件应当由专业注册建造师签章。

第二十一条（文件目录）大中型建设工程项目设有专职技术、质量和安全关键岗位的，推荐使用《注册建造师施工管理签章文件目录》，企业可根据实际情况确定。小型工程可参照《注册建造师施工管理签章文件目录》执行。

第二十二条（补签代签）因续期注册、企业名称变更或印章污损遗失不能及时签章的，可先履行签字而后补盖执业印章，完成签章手续。

因变更项目负责人等特殊原因不能履行签章的，经聘用企业批准，注册建造师可书面委托同等资格人员代替签章并对签章承担连带责任。

注册建造师聘用企业擅自指派他人代替签章的应当承担法律责任。

第二十三条（及时变更）注册建造师及其聘用企业应当及时申请办理变更注册、续期注册等相关手续。多专业注册并执业的注册建造师，其中一个专业注册期满仍需以该专业继续执业或以其他专业执业的，应当及时办理续期注册。

因延误申报影响注册建造师执业、导致工程项目出现损失的，由注册建造师及其聘用企业承担责任，并作为不良行为记入个人和企业信用档案。

第二十四条（企业纠纷）与聘用企业解除劳动关系的，注册建造师应当与原聘用企业及时申请办理注销注册或变更注册。聘用企业与注册建造师解除劳动合同关系且无债权债务纠纷一年以上，经省级建设主管部门确认无故不办理注销注册或变更注册的，注册建造师可申请注册证书和执业印章遗失作废，由注册机关重新核发。

注册建造师与受聘单位因存在债权债务纠纷、劳动纠纷等情况影响申请办理变更注册的，双方应当通过劳动仲裁或司法途径解决，在此期间应当向注册管理部门办理注销注册。纠纷解决后注册建造师可按有关规定申请恢复注册或重新注册。

第二十五条（签章修改）修改经注册建造师签字并加盖执业印章的工程施工管理文件，应当征得相关当事人同意后，由注册建造师本人进行修改；注册建造师本人不能进行修改的，应当征得该注册建造师书面同意后，由其他具备同等资格条件的注册建造师修改，并由其签字并加盖执业印章。

2. 机电工程建造师签章文件

（1）机电工程建造师签章文件主要内容。机电工程建造师签章文件主要内容见表5－5。

表5－5　　机电工程建造师签章文件主要内容

序号	工程类别	文件类别	文件名称
1	一般工业、民用、公用机电安装工程	施工组织管理	图纸会审、设计变更联系单
			施工组织设计报审表
			主要施工方案、吊装方案、临电方案的报审表
			劳动力计划表
			特殊或特种作业人员资格审查表
			关键或特殊过程人员资格审查表
			工程开工报告

续表

序号	工程类别	文件类别	文件名称
1	一般工业、民用、公用机电安装工程	施工组织管理	工程延期报告
			工程停工报告
			工程复工报告
			工程竣工报告
			工程交工验收报告
			设监理、政府监管单位、外部协调单位联系单
			工程一切保险委托书
		合同管理	分包单位资质报审表
			工程分包合同
			劳务分包合同
			材料采购总计划表
			工程设备采购总计划表
			工程设备、关键材料招标书和中标书
			合同变更和索赔申请报告
		施工进度管理	总进度计划报批表
			分部工程进度计划报批表
			单位工程进度计划的报审表
			分包工程进度计划批准表
		质量管理	单位工程竣工验收报验表
			单位（子单位）工程安全和功能检验资料核查及主要功能抽查记录
			单位（子单位）工程观感质量检查记录表
			单位工程质量预验（复验）收记录
			单位工程质量验收记录
			中间交工验收报告
			质量事故调查处理报告
			工程资料移交清单
			工程质量保证书
			工程试运行验收报告
		消防工程增加质量管理文件	政府监管单位（公安消防部门）联系单
			消防工程报装备案表
		安全管理	工程项目安全生产责任书
			分包安全管理协议书
			施工安全技术措施报审表
			施工现场消防重点部位报审表

续表

序号	工程类别	文件类别	文件名称
1	一般工业、民用、公用机电安装工程	安全管理	施工现场临时用电、用火申请书
			大型施工机具检验、使用检查表
			安全事故应急预案
			安全隐患通知书
			施工现场安全事故上报、调查、处理报告
		现场环保文明施工管理	施工环境保护措施及管理方案报审表
			施工现场文明施工措施报批表
		成本费用管理	工程款支付报告
			工程变更费用报告
			费用索赔申请表
			费用变更申请表
			月工程进度款报告
			竣工结算申报表
			工程保险（人身、设备、运输等）申报表
			工程结算审计表
2	净化工程	七类管理文件同1类工程，施工组织管理增加签章文件	特种气体设备安装改造维修告知书
3	工业炉窑安装工程	七类管理文件同1类工程	
4	动力站安装工程	七类管理文件同1类工程，施工组织、质量管理增加签章文件	特种设备安装改造维修告知书
			水压试验申报表
			安全附件整定申请书
			锅炉点火申报表
			安全生产许可证申请表
5	起重设备安装工程	七类管理文件同1类工程，质量管理增加签章文件	特种设备安装改造维修告知书
			主要安全部件合格证报审表
			安全附件整定申请书
			技术检测报告
6	电了工程	七类管埋文件同1类工程	
7	环保工程	七类管理文件同1类工程	

续表

序号	工程类别	文件类别	文件名称
8	体育场馆工程	七类管理文件同1类工程	
9	机械汽车制造工程	七类管理文件同1类工程	
10	轻纺工业建设工程	七类管理文件同1类工程，施工组织管理增加签章文件	特种设备安装改造维修告知书
11	森林工业建设工程	七类管理文件同1类工程	
12	其他相关专业机电安装工程	七类管理文件同1类工程	

（2）机电工程建造师签章文件的要求。为了规范签章文件的管理，根据《注册建造师管理规定》（建设部令第153号）建设部市场司2008年2月21日以（建市〔2008〕42号）文件发布了《注册建造师施工管理签章文件目录》，对其所包含文件的填写，提出了具体要求。

①签章文件工程类别。机电工程的《注册建造师施工管理签章文件目录》分别按机电安装工程、石油化工工程、冶炼工程、电力工程设置《签章文件目录》，并包含了相关类别的工程，其中：机电安装工程共12个工程类别；石油化工工程共18个工程类别；冶炼工程共6个工程类别；电力工程共4个工程类别，他们与《注册建造师执业工程规模标准》中的工程类别设置相同。

②签章文件类别。机电安装工程、电力工程和冶炼工程的签章文件类别均分为7类管理文件、即施工组织管理；施工进度管理；合同管理；质量管理；安全管理；现场环保文明施工管理；成本费用管理等。石油化工工程是6类，其中安全管理和现场环保文明施工管理，合并为一个类别。

各类的签章文件一般包含有下列文件：

施工组织管理文件。图纸会审、设计变更联系单；施工组织设计报审表；主要施工方案、吊装方案、临电方案的报审表；劳动力计划表；特殊或特种作业人员资格审查表；关键或特殊过程人员资格审查表；工程开工报告；工程延期报告；工程停工报告；工程复工报告；工程竣工报告；工程交工验收报告；建设监理政府监管单位外部协调单位联系单；工程一切保险委托书。

合同管理文件。分包单位资质报审表；工程分包合同；劳务分包合同；材料采购总计划表；工程设备采购总计划表；工程设备、关键材料招标书和中标书；合同变更和索赔申请报告。

施工进度管理文件。总进度计划报批表；分部工程进度计划报批表；单位工程进度计划的报审表；分包工程进度计划批准表。

质量管理文件。单位工程竣工验收报验表；单位（子单位）工程安全和功能检验资料核查及主要功能抽查记录；单位（子单位）工程观感质量检查记录表；主要隐蔽工程质量验收记录；单位和分部工程及隐蔽工程质量验收记录的签证与审核；单位工程质量预验（复验）收记录；单位工程质量验收记录；中间交工验收报告；质量事故调查处理报告；工程资料移交清单；工程质量保证书；工程试运行验收报告。

安全管理文件。工程项目安全生产责任书；分包安全管理协议书；施工安全技术措施报审表；施工现场消防重点部位报审表；施工现场临时用电、用火申请书；大型施工机具检验、使用检查表；施工现场安全检查监督报告；安全事故应急预案、安全隐患通知书；施工现场安全事故上报、调查、处理报告。

现场环保文明施工管理文件。施工环境保护措施及管理方案报审表；施工现场文明施工措施报批表。

石化工程安全与环境管理类的文件包括：HSE 作业计划书；HSE 作业指导书；重大风险作业方案审核；施工作业初始风险识别和评价报告；应急反应计划；人员伤亡事故记录表；一般（大）事故处理鉴定记录；固体废弃物处理许可或处理协议；污水/废液排放许可或处理协议；林木砍伐许可协议；河流大开挖穿越施工许可协议；水压试验取水、排水许可协议。

成本费用管理文件。工程款支付报告；工程变更费用报告；费用索赔申请表；费用变更申请表；月工程进度款报告；工程经济纠纷处理备案表；阶段经济分析的审核；债权债务总表；有关的工程经济纠纷处理；竣工结算申报表；工程保险（人身、设备、运输等）申报表；工程结算审计表。

机电工程的 4 大专业体系共计 227 个签章文件。其中：

机电安装工程注册建造师施工管理签章文件 66 个。

电力工程注册建造师施工管理签章文件 34 个。

冶炼工程注册建造师施工管理签章文件 39 个。

石油化工工程注册建造师施工管理签章文件 88 个。

担任机电安装工程、石油化工工程、电力工程、冶炼工程施工项目的机电工程注册建造师，应按照执业的工程类别，分别填写个专业工程、各种类别的注册建造师施工管理签章文件。

（3）注册建造师施工管理签章文件的适用主体。

①注册建造师施工管理签章文件的签章主体为担任建设工程施工项目负责人的注册建造师，而不包括担任其他岗位的注册建造师。

②担任施工项目负责人的注册建造师的日常工作很多，需要其签署的文件也很多，本《签章文件目录》是从法定备案的角度出发，规定其需要签章的施工管理相关文件。

③担任施工项目负责人和其他岗位（如技术、质量、安全等）的注册建造师，是否需要在其他有关文件上签章，由各企业根据实际情况自行规定。

④省级人民政府行政主管部门可根据本地实际情况，制定担任施工项目负责人的注册建造师签章文件补充目录。

（4）签章文件式样。

①签章文件代码。签章文件代码有统一格式，为两位英文字母，三位阿拉伯数字组成。

第一位：大写英文字母C，代表建造师；

第二位：大写英文字母A～N，分别代表14个专业。其中：

G——电力　I——冶炼　J——石油化工　M——机电安装

第三位：阿拉伯数字1～7，分别代表7类文件；

第四、五位：从阿拉伯数字01开始，为该类文件的顺序号。

如果1个签章文件对应着不止1个表格，则可在代码后加－1、－2表示。

②签章文件式样。签章文件有表格形式或文件首页形式等。

(5) 注册建造师施工管理签章文件的填写要求。通用要求：

表格上方右侧的编号（包括合同编号），由各施工单位根据相关要求进行编号。

表格上方左侧的工程名称应与工程承包合同的工程名称一致。

表格中致××单位，例如：致建设（监理）单位，应写该单位全称。

表格中施工单位应填写全称并与工程承包合同一致。

表格中工程地址，应填写清楚，并与工程承包合同一致。

表格中单位工程、分部（子分部）、分项工程必须按规范标准相关规定填写。

建筑机电安装工程项目分部工程共分5个（34个子分部工程），即建筑给排水及采暖（7个子分部）、建筑电气（7个子分部）、建筑通风与空调（7个子分部）、建筑智能化（10个子分部）、电梯工程（3个子分部）。

工业机电安装工程项目的分部工程划分比较复杂，一般按专业性质设备所属的工艺系统、专业种类、机组和区域划分为若干个分部工程，按专业种类通常分为设备安装，电气装置安装，自动化仪表安装，设备与管道防腐，绝热安装，工业炉窑砌筑，非标准钢结构组焊等7个分部工程。按工艺系统划分，应有明显的输出、输入及控制过程。当分部工程较大或较复杂时，可按材料种类、施工特点、施工顺序、专业系统及类别等划分为若干个子分部工程，或者根据行业有关规定进行划分。

表中若实际工程没有其中一项时，可注明“工程无此项”。

审查、审核、验收意见或检查结果，必须用明确的定性文字写明基本情况和结论。

表格中施工项目负责人是指受聘于企业担任施工项目负责人（项目经理）的机电工程注册建造师。

分包企业签署的质量合格文件，必须由担任总包项目负责人的注册建造师签章。

签章应规范。表格中凡要求签章的，应签字并盖章。

“施工单位（章）”应加盖施工单位公章。

“施工项目负责人（签章）”由施工项目负责人加盖国家注册建造师执业资格印章。

专业工程监理工程师审查，并在“监理单位审查意见”中填写意见和签章。

“总监理工程师审核意见”由总监理工程师审核签章并加盖项目监理机构印章。

应如实填写签章日期。

(6) 签章文件填写举例。针对每张签章文件的具体要求，填写相应的内容。

例如，CM105机电安装工程特殊/特种作业人员资质审查表（冶炼、石化、电力专业均有相关表格）如表5－6所示。

表 5－6　　　　机电安装工程　　　　CM105

特殊/特种作业人员资质审查表

工程名称：×××汽车制造厂机电安装工程　　　　编号：×××－005

序号	姓名	工种	拟从事工作	证书编号	取证日期	有效期
1	×××	电工	安装与调试	×××－××	××××年××月	2 年
2	×××	焊工	焊接	×××－××	××××年××月	2 年
3	×××	起重工	吊装	×××－××	××××年××月	2 年
4	×××	试验员	无损检测	×××－××	××××年××月	4 年
5	×××	机械操作工	起重机操作叉车操作	×××－××	××××年××月	2 年
6	×××	架子工	搭脚手架	×××－××	××××年××月	2 年
7	×××	筑炉工	锅炉筑炉	×××－××	××××年××月	2 年
8	×××	水处理	水质化验	×××－××	××××年××月	2 年
9	×××	司炉	锅炉	×××－××	××××年××月	2 年
备注	附：特种作业/特种设备作业人员操作证					

施工项目负责人（签章）： ××× 审核人（签字）： ××× 施工单位（公章）： ××××年××月××日	建设或监理负责人（签章）： ××× 审核人（签字）： ××× 建设或监理单位（公章）： ××××年××月××日

本表适用范围：

适用于工程项目部将拟从事特种作业和特种设备作业的人员及其资格情况，向建设（监理）单位报审时填写，并可在征得对方同意后实施。

填写内容与要求：

①本表名称所示特殊/特种作业人员，是指：特种作业人员/特种设备作业人员。

②特种作业是指容易发生人员伤亡事故，对操作者本人、他人及周围设施的安全可能造成重大危害的作业。直接从事特种作业的人员称为特种作业人员。

国家安全生产监督管理局、国家煤矿安全监察局（安监管人字〔2002〕124 号）《特种作业人员安全技术培训考核工作》规定的特种作业人员范围包括电工作业等 17 类。

③特种作业操作证每 2 年由原考核发证部门复审一次，连续从事本工种 10 年以上的，经用人单位进行知识更新后，复审时间可延长至每 4 年一次。

④特种设备作业人员是指从事锅炉、压力容器（含气瓶）、压力管道、电梯、起重机械、客运索道、大型游乐设施、场（厂）内机动车辆等特种设备的作业人员及其相关管理人员。《特种设备作业人员监督管理办法》规定的特种设备作业人员，包括锅炉作业等 10 大类作业人员。

⑤特种设备作业人员证每 2 年复审一次。

冶金工程项目管理目标责任书如表5－7所示。

表5－7 冶金工程 CI101

项目管理目标责任书

工程名称：××××2160mm热连轧工程 编号：××

项目管理目标责任书 工程名称：××××2160mm热连轧工程 建设单位：××××公司 监理单位：××××工程监理有限公司 施工单位（盖章）：××××建设集团有限公司 施工项目负责人（签章）：××× ××××年××月××日

本表适用范围：

是企业的管理层与项目经理部签订的明确项目经理部应达到的成本、质量、工期、安全和环境等管理目标及其承担的责任，并做为项目完成后考核评价依据的文件。

填写内容要求：

按企业要求的内容撰写。

重大风险作业方案审核以石油化工工程为例如表 5－8 所示。

表 5－8　　重大风险作业方案审核（石油化工工程）

工程名称：　　　　　　　　　　　　　　　　　　　　　　编号：×××

<table>
<tr><td>方案制定单位</td><td colspan="2"></td></tr>
<tr><td>风险所在部位</td><td colspan="2">隧道内管线安装施工</td></tr>
<tr><td colspan="3">方案制定说明：
为更好的控制风险，真正把各项安全措施落到实处，组织有关人员对隧道内管线安装施工中存在的风险进行了识别和评价，结合施工现场的实际和资源配备能力，制定了盾构隧道内管线安装施工重大风险作业安全方案。
附：盾构隧道内管线安装施工重大风险作业安全方案
制订人：×××
××××年×月×日</td></tr>
<tr><td colspan="2">审查意见：
方案制订符合实际。
项目技术负责人：×××
×××年×月×日</td><td>方案可行，同意。
项目安全负责人：×××
×××年×月×日</td></tr>
<tr><td colspan="3">审核意见：
同意。
施工项目负责人（签章）：
×××年×月×日</td></tr>
</table>

工程材料的采购招标的审批表，以电力工程为例，如表5－9所示。

表5－9　工程材料的采购招标的审批表（电力工程）　CC302

工程名称：XXII回500kv输电线路工程　编号：××

致：××电力工程监理公司（监理单位） 经我公司审查，××送变电工程公司线路器材厂生产的插入角钢和地脚螺栓，符合国家标准和技术规范以及设计的要求，拟在本工程采用。现报上该企业有关资料，请审批。 附件：资质证明文件 施工单位（公章）：××送变电工程公司××项目部　施工项目负责人（签章）：××× ××××年××月××日　××××年××月××日
项目监理部审查意见： 本工程基础插入角钢和地脚螺栓由××送变电工程公司××项目部线路器材厂生产。经审查，该厂的资质符合规定要求，生产能力满足工程基础施工进度要求，同意使用。 项目监理机构（公章）： 总监理工程师（签字）：××× ××××年××月××日
建设管理单位审批意见： 同意使用。 建设管理单位（公章）：××电网有限公司 负责人（签字）：××× ××××年××月××日

附录一　建筑机电安装工程分部工程划分表

（一）建筑给水、排水及采暖分部工程划分表

分部工程	子分部工程	分项工程
建筑给水、排水及采暖（GB 50242）	室内给水系统	给水管道、配件及设备安装、室内消火栓系统安装、管道防腐、绝热等
	室内排水系统	排水管道、雨水管道及配件安装等
	室内热水供应系统	管道、配件及设备安装、防腐、绝热等
	卫生器具安装	卫生器具安装、给水配件、排水管道安装等
	室内采暖系统	管道、配件、辅助设备及散热器安装、金属辐射板安装、低温热水地板辐射采暖系统安装、系统水压试验、防腐、绝热
	室外给水管网	给水管道安装、消防水泵接合器及室外消火栓安装
	室外排水管网	排水管道、排水管沟与井池施工等
	室外供热管网	管道、配件安装、系统水压试验、防腐、绝热等
	建筑中水系统及游泳池系统	管道及设备安装、游泳池水系统安装等
	供热锅炉及辅助设备安装	锅炉、辅助设备、管道、安全附件安装、烘炉、煮炉和试运行、防腐、绝热等

（二）建筑电气分部工程划分表

分部工程	子分部工程	分项工程
建筑电气（GB 50303）	室外电气	架空线路及杆上电气设备、箱式变电所、成套配电柜安装，电线、电缆、导管和线槽敷设，建筑物外部灯具、庭院灯和路灯安装，接地装置安装等
	变配电	变压器、成套配电柜、控制柜安装，裸母线、母线槽安装，电缆敷设等
	供电干线	母线槽安装，桥架、线槽安装，导管敷设，电线、电缆敷设等
	电气动力	动力配电柜、控制柜（屏、台）安装、电动机和电加热器等电气动力设备检测、试验和空载试运行等
	电气照明	照明配电箱（盘）安装，线槽安装，导管、电线和电缆敷设，槽板配线，钢索配线，普通灯具安装，专用灯具安装，插座、开关、风扇安装，照明通电试运行等
	备用电源和不间断电源安装	柴油发电机组安装，不间断电源设备安装等
	防雷及接地	接地装置、避雷装置安装，建筑物等电位连接等

（三）建筑通风与空调分部工程的划分表

分部工程	子分部工程	分项工程
建筑通风与空调（GB 50243）	送排风系统	风管和配件制作安装，空气处理设备、消声设备和风机安装，风管和设备防腐，系统调试等
	防排烟系统	风管和配件制作安装，排烟风口、正压风口和风机安装；风管与设备防腐，系统调试等
	防尘系统	风管和风机安装，除尘器和排污设备安装，风管和设备防腐，系统调试等
	空调系统	风管和消声设备制作安装，空气处理设备和风机安装，风管和设备防腐与绝热，系统调试等
	净化空气系统	风管和消声设备制作安装，空气处理设备、高效过滤器和风机安装，风管和设备防腐与绝热，系统调试等
	制冷设备系统	制冷机组、制冷剂管道、制冷附属设备安装，管道和设备的防腐与绝热，系统调试等
	空调水系统	管道冷热（媒）水系统、冷却水系统和冷凝水系统安装，冷却塔、水泵和附属设备安装，管道和设备防腐与绝热，系统调试等

（四）建筑智能化分部工程的划分表

分部工程	子分部工程	分项工程
建筑智能化工程（GB 50339）	通信网络系统	电话通信系统、卫星电视及有线电视系统、计算机网络系统等
	办公自动化系统	信息平台及办公自动化应用软件、网络安全等
	建筑设备监控系统	空调与通风系统、变配电系统、照明系统、给排水系统、热源和热交换系统、冷冻和冷却系统、电梯和自动扶梯等
	火灾报警及消防联动系统	火灾和可燃气体探测系统、火灾报警控制系统、消防联动系统等
	安全防范系统	门禁（出入口管理）系统、防盗报警系统、电视监控系统、巡更系统、停车管理系统等
	综合布线系统	缆线、光缆的敷设，机柜、机架、配线架、信息插座等的安装
	智能化集成系统	集成系统网络、实时数据库、信息安全、功能接口、通信协议等
	电源与接地	电源、接地与防雷等
	环境	空间环境、空调环境、照明环境、电磁环境等
	住宅（小区）智能化系统	火灾自动报警及消防联动系统、安全防范系统、物业管理系统等

（五）电梯分部工程的划分表

分部工程	子分部工程	分项工程
电梯（GB 50310）	曳引式电梯安装工程	设备进场验收，土建交接检验，驱动主机、导轨、门系统、轿厢、对重、安全部件、随行电缆、电气装置等安装
	液压式电梯安装工程	设备进场验收，土建交接检验，液压系统、导轨、门系统、轿厢、安全部件、电气装置等安装
	自动扶梯、自动人行道安装工程	设备进场验收，土建交接检验，整机安装验收等

附录二　工业安装工程分项工程、分部工程名称

工业设备安装工程	通用工业设备： 　机床：车床、钻床、铣床、磨床、刨床等 　机泵：风机、中小型压缩机、离心泵、真空泵等 　工业锅炉：立式锅炉、卧式锅炉等 　锻压机械：压力机、空气锤、剪切机等 　木工机械：带锯机、刮光机、木工组合机床等 　碎磨机械：球磨机、粉碎机等 　搅拌设备：搅拌机、刮渣机等 　干燥设备：回转干燥机等 　包装设备：包装机、自动秤等 　起重设备：提升机、输送机等 专用设备： 　矿土设备：采矿设备和选矿设备等 　冶金设备：轧制设备、冶炼设备等 　发电设备：火力发电设备、水力发电设备、核电设备、其他发电设备等 　石油化工设备：工艺塔类设备、换热设备、反应设备、储存设备、分离过滤设备、橡胶塑料机械等 　轻工设备：造纸设备、制糖设备、卷烟设备、包装罐装设备等 　纺织设备：纺丝设备、织布设备等 　建材设备：水泥生产设备、玻璃生产设备、陶瓷生产设备、耐火材料设备等
工业管道工程	按工作介质分： 　蒸汽管道、氧气管道、煤气管道、硫酸管道等 按管道类别分： 　Ⅰ类管道、Ⅱ类管道、Ⅲ类管道、Ⅳ类管道、Ⅴ类管道等
电气装置安装工程	高压电器、电力变压器、旋转电机、配电盘柜、电缆线路等
自动化仪表安装工程	检测系统、调节系统、连锁报警系统、仪表盘安装调试等
工业设备及管道防腐蚀工程	玻璃钢衬里、橡胶衬里、防腐蚀涂层等
工业设备及管道绝热工程	球罐、氨罐、蒸汽管道、制冷管道等
工业炉砌筑工程	转炉、加热炉、铝电解槽、工业锅炉、回转窑等